U0803565

普通高等院校“十三五”规划教材

有机合成化学

主　编　黄长干　黄焰根

副主编　刘长相　刘文杰　彭大勇

参　编　陈金珠　程　华　黄建平

王韶华　熊万明

合肥工业大学出版社

前　言

有机化合物的合成是有机化学研究领域最重要的组成部分之一，也是人类研究稀有物质和创造新物质的最直接的方式。经过多年的发展，有机合成的理论体系已经基本完善，有机合成方法、技术和手段均取得了辉煌的成就，并不断获得新的发展。如今，不同学科之间的界限已越来越模糊。但可以相信的是，在不久的将来，化学学科区别于其他学科的一个最重要的特征就在于，化学家可以从分子水平上来操纵分子结构，无论是复杂的天然产物，还是纳米颗粒，甚至是全基因组。这其中，有机合成就是必不可少的关键技术之一。正因为如此，有机合成化学是化学专业及相关专业本科生的必修课之一。

基于以上考虑，我们决定编写供本科生使用的有机合成教材，承担这样一项任务是十分艰巨的。一方面，有机合成化学的发展非常迅速，内容极其丰富，如何能够从最新的研究成果中合理选材，提取出既能反映当前有机合成化学发展趋势，又能够符合本科生学习特点的内容无疑是非常困难的。另一方面，面向本科生的有机合成化学类教材已经出版较多，想写出一本具有新意和特点的教材不是一件容易的事情。

本书在编写过程中力求知识的系统性与叙述简洁性有机结合。全书共分 12 章，绪论部分就有机合成的目的和任务、基本知识、产生和发展、绿色有机合成及展望等进行论述。考虑到广大本科生在基础有机化学中学习基础不扎实，在第 2 章中比较系统地介绍了有机官能团的添加以及官能团的转换的知识，这部分内容反映了有机化合物官能团之间相互作用的规律，是有机合成的基础，对构建分子骨架和官能团的归宿有指导意义。第 3 至第 6 章着重介绍了有机合成中常常涉及的缩合、氧化和还原反应等反应类型。第 7 至第 10 章从有机合成试剂、不对称合成、有机合成中的选择性和基团保护等方面介绍有机合成中控制技术。第 11 章为逆合成分析，简单介绍了逆合成分析中的基本概念、分子切断、有机合成路线设计的技巧，并通过大量的案例详细介绍了各类化合物的一般合成技巧。第 12 章简单介绍了近代有机合成新方法。全书最后列举了本科阶段需要熟记的部分人名反应。

本书可供高等院校化学专业和应用化学专业有机合成化学的教材和参考书，也可作基础有机化学考研复习时的补充读物，还可供研究生及化学化工工作者参考。

参与本书编写的有：东华大学（黄焰根）；江西农业大学（黄长干、刘长相、彭大勇、陈金珠、黄建平、熊万明);广东药科大学(刘文杰、王韶华); 湖北文理学院(程华)。

在编写过程中,我们参考了大量的期刊文献以及书籍,在此对所引文献和书籍的作者表示最衷心的感谢!编者水平有限,书中不足之处在所难免,恳请读者批评指正!

编者

2017.7

目　　录

第 1 章　绪　　论

第 2 章　官能团化和官能团转换的基本反应

第 3 章　缩合反应

第 4 章　重排反应

第 5 章　氧化反应

第6章 还原反应

第7章 有机合成试剂

第8章 不对称合成反应和光学异构体拆分

第9章 有机合成中的选择性

第10章 基团的保护基

第 11 章 逆合成分析与合成路线设计

第 12 章 有机合成新方法

第1章

绪　　论

1.1　引　　言

化学是一门“中心科学”，化学合成则被认为是这个中心的“中心”。在 20 世纪的 100 年中，化学与化工取得了空前辉煌的成就，1900 年 Chemical Abstracts(CA)收录的从天然产物中分离出来的和人工合成的已知化合物只有 55 万种，至 1999 年 12 月 31 日该数字已达 2340 万种，其中绝大多数为有机合成产物，为人类提供了大量的新药物、新材料、化肥和农药。

自 Wohler 在 1828 年首次由氰酸铵制得尿素，成功地进行了有机化合物的人工合成后，化学家们开始对自然界存在的与人们生活有关或有理论价值的有机化合物进行了合成的探索。著名有机化学家 Perkin 用铬酸氧化苯胺衍生物时得到了能与天然染料茜红和靛蓝相媲美的苯胺紫，并以实验室合成为基础设计了工业生产方案，使其很快投入了工业生产。1868 年 Graebe 和 Liebermann 合成了茜红，1878 年 Baeyer 合成了靛蓝。经过不断的创新、改良和生产实践，终于形成了合成染料化学工业。染料化学及其他化学工业的发展导致合成药物的产生。人们在对一些染料中间体抗菌性的研究过程中发现了磺胺类抗生素，从而开创了人工合成药物的新纪元。

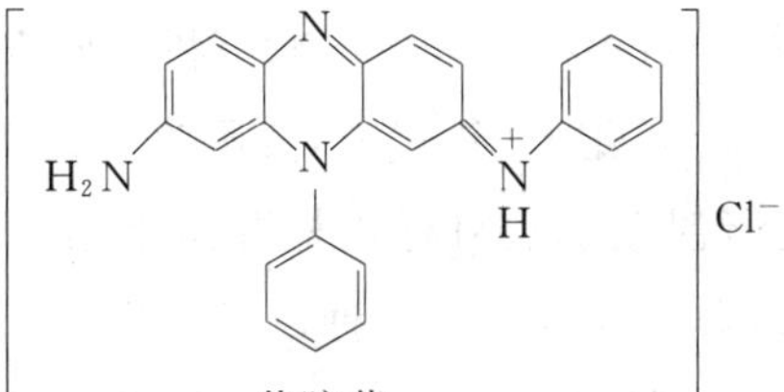

苯胺紫

100 年来合成化学发展迅速，许多新技术被用于无机和有机化合物的合成，例如，超低温合成、高温合成、高压合成、电解合成、光合成、声合成、微波合成、等离子体合成、固相合成、仿生合成等等；发现和创造的新反应、新合成方法数不胜数。现在，几乎所有的已知天然化合物以及化学家感兴趣的具有特定功能的非天然化合物都能够通过化学合成的方法来获得。合成化学创造出了许多新的化合物，为满足人类对物质的需求做出了极为重要的贡献。

20 世纪，合成化学领域共获得 10 项诺贝尔化学奖。1912 年格利雅因发明格氏试剂，开创了有机金属在各种官能团反应中的新领域而获得诺贝尔化学奖。狄尔斯和阿尔德因发现双烯合成反应而获得 1950 年诺贝尔化学奖。齐格勒和纳塔发现了有机金属催化烯烃定向聚合，实现了乙烯的常压聚合而荣获 1963 年诺贝尔化学奖。人工合成生物分子一直是有机合成化学的研究重点。从最早的甾体（Windaus，1928 年诺贝尔化学奖）、抗坏血酸（Haworth，1937 年诺贝尔化学奖）、生物碱（Robinson，1947 年诺贝尔化学奖）到多肽（Vigneand，1955 年诺贝尔化学奖）逐渐深入。1965 年有机合成大师 Woodward 利用其在有机合成方面的独创思维和高超技艺，先后合成了奎宁、胆固醇、可的松、叶绿素和利血平等一系列复杂有机化合物，并因此荣获诺贝尔化学奖。获奖后他又提出了分子轨道对称守恒原理，并合成了维生素 B_{12} 等。此外，Wilkinson 和 Fischer 合成了过渡金属二茂夹心式化合物，确定了这种特殊结构，对金属有机化学和配位化学的发展起了重大推动作用，并因此荣获 1973 年诺贝尔化学奖。1979 年 Brown 和 Wittig 因分别发展了有机硼和 Wittig 反应而共获诺贝尔化学奖。

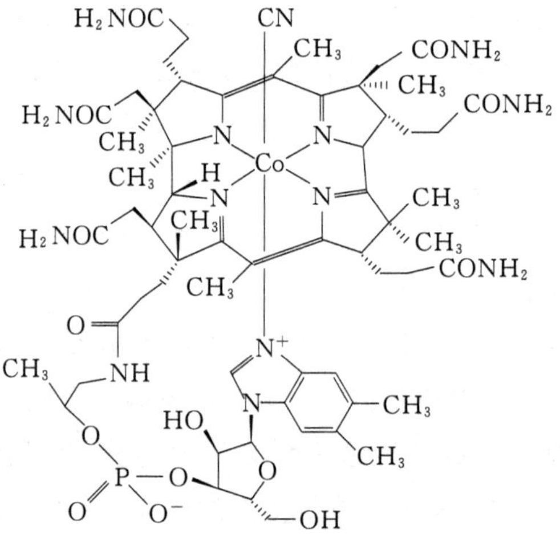

维生素 B_{12}

1984 年 Merrifield 因发明了固相多肽合成法对有机合成方法学和生命化学起了巨大推动作用而获得诺贝尔化学奖。20 世纪 60 年代末，美国哈佛大学 Corey 教授根据其多年对复杂分子的合成及设计研究，逐渐创立了从目标机构开始采用一系列逻辑推理方法推出起始原料及合成路线的方法——逆合成分析法。这种逻辑方法的产生与完善对复杂分子的合成有很大的帮助。由 Corey 领导的研究组在此理论的指导下完成了 100 多种复杂分子的多步骤合成，几乎每种复杂化合物的成功合成都有新的方法发现。Corey 由于合成理论方面的杰出成就而获得了 1990 年诺贝尔化学奖。

现代合成化学经历了近百年的努力研究、探索和积累，到今天已经可以合成像海葵毒素这样复杂的分子（分子式为 $C_{129}H_{223}N_3O_{54}$，分子量为 2689 道尔顿，有 64 个不对称碳和 7 个骨架内双键，异构体数目多达 271 个)。

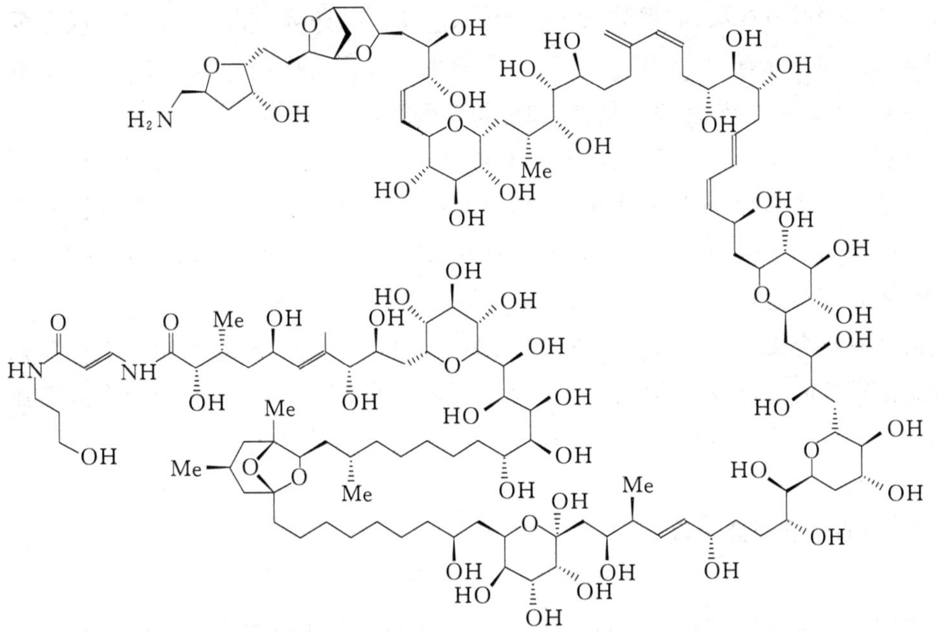

海葵毒素

1965 年中国科学家在世界上首次合成了在生理活性上与天然产物基本相同的牛胰岛素，是由 51 个氨基酸构成的多肽。

1.2　有机合成的目的和设计

1.2.1　有机合成的目的

有机合成是利用化学方法将单质、简单的无机物或简单的有机物制备成较复杂的有机物的过程。早期的有机合成，主要是在实验室内仿造自然界中已存在的化学物质。而现在，人们已可以依据物质分子的结构与性质的关系规律，为适应特定的需要而合成自然界中并不存在的新物质。今后的发展趋势是设计和合成预期有优越性能的或具有重大意义的化合物。

因此，有机合成已经成为当代化学研究的主流之一。利用有机合成可以制造天然化合物，可以确切地确定天然物的结构，可以辅助生物学的研究以解开自然界的奥秘。利用有机合成更可以制造非天然的，但预期会有特殊性能的新化合物。事实上，有机合成就是应用基本且易得的原料与试剂，加上人类的智慧与技术来创造更复杂、更奇特的化合物。正如 1965 年诺贝尔奖获得者、有机合成大师 Woodward 教授所说："在有机合成中充满着兴奋、冒险、挑战和艺术。"

基本有机合成工业任务是:从廉价易得的天然资源,如煤、石油、天然气或农副产品等,初步加工成一级有机产品,如甲烷、乙烷、丙烷、乙炔、苯、萘等,再进一步加工成二级有机产品,如乙醇、乙酸、丙酮等。这些一、二级产品的生产称为"重有机合成工业"。基本有机合成的特点是:产品量大,质量要求稍低,加工相对粗糙,生产操作简单。

精细有机合成工业的任务是:以基本有机合成工业中得到的一、二级有机产品为原料,合成一些结构比较复杂,质量要求很高(即较精细)的化合物。其制备过程的操作条件要求严格,步骤较多,一次生产的量比较少但品种比较多。精细有机合成主要用在合成药物、农药、染料、香料等。这种合成的首要任务常常是合成路线的设计。

这两类有机合成工业对于国计民生都是缺一不可的。没有精细有机合成工业就没有满足人民生活需要的丰富多彩的有机产品;没有基本有机合成工业,精细有机合成工业也就没有根基。

1.2.2 有机合成路线设计

著名的有机合成化学家 Still 曾指出:一个复杂有机分子的有效合成路线的设计是有机化学中最困难的问题之一。路线设计是合成工作的第一步,也是最重要的一步。要具有高的路线设计的能力,首先要有技术方面的能力,如对各类、各种有机反应的熟悉与掌握,对同一目的、不同有机合成反应在实用上的比较与把握,对各个步骤操作条件的实际掌握,对产品纯化和检测的能力等。但这还不够,逻辑性的归纳和演绎在有机合成路线设计中也显得非常重要,甚至可以运用计算机程序来辅助合成路线的设计。要进行一个复杂化合物的合成,需要组织好众多的有机反应,以形成一个综合的、高效的合成能力。这种"战术",在合成化学中就叫"策略"。例如,颠茄酮的合成有两条不同的路线:

(1)Willstatter 在 1896 年推出了一条颠茄酮合成路线。他是 1915 年诺贝尔化学奖获得者。此路线前后经历 21 步之多:

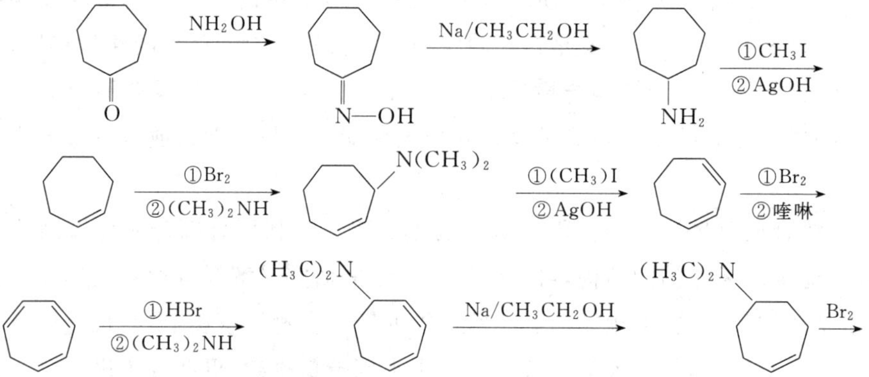

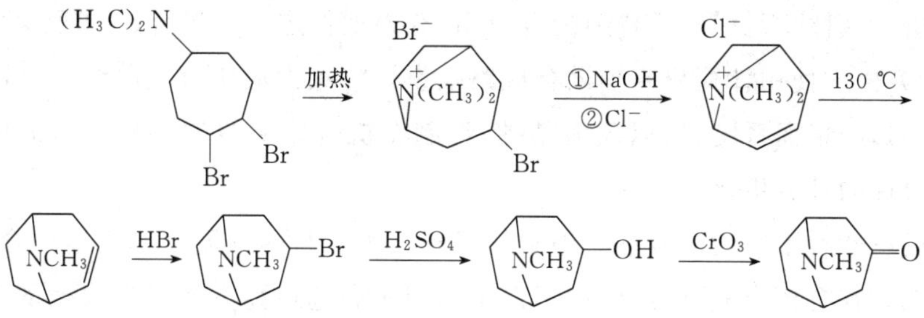

这一路线总的收率只有 0.75％。尽管路线中每一步的收率均较高，但由于步骤太多，使总收率大大降低。

(2)21 年后的 1917 年，Robinson 利用 Mannich 反应设计出另一条颠茄酮合成路线，既合理，又简捷，仅用了 3 步，总收率达 90％：

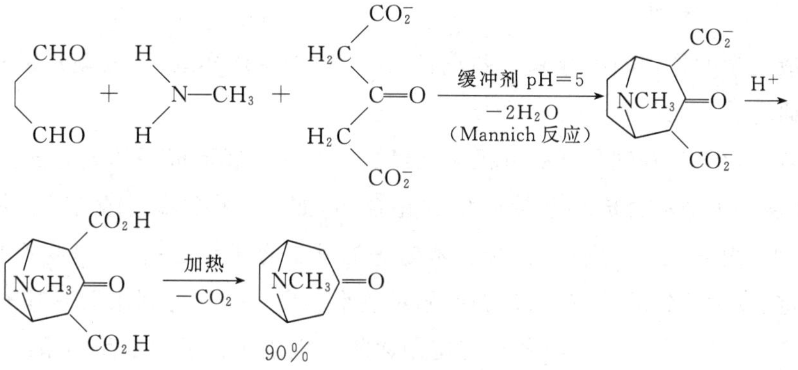

由此可见，一个好的思维路线，能设计出一条好的合成路线。

1.3　有机合成的发展与作用

1.3.1　有机合成发展的条件

有机合成不论在天然物质，还是非天然物质方面，都已经取得了十分辉煌的成就。现代科学的进展，已为有机合成的发展建立了良好的客观条件。大致有下列几个方面：

(1)理论方面　现代有机合成化学已建立在坚实的理论有机化学和量子化学的基础上。在深度上将对反应的历程和本质做进一步深入的研究，从而更有效地控制了反应的方向与速度，以及产物的结构、纯度与收率。

(2)方法方面　近年来，对新型有机合成方法，如生物化学法、超声法、高压法、辐射法等，特别是酶化学和酶模拟合成方法的研究，获得了重大的突破，从而为合成方法带来更大的变革。

(3)检测方面　近代物理测试方法，如红外、紫外、核磁共振、色质联用、高效液相色谱、元素自动分析、X射线衍射等，已普遍配合应用，有力地促进了有机合成的迅速发展。

(4)设计方面　使用计算机来辅助合成路线设计将大大加快合成路线设计的速度，使合成工艺变得更加严格而系统化，以此为基础，编制有机合成路线的计算机辅助设计程序，逐步达到路线设计的计算机化。

有机合成虽然有了很大的发展。但自然界和人类本身的发展又不断地向合成化学家提出了新的挑战。在有机合成反应上，虽可以举出很多高选择性方面卓有成效的工作，但局限性仍然很多。从日益发展的精细化工品的需求来说，必然会要求更加理想的高选择性反应，更加温和的反应条件，同时又要不恶化人类赖以生存的地球环境。

1.3.2 有机合成化学的作用

有机合成化学的作用归纳起来有两点：一是应用于生产实践，开发新产品造福人类；二是用于理论研究。

以有机合成化学为基础建立的有机化工经过长期的发展形成了两大分支。其一是以石油、天然气和煤等为原料合成一些较简单的化合物，如三烯（乙烯、丙烯、丁二烯）、一炔（乙炔）、甲醇、乙醇、丙醇、丁醇、丙酮、乙酸和苯酚等的基本有机化工；特点是生产规模大、产品结构相对稳定、技术比较成熟、产品附加值相对较小。另一分支是利用上述基本有机原料及无机产品生产结构比较复杂，具有各种特定用途的有机或高分子化学品的精细化学工业；特点是产品品种多、产量较小、专用性强、技术比较复杂多变、更新换代快、产品附加值较高，涉及医药，染料，涂料，农用化学品，表面活性剂，纺织、印染、造纸业用添加剂，塑料、橡胶助剂，石油助剂等许多领域。具体到某个领域乃至某种产品，人们不断提出新的要求，促使产品不断更新换代。例如，20世纪50年代后，随着石油化工的发展出现了合成纤维，其染色与天然纤维有很大的差别，因而对染料提出了新的要求。经过合成化学家的努力，开发了分散染料、阳离子染料和活性染料等新型燃料。随着现代科技的发展，涂料原有的装饰与保护功能已不能满足高新技术的要求。一些新型涂料，如用于电子元件的高绝缘性涂料、导电涂料、太阳能吸收涂料、防雷达涂料、防辐射涂料及耐高温涂料等便应运而生。再如，合成农药的使用会产生环境污染，长期使用使害虫产生抗药性，于是化学家们研究开发了新的高效、低毒和低残留的有机杀虫剂，如拟除虫菊酯、昆虫激素（不育剂、性引诱剂等）等第三代农药。

人们很早便利用有机合成来进行理论研究。Korner曾用衍生物制备法来确定各种取代苯的异构体。Perkin进行的碳环合成为Baeyer的张力理论提供了依据。Willstater合成环辛四烯对环丁二烯稳定性的研究为芳香性理论提供了有力证据。

此外，有机合成化学在一些相关学科及高科技领域的应用也越来越广泛。例如，功能高分子化学涉及的特殊单体的合成；配位化学中特殊配体如各种大环、多环化合物的合成；一些典型生物化学过程的人工模拟；各种功能材料如功能膜、含能材料、智能材料、光学有机材料、导电材料和有机磁性材料等的合成都与有机合成有着非常密切的关系。

习　　题

1. 什么是有机合成？有机合成取得了哪些现代成就？

2. 简述有机合成化学的目的和作用。

第2章

官能团化和官能团转换的基本反应

有机化学的基本反应是有机合成的基础，这些基本反应主要是在有机分子中引入官能团的反应，但在一些实例中让有机分子中的某些位置不能官能团化，因此要合成预期的产物就只能通过官能团转换得到。本章将主要汇集有机化学中各种各样的基本反应。

2.1 官能团化

2.1.1 饱和烃的官能团化

饱和烃分为烷烃和环烷烃，它们分子中只有很强的碳碳键和碳氢键，需要较高的能量才能使之断裂，另外碳和氢的电负性差别很小，因而整个分子中电子分布较均匀，故对亲核试剂或亲电试剂都没有特殊的亲和力。但在另一方面，饱和烃在光、热或引发剂作用下，可发生键均裂的自由基反应。除此之外，较小的单环烷烃还容易发生开环加成反应。例如：

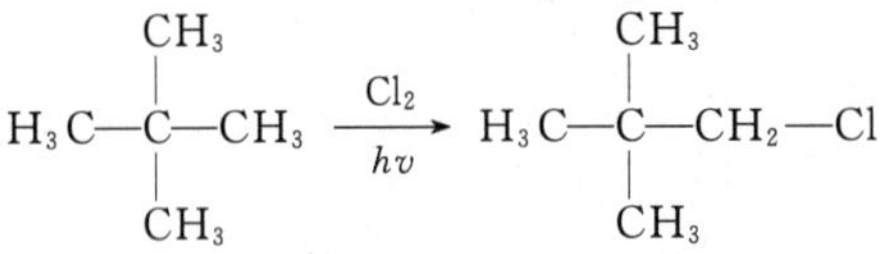

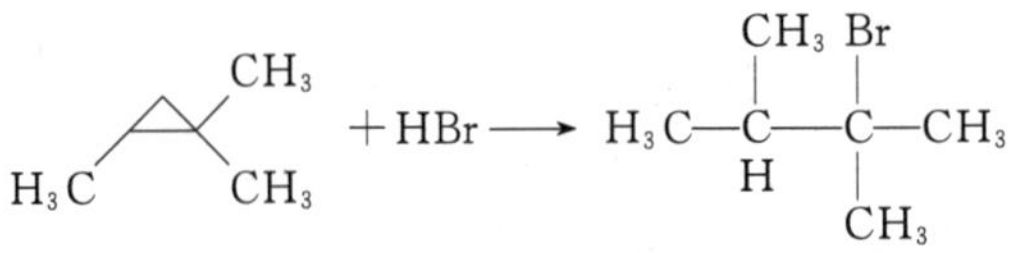

2.1.2 烯烃的官能团化

相对于烷烃，烯烃中具有活性的碳碳双键，其官能团化集中发生在碳碳双键及碳碳双键的邻位——烯丙位两个位置上。烯烃在有机合成中应用价值比较大的反应汇总于图 2-1。

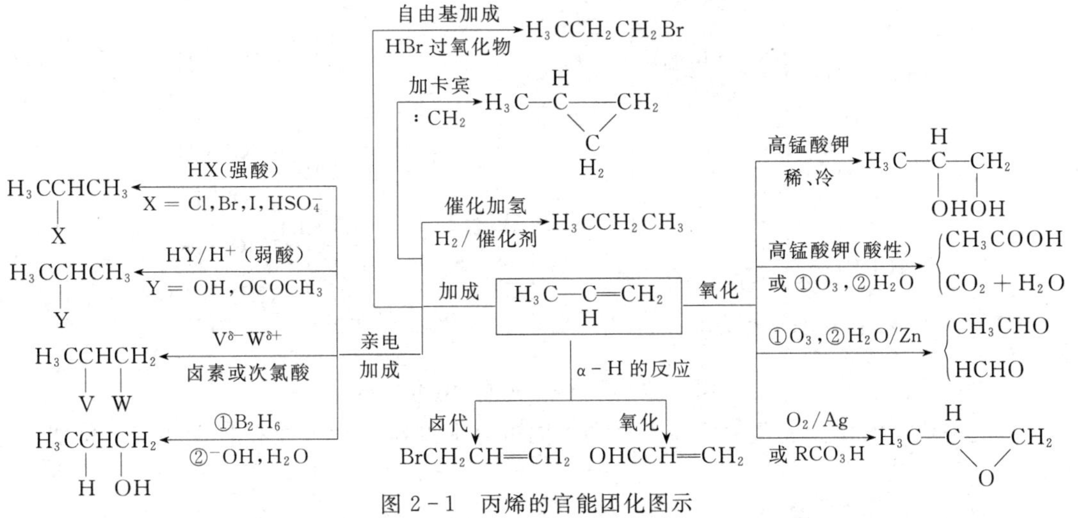

图 2-1　丙烯的官能团化图示

对烯烃亲电加成的立体化学研究表明，除硼氢化-氧化反应得到顺式加成产物外，其余均得到反式加成产物。例如：

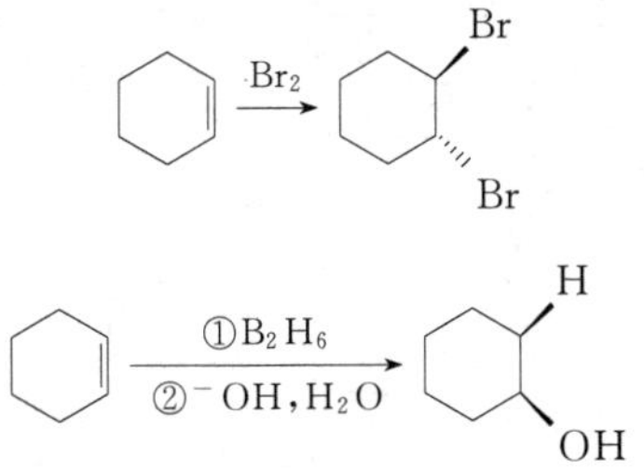

二烯烃仍然保持单烯烃的性质，但共轭二烯烃的特殊结构使其可以发生一些特殊的反应，例如 1,2-加成和 1,4-加成以及双烯加成反应。

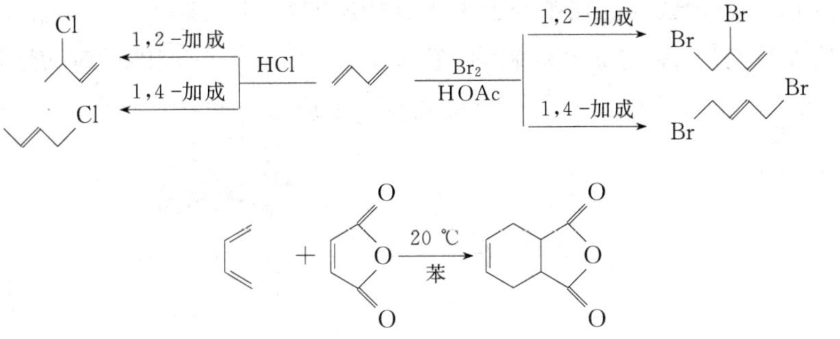

2.1.3　炔烃的官能团化

炔烃中的官能团是碳碳三键，其官能团化主要包括碳碳三键的反应和端基炔氢的反应，如图 2-2 所示。

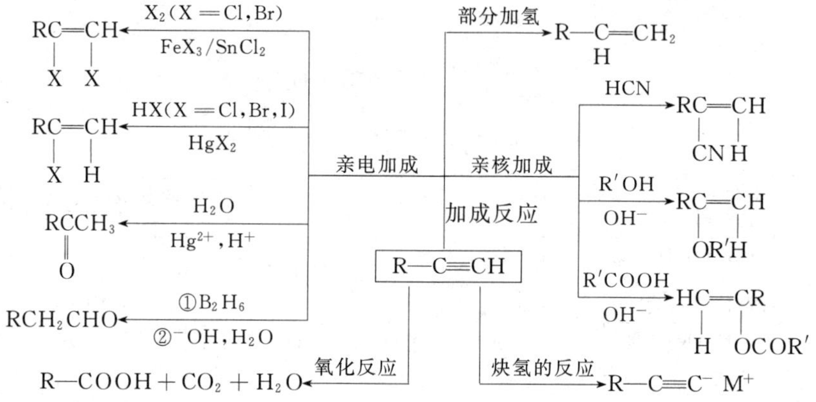

图 2-2　端基炔烃的官能团化图示

非端基炔烃的部分加氢随反应条件的不同可分别得到 Z 型烯烃和 E 型烯烃。例如：

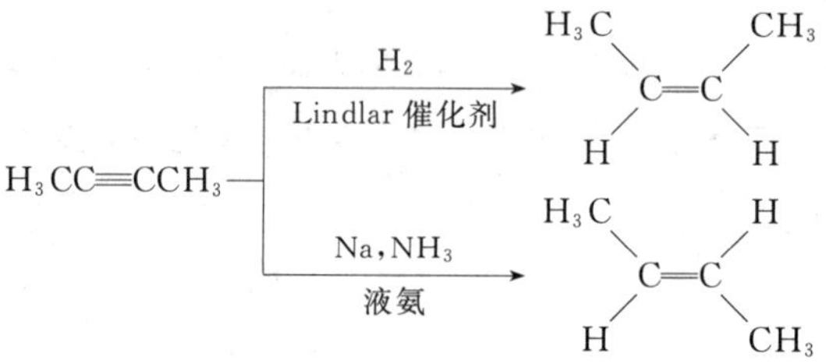

2.1.4　芳烃的官能团化

(1)苯及取代苯的反应

苯是一种有着较大不饱和度的稳定化合物，可以发生还原反应，但由于苯环结构的特殊性，能够吸引亲电试剂，但很难发生亲电加成反应，因此形成了苯环上的特殊反应——亲电取代反应(如图 2-3)。这也是在苯环上引入官能团的常用方法。

当苯环连上烷基后，受到 π 键的影响，苄基位上的氢具有一定的反应活性，与烯烃 α-H 的反应相似，可以发生苄基碳上的卤代反应和氧化反应。

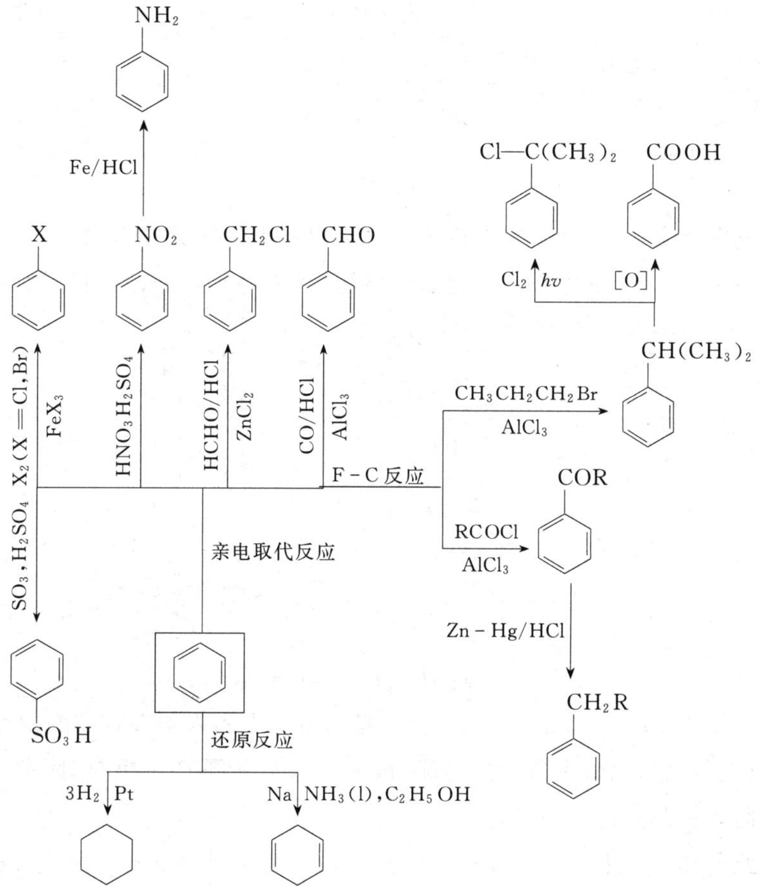

图 2-3　苯及取代苯的官能团化图示

取代苯进行亲电取代反应时，已有的取代基会对再进入的取代基连接在苯环上的位置和其亲电取代反应的难易产生影响，即取代基的定位效应，该效应与取代基的诱导效应、共轭效应、超共轭效应、空间位阻效应等有关。例如：

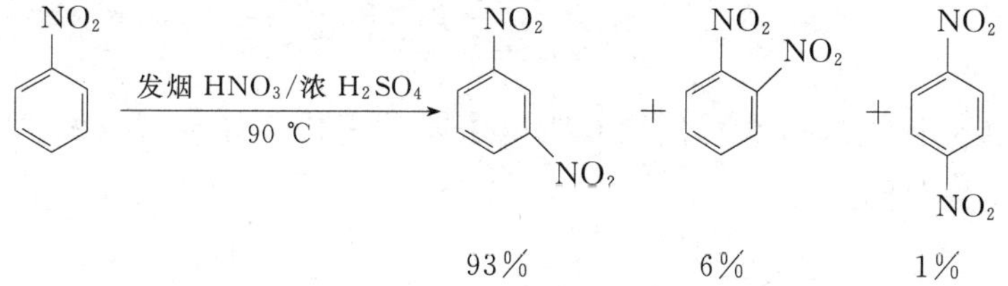

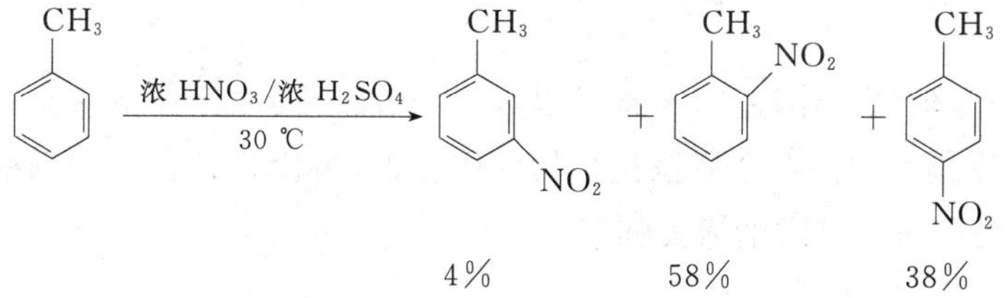

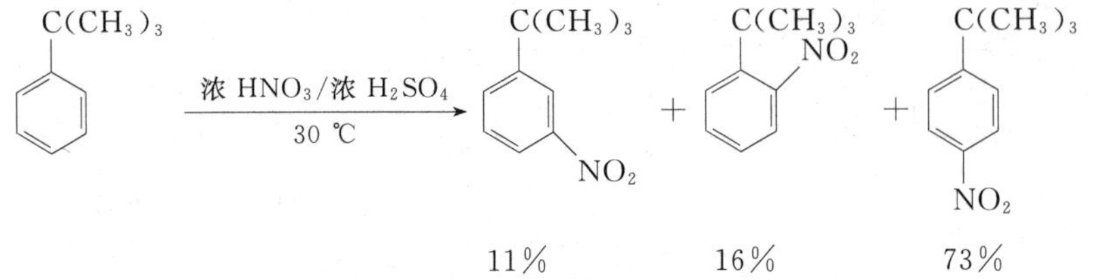

芳环上的磺化反应是可逆的，在有机合成中可以用来保护芳环上的某一位置，然后被其他基团取代，或者待进一步发生某一反应后，再通过稀酸将其除去，从而得到所需的化合物。例如：

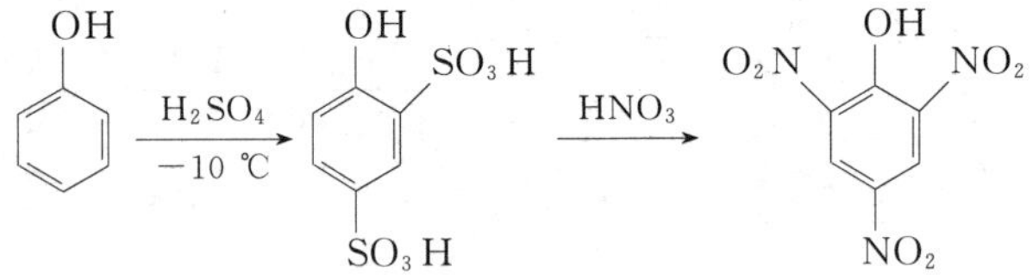

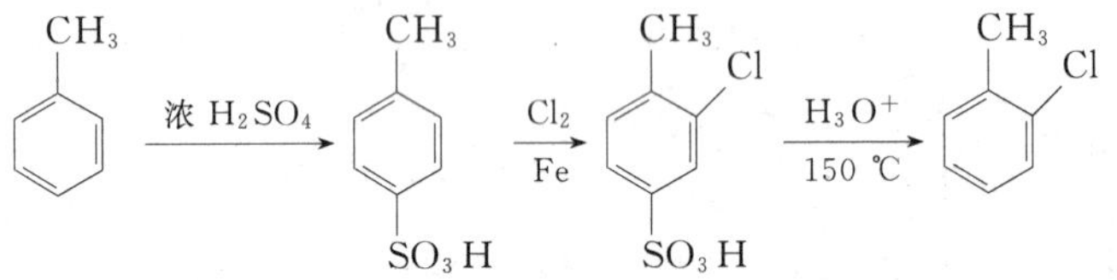

氯甲基化反应和 Gattermann－Koch 反应是向芳环上引入侧链官能团的重要反应。

F－C 反应中的烷基化反应易产生重排，酰基化反应则不产生重排，因此常用酰基化反应产物还原来制备长的直链烷基苯。

卤苯中卤原子和苯环之间存在 p－π 共轭效应，一般情况下不发生卤代烃的亲核取代反应。但在卤原子的邻对位有吸电子基团存在时，可以发生水解、醇解、氰解、氨解等亲核取代，例如：

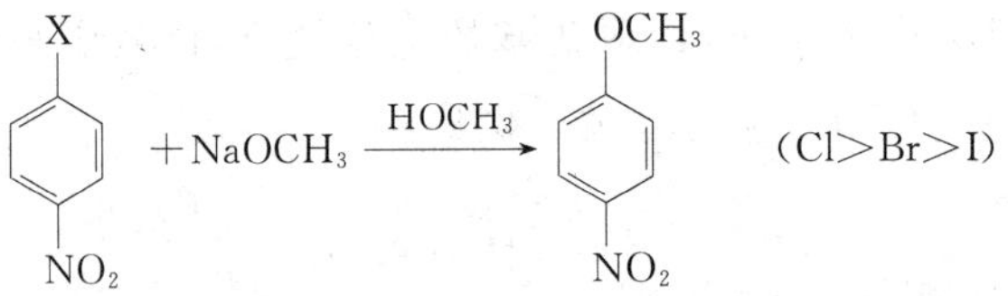

当使用强碱($NaNH_2$)时，邻对位没有吸电子基的卤代芳烃也可以发生亲核取代反应，反应中间体为“苯炔”，例如：

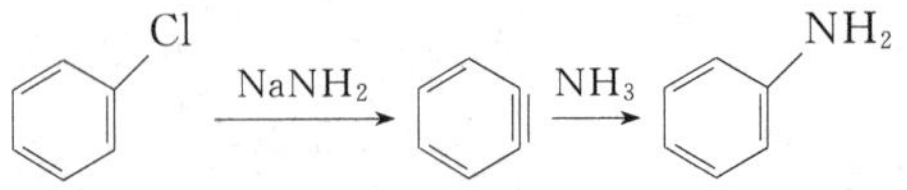

卤代芳烃在一些催化剂作用下，卤素可以脱去，从而与其他化合物的 π 键碳原子形成碳碳键，即发生偶联反应。例如在金属钯化合物的催化下，卤代芳烃和芳基硼酸或者硼酸酯可以发生 Suzuki 偶联反应。反应的通式如下：

$$Ar'{-}X + Ar{-}B\begin{matrix} OH(R) \\ OH(R) \end{matrix} \xrightarrow{Cat.} Ar'{-}Ar$$

卤代芳烃、苯甲酰氯或芳基重氮盐等与乙烯基化合物发生的偶联反应称为 Heck 偶联反应。反应的通式如下：

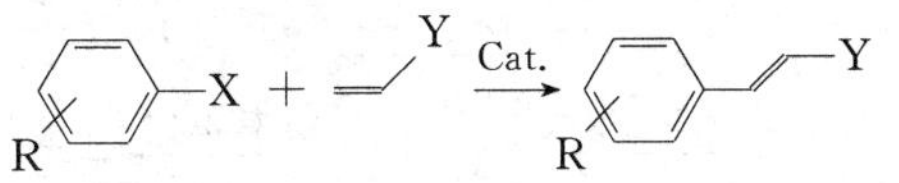

$X=I,Br,Cl,COCl,N_2^+$ 等　$Y=Ph,COOR$ 等

Birch 还原反应是使芳环部分还原得到非共轭环己二烯类化合物的反应，在有机合成上十分有用。若芳环上有给电子基团，则还原后此基团与双键相连；如有吸电子基团，则还原后此基团尽量远离双键。若侧链上有与芳环共轭的双键时，Birch 还原反应首先发生在共轭双键处，不与芳环共轭的双键则不能发生。例如：

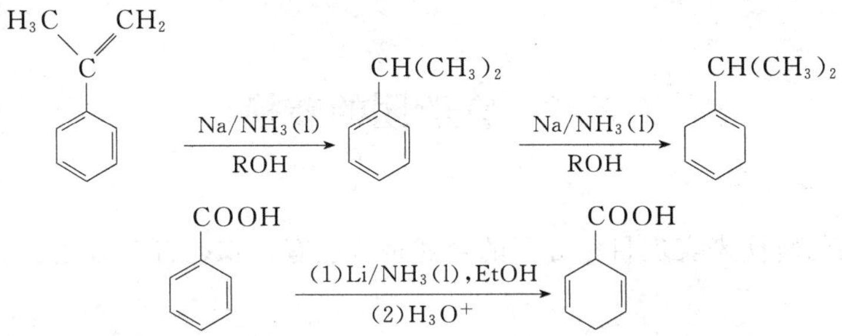

(2)简单杂环化合物的官能团化(图 2 - 4)

简单的杂环化合物如呋喃、吡咯、噻吩和吡啶都具有较强的芳香性。其中呋喃、吡咯和噻吩是五元单杂环，属于五中心六电子的体系，环上电子云密度比苯环上的大，因此比苯更容易发生亲电取代反应，其亲电取代反应一般发生在 α 位。而吡啶是弱碱，环上电子云密度比苯环上的小，因此发生亲电取代反应比苯困难，其亲电取代反应一般发生在 β 位，但吡啶环上的 α 位和 γ 位发生亲核取代反应相对较为容易。

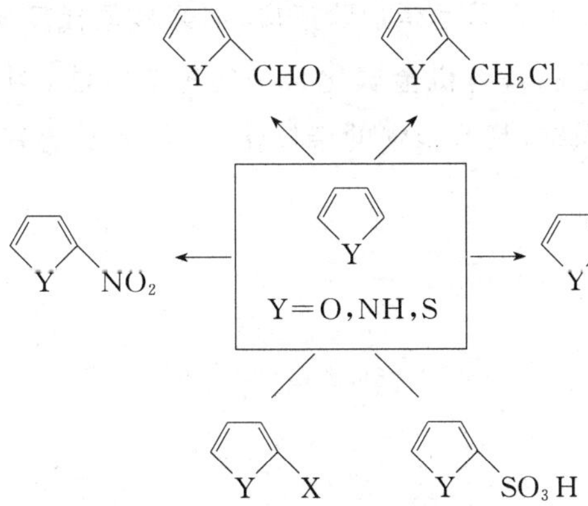

(a)

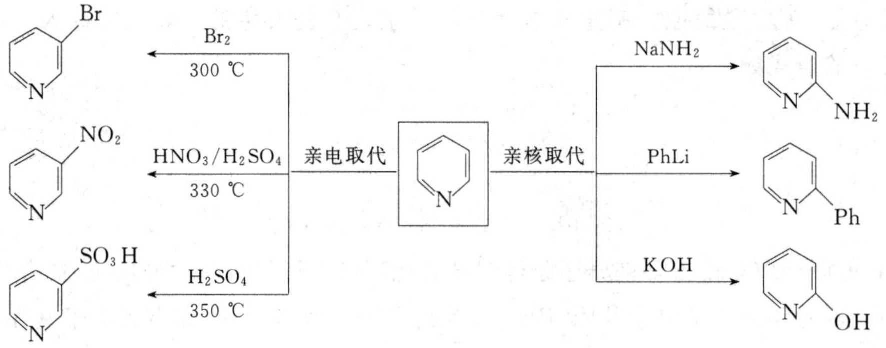

(b)

图 2-4 简单杂环化合物的官能团化图示

2.2 官能团的转换

通过官能团的转换来实现目标分子的合成是合成有机物的普遍方法。

2.2.1 含卤化合物的转换

含卤化合物是有机合成中的重要反应原料。这是由于在卤化物中，碳卤键是一个极性共价键，卤素所连的碳原子上带部分正电荷，在极性环境中，该碳原子可以被 H_2O、NH_3、RO^-、I^-、SH^-、CN^-、SCN^-、NO_2^- 和 $RC\equiv C^-$ 等亲核试剂进攻，卤素作为负离子离去，从而发生亲核取代反应，得到一系列带有其他官能团的化合物。若反应中溶剂的极性减弱，进攻试剂的碱性增强，反应温度升高，则容易发生消除反应，而亲核取代反应更难发生。

含卤化合物与金属的反应是制备有机金属化合物的重要方法，例如有机锂化合物和有机镁化合物。这些化合物作为强碱，具有很强的亲核能力，是重要的有机合成试剂。脂肪族卤化物的转换图示如图 2-5 所示。

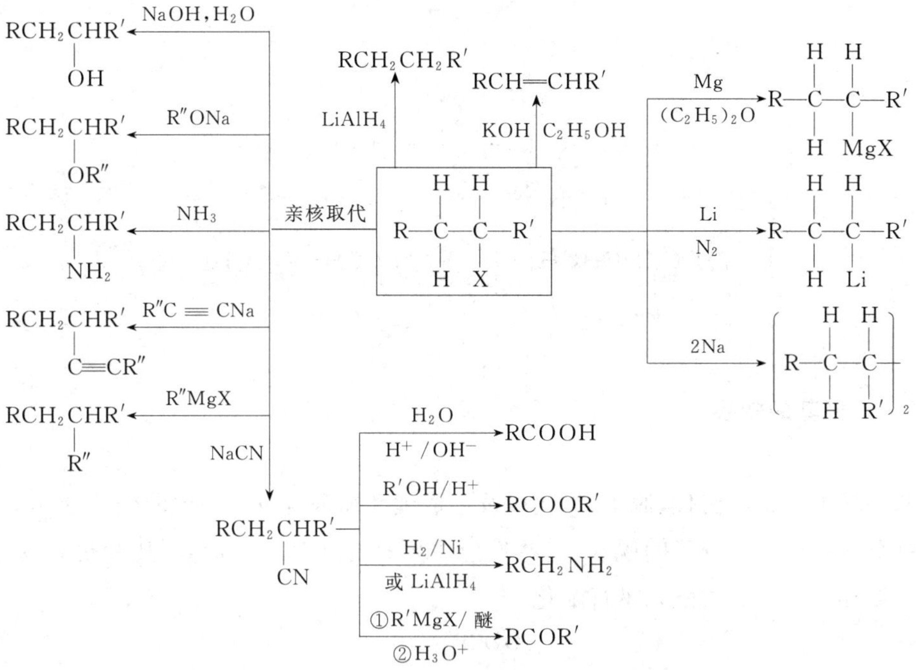

图 2-5　脂肪族卤化物的转换图示

卤代烃的消除反应遵守 Zaitsev 规则，优先生成共轭体系的烯烃，不能生成共轭体系的优先生成双键碳上带取代基较多的稳定烯烃，且被消除的基团必须处于反式共平面的位置。例如：

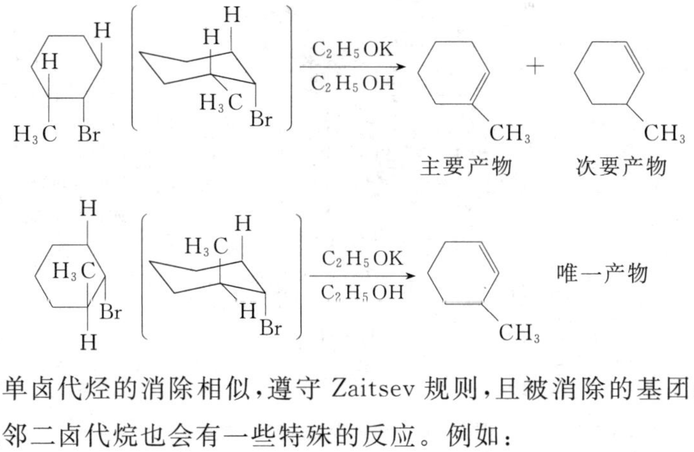

二卤代烃与单卤代烃的消除相似，遵守 Zaitsev 规则，且被消除的基团必须处于反式共平面的位置。但邻二卤代烷也会有一些特殊的反应。例如：

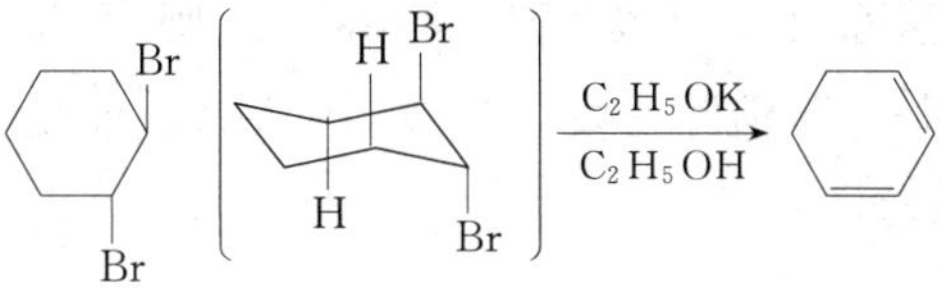

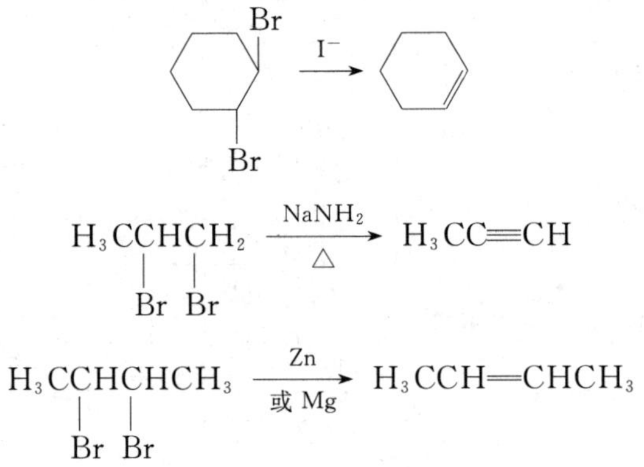

2.2.2 羟基的转换

羟基的转换通常有卤代、脱水、氧化以及生成酯和缩醛等反应，如图 2－6 所示。脱水反应又包括分子内脱水和分子间脱水，这些反应主要是醇羟基的反应，醇比酚更容易生成酯，酚羟基主要用酰卤或者酸酐来进行酯化。

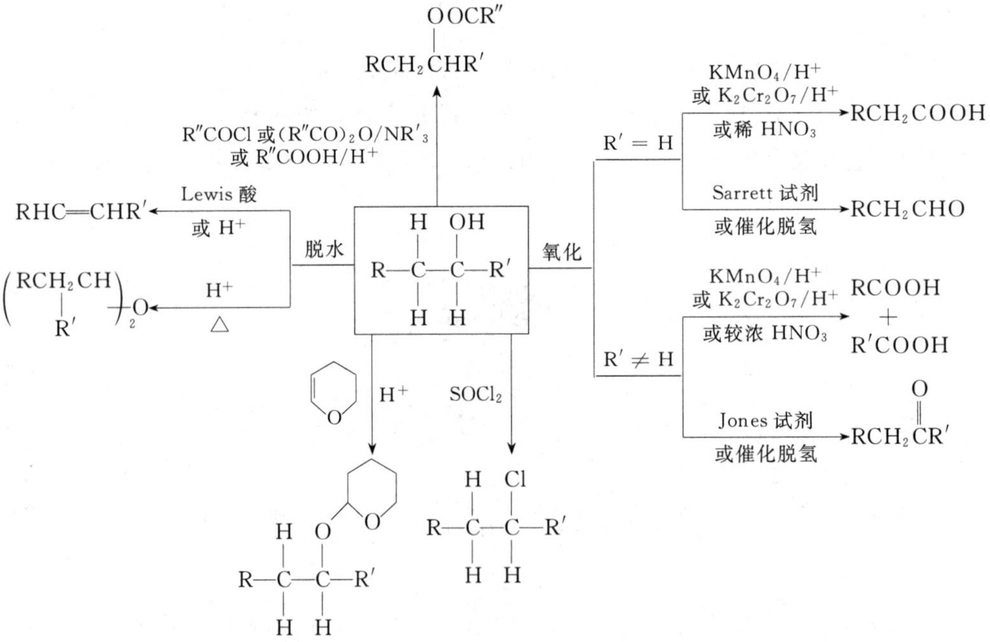

图 2－6　醇羟基的转换图示

醇的消除和卤代烃的消除反应相似，遵守 Zaitsev 规则，且被消除的基团必须处于反式共平面的位置。醇在酸性条件下消除易发生重排，在 Al_2O_3 催化下则不发生重排。例如：

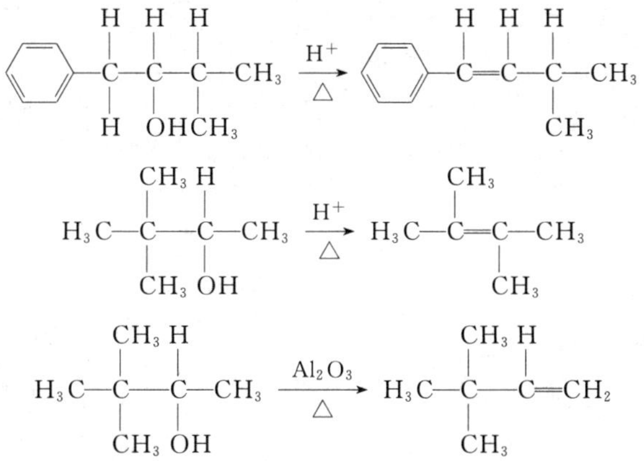

伯醇和仲醇容易被氧化，叔醇由于没有 α－H，不容易被氧化。当采用 Sarrett 试剂和 Jones 试剂分别对伯醇和仲醇氧化时，若反应物是不饱和醇，则只氧化醇羟基，而不氧化碳碳不饱和键。例如：

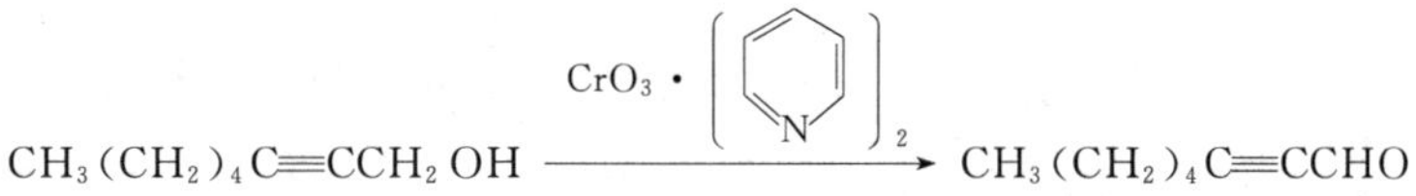

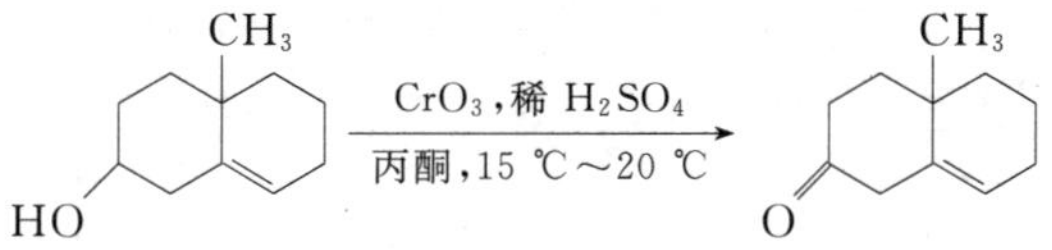

多元醇具有一般醇所具有的性质，但邻二醇结构的物质具有一些不同于一般醇的特性。例如：

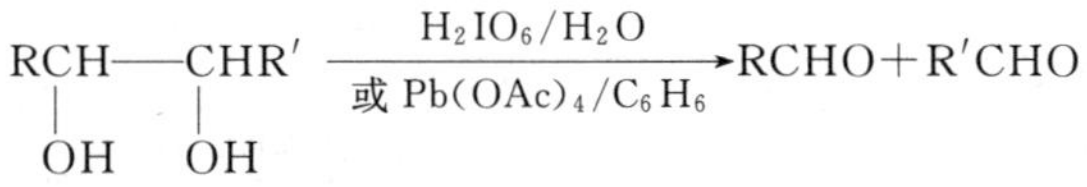

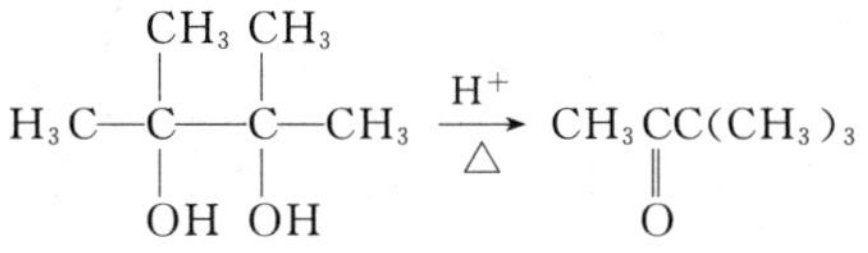

2.2.3　醛和酮的转换

醛和酮是有机合成中的重要中间体。由于羰基的结构及其对 α－H 的影响，醛和酮可以发生亲核加成反应、缩合反应、还原反应和氧化反应，如图 2－7 所示。

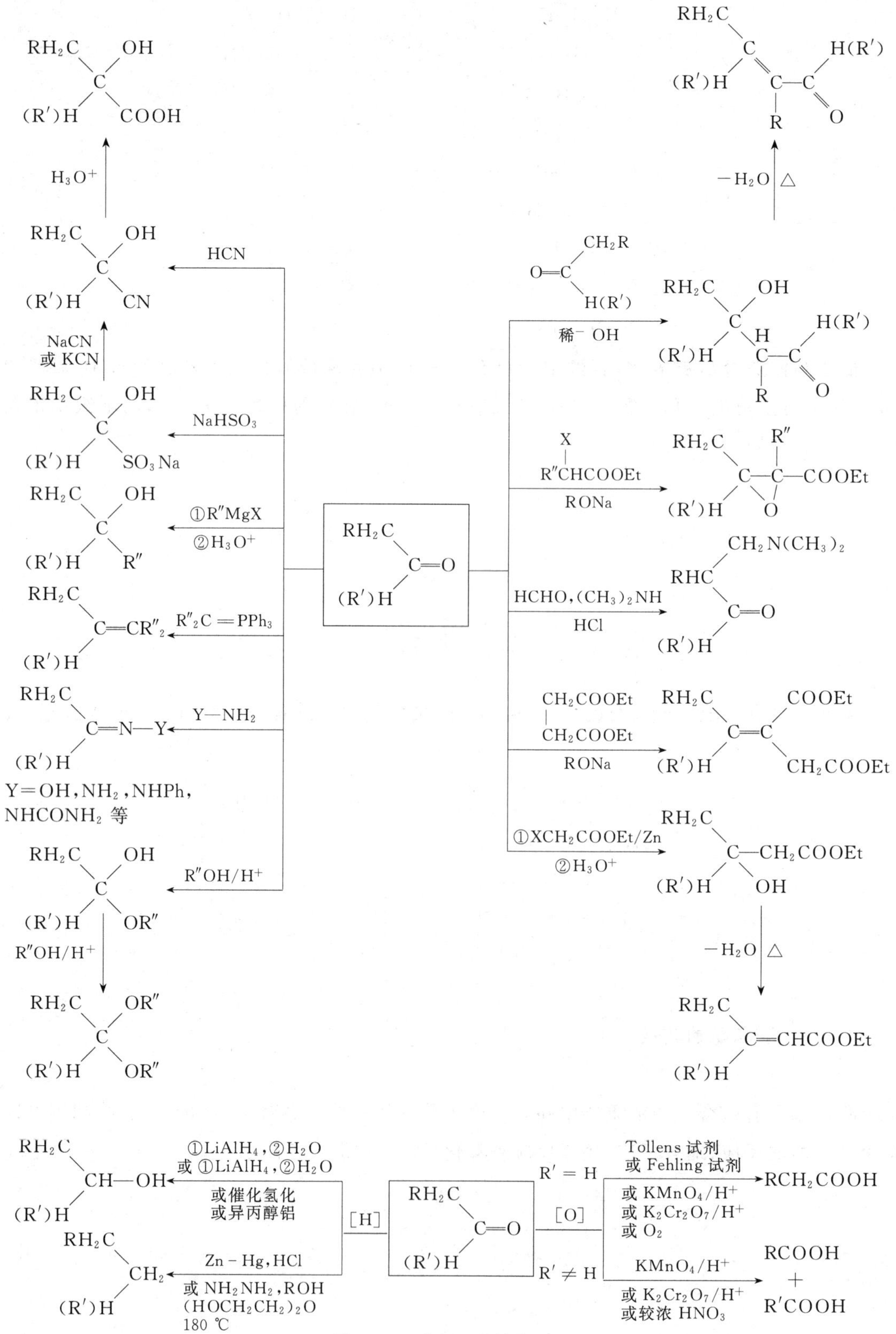

图 2－7　醛和酮的转换图示

酮类化合物被过氧酸氧化会发生 Baeyer - Villiger 氧化重排反应，即与羰基直接相连的碳链断裂，插入一个氧原子，形成酯。具体如下：

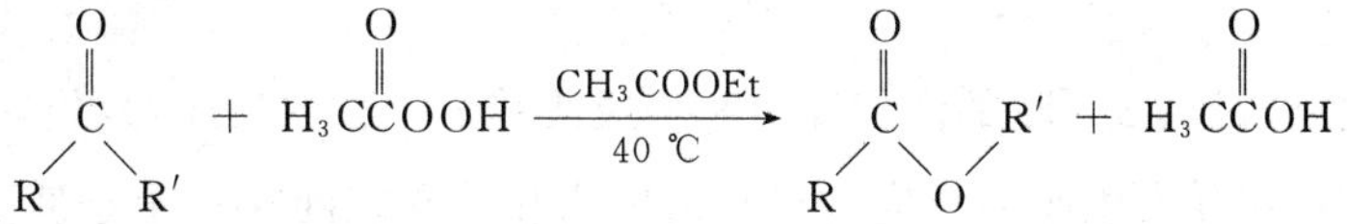

含 α - H 的醛和酮不仅可以发生缩合反应，也可发生 α -位的卤代反应，当 α -位带有三个氢原子时，即具有 $H_3C\overset{\overset{O}{\|}}{C}-$ 结构的醛酮，还可发生卤仿反应。由于反应试剂具有氧化性，因此具有 $H_3C\overset{|}{C}HOH$ 结构的醇能被氧化变成具有 $H_3C\overset{\overset{O}{\|}}{C}-$ 结构的醛酮，因此也可发生卤仿反应。具体如下：

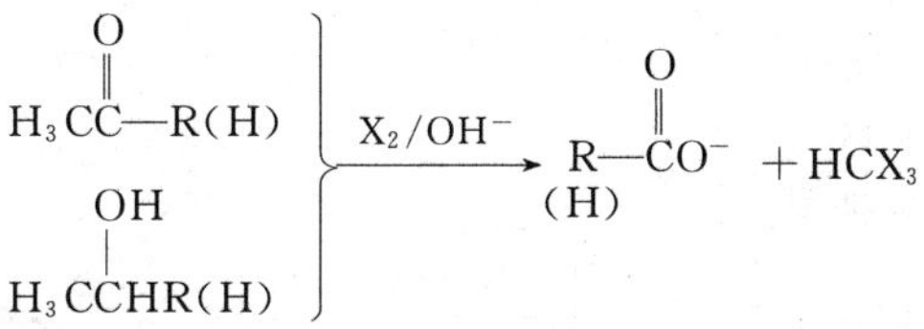

不含 α - H 的醛在浓氢氧化钠溶液的作用下会发生歧化反应，也称为 Cannizzaro 反应。例如：

$$2HCHO \xrightarrow{OH^-} CH_3OH + HCOO^-$$

$$PhCHO + HCHO \xrightarrow{OH^-} PhCH_2OH + HCOO^-$$

$$(HOCH_2)_3CCHO + HCHO \xrightarrow{OH^-} (HOCH_2)_3CCH_2OH + HCOO^-$$

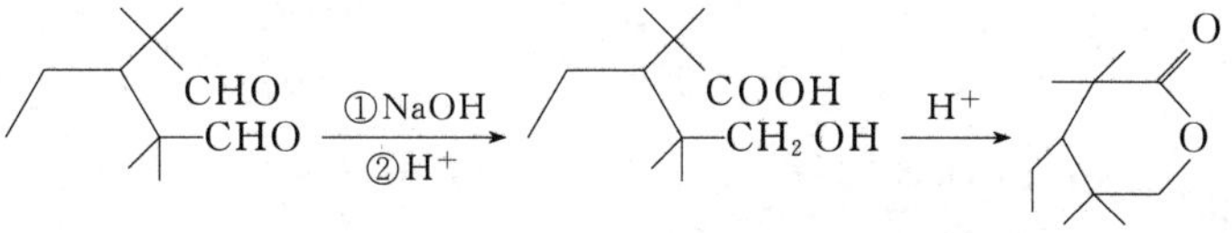

芳醛与含有 α 活性氢的醛或者酮可以发生缩合反应，即 Claisen - Schimidt 反应。反应产物极不稳定，得到脱水产物。例如：

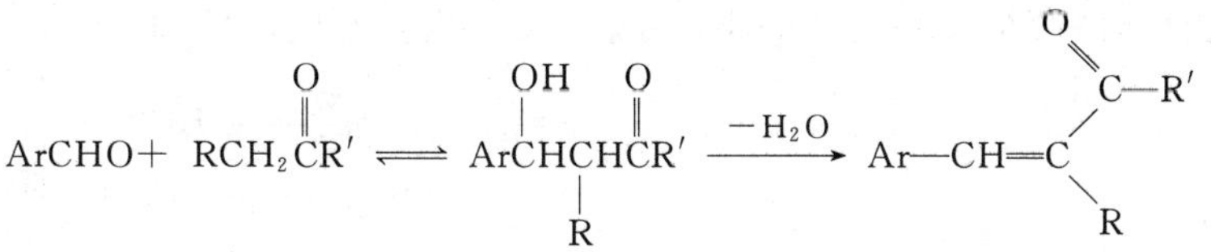

芳醛在氰化钠(钾)的催化下加热，可以发生双分子的缩合反应，生成 α -羟基酮，即发生安息香缩合反应。例如：

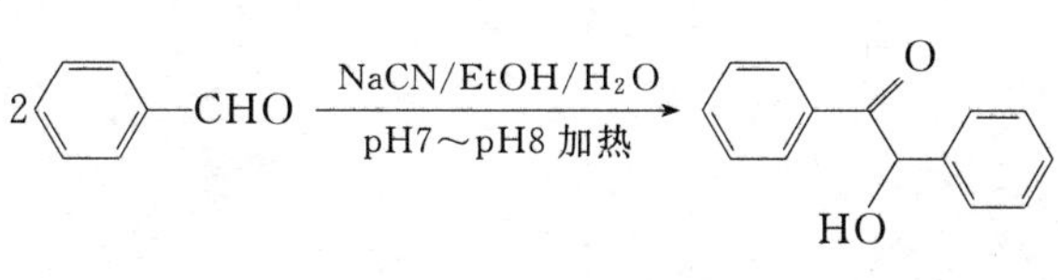

2.2.4 羧酸及其衍生物的转换

羧酸的主要反应是其 α - H 的卤代反应和生成羧酸衍生物的反应，当羧酸中羧基的 α 位连有强吸电子基团时，容易发生脱羧反应。羧酸衍生物和羧酸之间在一定条件下可以互相转换，各种羧酸衍生物之间根据反应活性和条件的不同，可以实现相互转换和各自的特殊反应，如图 2 - 8 所示。

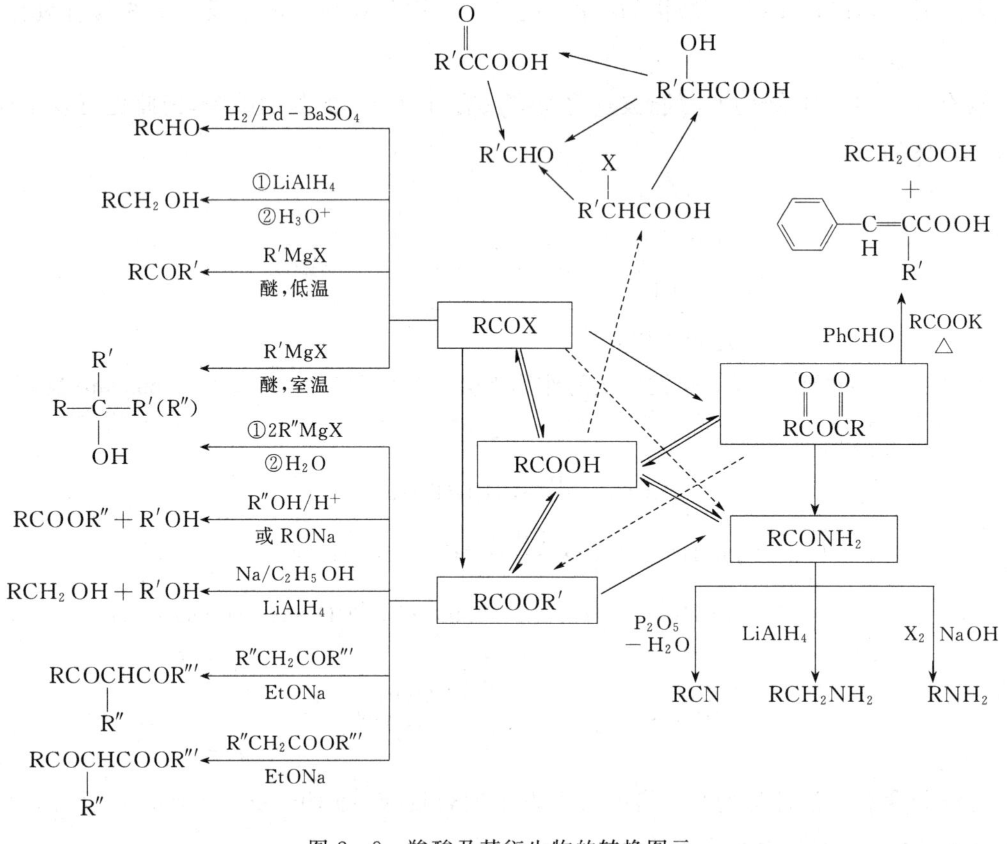

图 2 - 8 羧酸及其衍生物的转换图示

二元羧酸受热时，两个羧基之间的距离不同，反应也会不同。例如：

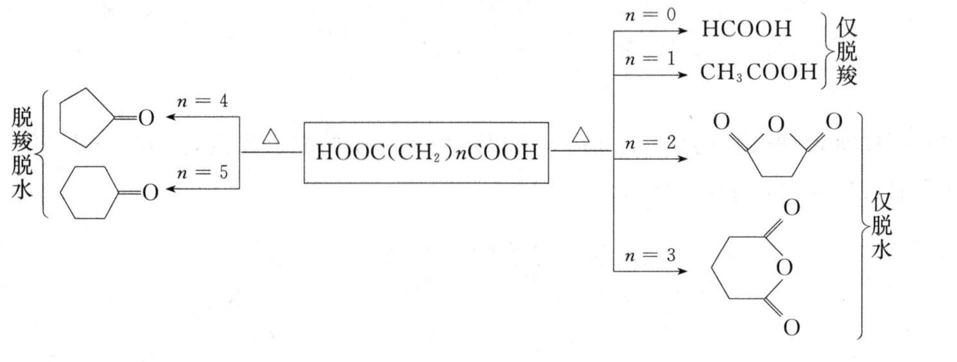

2.2.5　氨基的转换

氨基的氮原子上带有孤电子对，具有较强的亲核能力，与卤代烷发生反应可得到仲胺、叔胺及季铵盐，与酰卤和酸酐发生反应均可得到酰胺，与亚硝酸发生反应生成的重氮盐在有机合成上有重要意义。

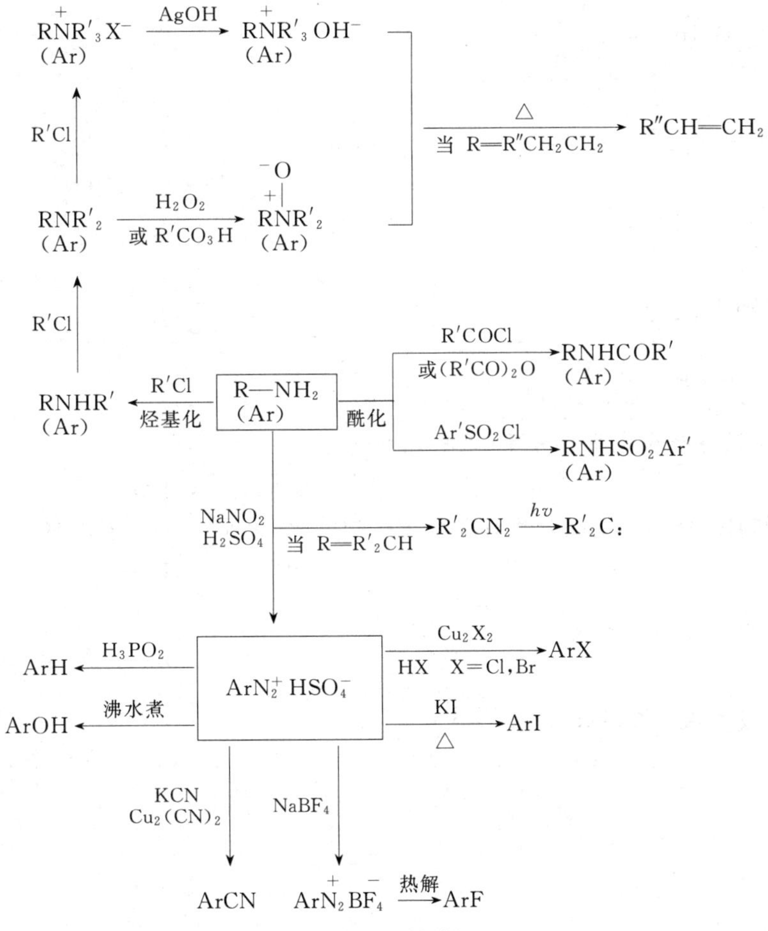

图 2－9　氨基的转换图示

习　　题

1. 完成下列反应方程式。

(1) $CH_2{=}CH{-}CH_3 \xrightarrow{NBS}$ 　　$\xrightarrow[\text{②}CH_3COCH_3\ \ \text{③}H_3O^+]{\text{①}Mg/\text{无水乙醚}}$

(2) 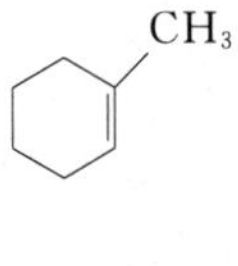 $+HBr \xrightarrow{ROOR}$

(3) $CH_3CH{=}CH_2 \xrightarrow[②NaOH,H_2O]{①Cl_2,h\nu} \qquad \xrightarrow{CrO_3/Py}$

(4) 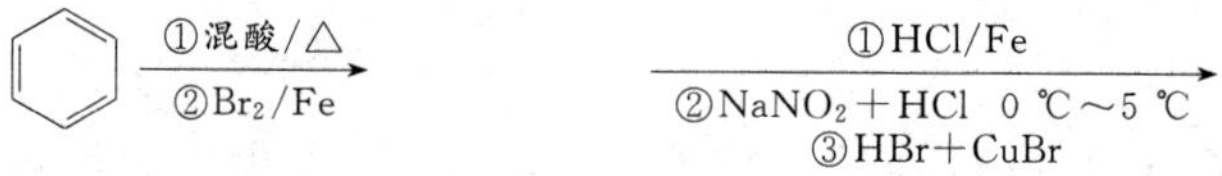

(5) 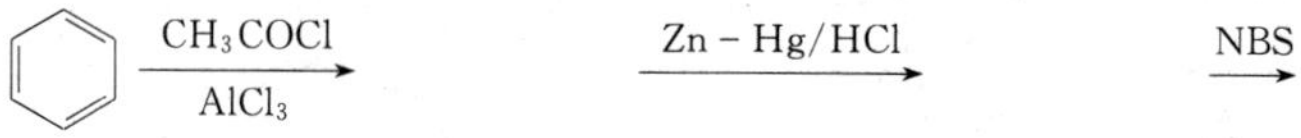

(6) 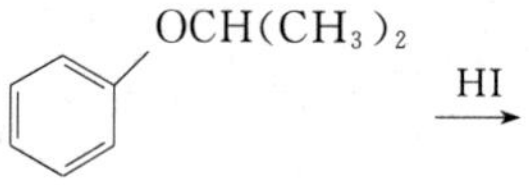

(7) 

(8) 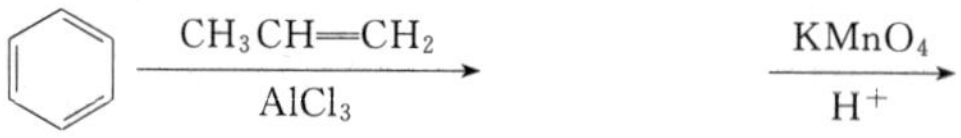

(9) $CH_3CHO \xrightarrow[H_3^+O]{HCN} \qquad \xrightarrow[-H_2O]{\triangle}$

(10) 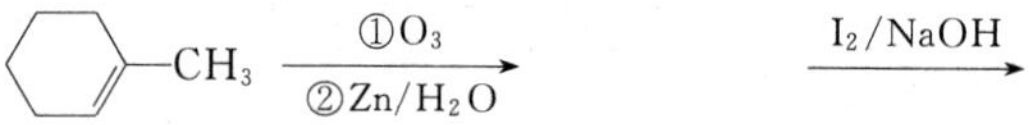

2. 用指定的原料合成目标分子(无机试剂任选)。

(1)由 HCHO 和 CH_3CHO 为原料合成 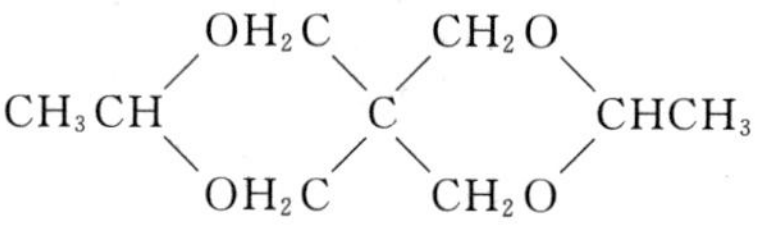

。

(2)以环戊酮为原料合成 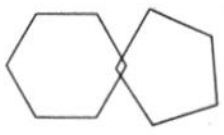。

(3)以异戊二烯为原料合成 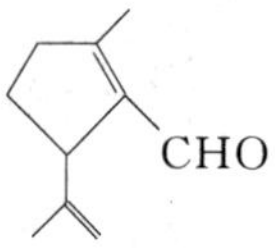

。

第3章

缩合反应

一般来说，缩合是指两个或两个以上分子失去某一简单分子（如 H_2O、HX、ROH、NH_3、N_2 等）形成较大的单一分子的反应，是一种形成碳碳单键的好方法。包括酸催化缩合和碱催化缩合两种方式。酸催化缩合反应包括芳烃、烯烃、醛酮和醇等在催化剂无机酸或 Lewis 酸催化下，生成正离子并与亲核试剂作用，从而生成碳－碳键或者碳－氮键等反应。碱催化缩合反应是指含活泼氢的化合物在碱催化下失去质子形成碳负离子并与亲电试剂的反应，这是一类用来增长碳链和合成环状化合物的反应。

3.1 羟醛缩合反应(aldol reaction)

在稀碱或酸的催化下含有 α－H 的醛或酮相互反应生成 β－羟基醛或酮，进一步脱水可生成具有共轭体系的 α，β－不饱和醛酮的反应，称为羟醛缩合反应（aldol reaction）。根据反应物的特点，羟醛缩合反应可分为自身羟醛缩合反应和交叉羟醛缩合反应。羟醛缩合反应常采用碱类试剂进行催化，如：NaOH、KOH、Na_2CO_3、K_2CO_3、$NaHCO_3$、$Ca(OH)_2$、RONa、R_3N 等。也可采用酸类试剂进行催化，如：HCl、H_2SO_4、$AlCl_3$、BF_3、$FeCl_3$、$ZnCl_2$、$SnCl_4$ 等。

3.1.1 自身羟醛缩合反应

相同醛或酮分子间的羟醛缩合反应为自身羟醛缩合反应，该类反应可使碳原子数增加 2 倍且反应为可逆反应。

碱催化下的反应机理为：

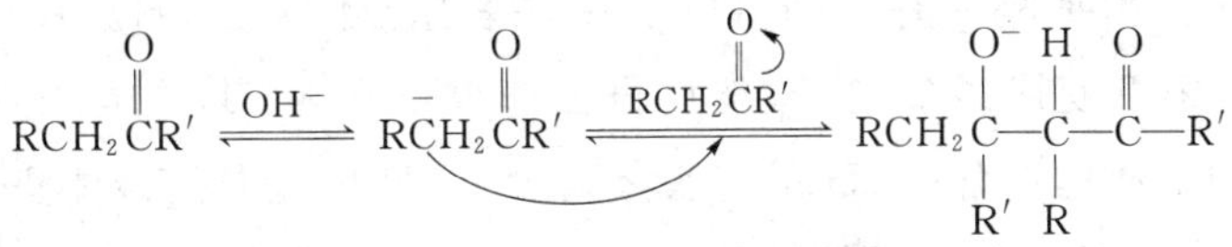

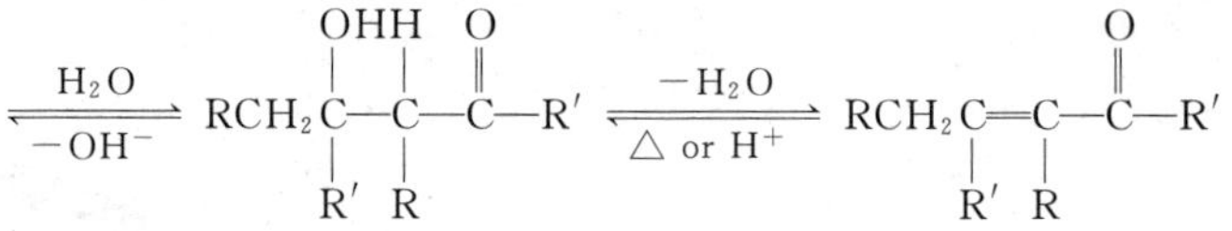

酸催化下的反应机理为：

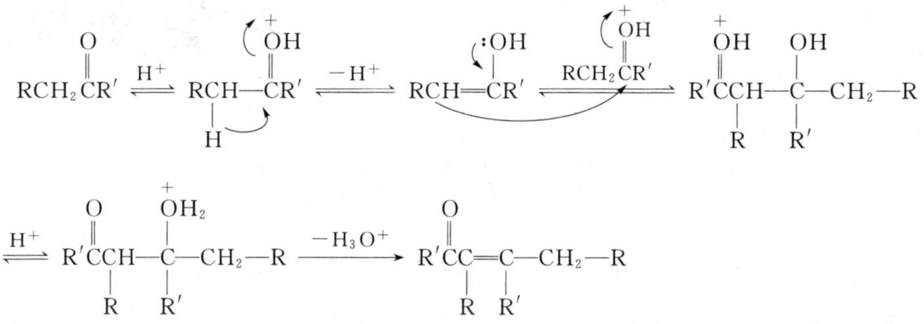

利用自身羟醛缩合反应可以合成聚氯乙烯塑料工业中大量使用的增塑剂异辛醇(2-乙基-1-己醇)，反应过程为：

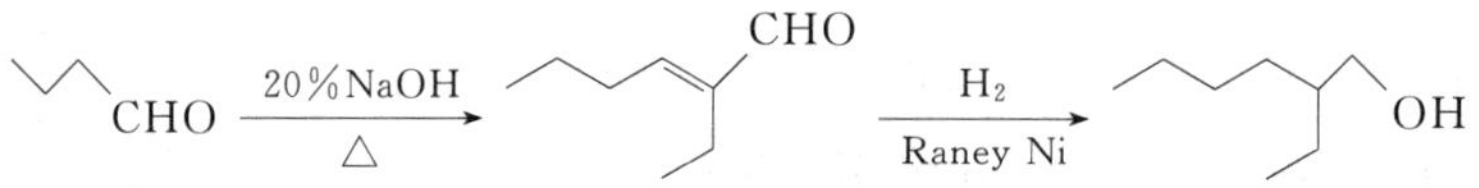

酮也可以发生羟醛缩合反应，但其偏向反应物一边，所得缩合产物收率偏低，使用索氏提取器(Soxhlet extractor)可以使平衡不断向右边移动，得到高产率的羟酮产物——二丙酮醇。二丙酮醇在路易斯酸碘的催化下，失水形成亚异丙基丙酮。亚异丙基丙酮继续和另外一分子丙酮发生羟酮缩合反应，进一步利用插烯规则，可制备出3,5,5-三甲基-2-环己烯酮。例如：

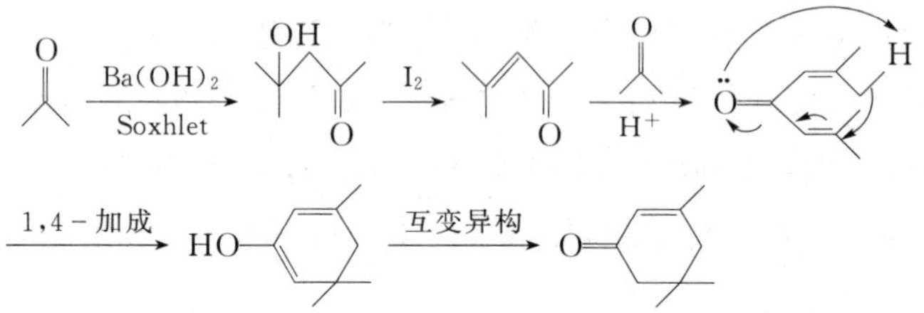

3.1.2 交叉羟醛缩合反应

不同醛或酮分子间的羟醛缩合反应为交叉羟醛缩合反应，当两分子不同醛或酮都含有α-H时可能生成4种混合物，在有机合成中意义不大。因此，合成上有意义的交叉羟醛缩合反应，通常是一分子醛或酮含有α-H，另一分子醛或酮不含α-H。含有α-H的醛或酮在碱性催化剂的作用下变成碳负离子，然后再去进攻不含α-H的醛或酮，生成占优势的β-OH醛或酮。如果使用不含α-H的芳香醛与含α-H的脂肪醛或酮进行缩合，则在室温下就可以生成产率很高的共轭体系较大的α,β-不饱和羰基化合物。一般情况下，该α,β-不

饱和羰基化合物为 *E* 型产物，这种交叉羟醛缩合反应称为克莱森-施密特反应（Claisen - Schmidt reaction），是合成侧链上含两种官能团的芳香族化合物及含几个苯环的脂肪族体系中间体的重要方法。例如：

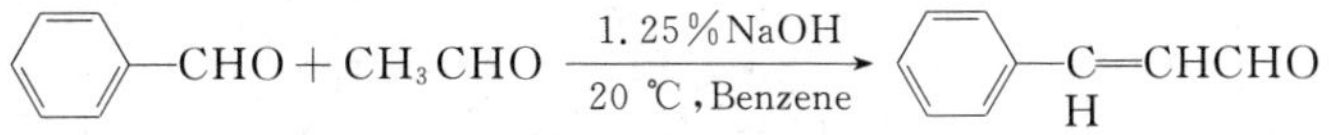

交叉羟醛缩合反应可以扩展为不含 α - H 的醛与含活泼 α - H 的醛含有强吸电子基团（如硝基、氰基等）的极性化合物活泼 α - H 之间发生缩合。例如：

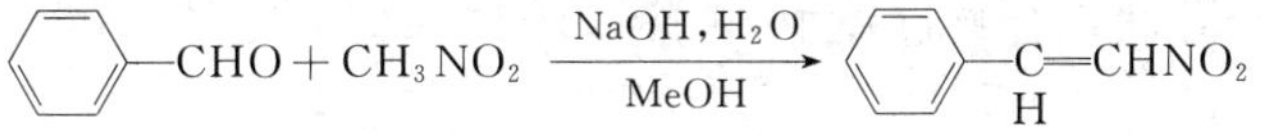

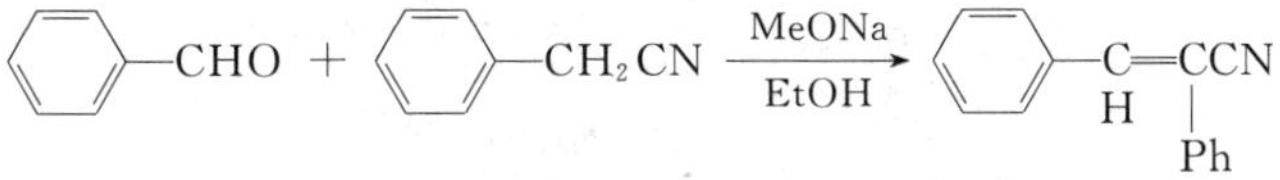

利用交叉羟醛缩合反应可以合成防日光制品的原料二苄叉丙酮（二苯乙烯基甲酮）。

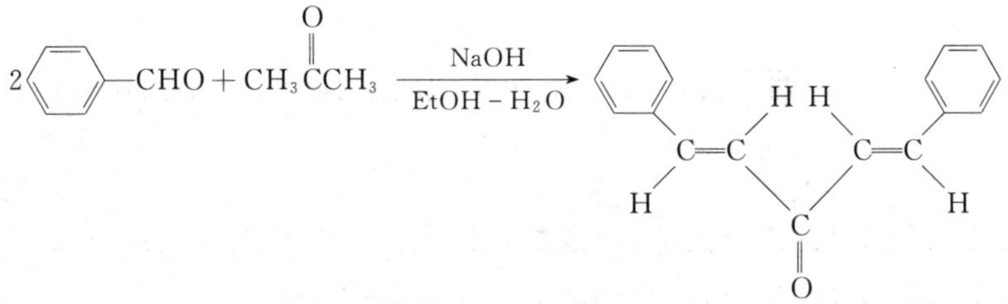

又如从柠檬醛 A 制备假紫罗兰酮也是一种交叉的羟醛缩合：

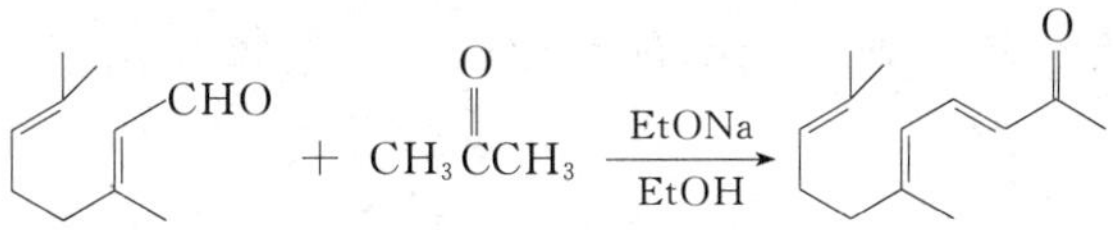

甲醛没有活泼 α - H，也可以发生交叉羟醛缩合反应生成羟甲基醛，利用该反应可以合成季戊四醇，季戊四醇是制造醇酸树脂涂料、聚氯乙烯增塑剂、表面活性剂及炸药等的原料。

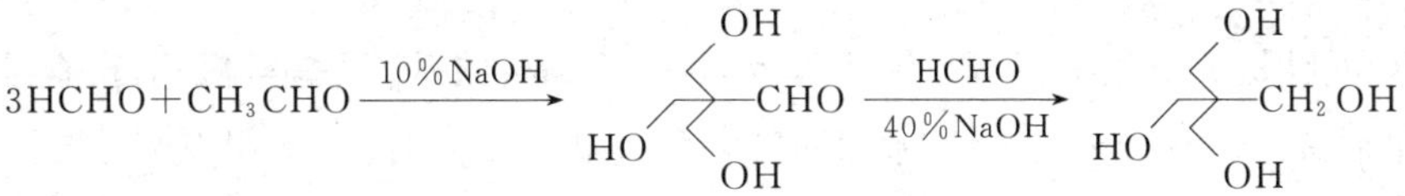

3.1.3　分子内羟醛缩合

在酸或碱的催化下，分子内既有羰基又有烯醇负离子时，容易发生分子内的羟醛缩合，继之以脱水，这是制备环状 α,β -不饱和酮广泛应用的方法，尤其在合成五元及六元环时，反应顺利，产率较高。例如：

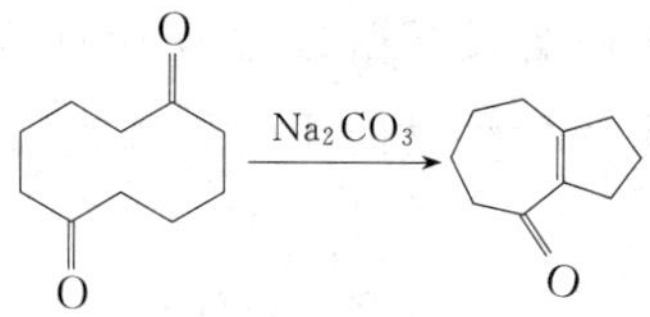

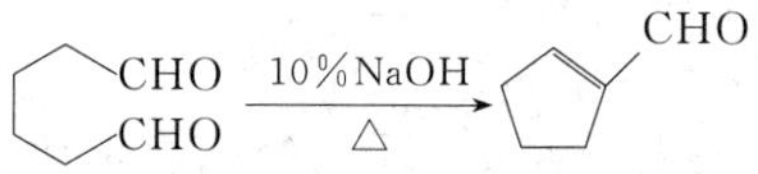

当分子中同时存在醛和酮羰基时，由于醛羰基的亲核加成活性强于酮羰基，在发生分子内羟醛缩合形成闭合环状化合物过程中，一般以酮羰基失去 α－H，继而与醛羰基发生加成方式为主。例如：

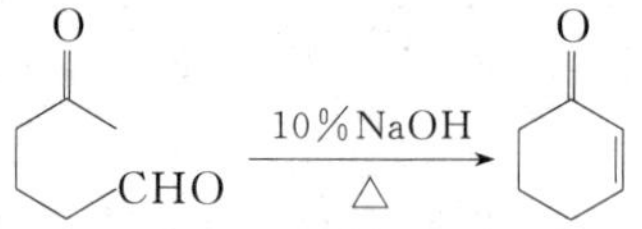

3.2 克莱森(Claisen condensation reaction)

酯与酯在强碱作用下的缩合反应，或酮的烯醇负离子与酯之间的缩合反应生成 β-羰基化合物的反应称为克莱森酯缩合反应(Claisen condensation reaction)。

许多 α-单取代酯可以发生这种自身的 Claisen 缩合反应，以较高的产率生成 β-酮酸酯，如含有 α－H 的酯和含活泼亚甲基的羰基化合物在强碱作用下缩合，生成 β-羰基化合物。反应通式为：

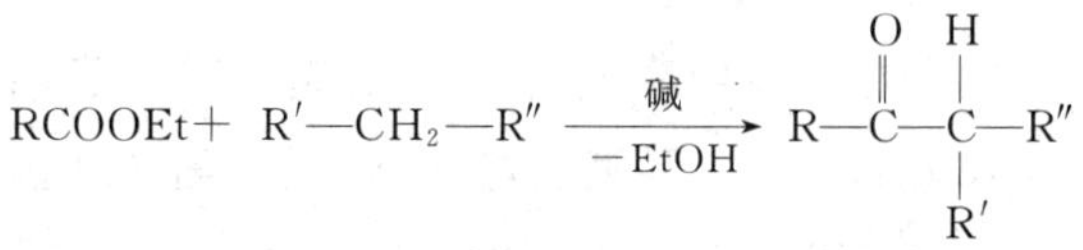

R 和 R′可以是 H、烷基、芳基、杂环基等，R″为酯基、羰基、氰基等吸电子基团。常用的强碱性催化剂有乙醇钠、叔丁醇钾、叔丁醇钠、氢化钾、氢化钠、三苯甲基钠、二异丙胺基锂等。

反应的机理为含活泼亚甲基的化合物在强碱的催化下首先形成碳负离子，然后进攻酯的羰基碳原子，π 键打开生成氧负离子，接着烷氧基离去，恢复羰基的稳定结构，生成 β-羰基化合物。β-羰基化合物的 α－H 在碱的作用下变成碳负离子，该碳负离子为较强的碱，很容易从溶液中得到质子氢变成稳定的 β-羰基化合物。

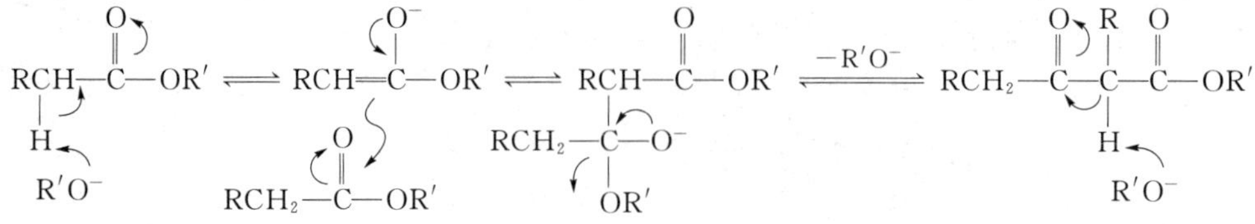

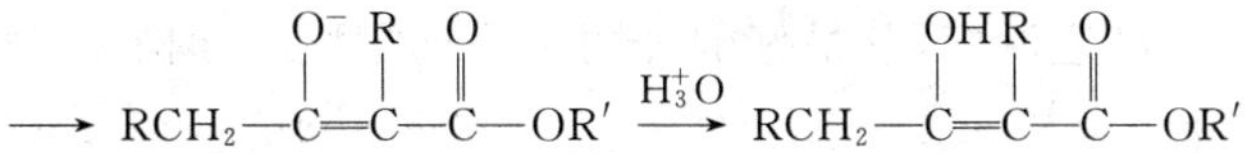

乙酸乙酯在乙醇钠的作用下，通过自身 Claisen 缩合反应生乙酰乙酸乙酯，反应通过生成的碳负离子与乙酸乙酯发生加成－消除，由于生成的乙酰乙酸乙酯酸性比乙醇强，最后一步发生质子转移，不可逆的生成烯醇负离子，再经酸化，即得到缩合产物乙酰乙酸乙酯。该机理中前几步都是可逆反应，最后一步质子转移不可逆，这是反应能进行完全的原因。

Claisen 酯缩合是制备 β－酮酸酯和 1,3－二酮的重要方法，也是增长碳链的有效方法。根据原料的不同，Claisen 酯缩合可以分为酯酯缩合和酯酮缩合。

3.2.1　酯酯缩合

酯与酯缩合可发生在含两个 α－H 的相同的酯之间，也可以发生在不同的酯之间。前者产物是单一的 β－酮酸酯，如乙酸乙酯在醇钠下的缩合；后者如果两种酯均含有 α－H，则可以生成四种的 β－酮酸酯混合物，一般没有实用价值。如果其中之一为不含 α－H 的酯（如甲酸乙酯、草酸二乙酯、苯甲酸甲酯、碳酸二乙酯）时，则不同酯之间的缩合反应仍可得到单一的 β－酮酸酯，例如：

$$CH_3CO_2Et + HCO_2Et \xrightarrow{EtONa} HCOCH_2CO_2Et$$

$$CH_3CO_2Et + \begin{array}{c}CO_2Et\\ |\\ CO_2Et\end{array} \xrightarrow{EtONa} \begin{array}{l}CO_2Et\\ |\\ COCH_2CO_2Et\end{array}$$

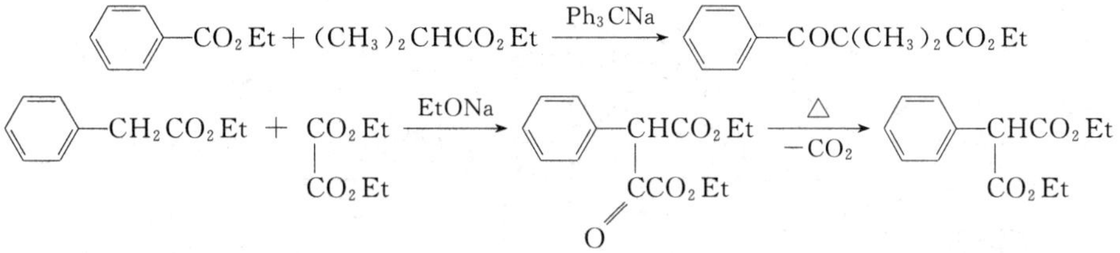

分子内的 Claisen 酯缩合称为迪克曼缩合（Dieckmann condensation reaction），一般常用乙醇钠、乙醇钾、叔丁醇钾和氢化钠等强碱作为催化剂。它可用于五至七元环的脂环酮类化合物的合成，也可用于天然产物和甾体类化合物的合成，例如：

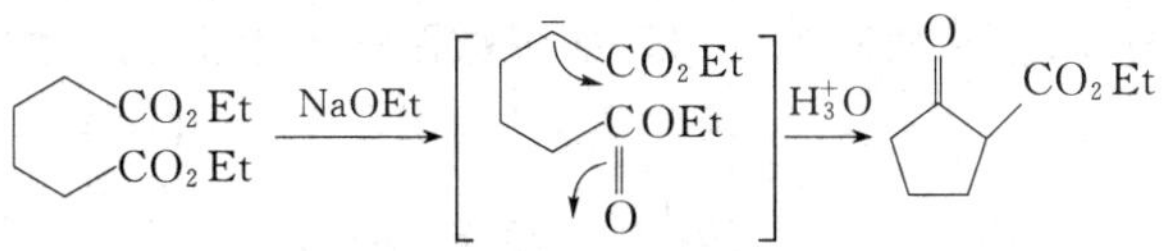

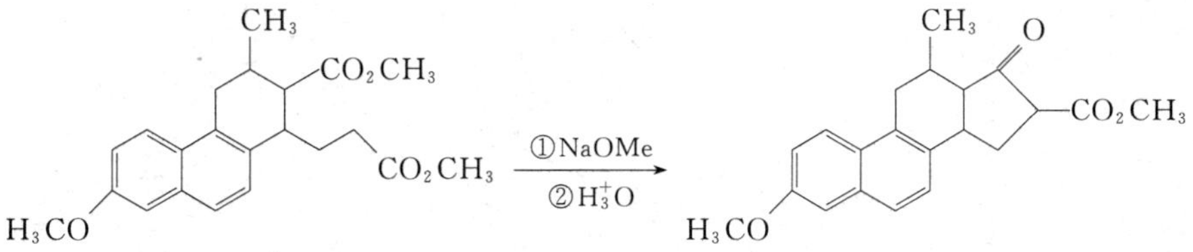

Dieckmann 缩合为可逆反应，其最好的证明是下列酮酯的异构化，例如：

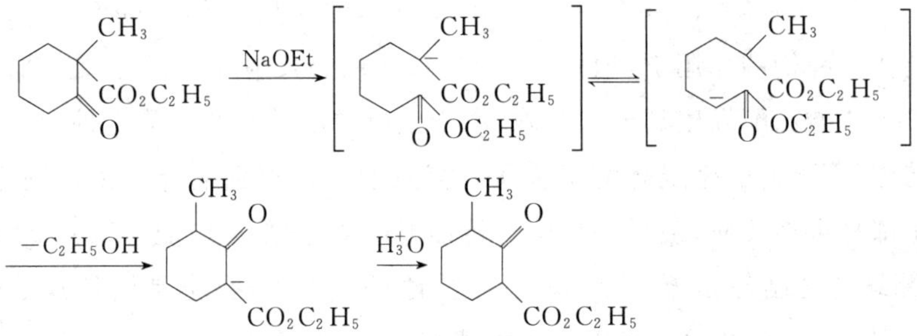

对称的二酯发生 Dieckmann 缩合时，无论哪一个 α-碳成为碳负离子，其闭环后形成的产物均相同，而对于不对称的二酯，如 α-甲基庚二酸二乙酯，则经此缩合后应该有两种产物生成，反应如下：

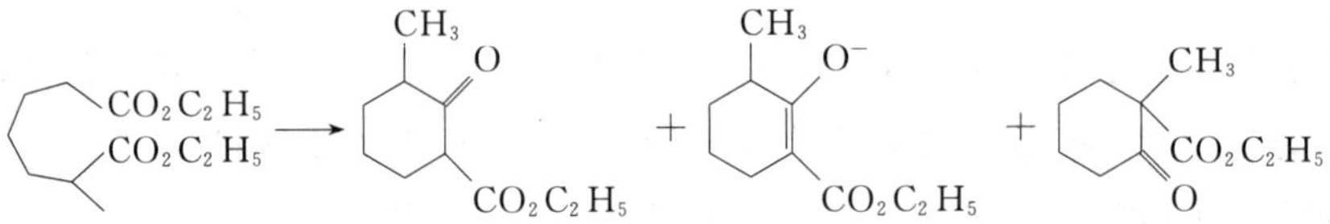

2　　　3　　　4

但实际上仅生成了单一产物 2，这是由于该缩合为可逆反应，而且作为烯醇离子产物 3 其闭环方向趋向于使其变得稳定，因而优先生成产物 2。

通常情况下，Dieckmann 缩合反应制备大环化合物时产率不高，因为此时容易发生分子间的 Claisen 缩合反应。但若在稀溶液条件下反应，也可以较高的产率制得大环化合物，这是由于稀溶液条件下反应可有效避免分子间缩合，而有利于分子内缩合，例如：

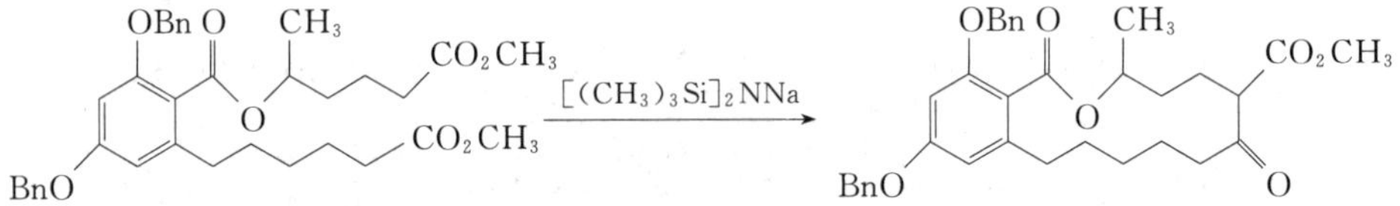

3.2.2 酯酮缩合

酯与酮的混合物在强碱的催化下进行缩合的反应称为酯酮缩合。醛、酮和酯各有一个 α-H，碱催化下缩合得到四个产物，在合成过程中没有意义，最有意义的是通常为一分子酮含有活泼 α-H，另一分子酯不含活泼 α-H，如甲酸酯、芳酸酯、乙二酸酯。例如：

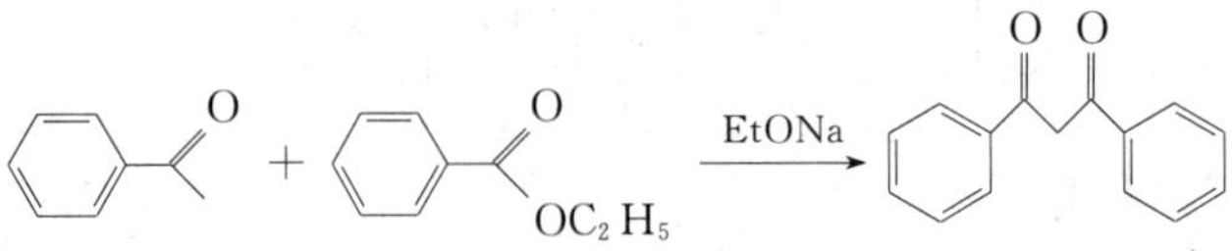

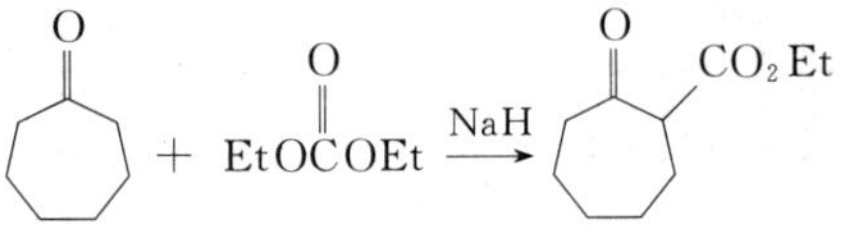

乙二酸酯与酮缩合，使酮转化为 β-酮酸酯：

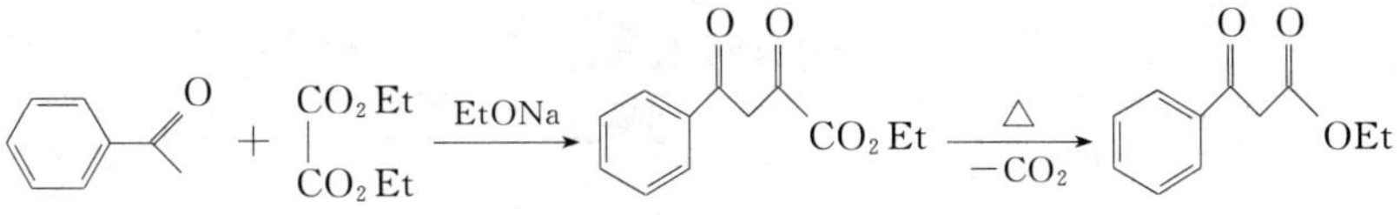

3.2.3　**斯陶伯缩合**(Stobbe condensation)

在碱存在下，酮与丁二酸酯的反应生成 α-亚丙基丁二酸单乙酯，称为 Stobbe 缩合，常用的催化剂为 $t-C_4H_9OK$、RONa、NaH 等，通式如下：

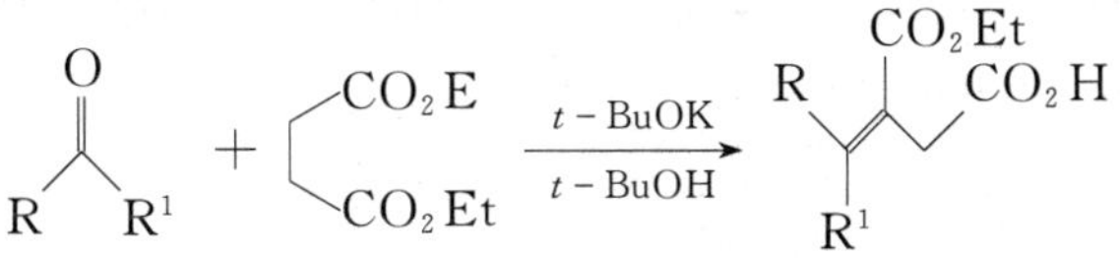

反应机理如下：

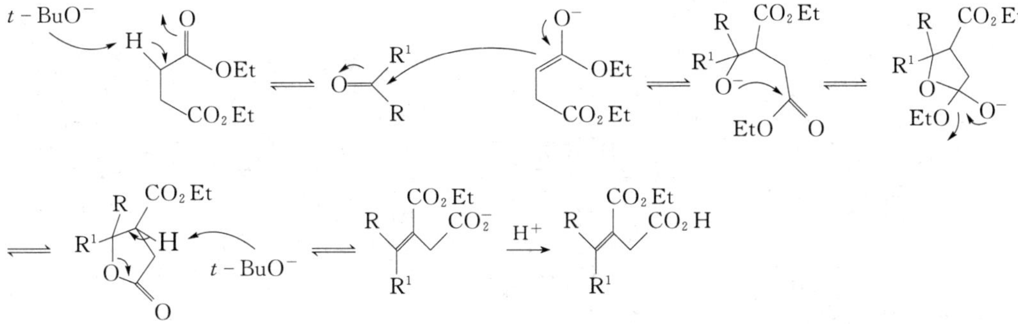

在 Stobbe 缩合反应中，叔丁醇钾首先夺取丁二酸二乙酯的一个 α-氢原子形成烯醇负离子，然后该烯醇负离子进攻醛或酮的羰基发生 Aldol 亲核加成，得到的 β-醇氧负离子与分子内的酯缩合反应形成内酯，内酯在叔丁醇钾的催化下开环，消除、酸化得目标产物 α-亚丙基丁二酸单酯衍生物。

Stobbe 缩合产物在强酸中加热水解可以发生脱羧反应，得到较原来醛或酮增加三个碳原子的不饱和羧酸。

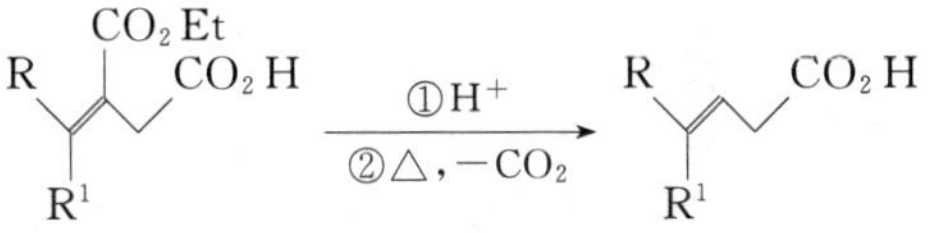

若以芳醛或芳酮为原料，则生成的不饱和羧酸经催化还原后，再经分子内的 Friedel-Crafts 反应可合成环己酮的稠环衍生物，如利用苯甲醛合成 α-萘满酮。

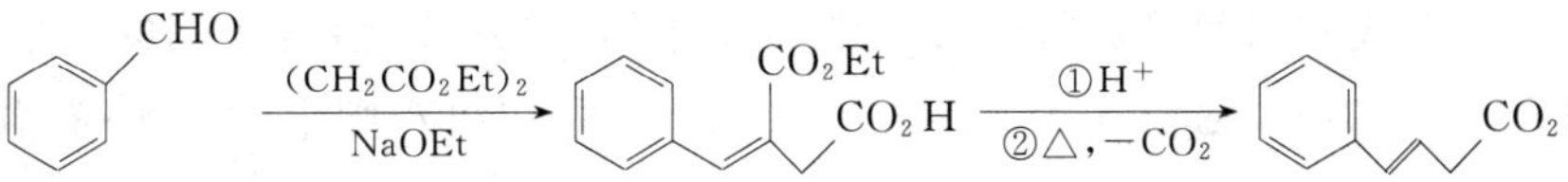

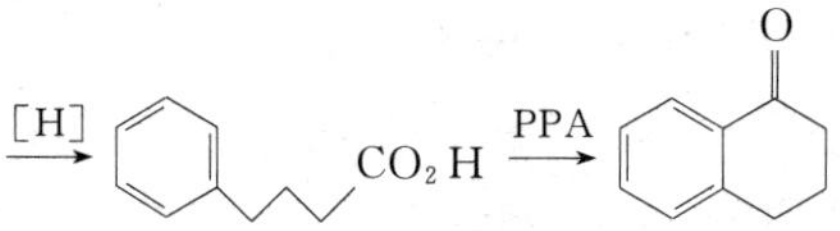

3.3 碳负离子参与的其他重要的缩合反应

3.3.1 安息香缩合反应(benzoin condensation)

苯甲醛在氰离子的催化作用下，发生双分子缩合生成安息香(benzoin)，这类反应称为安息香缩合反应(benzoin condensation)。

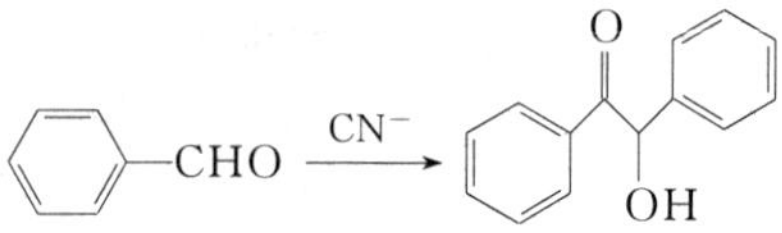

反应机理如下：

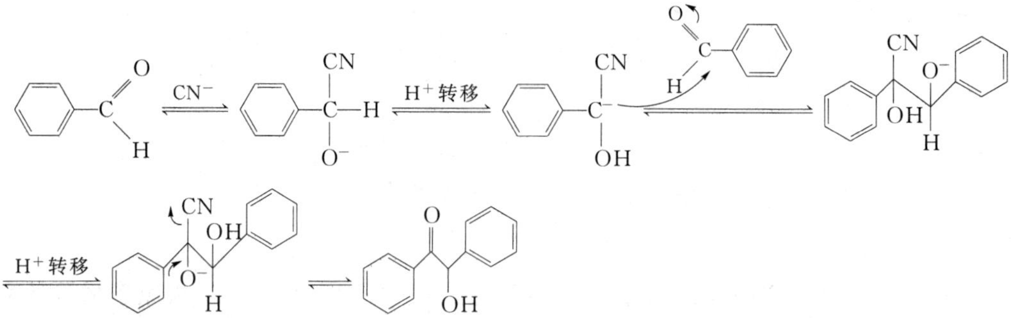

人们对安息香缩合反应有一个重大改进，即采用维生素 B_1(硫胺素，thiamine)作为催化剂产生负碳离子，代替剧毒的 CN^-，例如：

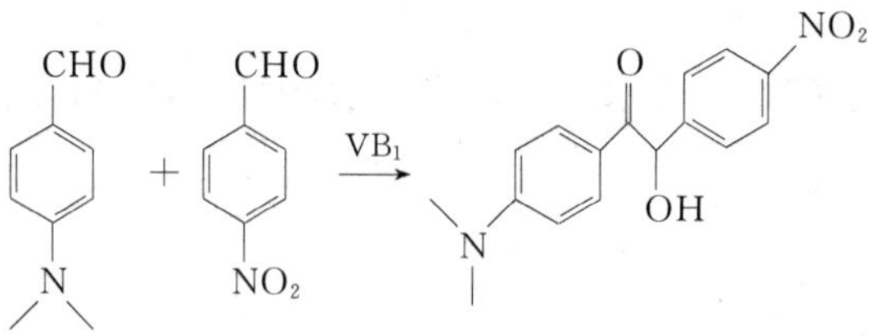

3.3.2 瑞福马斯基反应(Reformatsky reaction)

醛或酮与 α-溴代酸酯和锌在惰性溶剂中相互作用，得到 β-羟基酸酯的反应称为瑞福马斯基反应(Reformatsky reaction)。如果进一步发生脱水反应，则生成 α,β-不饱和酸酯。

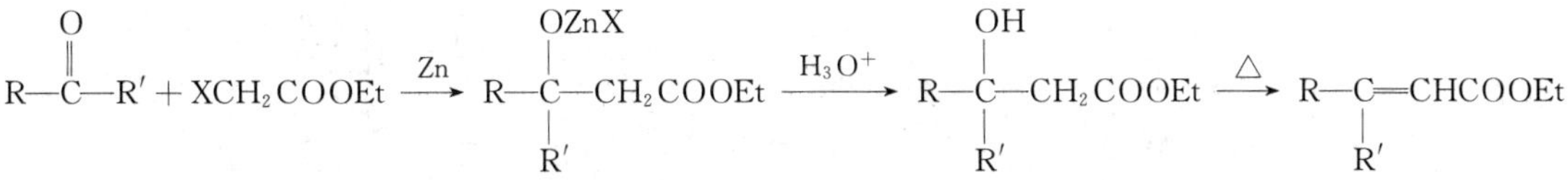

α-卤代(氯或溴)羧酸酯与金属锌反应生成有机锌试剂,它的性质与 Grignard 试剂相类似,但活性较 Grignard 试剂小,也能与醛、酮进行加成反应,但不能与酯羰基发生反应。其反应机理如下:

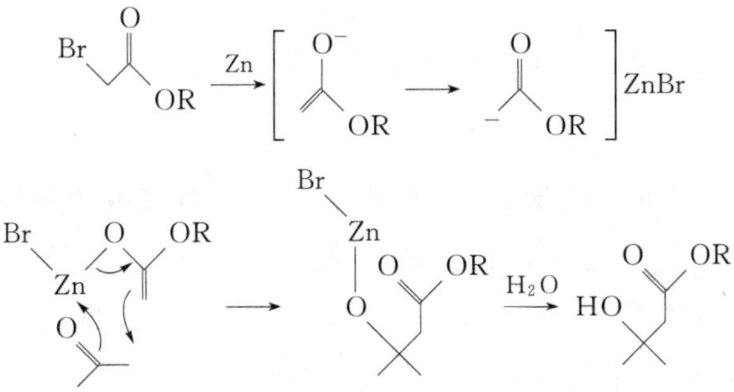

反应中应使用无水有机溶剂,常见有机溶剂包括乙醚、四氢呋喃、苯、二甲氧基甲烷、二甲基亚砜等。如甲瓦龙酸内酯(MVA)的合成:

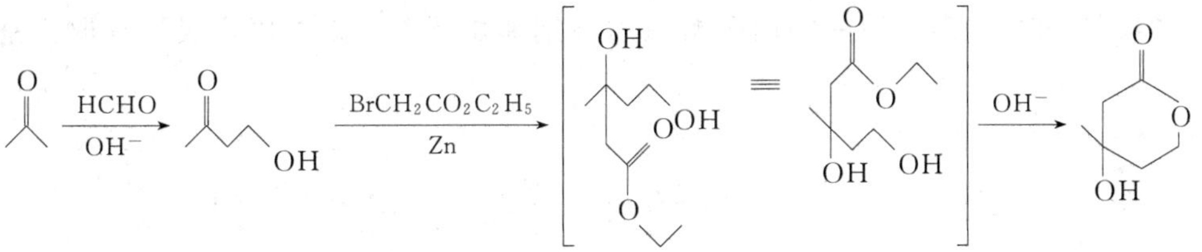

3.3.3 伯琴反应(Perkin condensation)

不含 α-H 的芳香醛在强碱弱酸盐(如醋酸钾、碳酸钾)的催化下加热与含 α-H 的脂肪酸酐(如丙酸酐、乙酸酐)脱水缩合,生成 β-芳基 α,β-不饱和羧酸的反应,称为 Perkin 反应。通常使用与脂肪酸酐相对应的脂肪酸盐为催化剂,也可以使用三乙胺或者碳酸钾作为碱催化此反应。产物为较大基团处于反位的烯烃。以脂肪酸盐为催化剂时,反应的通式为:

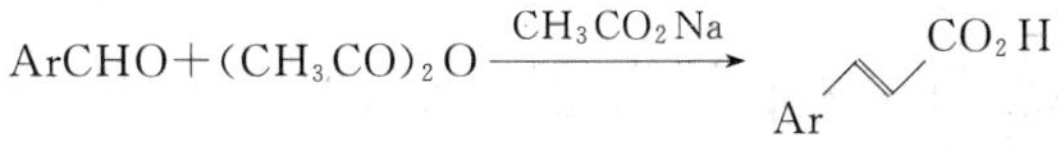

其中,Ar 为芳基。反应的机理表示如下:

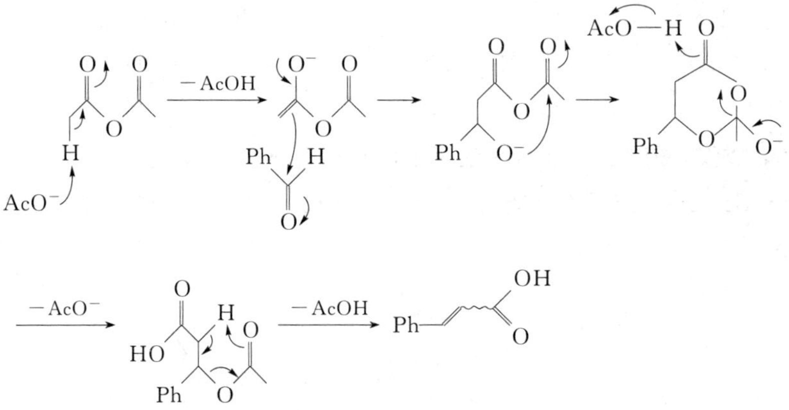

取代基对 Perkin 反应的难易有影响，如果芳基上连有吸电子基团（如硝基、卤素）会增加醛羰基的正电性，易于受到碳负离子的进攻，使反应易于进行，且产率较高；相反，如果芳基上连有供电子基团（如甲基、氨基）会降低醛羰基的正电性，碳负离子不易进攻醛羰基上的碳原子，使反应难于进行，产率较低。

Perkin 反应的缺点是由于脂肪酸酐的 α－H 的酸性很弱，反应需要在较高的温度和较长的时间下进行。例如，苯甲醛与乙酸酐在乙酸钠催化下在 170 ℃～180 ℃温度下加热 5 小时，得到肉桂酸。若苯甲醛与丙酸酐在丙酸钠催化下反应则可以合成带有取代基的肉桂酸。

$$PhC(=O){-}H + CH_3COOCOCH_3 \xrightarrow[\triangle]{CH_3COONa} PhCH{=}CHCOOH$$

$$PhC(=O){-}H + CH_3CH_2COOCOCH_2CH_3 \xrightarrow[\triangle]{CH_3CH_2COONa} PhCH{=}C(CH_3)COOH$$

Perkin 反应的主要应用是合成香料——香豆素，在乙酸钠催化下，水杨醛可以与乙酸酐反应一步合成香豆素。

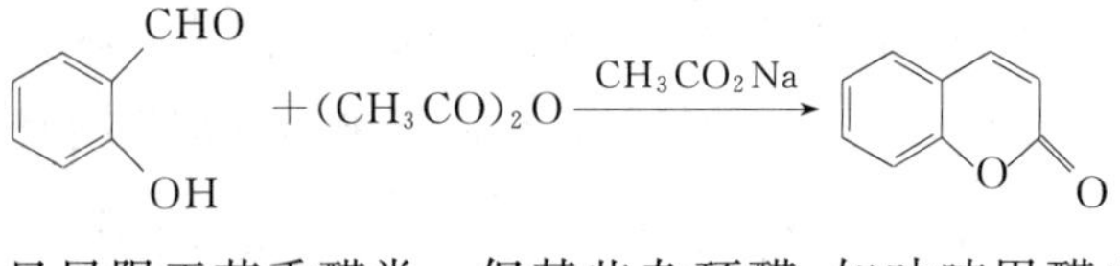

Perkin 反应一般只局限于芳香醛类。但某些杂环醛，如呋喃甲醛也能发生 Perkin 反应产生呋喃丙烯酸，这个产物是医治血吸虫病药物呋喃丙胺的原料。

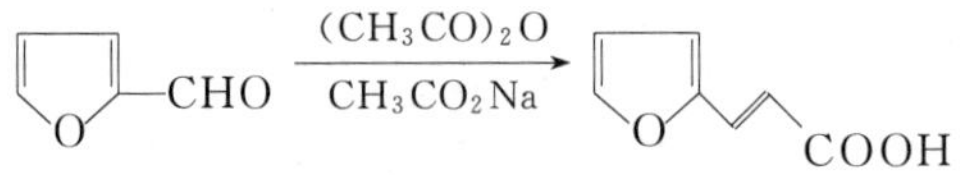

与脂肪酸酐相比，乙酸和取代乙酸具有更活泼的 α－H，也可以发生 Perkin 反应。如取代苯乙酸类化合物在三乙胺、乙酸酐的存在下，与芳香醛发生缩合反应生成取代 α－苯基肉桂酸类化合物，该产物为一种心血管药物的中间体。

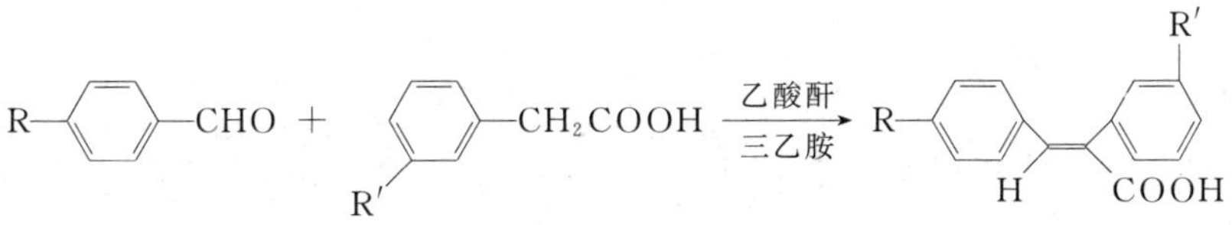

3.3.4　克脑文格反应(Knoevengel reaction)

含活泼亚甲基的化合物(如丙二酸、丙二酸酯、β-酮酸酯、苯乙腈、硝基亚甲基化合物、氰乙酸酯等)在弱碱性催化剂(氨、伯胺、仲胺、乙酰胺、吡啶、哌啶、季铵盐、氟化铯和氟化钾等)的催化下与醛、酮发生缩合,脱去一分子水生成 α,β-不饱和化合物的反应,称为克脑文格反应(Knoevengel reaction)。常用溶剂为乙醇、吡啶、苯等。高活性的亚甲基化合物先与弱碱反应生成碳负离子,降低了醛酮分子间发生醇醛缩合的可能性,因而该反应产率较高。该类反应的通式为:

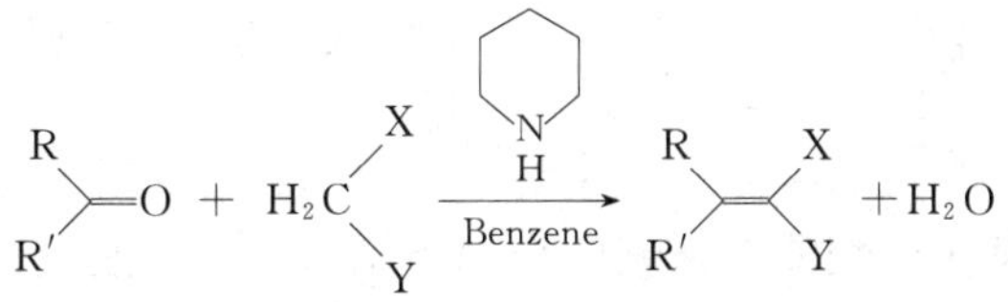

其中,X,Y 为吸电子基团:—CHO、—COR、—COOH、—COOR、—CN、—NO_2 等。NO_2 的吸电子能力很强,有一个就足以产生活泼氢。

该反应的机理为含活泼亚甲基的化合物在有机碱的催化下首先形成碳负离子,然后与醛酮的羰基发生亲核加成反应,通常醛的活性比酮的活性要高,产物主要是体积大的基团彼此处于反位的 α,β-不饱和化合物。通式如下:

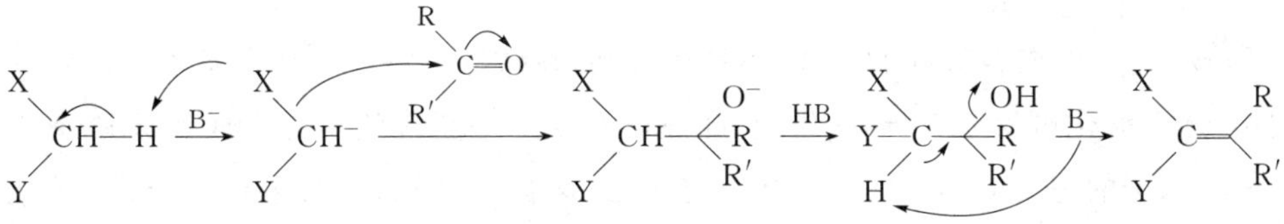

例如:

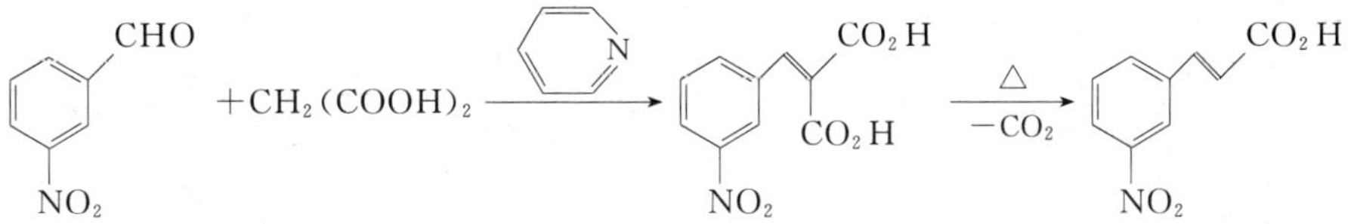

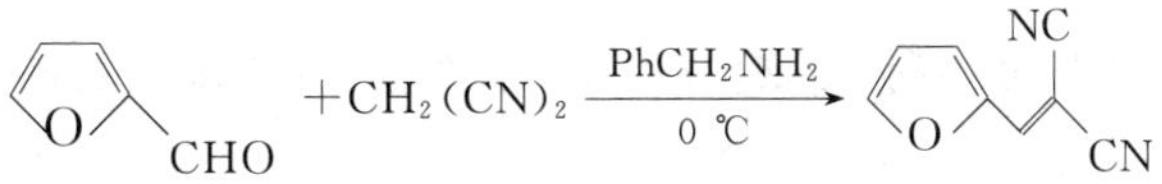

这类反应,有时不仅需要有机碱做催化剂,还需要有机酸共同催化才能发生反应,并可提高产率,可能是醛或酮先与胺缩合成为亚胺,然后再与碳负离子加成,例如香豆素-3-羧酸的合成:

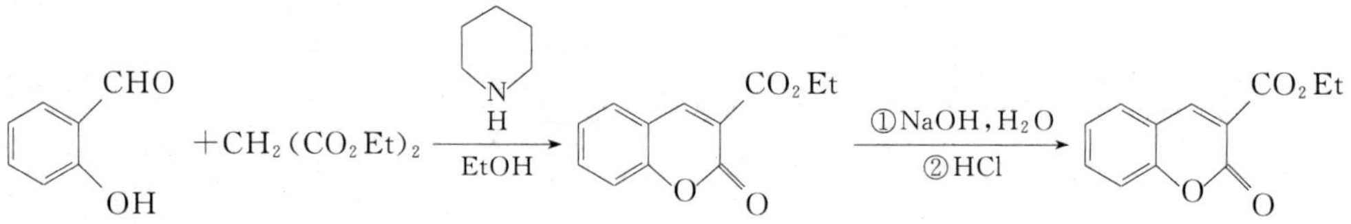

3.3.5 **达参反应**(Darzens condensation)

醛、酮与α-卤代羧酸酯在强碱(如叔丁醇钾、醇钠和氨基钠等)的作用下,缩合生成α,β-环氧羧酸酯的反应称为达参反应(Darzens condensation)。α-卤代羧酸酯通常为α-氯代羧酸酯。该反应用于脂肪醛时收率不高,但用于芳醛、脂肪酮、脂环酮时收率较高。反应的通式为:

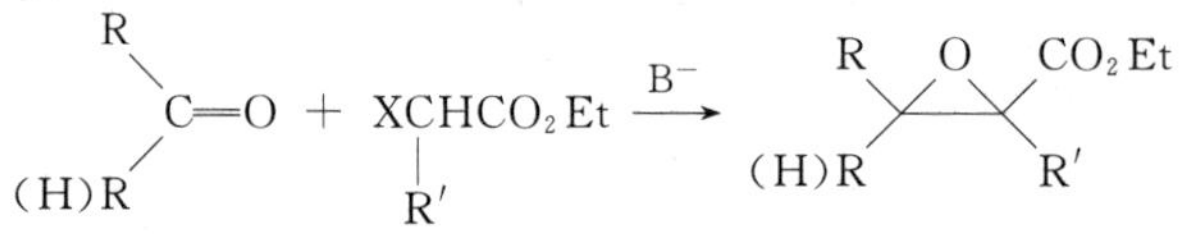

式中,R、R′为烷基、芳基或氢。

反应的机理是α-卤代羧酸酯在强碱的作用下活泼α-H脱去质子生成碳负离子,然后与羰基的碳原子进行亲核加成,得到烷氧负离子,接着发生分子内的亲核取代反应,烷氧负离子氧上的负电荷进攻α-碳原子,卤原子离去,生成α,β-环氧羧酸酯。反应式如下:

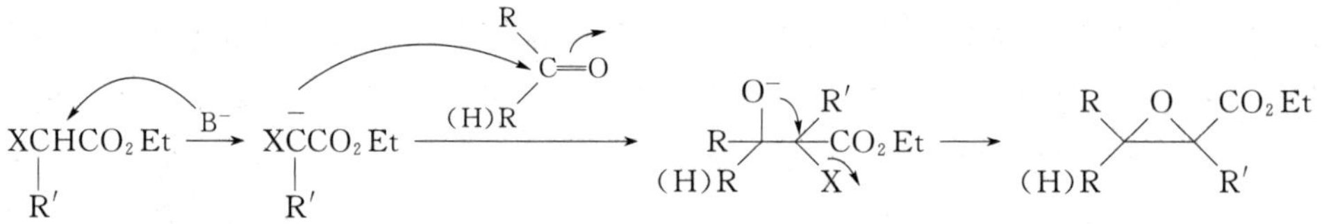

由Darzens反应缩合得到的α,β-环氧羧酸酯,在碱性溶液中可使酯基水解得到α,β-环氧羧酸盐,然后酸化可得α,β-环氧羧酸,加热可发生开环脱羧的反应生成比原料醛、酮多一个或多个碳原子的醛、酮。若α-卤代羧酸酯为α-卤代乙酸酯,则结果相当于得到较原来多一个碳原子的醛。例如:

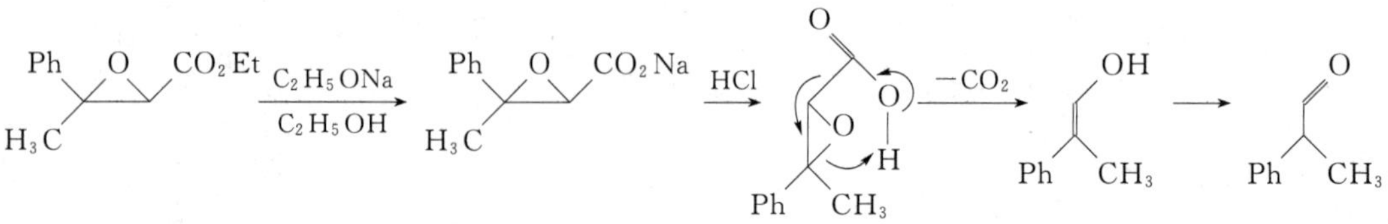

在生产维生素A的中间体时,起始原料是β-紫罗兰酮和氯乙酸甲酯发生Darzens反应,得到十四碳醛:

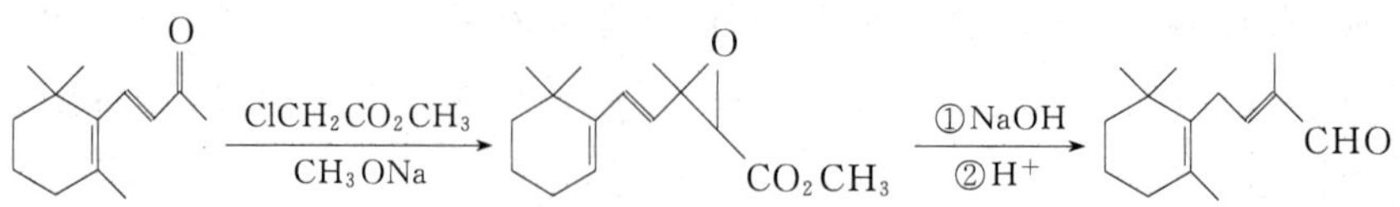

布洛芬，又称芬必得，是一种解热镇痛药物，化学名称为 α-甲基-4-(2-甲基丙基)苯乙酸，可以利用 Darzens 反应来进行合成。

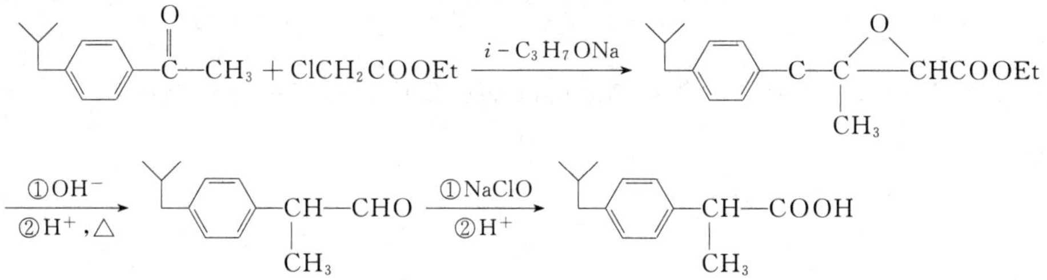

用 α-卤代酮、α-卤代醛、α-卤代腈、α-卤代酰胺，代替 α-卤代羧酸酯进行 Darzens 反应，也可以合成 α,β-环氧化合物。

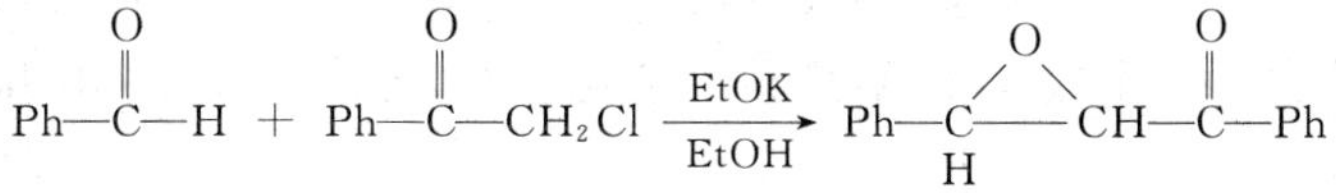

3.3.6　**麦克尔加成反应**(Michael reaction)

麦克尔加成反应(Michael reaction)是形成碳碳键的重要方法，该反应是指一个能提供亲核碳负离子的化合物，如烯醇负离子、烯胺等(称为给体)与一个能提供亲电共轭体系的化合物，如 α,β-不饱和醛、酮、酯、腈、硝基化合物等(称为受体)在碱性催化剂作用下，发生亲核 1,4-共轭加成反应。

以 β-酮酸酯与甲基乙烯基酮的反应为例，麦克尔加成反应的机理主要包括三个步骤。首先，由体系的碱夺去 Michael 给体(β-酮酸酯)中 α-碳上的活泼氢，形成稳定的碳负离子；接下来，碳负离子对麦克尔受体(甲基乙烯基酮)的 β-碳原子进行亲核进攻，生成烯醇盐中间体；最后烯醇盐中间体吸收一个酸性质子形成麦克尔加成产物。常用的催化量的碱有三乙胺、哌啶、氢氧化钾(钠)、叔丁醇钾及氨基钠等。反应是可逆的，尽管热力学和动力学控制的烯醇负离子都可以应用，但是绝大多数烯醇负离子的麦克尔加成反应得到的是热力学控制的加成产物。

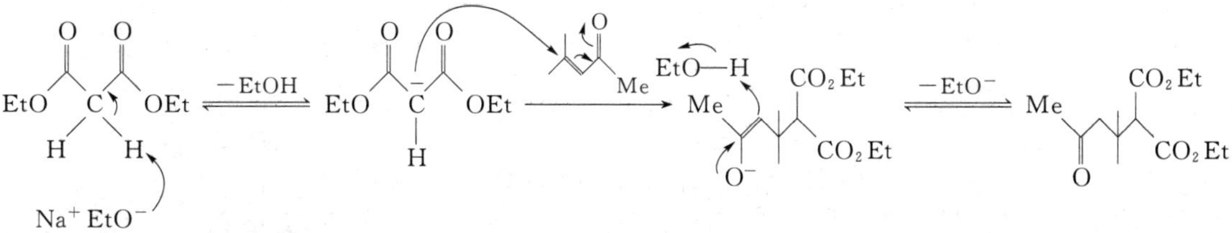

乙酰乙酸乙酯或丙二酸二乙酯和 α,β-不饱和羰基化合物进行 Michael 加成反应，加成产物经水解和加热脱酸，最后得到 1,5-二羰基化合物。因此，Michael 加成反应是合成 1,5-二羰基化合物最好的方法。

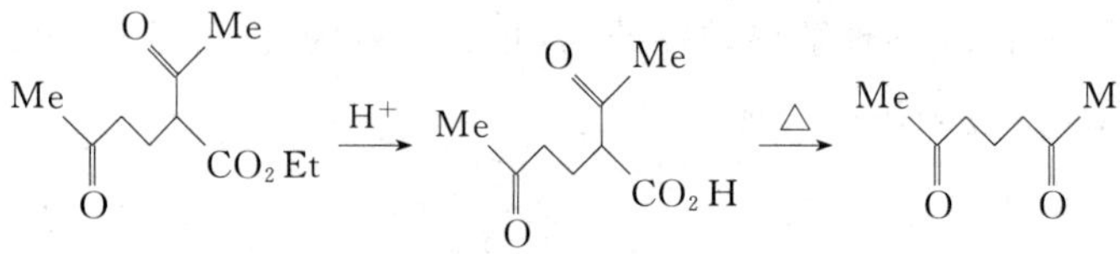

烯胺与α,β-不饱和羰基化合物的Michael加成反应也可以进行。例如：

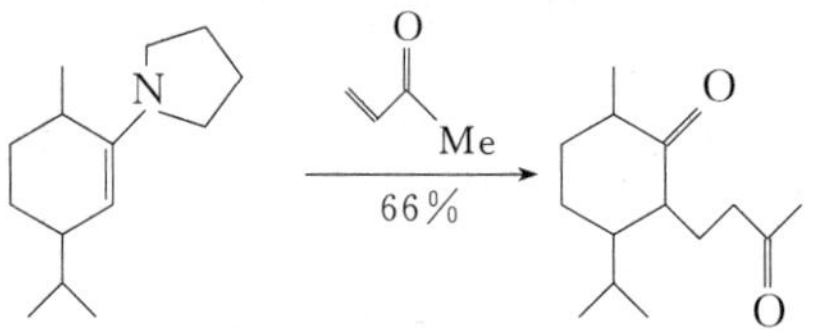

其他可以产生α,β-不饱和羰基化合物或者α,β-不饱和腈的化合物，也可以直接与亲核试剂发生Michael反应，如β-卤代羰基化合物、β-二烷氨基羰基化合物的季铵盐等。这些化合物可先通过消去反应生成α,β-不饱和羰基化合物，然后再发生Michael加成反应。例如：

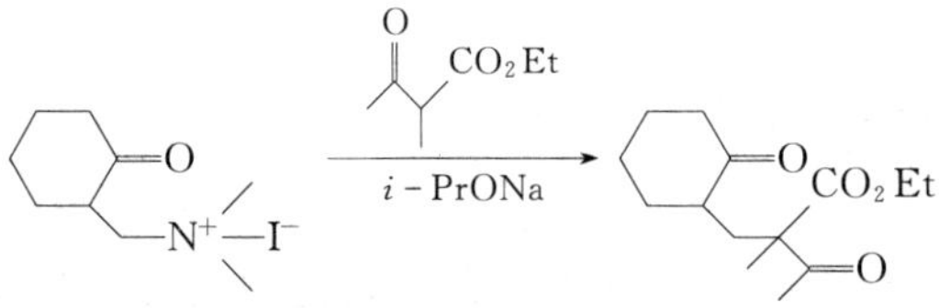

α,β-不饱和酮的Michael反应加成产物可在过量催化剂、较长时间或较高温度下，进一步发生分子内Claisen缩合反应形成环状化合物，称为环合反应。例如：

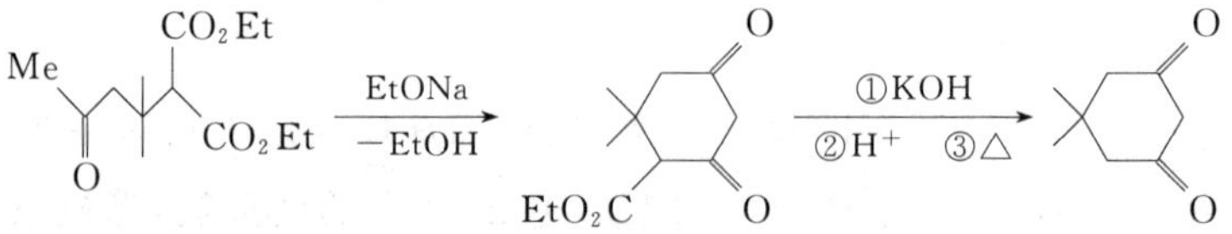

在Michael反应中，如果所用的活泼亚甲基化合物是环状化合物，在氨基钠、醇钠存在下，与曼氏碱的季铵盐作用发生Michael加成反应和分子内羟醛缩合反应，转变为一个六元环衍生物，这一过程成为Robinson(鲁滨逊)环合反应。该反应在合成中经常被用来建立甾体化合物的稠环骨架。例如：

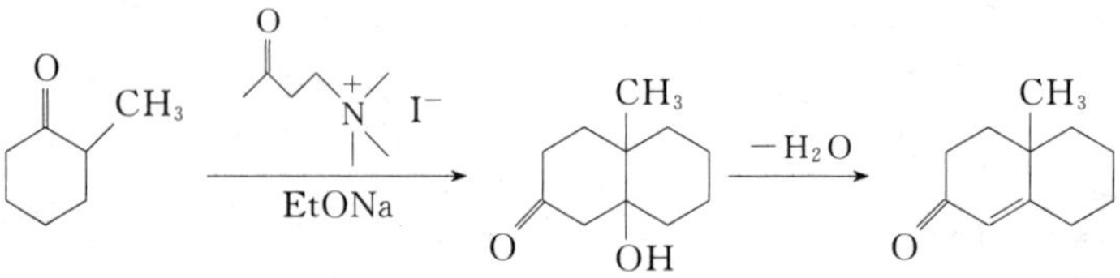

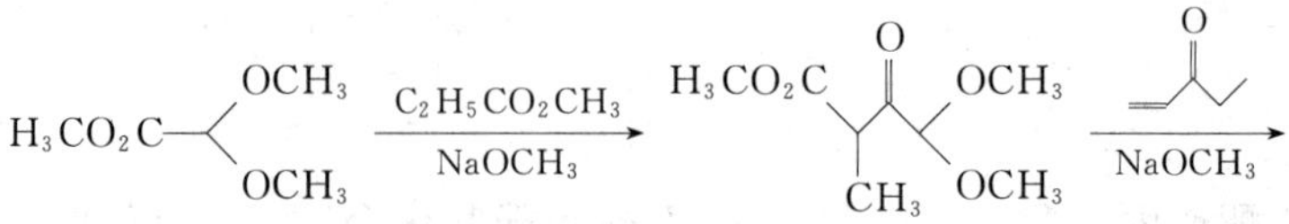

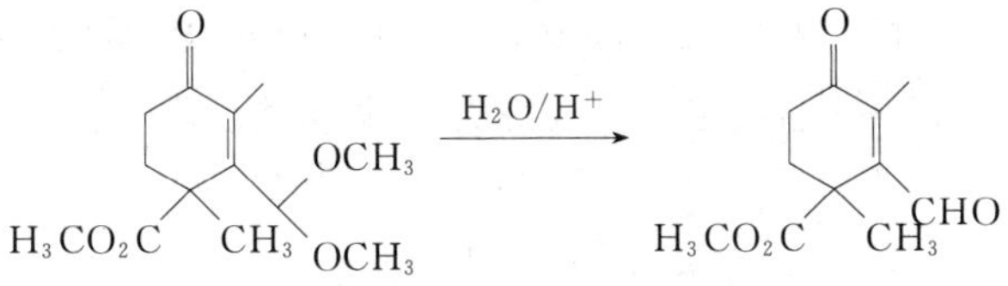

当 Michael 受体为 α,β-不饱和醛时,Michael 供体亦可作为两次亲核试剂,即先做为亲核试剂发生 Michael 加成,再作为亲核试剂发生分子内的羟醛缩合。其反应式如下:

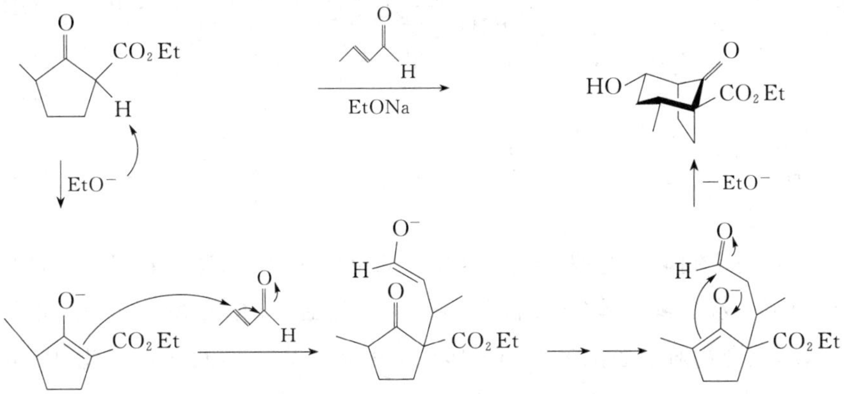

例如 5, 5-二甲基-1 ,3-环己二酮的合成:

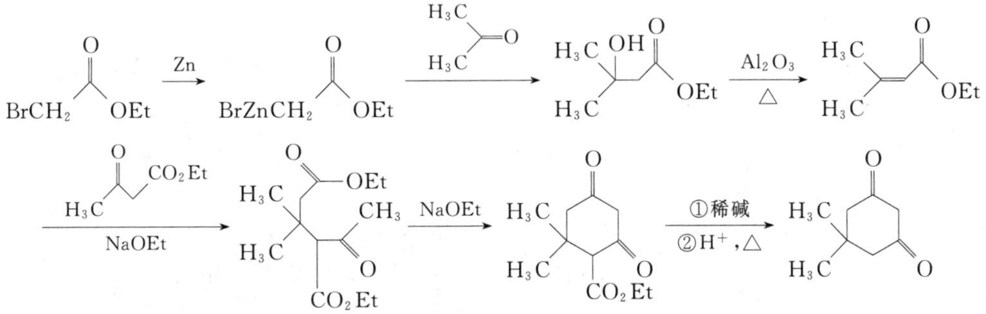

3.4　酸催化的缩合反应

3.4.1　普林斯反应(Prins reaction)

烯烃在酸催化下与甲醛的缩合反应,后来泛指一系列历经氧鎓离子中间态的烯烃与羰基的加成,称为普林斯反应(Prins reaction)。在最初的 Prins 反应中采用强质子酸的强烈条件,对反应的选择性、普适性以及环境友好方面都有不利的影响,限制了反应的实际应用。后来发现采用不同的 Lewis 酸也可以有效、温和地参与或催化该反应,而且对反应的历程和选择性影响很大,从而可以通过另外一个途径对反应进行调控。

其反应机理为烯烃上的亲电加成。加成后，脱氢得到α-烯醇；水合得到1,3-二醇；1,3-二醇继续与醛反应生成缩醛，缩醛进一步还原开环生成醇。

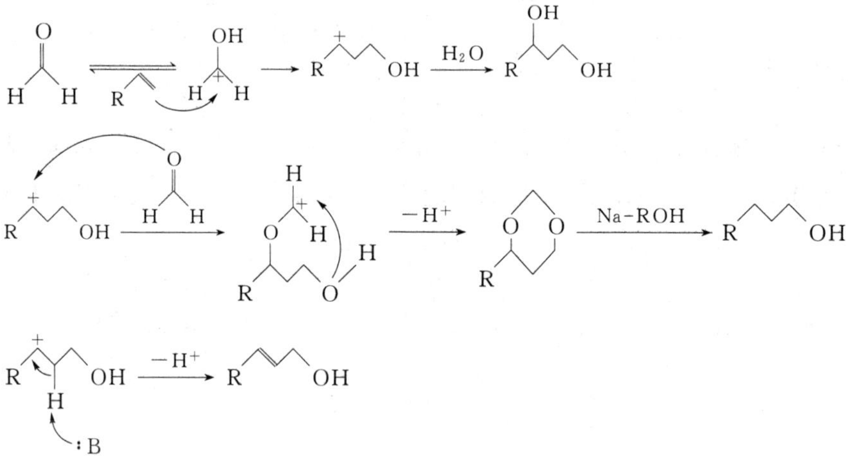

Prins反应可用于制取二噁烷（与过量甲醛、低温）、1,3-二醇（与甲醛、水和质子酸）、烯丙醇（无水情况下失水）、氯代醇（与氯离子）和酯（与乙酸）等化合物。其中关键性的中间体是质子化的羰基化合物对烯烃的亲电加成所生成的碳正离子中间体。因此，Prins反应可以提供较原来烯烃多一个碳原子醇的合成方法，另外，也可以使用Prins反应来合成抗生素——氯霉素，反应过程如下：

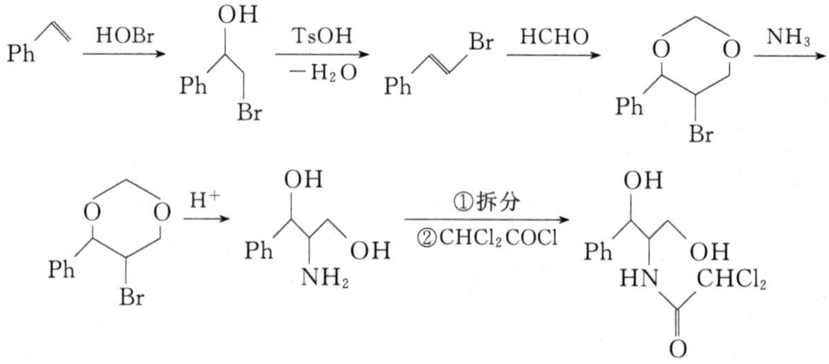

3.4.2 曼尼希反应(Mannich reaction)

具有烯醇式或潜在烯醇式结构的化合物（如某些炔类化合物）与醛（通常为甲醛），在酸催化下，与伯胺或仲胺反应，生成胺甲基化衍生物的反应，称为胺甲基化反应，也称为曼尼希反应（Mannich reaction），简称曼氏反应。该反应广泛用于有机合成。其反应过程为：

$$RCOCH_3 + HCHO + Me_2NH \xrightarrow{H^+} RCOCH_2CH_2NMe_2$$

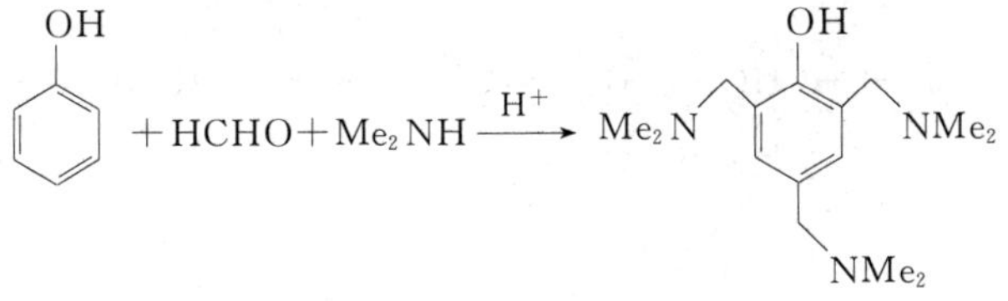

86%

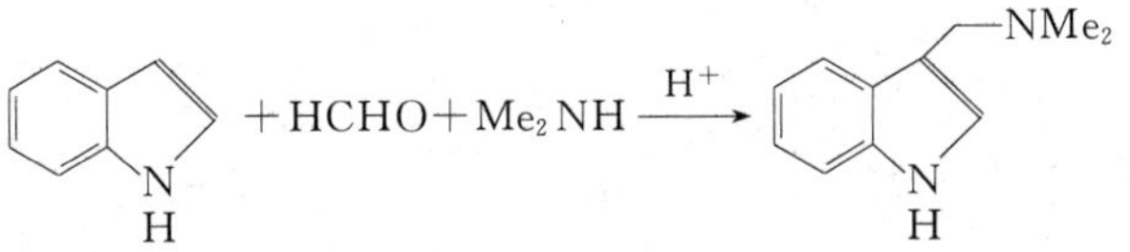

97%

反应机理为：

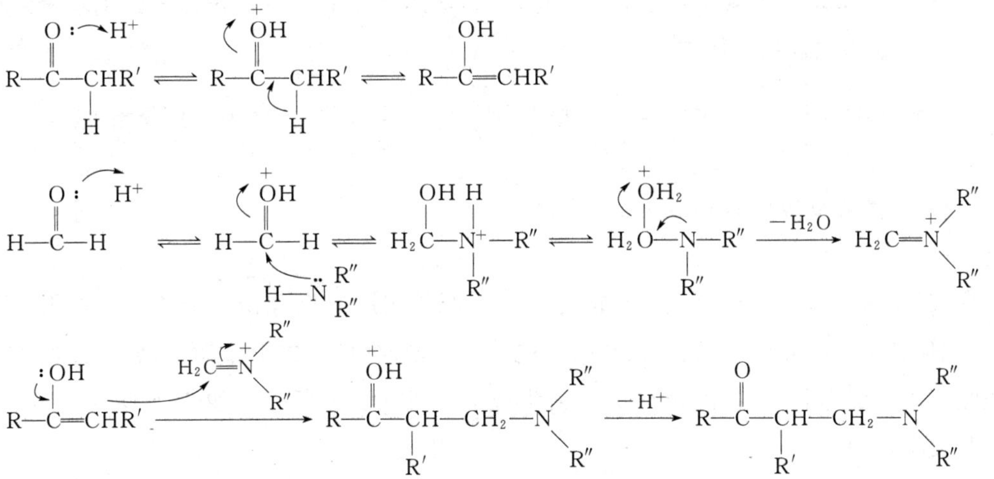

在该反应机理被阐明 5 年之后，1917 年 Robinson 就利用 Mannich 反应原理合成了 Tropinone（托品酮），托品酮经过还原得到托品醇，随后和 PhCH(CHO)COOH 进行酯化反应，再还原可得到颠茄碱，产率达 90%，反应式如下：

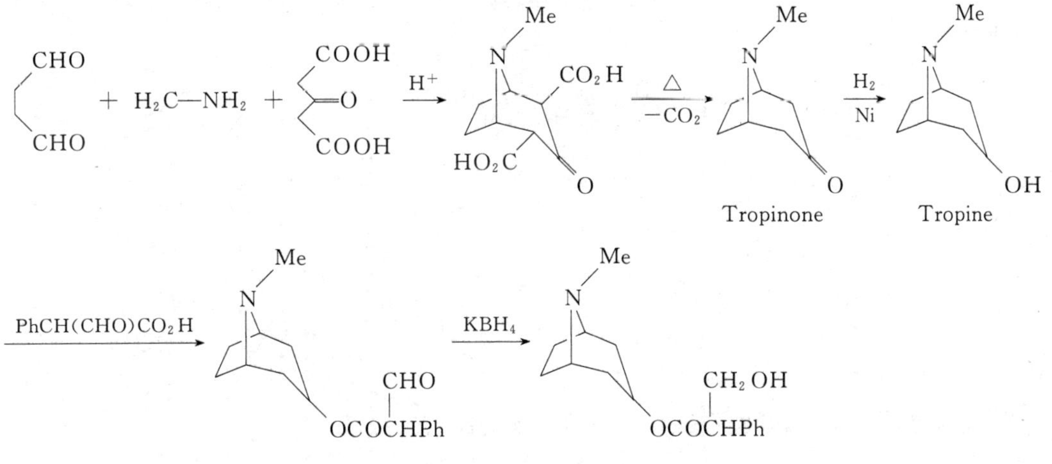

此外，利用 Mannich 反应还可以合成 β-氨基酮的衍生物，例如：

$$Ph-\overset{\overset{O}{\|}}{C}-CH_3 + HCHO + (CH_3)_2NH \xrightarrow{H^+} Ph-\overset{\overset{O}{\|}}{C}-CH_2CH_2-\underset{\underset{CH_3}{|}}{N}-CH_3$$

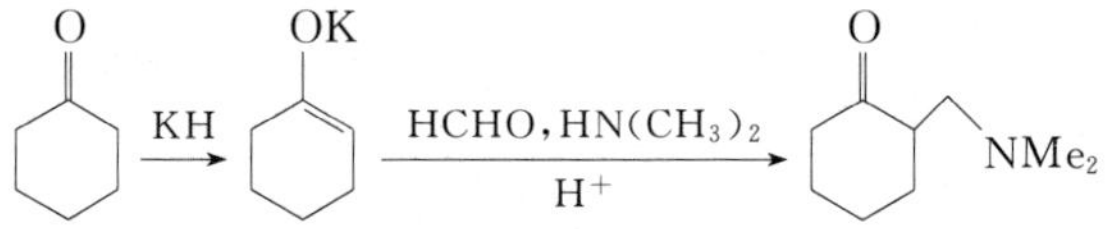

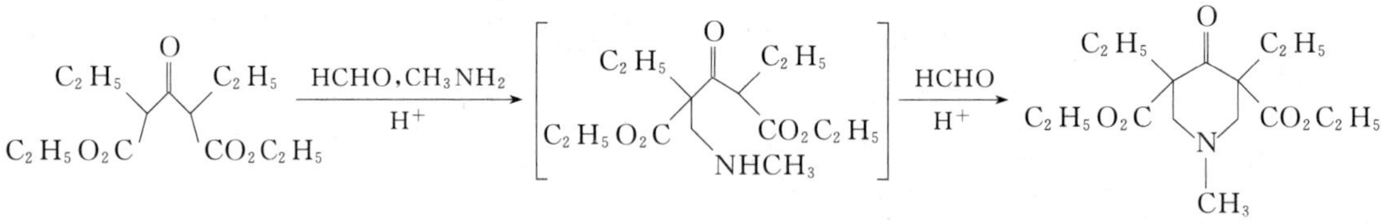

在室温下，Mannich 碱及其盐酸盐是稳定的，加热能够消去氯化铵而得到末端带烯键的 α,β-不饱和羰基化合物。例如：

$$RCOCH_3 + HCHO + Me_2NH \xrightarrow{H^+} RCOCH_2CH_2\overset{+}{N}HMe_2\ Cl^- \xrightarrow{\triangle} RCOCH_2{=}CH_2$$

3.4.3　烯胺反应(enamine reaction)

烯胺(enamine)是分子中氨基直接与双键碳原子相连的化合物。制备烯胺常用醛或酮在脱水剂(如无水碳酸钾、四氯化钛)存在下反应，加苯或甲苯、二甲苯做带水剂，并加入对甲苯磺酸等作为催化剂，用共沸蒸馏法除去生成的水即可。常用的仲胺为吡咯烷、吗啉和哌啶。其反应式如下：

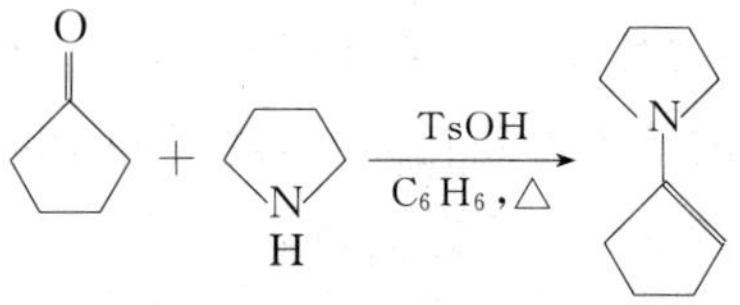

反应机理为：

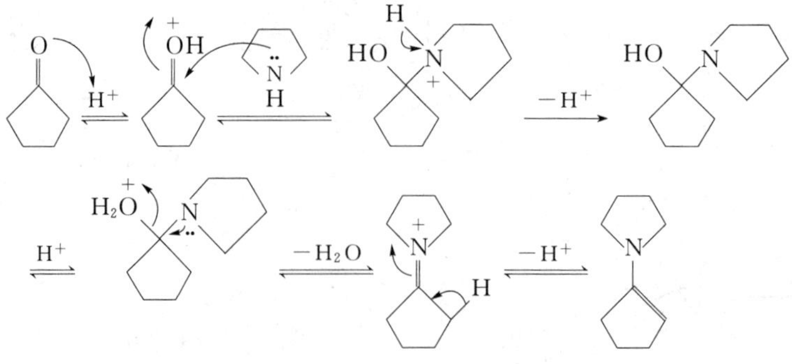

该反应是可逆反应，烯胺在酸作用下可水解为酮与二级胺。

不对称酮和二级胺反应时，主要产物为双键碳原子上取代基最少的烯胺，例如：

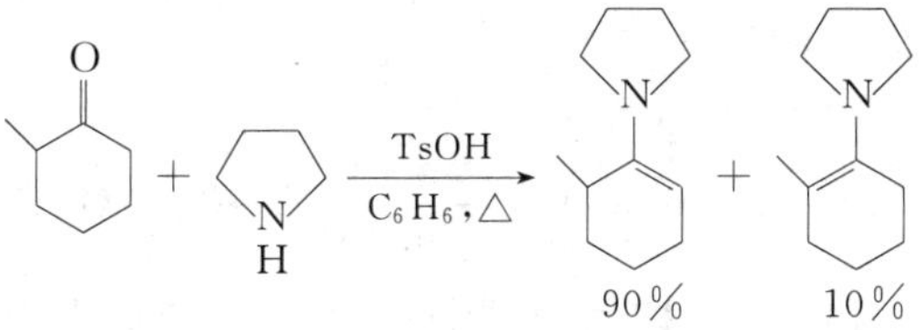

不对称酮经烯胺烷基化可经过下列途经完成：

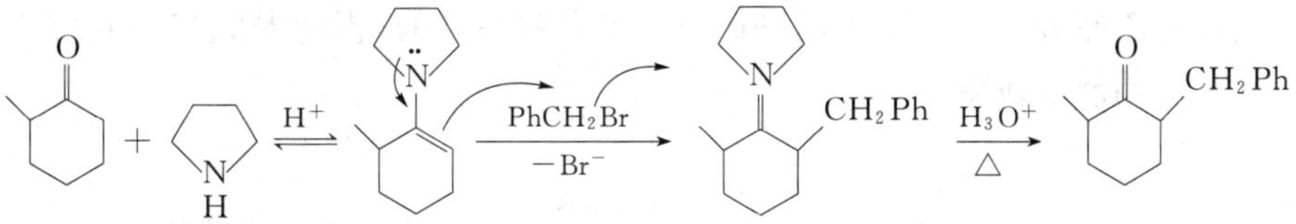

不对称酮经烯胺酰基化，稀酸水解后可以制备 1,3 -二羰基化合物，例如：

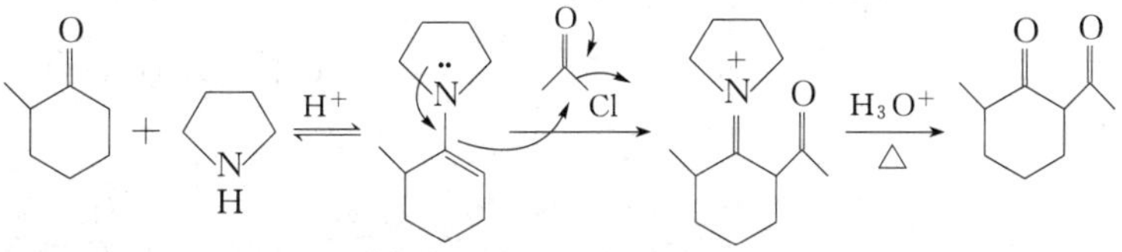

不对称酮经烯胺与 α -卤代酮反应，稀酸水解后可以制备 1,4 -二羰基化合物，例如：

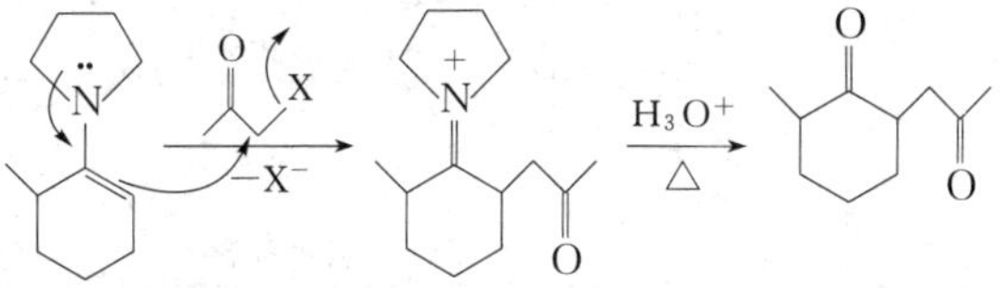

不对称酮经烯胺与 α,β -不饱和醛酮发生 Michael 加成反应，稀酸水解后可以制备 1,5 -二羰基化合物，例如：

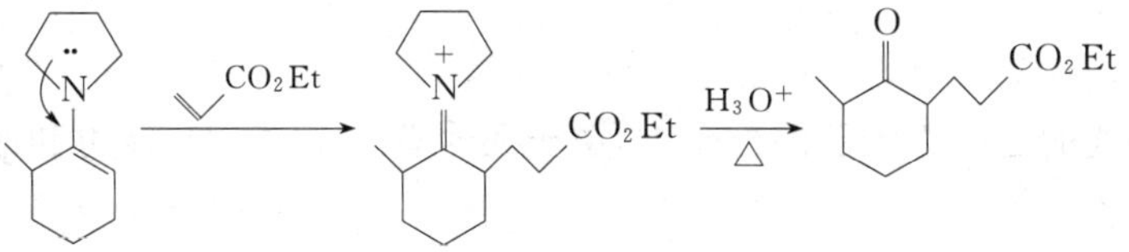

3.5　乙酰乙酸乙酯和丙二酸二乙酯在合成中的应用

3.5.1　乙酰乙酸乙酯在合成中的应用

乙酰乙酸乙酯在稀碱(5%NaOH)溶液水解，酸化后经加热脱羧，即可生成丙酮(即酮式分解)。

$$CH_3\overset{O}{\overset{\|}{C}}CH_2\overset{O}{\overset{\|}{C}}OC_2H_5 \xrightarrow[\text{②}H_3O^+]{\text{①稀 }OH^-} CH_3\overset{O}{\overset{\|}{C}}CH_2COOH \xrightarrow[\triangle]{-CO_2} CH_3\overset{O}{\overset{\|}{C}}CH_3$$

当用浓碱(40%NaOH)溶液水解时，除了和酯作用外，还可以使乙酰乙酸乙酯的酮羰基处破裂生成两分子羧酸(盐)，即酸式分解。

$$CH_3\overset{O}{\overset{\|}{C}}CH_2\overset{O}{\overset{\|}{C}}OC_2H_5 \xrightarrow[②H_3O^+]{①浓\ OH^-,\triangle} CH_3COOH$$

由于乙酰乙酸乙酯具有以上结构特点，因此，在有机合成上首先与金属钠或乙醇钠反应，亚甲基上的氢被金属钠取代生成钠盐，此盐可以与卤代烃或酰卤发生反应，使烷基或酰基引进乙酰乙酸乙酯分子中。引入的基团可以是各种各样的，再经酮式分解或酸式分解，就可以得到不同结构的酸或酮。

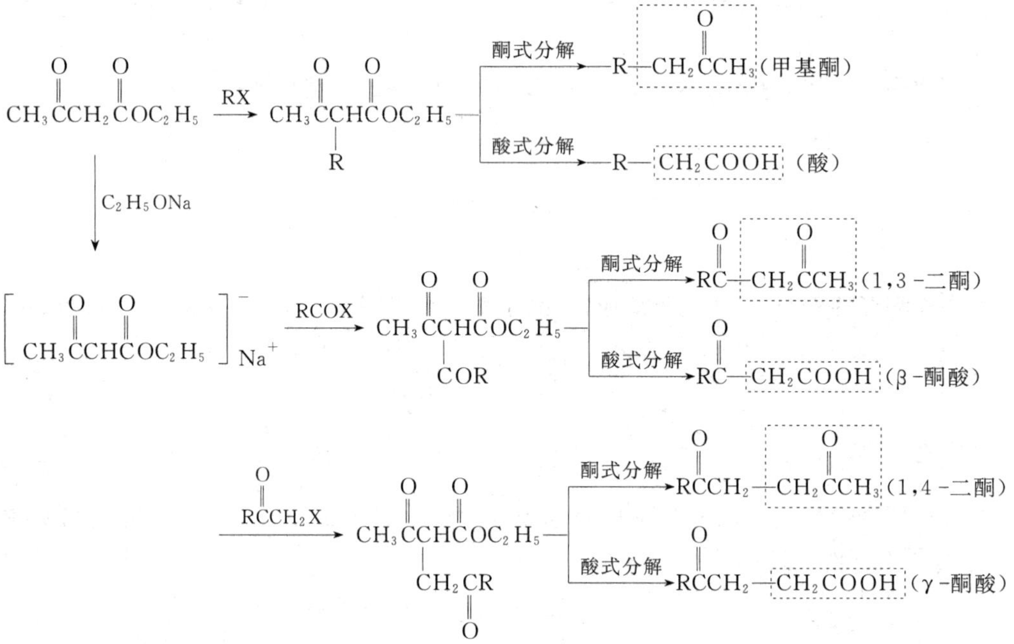

在一烃基取代的乙酰乙酸乙酯分子中，由于还含有一个 α－H，能再和醇钠、卤代烃作用生成二烃基取代物。

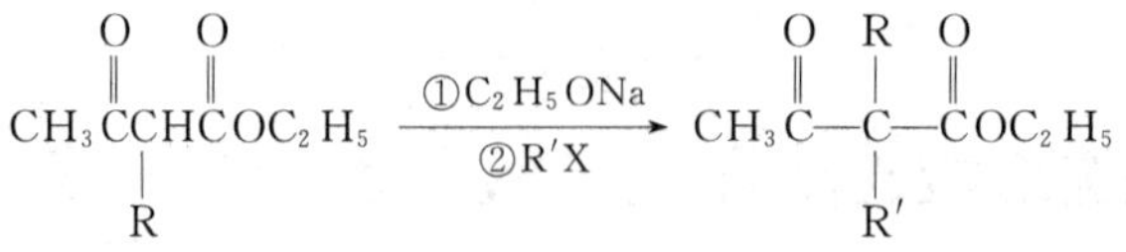

二烃基乙酰乙酸乙酯

得到的 α－二烃基取代的乙酰乙酸乙酯，再进行酮式分解或酸式分解，就可以制取二取代的甲基酮、二酮、一元酸或二元酸等。

乙酰乙酸乙酯与 α，ω－二溴丙烷作用不能生成环丁烷衍生物，而是进行氧上的二次烷基化，形成热力学上更稳定的六元环衍生物，反应过程如下：

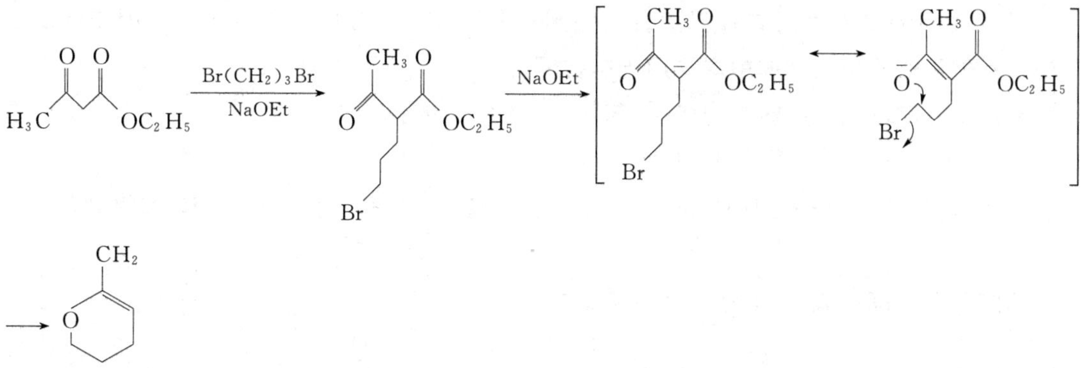

另外，利用此法还可用来合成其他环状或杂环化合物。例如：

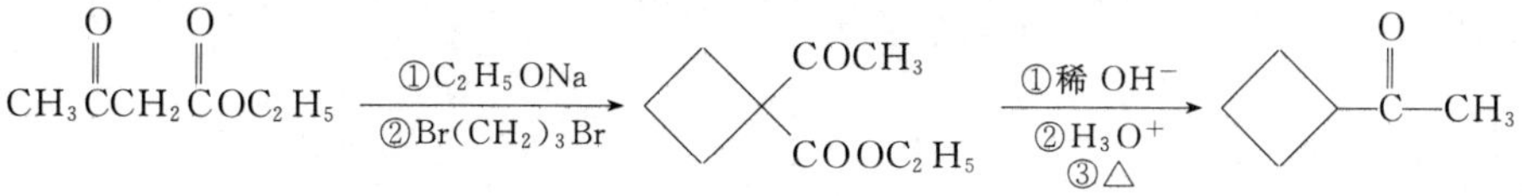

合成甲基二酮类化合物：

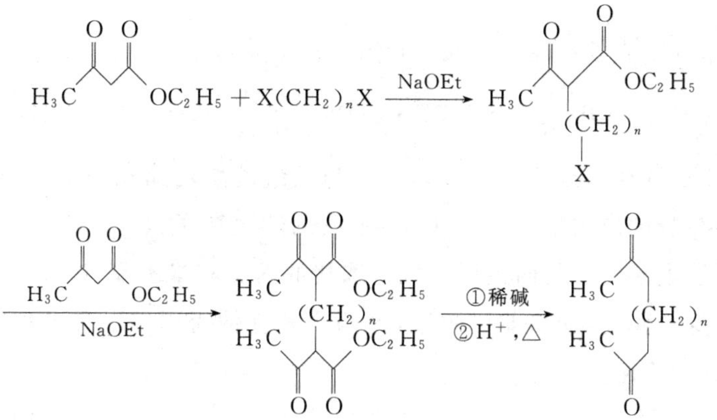

使用 I_2 可直接连接两个乙酰乙酸乙酯，从而制备 1,4-二羰基化合物：

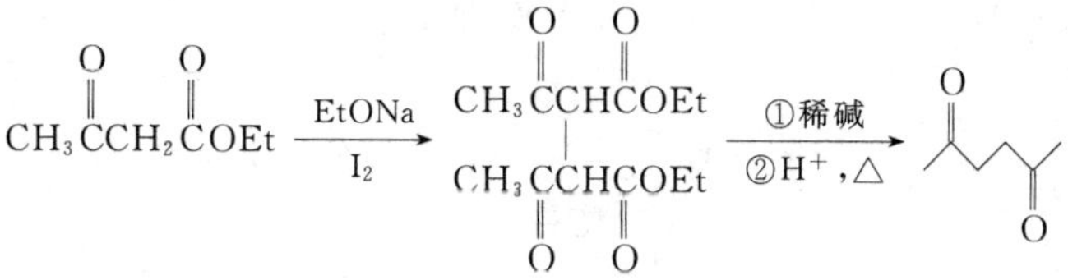

通过酰基化反应制备 β-二酮类化合物：

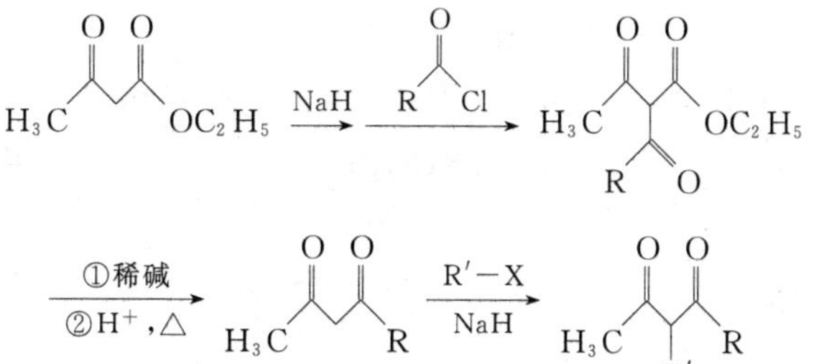

但是，由于酸式分解时往往伴随着一些酮式分解，因此，合成羧酸最好采用丙二酸二乙酯法。乙酰乙酸乙酯在合成中主要用于制备酮类。

如乙酰乙酸乙酯为原料来合成 1 -苯基- 1，3 -丁二酮：

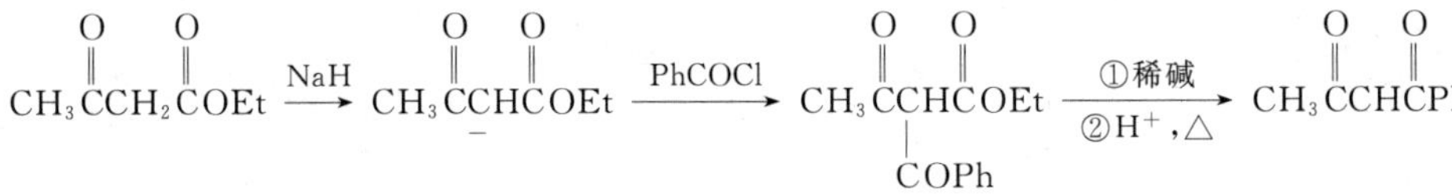

乙酰乙酸乙酯合成 3 -甲基- 2 -环戊烯酮：

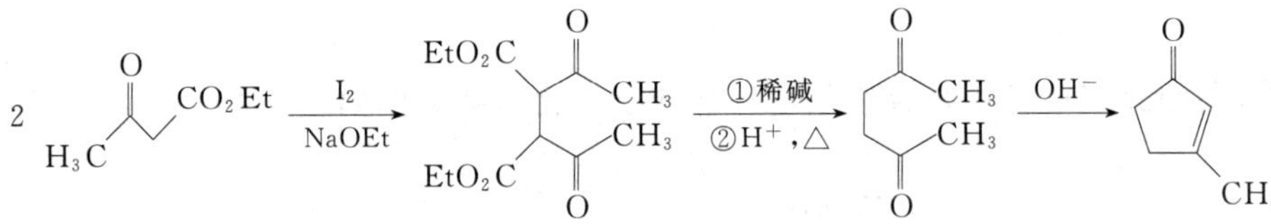

3.5.2 丙二酸二乙酯在有机合成中的应用

丙二酸二乙酯可以从氯乙酸来合成。合成的反应式如下：

$$ClCH_2COOH \xrightarrow[NaOH]{NaCN} NCCH_2COONa \xrightarrow[H_2SO_4]{C_2H_5OH} CH_2(CO_2C_2H_5)_2$$

丙二酸二乙酯是具有香味的无色液体。它与乙酰乙酸乙酯相类似，亚甲基上的两个氢原子非常活泼，能与醇钠作用生成碳负离子，生成的碳负离子也是一个很强的亲核试剂，与卤代烃反应时，可发生亲核取代而生成一烃基取代的丙二酸二乙酯，碱性水解并酸化后即可得取代丙二酸，本身不稳定，加热即可脱羧，这两个条件使得丙二酸二乙酯在合成各种类型的羧酸中有着广泛的用途。

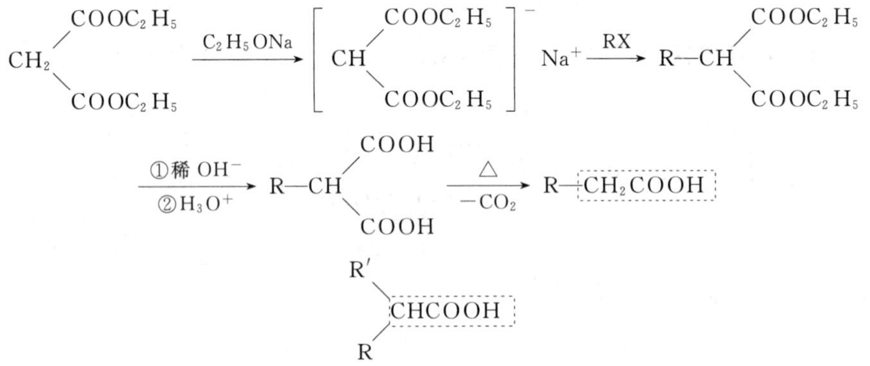

亚甲基上的氢可以逐步取代，生成 RR′CHCOOH 类型的酸。

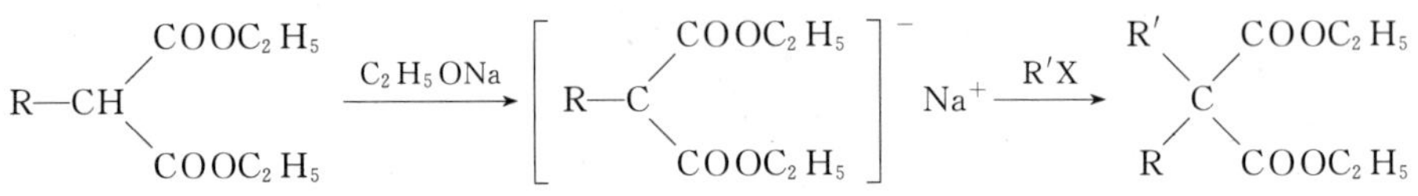

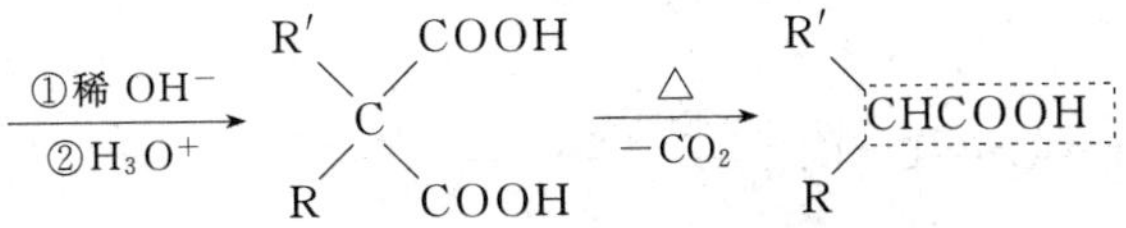

用卤代羧酸或卤代酸酯代替 RX 则可生成二元羧酸。

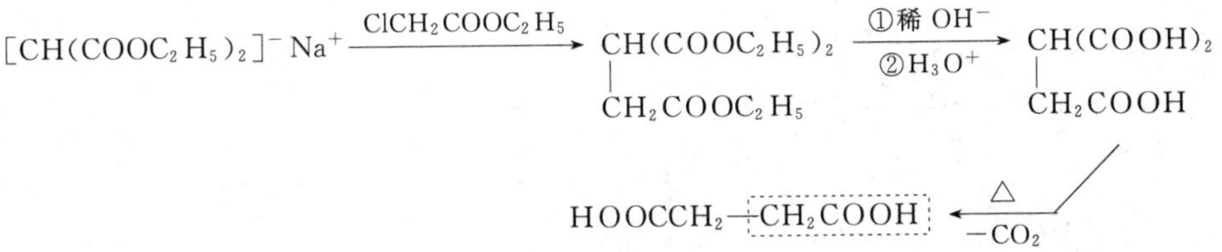

用二卤化物和丙二酸酯可以合成含有脂环的酯类化合物，进一步加热脱羧也可以二元羧酸等化合物。

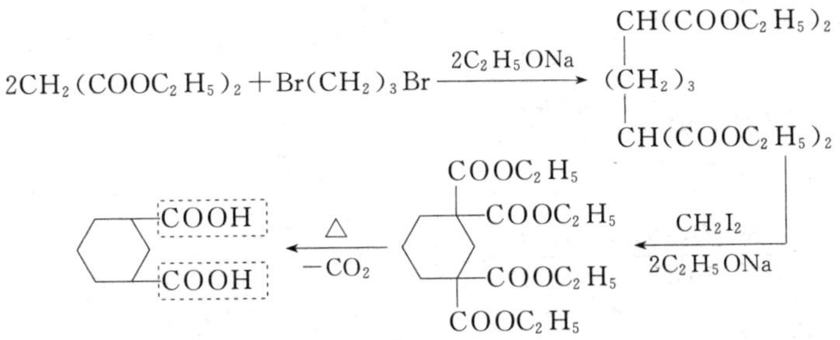

二卤化物 $Br(CH_2)_nBr$ 中的 n 一般在 3 和 7 之间，但 n 为 2 时则不行，因三碳环容易开环，产量很低。

制备非对称二元酸，则一般采用下面方法。

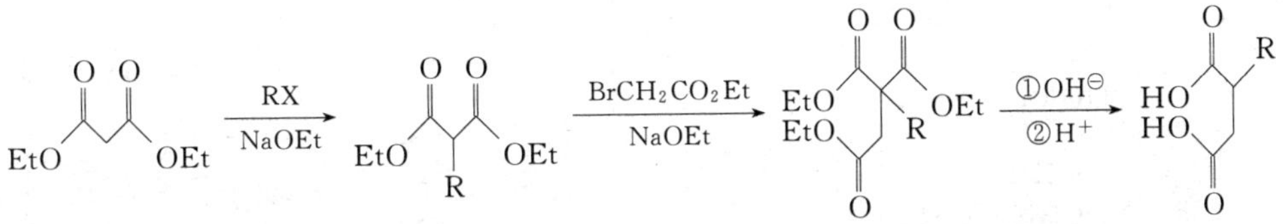

制备螺环取代的羧酸，如丙二酸二乙酯为起始原料合成螺[3,3]庚烷-2-羧酸：

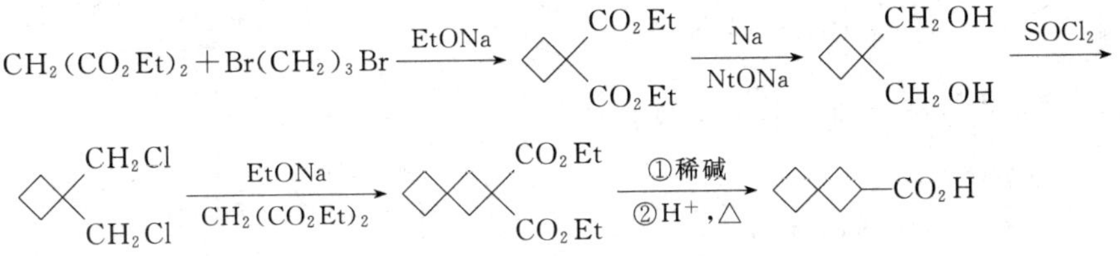

习　　题

1. 完成下列转变。

(1) 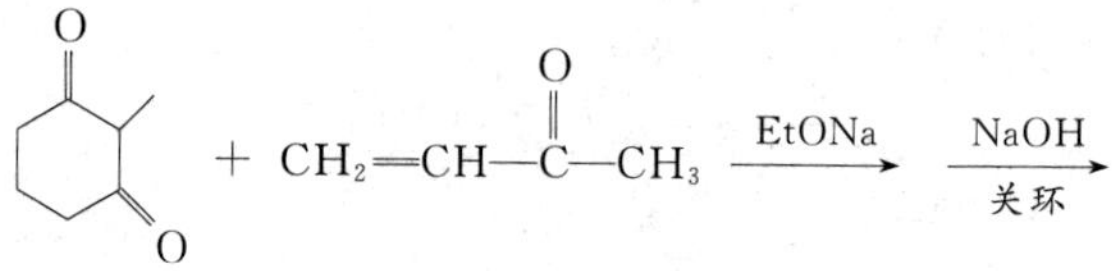

(2) 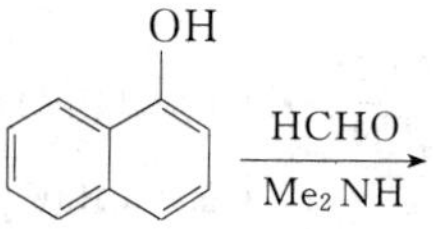

(3) 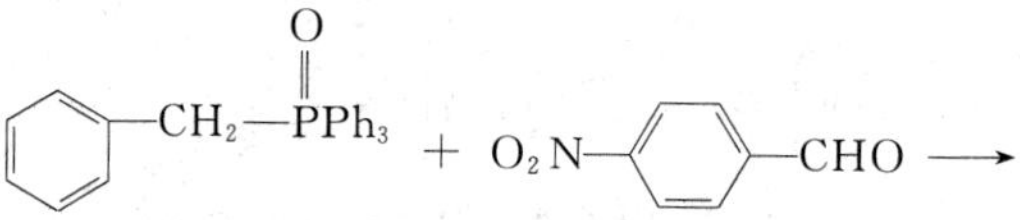

(4) 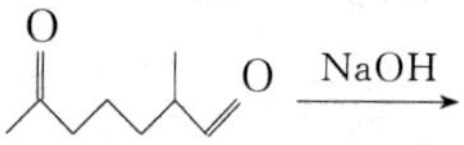

(5) 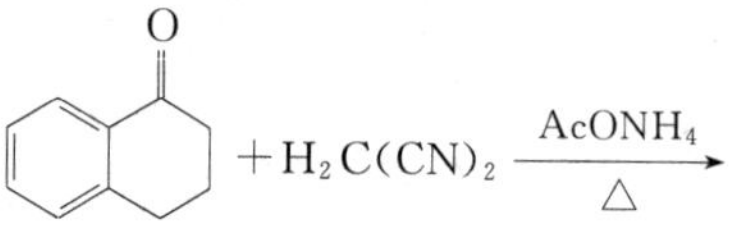

(6) 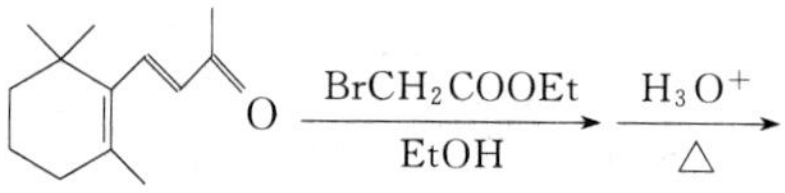

(7) 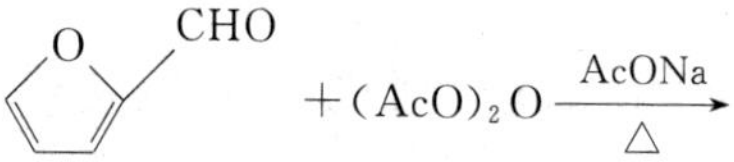

(8) 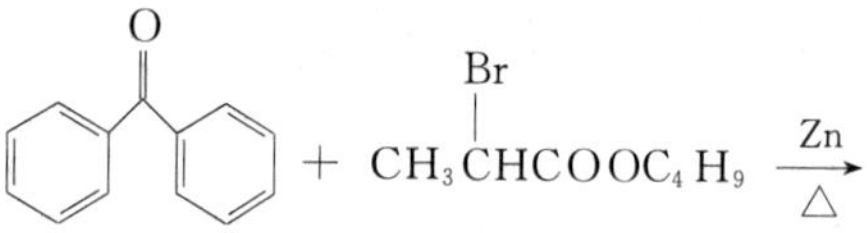

(9) 

(10) 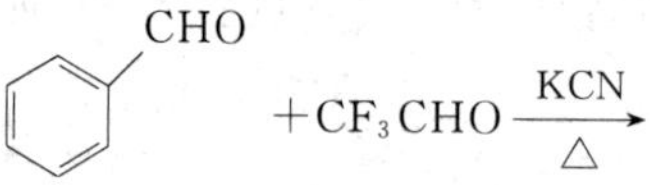

2. 写出下列反应的中间产物和最终产物。

(1) 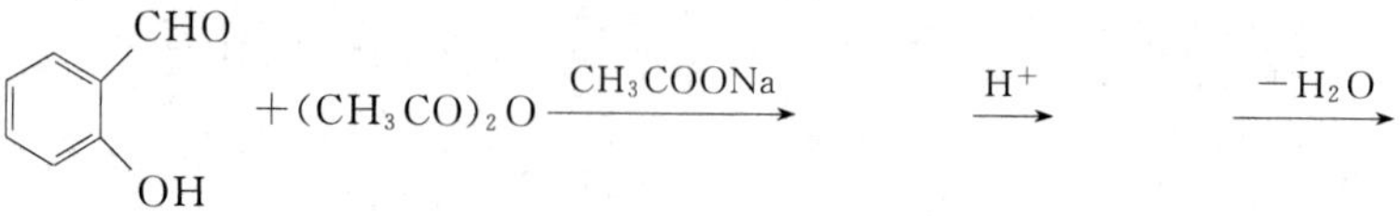

(2) $(CH_2)_4(COOEt)_2 \xrightarrow[100\ ℃\sim110\ ℃]{EtONa} \qquad \xrightarrow[\triangle,-CO_2]{H^+}$

(3) $EtOOC(CH_2)_2COOEt \xrightarrow[-EtOH]{EtO^-} \qquad \xrightarrow[-2EtOH]{185\ ℃\sim195\ ℃}$

(4) $Me_2C{=}CHCOCH_3 + CH_2(COOEt)_2 \xrightarrow{EtO^-} \qquad \xrightarrow[-EtOH]{EtO^-}$

$\xrightarrow[\triangle,-CO_2]{H_2O}$　　$\xrightarrow[-H_2O]{EtO^-,HCHO}$

(5) $Br(CH_2)_3Br + CH_2(COOC_2H_5)_2 \xrightarrow[C_2H_5OH]{-OEt}$　　$\xrightarrow[H^+]{KOH,H_2O}$　　$\xrightarrow[-CO_2]{\triangle}$

(6) 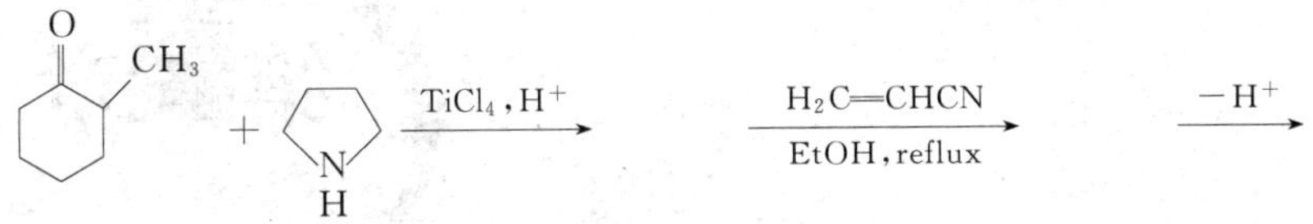

3. 用指定原料合成下列化合物(其他试剂任选)。

(1)用 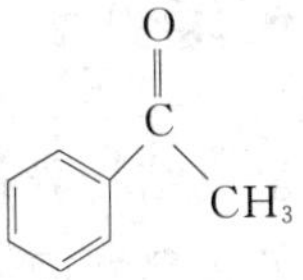 合成 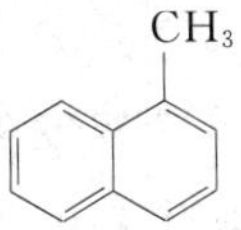

(2)用 $ClCOCH_2CH_2\overset{\overset{O}{\|}}{C}OEt$ 合成 $HOOC(CH_2)_5CO(CH_2)_2COOH$

(3)用 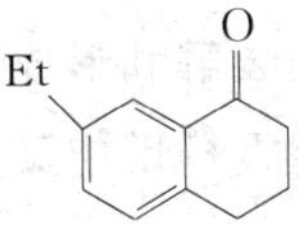 合成 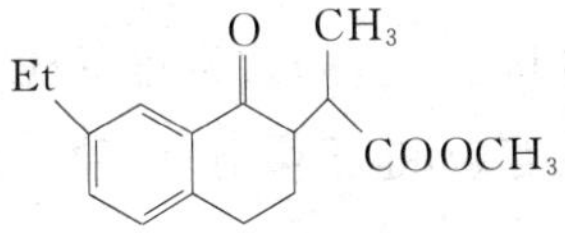

(4)用 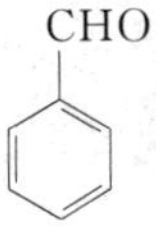 ,$(CH_2COOEt)_2$ 合成 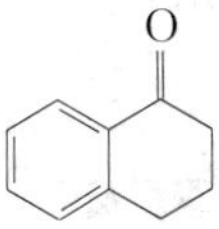

(5)用 $ClCH_2COOH$,MeCl 合成 $\underset{\underset{NH_2}{|}}{MeCH}COOH$

第4章

重排反应

重排反应(molecular rearrangement)是分子的碳骨架发生重排生成结构异构体的化学反应,是有机反应中的一大类。重排反应通常涉及取代基由一个原子转移到同一个分子中的另一个原子上的过程。在重排过程中常伴随着取代、消除等其他反应,使目标产物和实际生成物不仅结构不同,而且组成也不相同。最常见的重排是一个分子中的一个基团(原子)从一个原子迁移到另一个相邻原子上(1,2-迁移)。重排反应中键的裂解和形成方式有异裂(离子型)、均裂(游离基型)和环状过渡态(σ键迁移型)三种。离子型重排反应又分为亲核重排、亲电重排和自由基重排,用如下反应式表示:

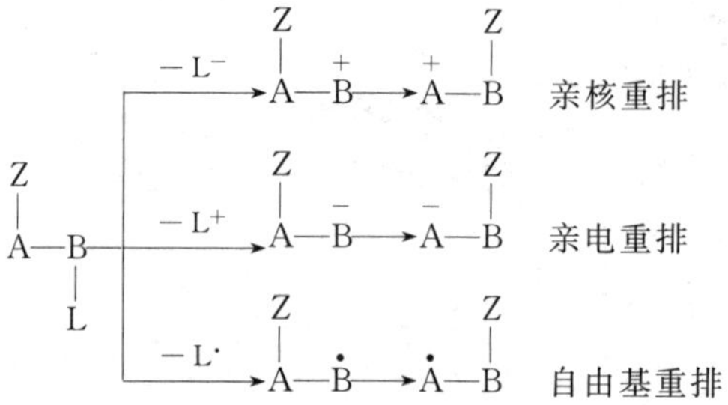

在基础有机化学中,重排反应主要涉及亲核重排、亲电重排和σ键迁移。本章也主要介绍这几种重排反应。

4.1 亲核重排

亲核重排(nucleophilic rearrangement)又称"缺电子重排",指基团以富电子的形式迁移到缺电子中心(带正电荷的原子)的重排反应。常见的亲核重排是1,2-重排,即基团的迁移发生于相邻的两个原子间。其重排动力一般来自:①形成更稳定的正离子;②缓解体系的空间张力;③可以形成稳定的中性分子。亲核重排反应又可根据形成碳、氮、氧的缺电子活性中心,然后迁移基团带电子对发生迁移,并形成新的共价键的方式进行划分。

4.1.1　碳正离子的重排

在反应过程中生成碳正离子的中间体，随而迁移基团迁移到该碳正离子上，而相邻的原子则形成更稳定的正离子的重排。如烯烃的亲电加成、芳烃的烷基化、亲核取代反应等等。

(1)瓦格涅尔-米尔外因重排(Wagner - Meerwein 重排)

重排过程中氢原子、烷基或者芳基发生迁移的一系列的碳正离子重排。其重排机理为：

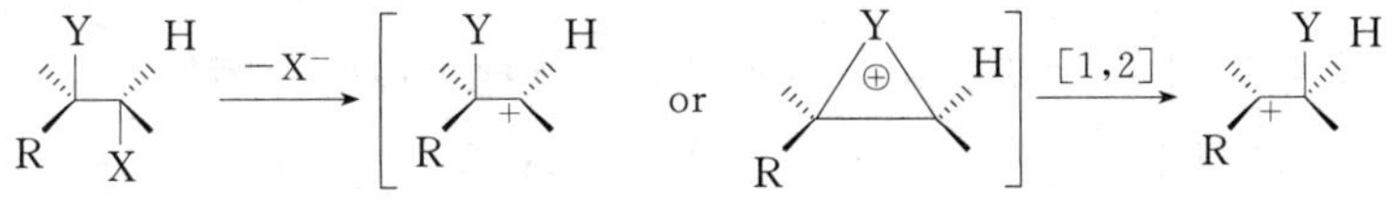

该重排反应普遍存在于萜类化合物中，最早在莰醇分子内消除时发生重排生成莰烯的反应中被发现，为了纪念第一个观察到并研究该反应的萜烯化学家而命名，也称为非经典碳正离子重排。例如 α -蒎烯在 −60 ℃与氯化氢加成时重排生成氯化莰的反应。

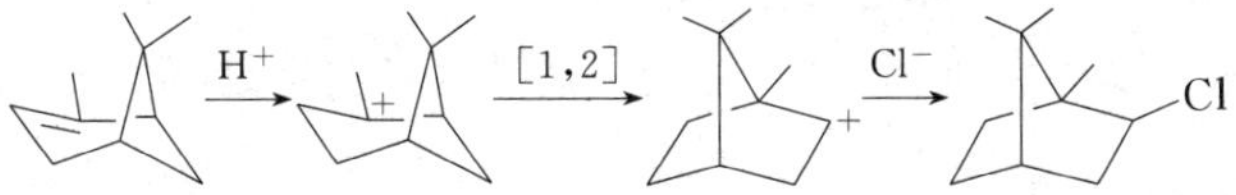

当然，在其他有机化合物中也常发生 Wagner - Meerwein 重排，由较不稳定的碳正离子重排形成更为稳定的碳正离子。例如：

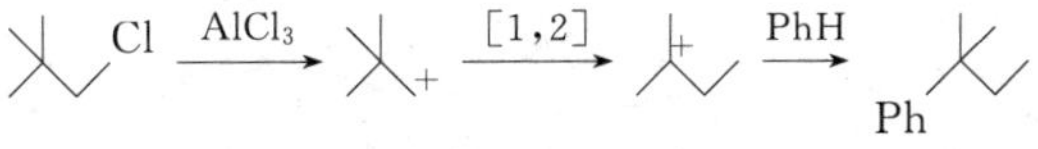

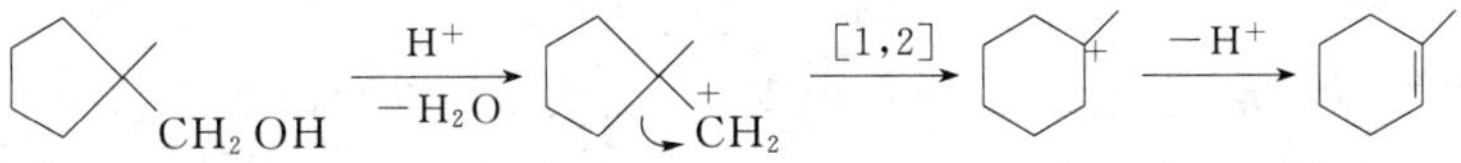

(2)捷姆扬诺夫重排(Demjanov 重排)

脂肪族或脂环族伯胺与亚硝酸作用时，通过重氮化作用形成碳正离子中间体进行的重排反应。该反应也可看作是 Wagner - Meerwein 重排的一种。例如：

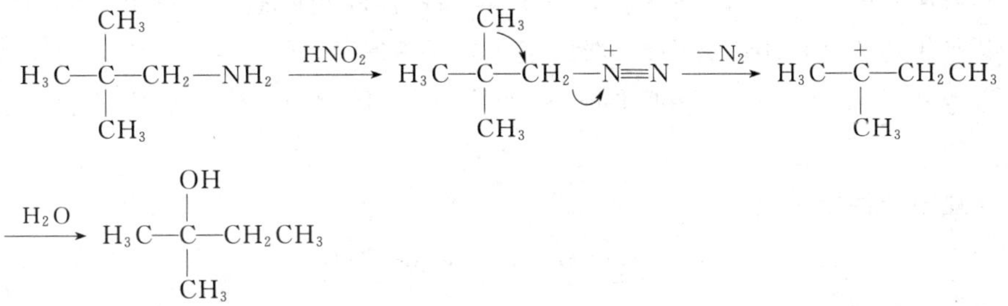

(3)频哪醇重排(pinacol 重排)

在酸催化下，邻二叔醇失去一分子水，重排成醛或酮的反应称为 pinacol 重排反应，常用的催化剂有硫酸、盐酸、乙酰氯和碘的乙醇溶液等。其反应式为：

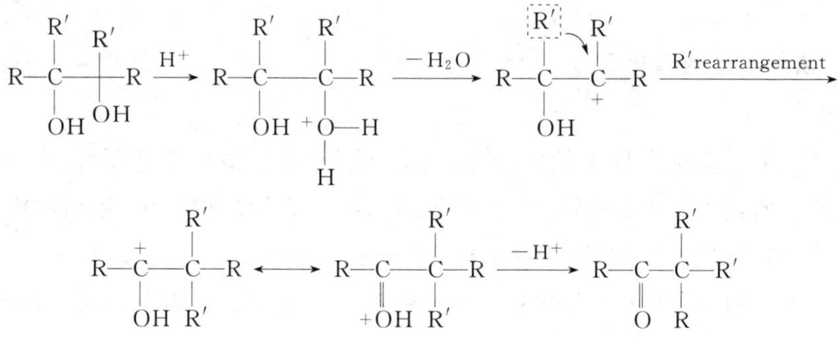

四个取代基相同的邻二醇发生 pinacol 重排，产物比较单一。例如：

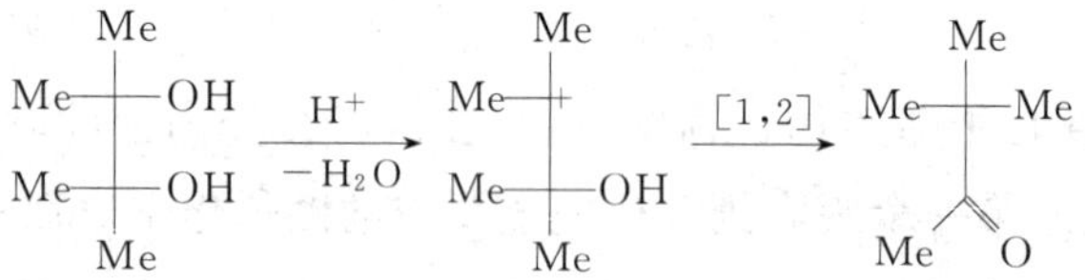

若邻二醇的四个取代基出现了不同，其发生 pinacol 重排时需要弄清楚三个问题：哪一个与羟基相邻的碳优先形成碳正离子？哪一个基团优先发生迁移？迁移过程的立体化学问题是怎样的？

接下来就上述三个疑问进行简单的阐述：哪一个碳正优先形成，取决于碳正离子稳定性的高低。例如：

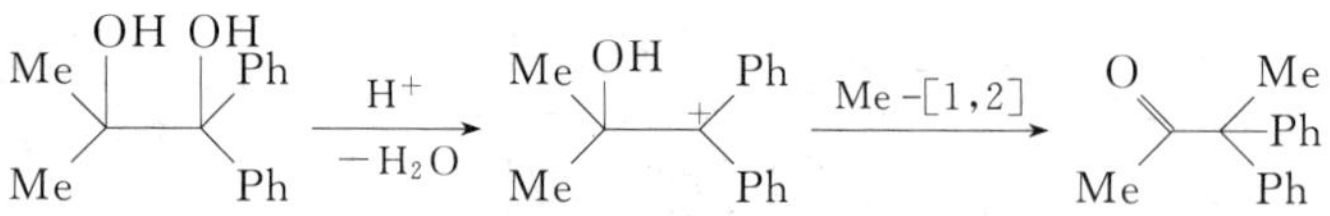

供电子基团可以稳定碳正离子，而供电基团作用从高至低依次为：*p*-甲氧苯基、苯基、烷基、H。因此，在上例中含苯基侧的羟基先脱水，优先形成较稳定的碳正离子中间体，继而发生 pinacol 重排生成更稳定的羰基化合物。

迁移基团可以是烷基，也可以是芳基。由于重排时迁移基团是向碳正离子发生迁移，过程中涉及正电荷分散，当空间位阻因素不大时，基团迁移倾向也基本与供电子能力强弱顺序一致。所以取代基的迁移倾向方面：一般芳基优先于烷基，芳环上连有给电子基团优先于连有吸电子的芳基；氢原子迁移规律不确定，一般情况下弱于烷基，但个别情况下也会优先于苯基。具体的迁移倾向如下：

①迁移基团的迁移倾向：

$$Ph—>Me_3C—>Et—>Me—>H—$$

②若均为芳基，则：

p-甲氧苯基>*p*-甲苯基>苯基>*p*-氯苯基>*p*-硝基苯基

例如：

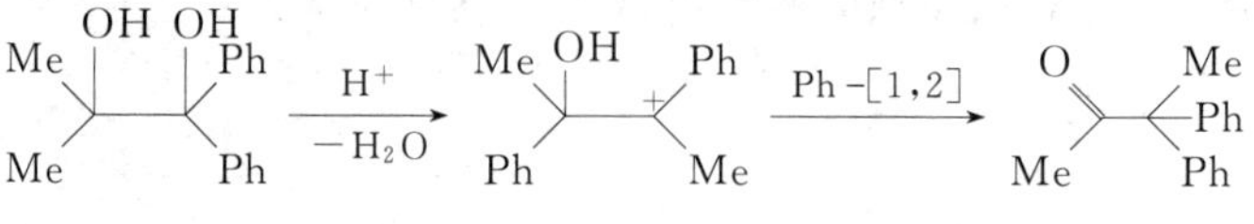

由于苯基迁移倾向优先于甲基，在上述案例中，重排时苯基优先发生迁移。同样的规律也表现在下面案例中。例如：

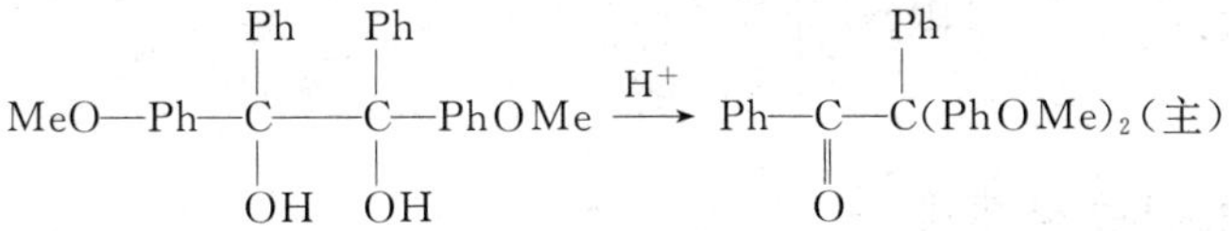

pinacol 重排的立体化学表明，在重排过程中碳正离子的形成和基团的迁移系经由一个碳正离子桥式过渡状态，迁移基团从离去基团的反式(共平面)迁移至缺电子的碳正离子上。例如：

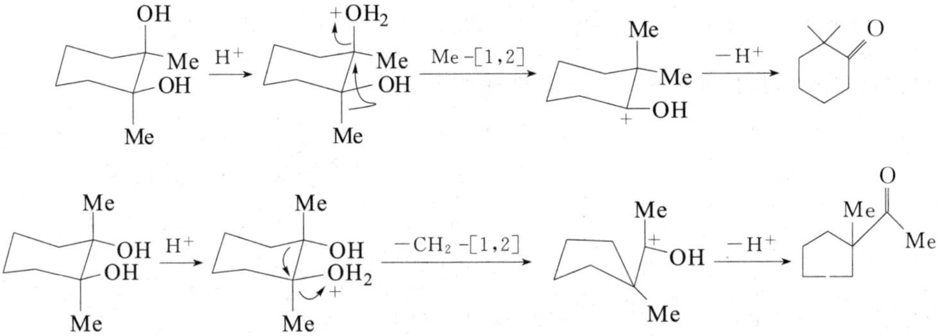

在顺-1,2-二甲基-1,2-环己二醇中，离去羟基的β-甲基符合立体化学要求，可以迁移；但在反式中，离去羟基的β-甲基不符合立体化学要求，即不能发生迁移，只能通过缩小环来完成重排。

pinacol 重排反应在有机合成中的应用价值较大，可用于环的扩大、缩小，以及螺环化合物的合成。例如：

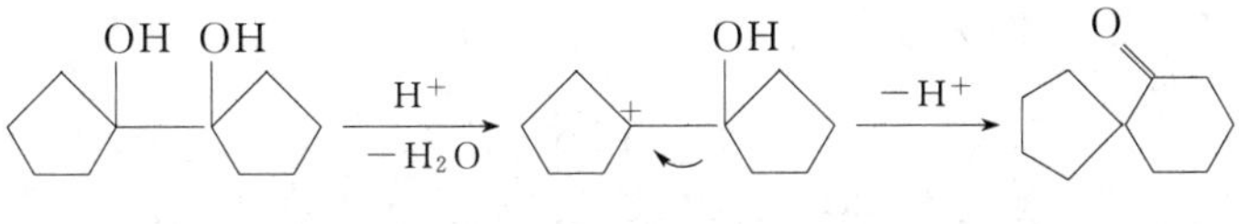

此外，在反应过程中，凡是能生成类似的碳正离子者，都能发生此类重排。例如，β-卤代或β-氨基醇和环氧化物在相应的条件下的类似重排反应，该类反应称为 semi-pinacol(半频哪醇)重排。例如：

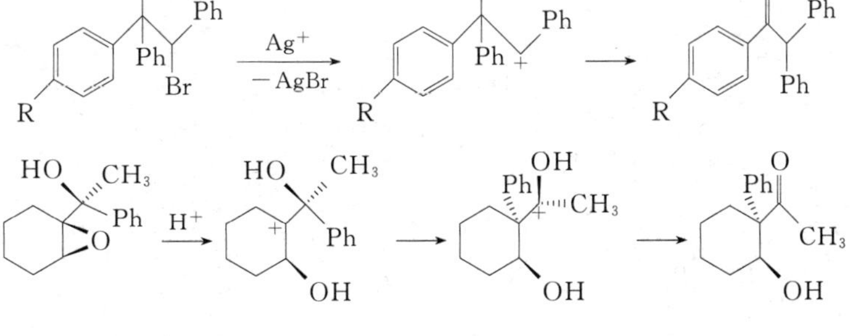

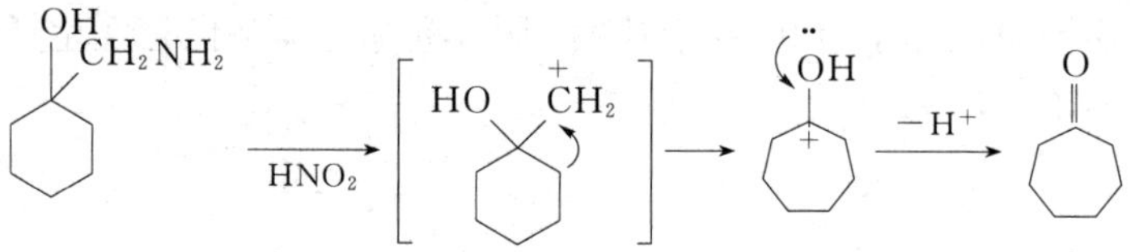

(4) 苯偶酰重排(benzil 重排)

苯偶酰重排又称苯甲酰重排,是苯偶酰类化合物(即 α-二酮类)在强碱作用下,发生分子内重排生成 α-羟基酸的反应。最典型的是二苯基乙二酮(苯偶酰)的重排:

$$Ph-\overset{O}{\overset{\|}{C}}-\overset{O}{\overset{\|}{C}}-Ph \xrightarrow[100\ ℃]{KOH-EtOH-H_2O} Ph_2C(OH)CO_2K \xrightarrow{H^+} Ph_2C(OH)CO_2H$$

该反应可以参照歧化反应来理解,其反应机理如下:

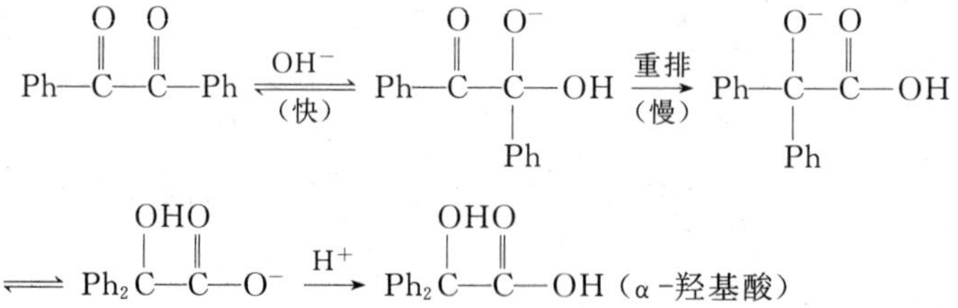

例如:

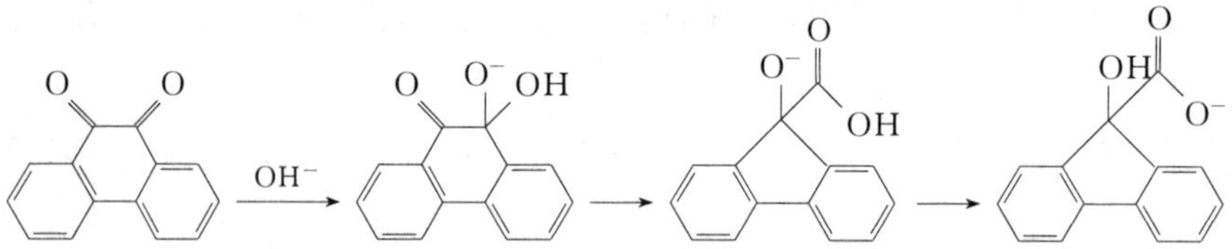

若以 RO^- 代替 OH^-,则产物为酯,则:

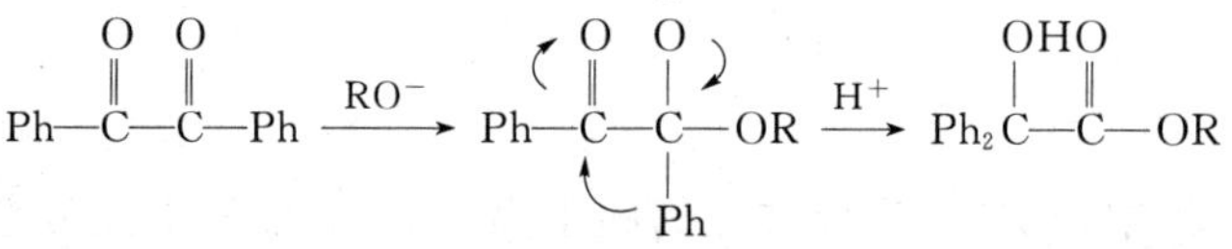

(5) 双烯酮-苯酚重排(dienone - phenol 重排)

芳环在 Birch 还原中形成的碳负离子与卤代烃反应可得到二取代的双烯,然后分子中双烯间的亚甲基经氧化可得到双烯酮,后者在酸性条件或光照时发生重排,得到酚类化合物,如下反应所示:

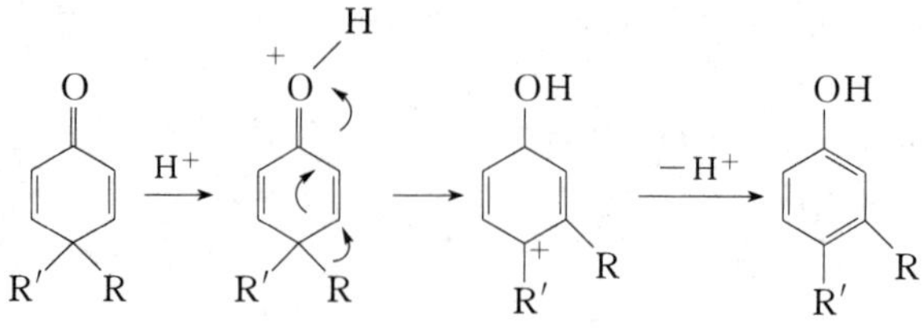

例如：

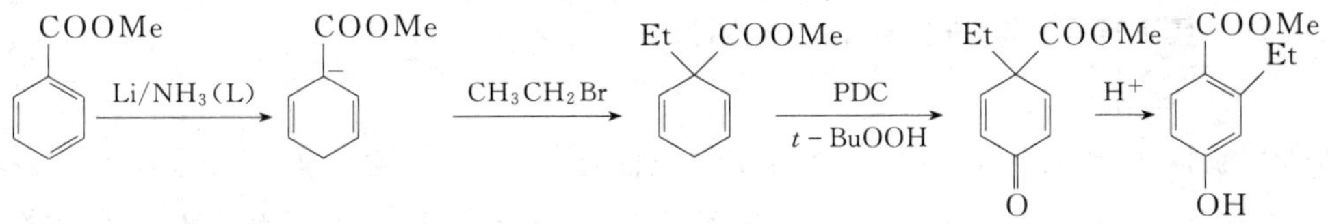

4.1.2　**碳烯重排(Wolff 重排)**

重氮甲烷与酰氯作用形成 α-重氮甲基酮，然后在光、热和催化剂(银或氧化银)存在下放出氮气并生成缺电子的碳烯，再重排生成反应性很强的烯酮，此重排反应称 Wolff 重排。过程如下：

烯酮与水、醇、氨及胺反应，可分别得到多一碳原子的羧酸、酯或酰胺：

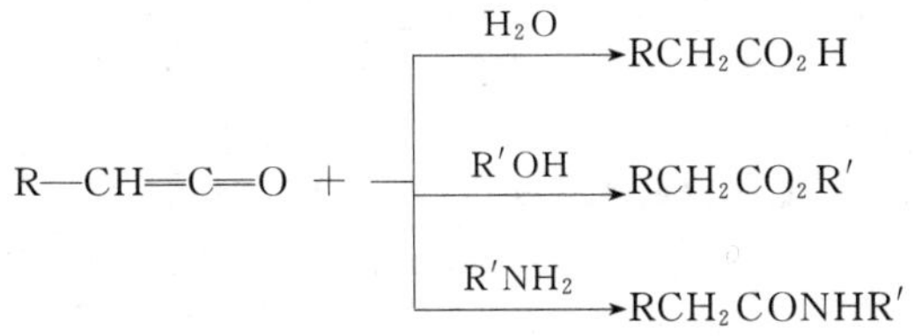

例如：

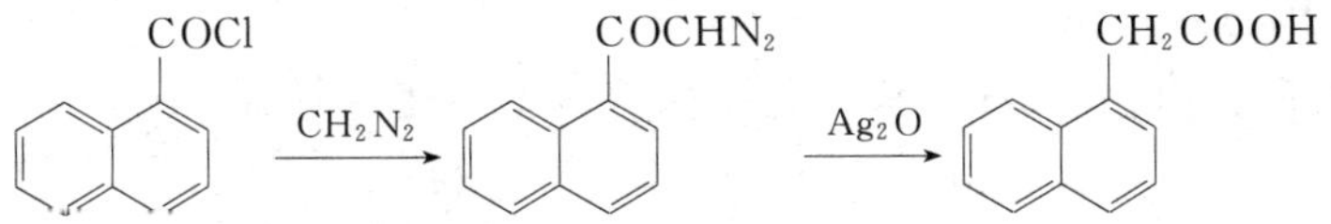

Wolff 重排是阿恩特-艾斯特尔特反应(Arndt - Eistert reaction)的关键步骤。^{13}C 同位素曾用于阐明 Arndt - Eistert 反应机理：

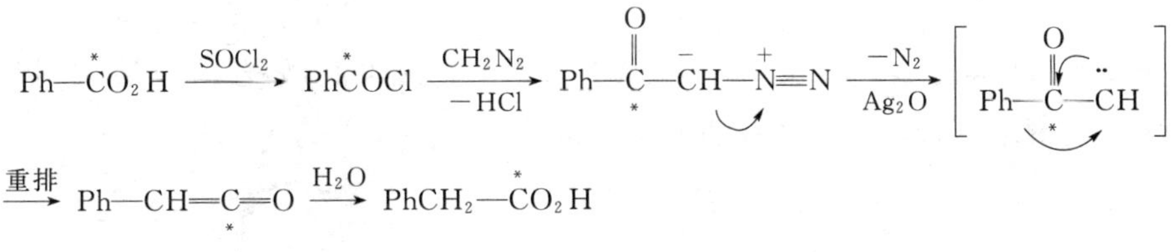

4.1.3 氮正离子的重排(Beckmann 重排)

酮肟、酰胺、酰基叠氮等含氮化合物在酸碱催化的作用下，会使氮原子周围形成仅六电子的缺电子中心，也称乃春或乃春正离子，继而发生亲核重排，生产酰胺或酰胺类化合物的水解后续产物。这类重排较为重要的有氮正离子和氮烯重排。其中，肟在酸(如硫酸、多聚磷酸)及能产生强酸的五氯化磷、三氯化磷、苯磺酰氯、亚硫酰氯等作用下发生重排，生成相应的 N-取代酰胺，称为 Beckmann 重排。过程如下：

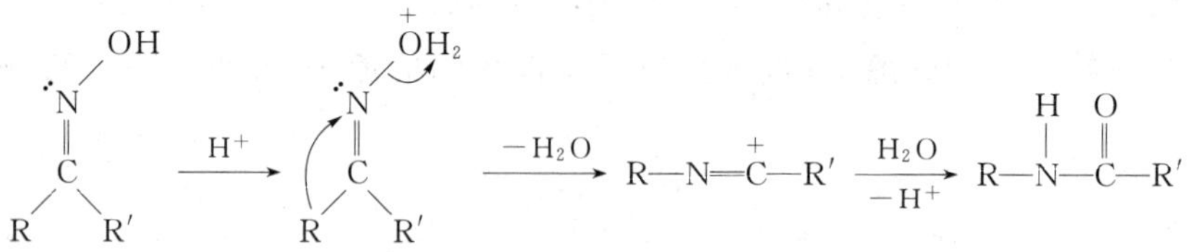

以上几步在反应中几乎是连续发生的，迁移基团只能从羟基的背面进攻缺电子的氮原子，因此基团为反位迁移。反应产物具有立体专属性。不同顺反异构的酮肟发生 Beckmann 重排，生产不同产物。例如：

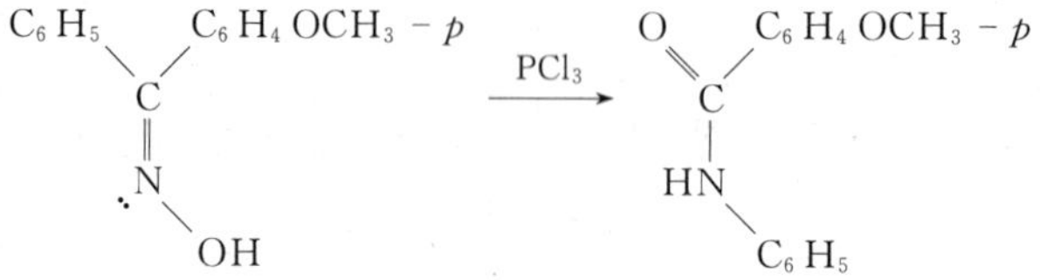

(Z)

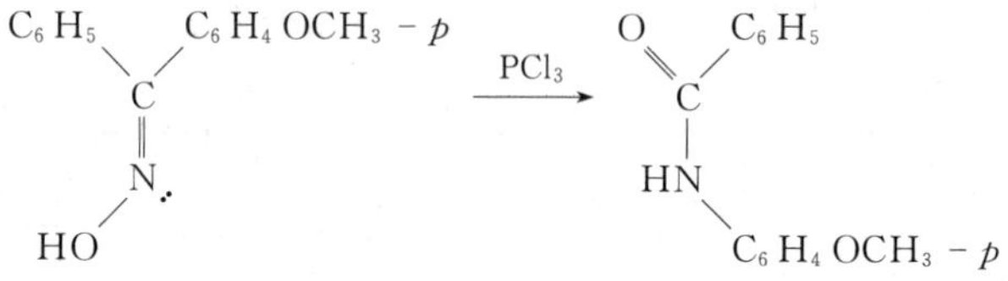

(E)

另外，若迁移基团有构型，在迁移过程中保持构型不变，例如：

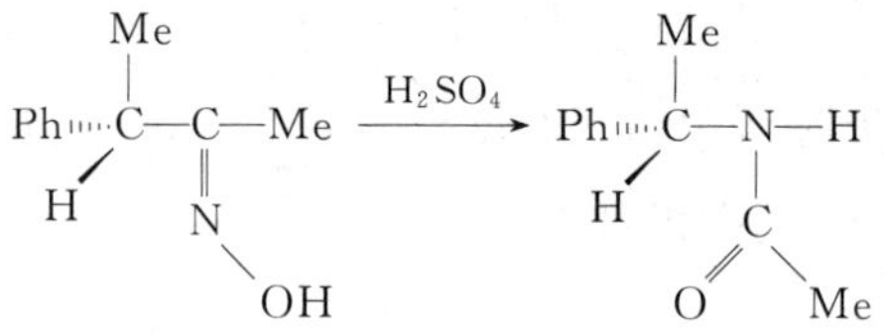

Beckmann 重排除了理论意义之外，还具有重要的合成价值，如合成尼龙-6(腈纶)的己内酰胺就是环己酮经 Beckmann 重排得到的扩环产物：

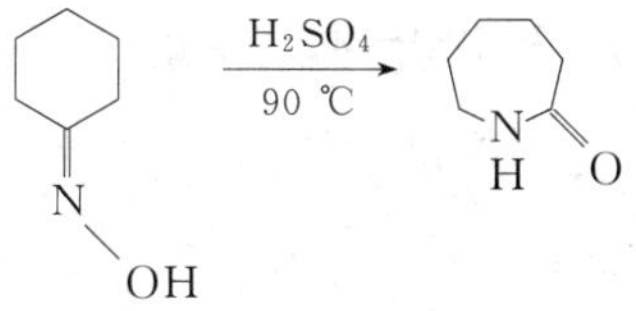

在药物扑热息痛(paracetamol)的合成过程也可采用该重排,从而巧妙地构建出乙酰氨基,极大程度低简化了合成步骤。

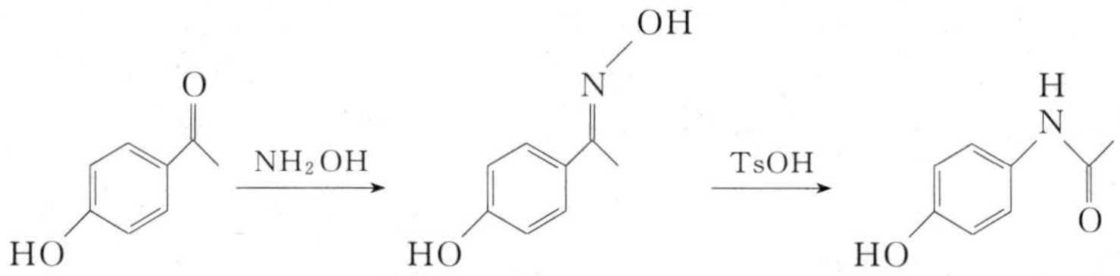

4.1.4　氮烯重排

氮烯与碳烯一样,也是一个中性缺电子中间体,基团向氮原子的迁移也属于亲核重排。

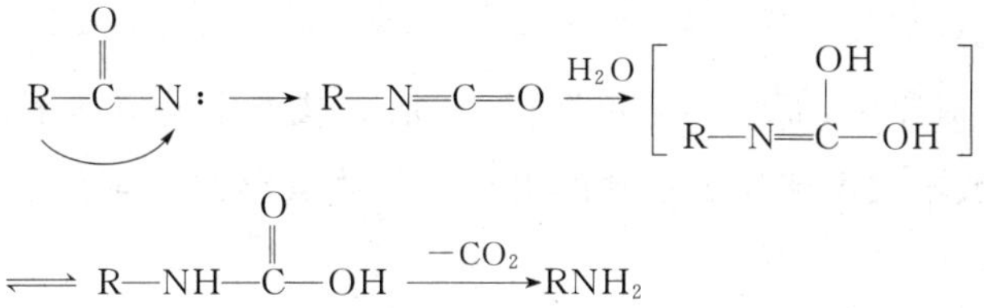

氮烯的重排包括酰胺的 Hofmann(霍夫曼) 重排、异羟肟酸的 Lossen(洛森)重排、酰基叠氮化合物的 Curtius(柯提斯) 重排和 Schmidt(施密特)重排。其反应机理极为相似,都需转化成相同的活性中间体——酰基氮烯,烃基从羰基碳迁移到氮原子上,形成异氰酸酯,后者水解形成少一个碳原子的伯胺。其具体反应过程如下:

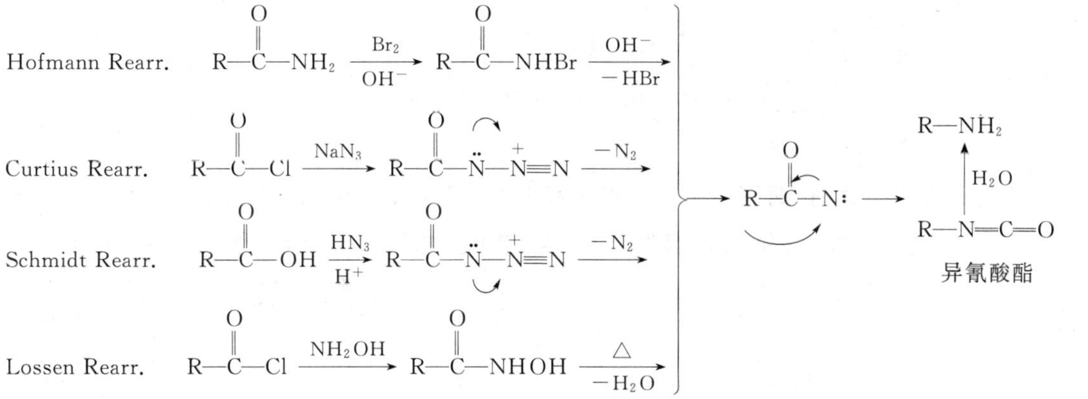

这四种反应在合成上都非常有价值，尤其是伯胺的合成，可以根据原料的不同可以就近制备，当然也可以合成一下特殊的目标化合物。例如：

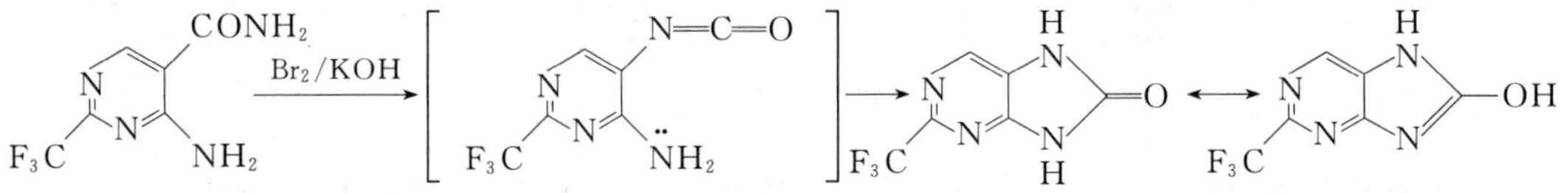

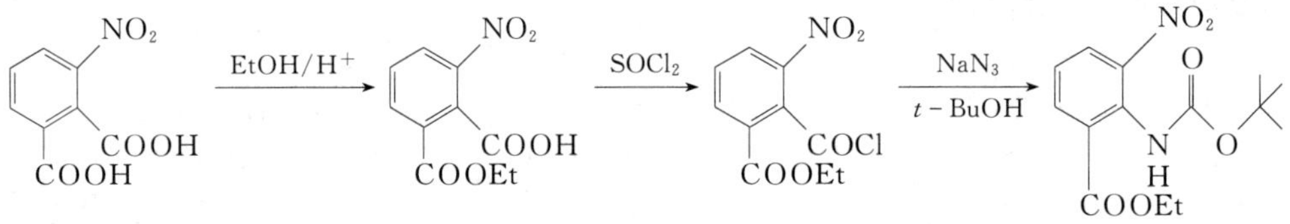

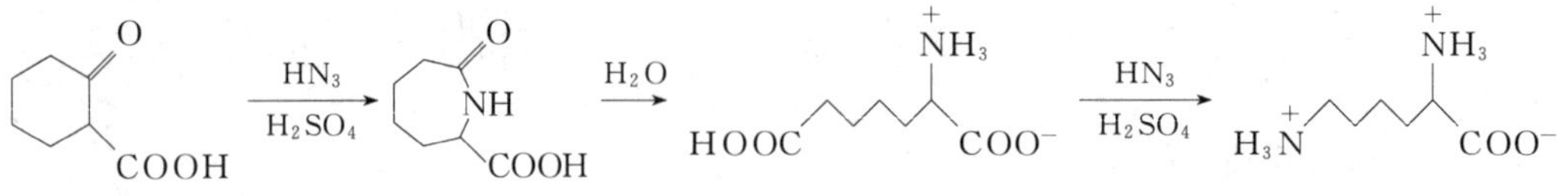

4.1.5 **缺电子氧的重排**

相比于碳原子和氮原子，氧原子电负性更大，形成缺电子的氧所需的能量更大，且该氧正体系更不稳定，一般不太可能作为单独的电正性的质点存在于体系中，所以其分子内部重排的特点更为明显。

(1)拜耳-维利格氧化(Baeyer - Villiger oxidation 重排)

醛或酮类化合物被过氧酸氧化，生成相应的酸或酯。常用的过氧酸有：过氧乙酸、过氧三氟乙酸、过氧苯甲酸、3 -氯代过氧苯甲酸等。其过程如下：

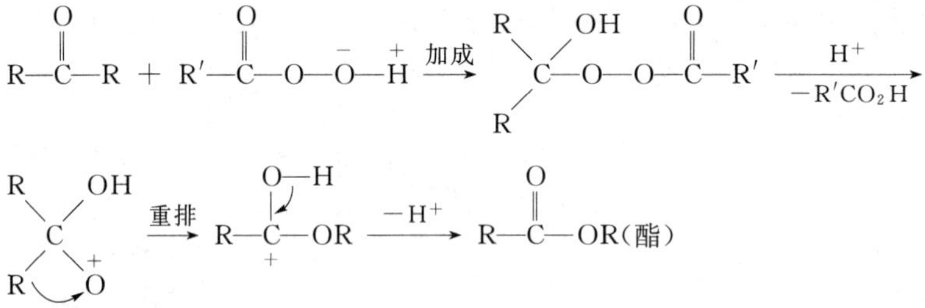

不对称酮在重排时，两侧烃基迁移难易程度有所不同，其大致顺序如下：

叔烷基＞仲烷基～环烷基＞苄基～苯基＞伯烷基＞环丙基＞甲基

(易) (难)

例如：

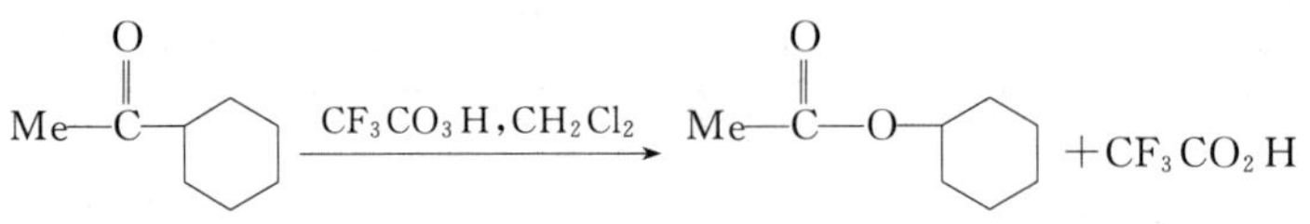

醛氧化的机理与其相似，但迁移的是氢负离子，得到羧酸。

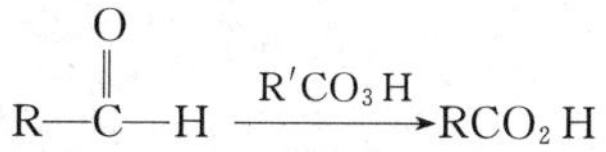

Baeyer - Villiger oxidation 重排用于开链的酮，可以使碳链缩短，转变成相应的酯；用于环酮，可以合成内酯；用于苯乙酮类芳酮，可以将芳酮转变为酚。例如：

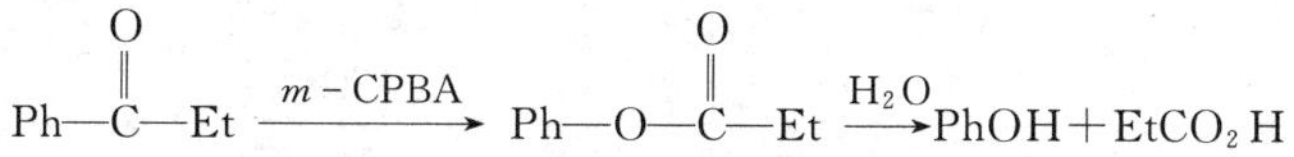

(2)氢过氧化物重排(hydroperoxide 重排)

烃类化合物被氧气氧化成氢过氧化物后，在酸的作用下，发生过氧键(—O—O—)断裂，生产缺电子氧中间产物，然后发生烃基从碳原子迁移至氧原子上的亲核重排，最终可生成醇(酚)和酮的反应。其反应过程与 Baeyer - Villiger oxidation 重排相似：

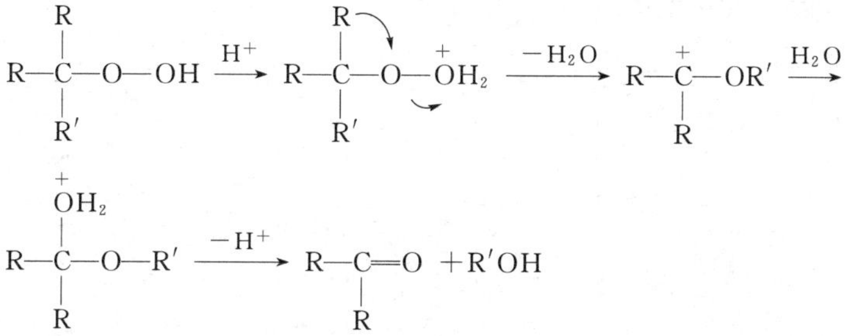

过氧化异丙苯是 hydroperoxide 重排典型的例子。以异丙苯为原料，反应产物为苯酚和丙酮，具有重要的合成价值，工业上也就利用此法生产苯酚。

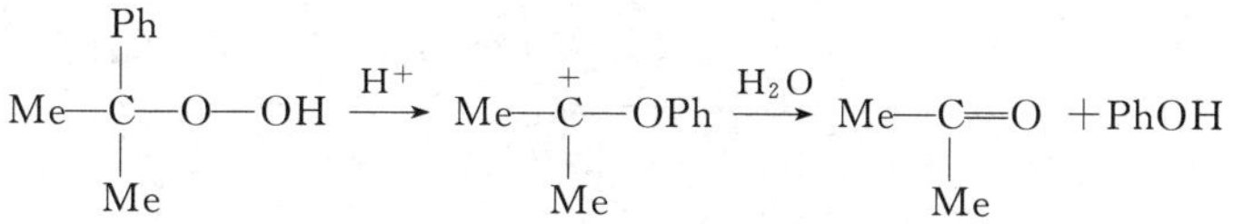

4.2　亲电重排

亲电重排(electrophilic rearrangement)亦称富电子体系的重排，指基团以缺电子的形式迁移到富电子中心的重排反应。重排在碱性条件下进行，大多数亦属 1,2 -重排。

(1) 法沃斯基重排(Favourskii 重排)

α -卤代酮类在强碱 EtONa、NaOH、$NaNH_2$ 等作用下发生重排，生成羧酸或羧酸衍生物的反应。其通式为：

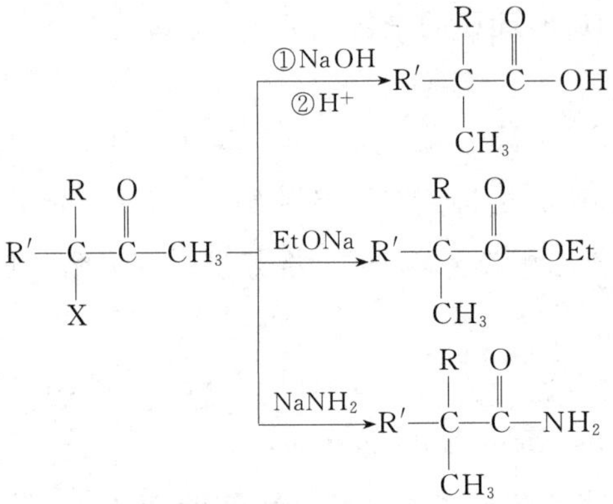

Favourskii 重排机理显示，α-卤代酮经碱作用生成环丙酮活性中间体，后者再与亲核试剂作用，开环形成相应的重排产物。整个过程可以看作是与卤素相连的 α-碳迁移到羰基另一侧带负电的 α′-碳上所发生的 1,2-亲电重排。

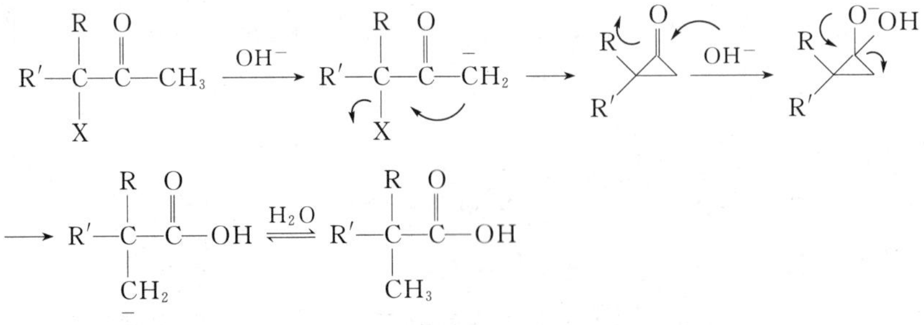

对称的环丙酮开环时，概率相当，如同位素碳标记的 α-氯代环己酮：

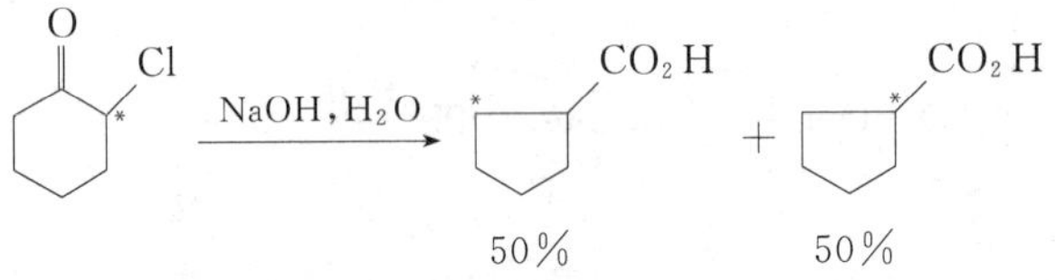

不对称环丙酮中间体在开环时，会形成两种开环产物，其中形成较稳定碳负离子的产物为主要产物。

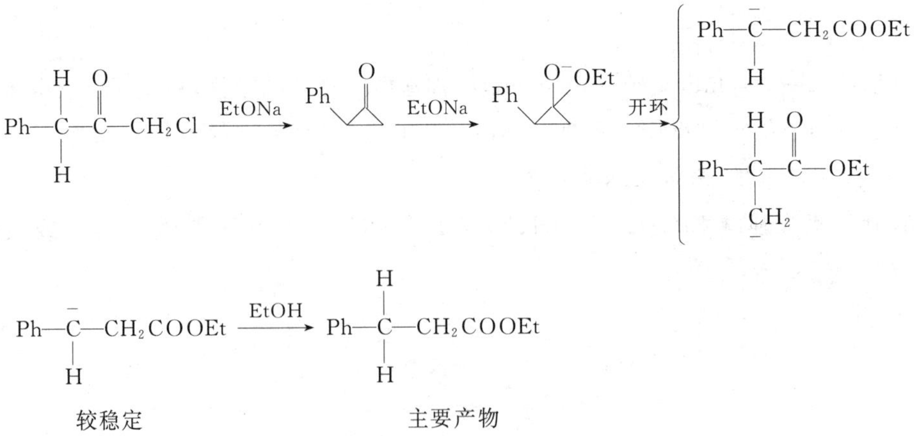

α-卤代环酮的 α 和 α′连有两个卤原子时，也可以发生类似于 Favourskii 重排的反应，生产不饱和羧酸衍生物。

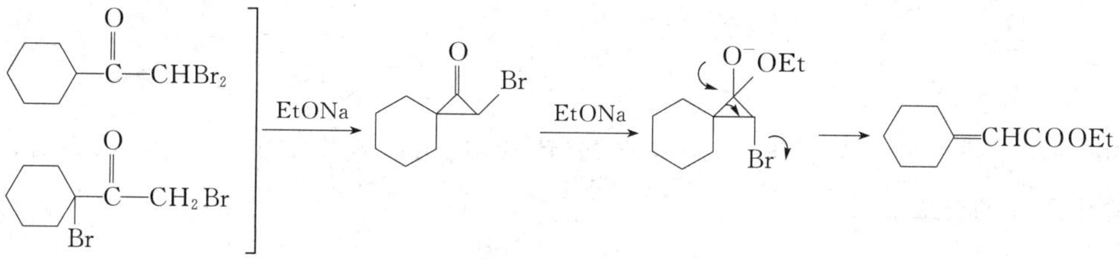

上述重排现象甚至可以发生在 α,β-二卤代酮结构的化合物中，例如：

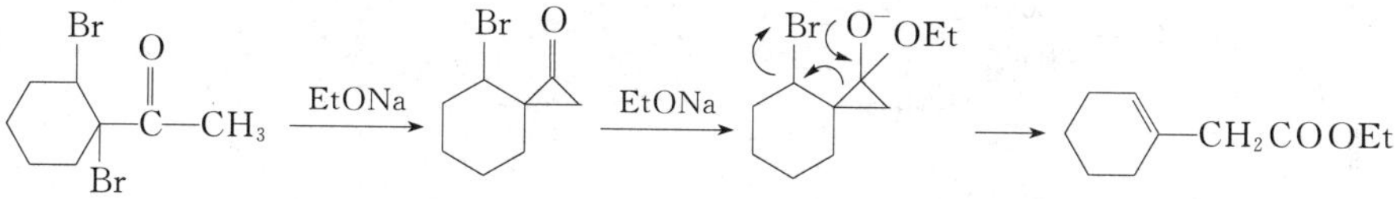

因此，环丙酮的中间体结构是其共同特点。但若 α-卤代环酮中没有 α′-H，环丙酮的结构就不能形成。在醇碱的作用下，只能发生类似二苯乙酮的重排，一般称为半二苯乙醇酸重排。

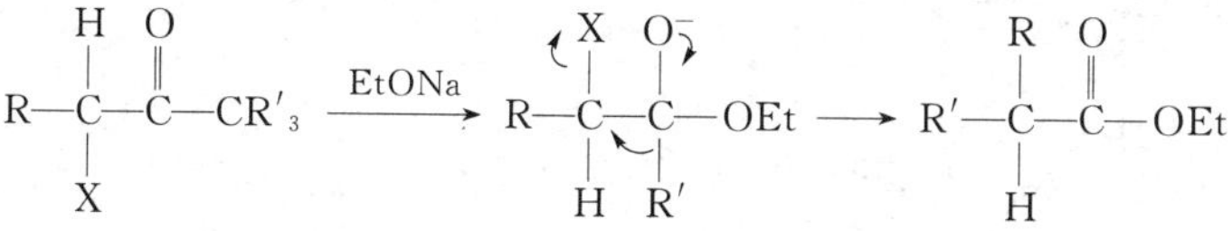

例如：

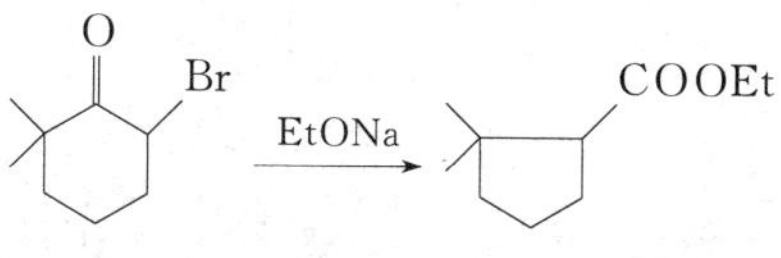

α-卤代环酮经重排后可以克服环张力的矛盾得到环缩小产物。因此，Favourskii 重排在小环化合物的合成方面上有着特殊的应用价值。例如：

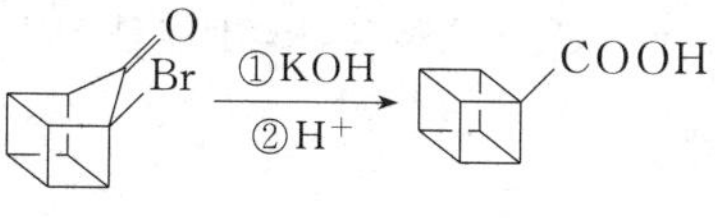

(2)斯蒂文斯重排(Stevens 重排)

季铵盐(或锍盐)上的苄基或其他烃基，在碱性条件下从氮原子(或硫原子)上迁移至邻近的碳负离子上得到胺。过程如下：

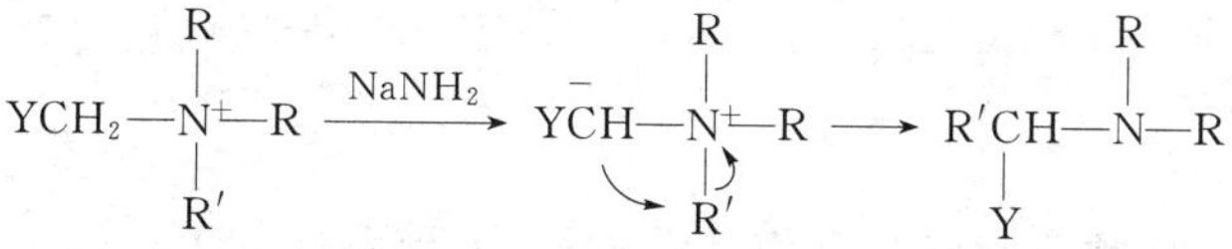

Y 一般为吸电子基团，如苯甲酰基、苄基、乙酰基，其和氮原子上的正电荷使夹杂的亚甲基活化，并提高碳负离子的稳定性；迁移基团 R′常为烯丙基、苄基、取代苯甲基等。其中，迁

移基团的构型不会变，C—N键断裂与C—C键生成协同进行。例如：

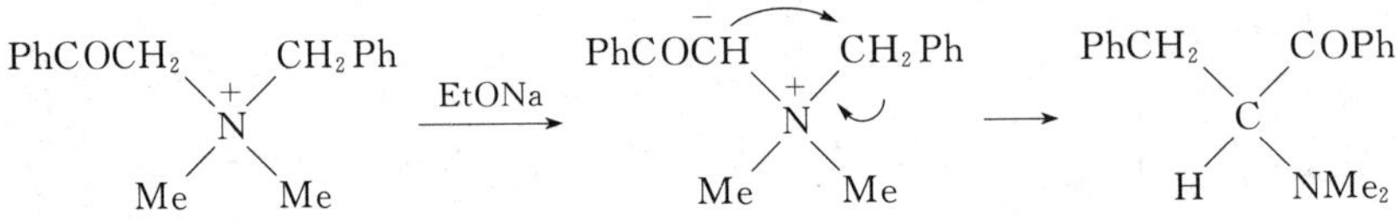

Stevens 重排的应用范围很广，硫叶立德（锍盐）也可以发生类似的重排，从而可用于特殊结构化合物的合成。

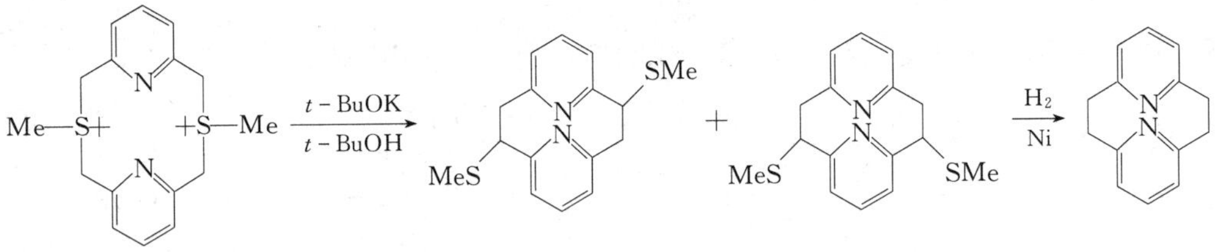

（3）沙米尔脱重排（Sommelet 重排）

苄基三烷基季铵盐（或锍盐）在 PhLi、$LiNH_2$ 等强碱作用下发生重排，苯环上起亲核烷基化反应，烷基的 α-碳原子与苯环的邻位碳原子相连成叔胺。此反应可以作为在芳环上引入邻位甲基的一种方法。例如：

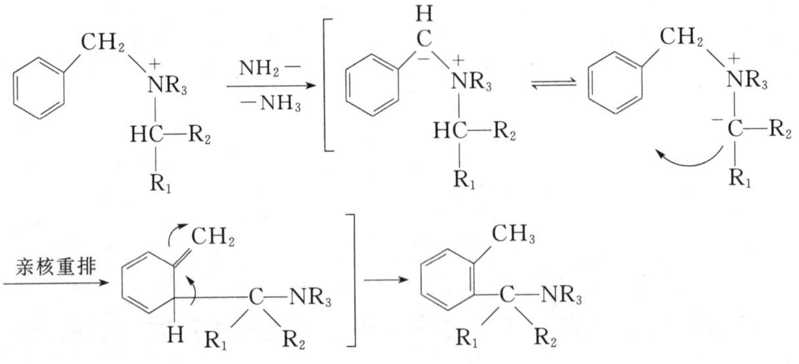

（叔胺）

（R_1、R_2 可以是 H 或烃基，R_3 不能是 H）

（4）维蒂希重排（Wittig 重排）

苄基型或烯丙基型醚在强碱（如 RLi、PhLi、KNH_2、$NaNH_2$ 等）作用下，在醚键的 α-位形成苄基型或烯丙基型碳负离子。然后，烃基迁移而成为更稳定的烷氧负离子，继而水解生成醇。其过程如下：

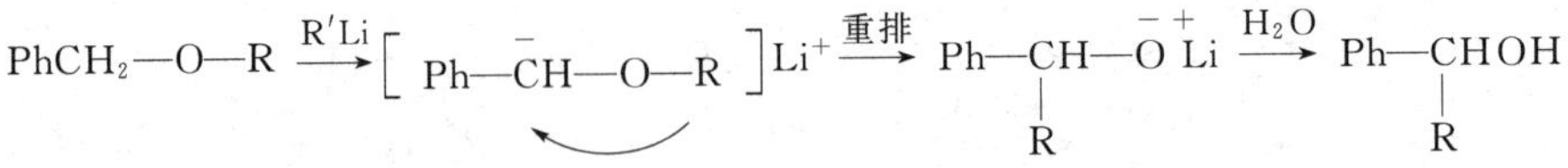

迁移基团 R 的迁移倾向与自由基稳定性相符，大致顺序如下：

$$H_2C{=}CH{-}CH_2{-} > PhCH_2{-} > Me{-} \sim Et{-} > Ph{-}$$

例如：

$$PhCH_2OCH_3 \xrightarrow[\text{②}H_3^+O]{\text{①}PhLi} Ph\text{—}\underset{\underset{CH_3}{|}}{C}HOH$$

4.3　芳环上的重排

芳环上的重排反应指芳香族化合物中，与杂原子 X 取代基相连的基团，在催化剂的作用下，转移到芳环的邻位或对位的反应。比较常见的有联苯胺重排、苯腙重排、Fries 重排、Smiles 重排、Claisen 重排等。本节选择性地介绍联苯胺重排和 Fries 重排，而 Claisen 重排将在下一节介绍。

(1)弗瑞斯重排反应(Fries reaction)

酚酯在 Lewis 酸(如 $AlCl_3$、$ZnCl_2$、$FeCl_3$)催化剂作用下，加热后发生酰基迁移至邻位或对位，形成邻位或对位酚酮的重排反应。通式：

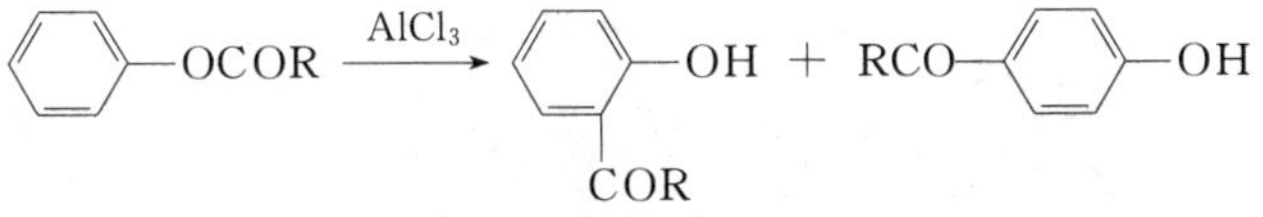

邻位酚酮　　　　对位酚酮

本重排反应可看作是 Friedel－Craft 酰基化反应的自身酰基化过程。重排产物一般情况下是两种异构体的混合物，其中邻位与对位异构体的比例主要取决于反应条件、催化剂浓度和酚酯的结构。反应温度对邻、对位产物比例的影响比较大，一般来讲，较低温度(如室温)下重排有利于形成对位异构产物(动力学控制)，较高温度下重排有利于形成邻位异构产物(热力学控制)。例如：

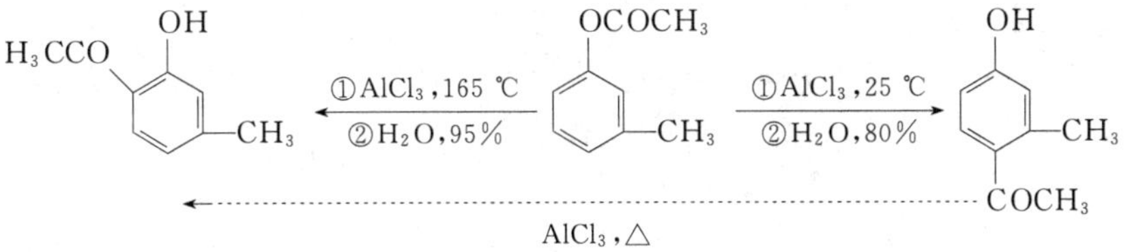

Fries 重排在有机合成中有广泛的应用，如强心药物肾上腺素中间体氯乙酰儿茶酚的合成。

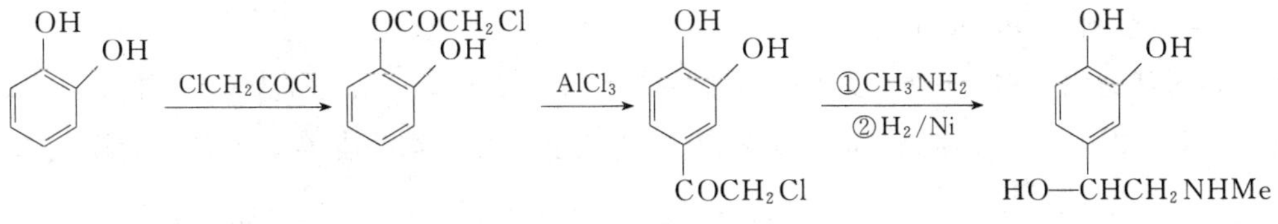

(2)联苯胺重排反应(benzidine reaction)

在酸催化下，氢化偶氮苯发生重排主要生成 4,4′-二氨基联苯的反应称为联苯胺重排。

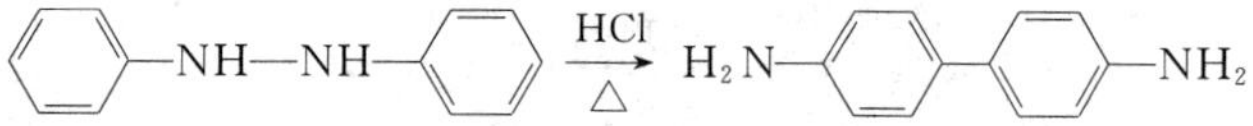

反应中还会生成少量的邻-对和邻-邻的偶联产物和半联胺的产物。若对位被烷基或芳基占据，则一般发生其他重排。这种重排的反应机理，目前还没有统一认识，一般认为其是正离子自由基历程：

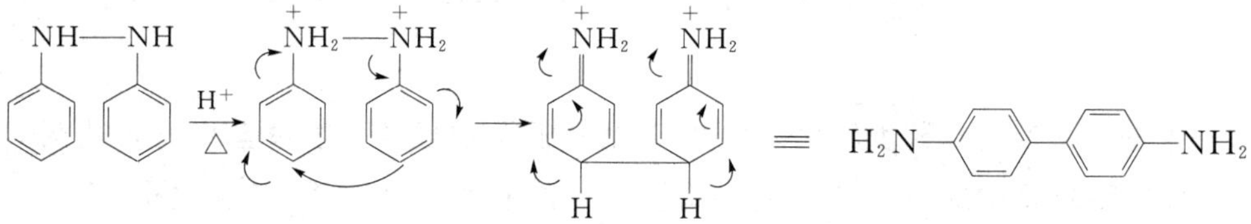

利用放射性碳原子和交叉实验证明，重排发生在分子内部，不发生交叉偶联。例如，氢化偶氮苯与邻甲基氢化偶氮苯混合在一起发生联苯胺重排反应时，只得到各自分子内重排的产物，得不到交叉产物。

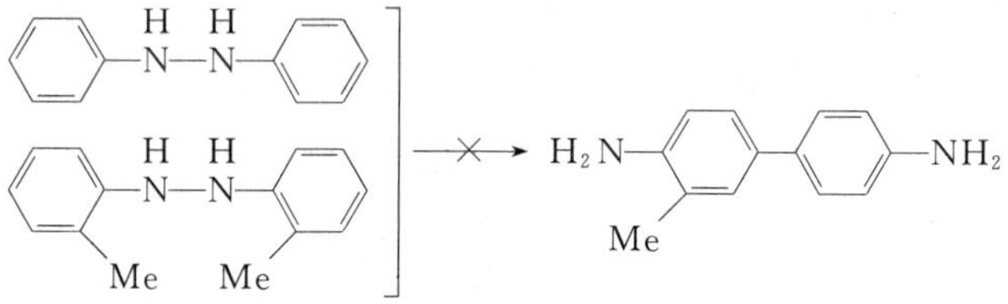

4.4 σ 键迁移重排

共轭 π 体系中，处于烯丙位的一个 σ 键断裂，在 π 体系另一端生成一个新的 σ 键，同时伴随 π 键的转移，而且反应物总的 π 键和 σ 键数保持不变，这类反应叫作 σ 键迁移反应，也叫作 σ 键迁移重排。例如：

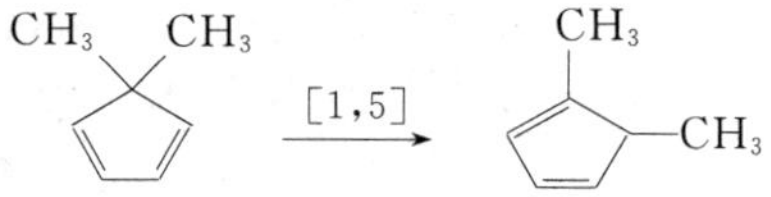

最常见的 σ 迁移反应为[3,3]σ 迁移反应，包括 Cope 重排反应、Claisen 重排反应、Carroll 重排反应等。

(1)科普重排(Cope 重排)

双烯丙基类化合物受热时，发生的重排生成新的双烯丙基的反应称为 Cope 重排。Cope 重排在 150 ℃～200 ℃单独加热短时间就容易发生，并且产率一般都非常好。其反应通式如下：

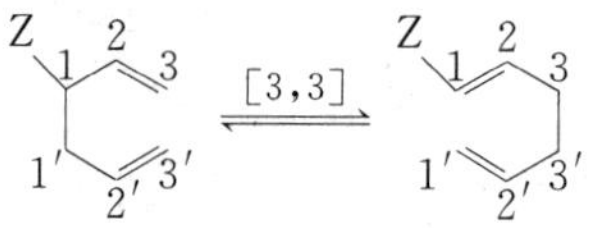

例如：

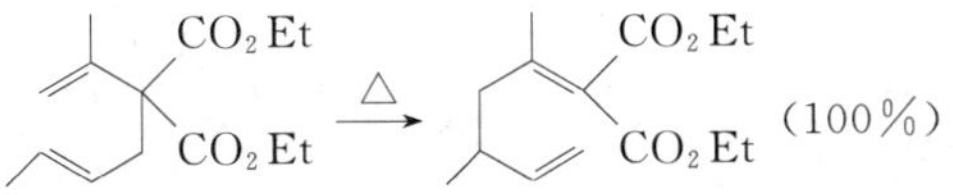

Cope 重排反应过程一般系经由分子内六元环过渡状态进行的协同反应。在立体化学上，表现为经过椅式环状过渡态，例如：

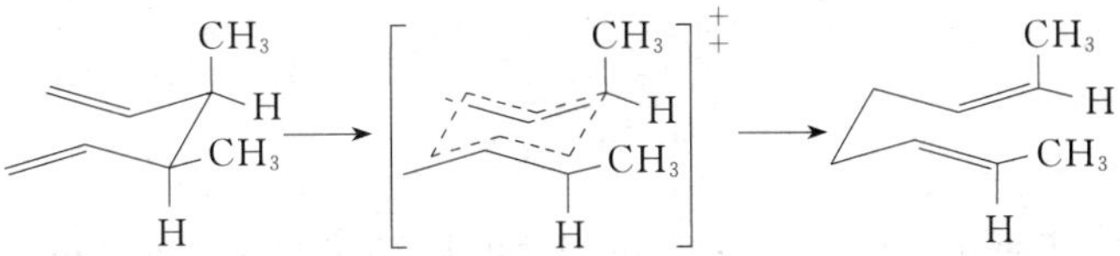

Cope 重排具有可逆性的特征，反应向稳定的双烯或缓解环张力方向进行。Cope 重排是形成新C—C键的一种合成手段，对于环状双烯丙基化合物，可以通过该反应构建七元环以上的中级环等，例如：

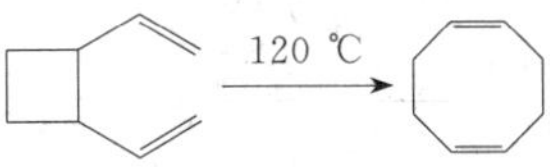

双烯丙基化合物中若存在烯丙基羟基时，则 Cope 重排产物为烯醇，后者转变为羰基化合物，重排非可逆，常称羟化 Cope 重排(oxy-Cope rearrangement)，例如：

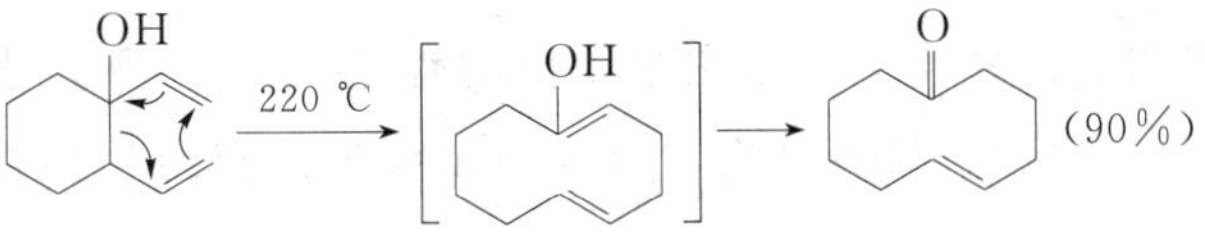

Cope 重排属于周环反应，和其他周环反应的特点一样，它具有高度的立体选择性，并且不需要其他手性试剂或催化剂，因而在有机合成中有重要意义。例如，内消旋-3,4-二甲基-1,5-己二烯重排后，得到的产物几乎全部是(Z, E)-2,6 辛二烯：

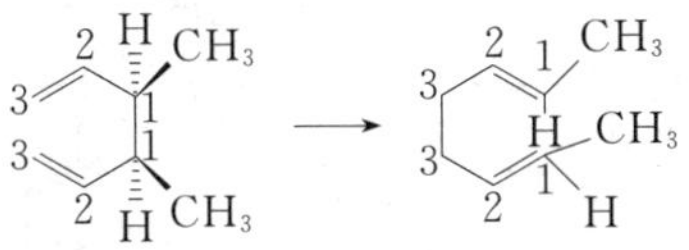

(2)克莱森重排(Claisen 重排)

烯醇类或酚类的烯丙基醚在加热条件下，发生烯丙基从氧原子上迁移至碳原子上重排为烯丙基酚类的反应。其反应通式如下：

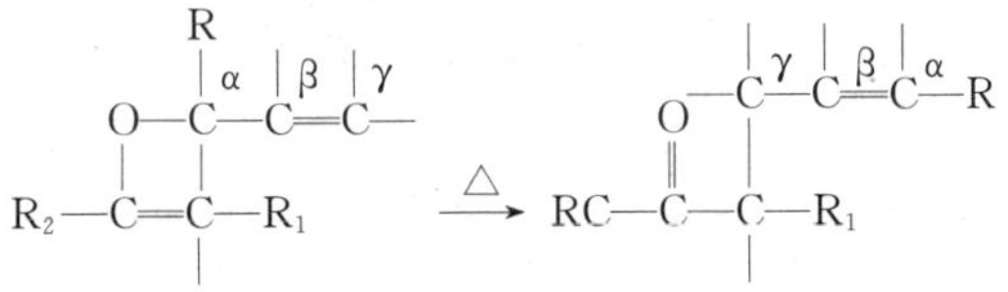

(O-烯丙基烯醇醚)　　(C-烯丙基酮)

或

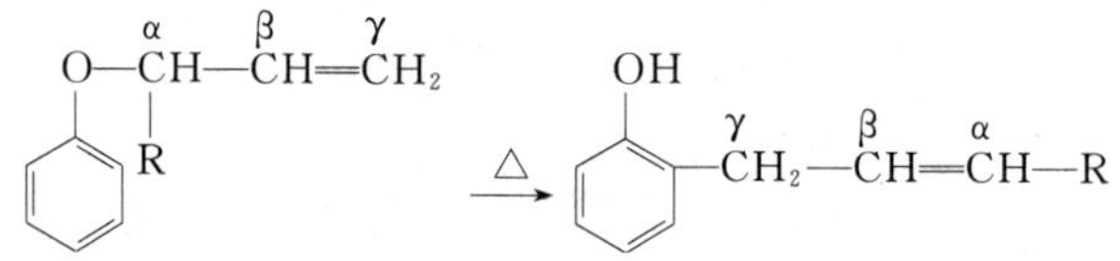

（O-烯丙基酚醚）　　（C-烯丙基酚）

例如：

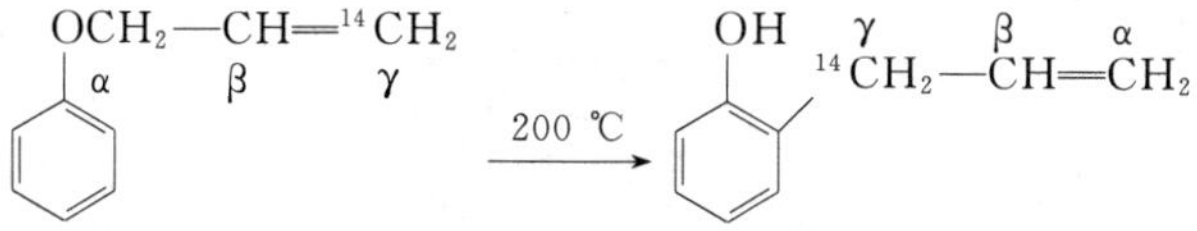

用标记原子^{14}C证明，Claisen 重排是分子内的协同反应，中间经过一个环状过渡态，所以芳环上取代基的电子效应对重排无影响。相应机理如下：

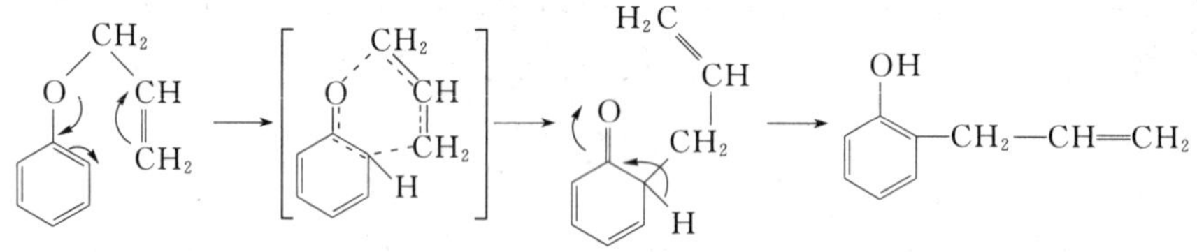

（烯丙基苯基醚）　　（邻-烯丙基苯酚）

对于烯丙基酚醚，O-烯丙基迁移时，优先发生邻位重排，其历程经过一次[3,3]σ迁移和一次由酮式到烯醇式的互变异构。但当两个邻位均有取代基时，则发生对位重排，不会发生间位重排（即邻、对位均有取代基时，不发生 Claisen 重排），其历程经过两次[3,3]σ迁移完成的。例如：

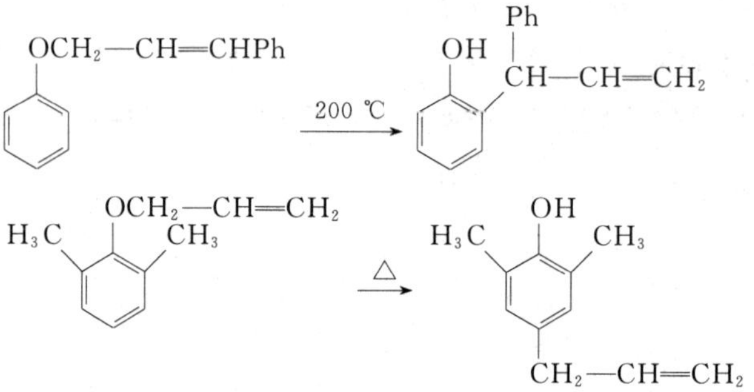

取代的烯丙基芳基醚重排时，无论原来的烯丙基双键是 Z-构型还是 E-构型，重排后的新双键的构型都是 E-构型，这是因为重排反应所经过的六员环状过渡态具有稳定椅式构象的缘故。例如：

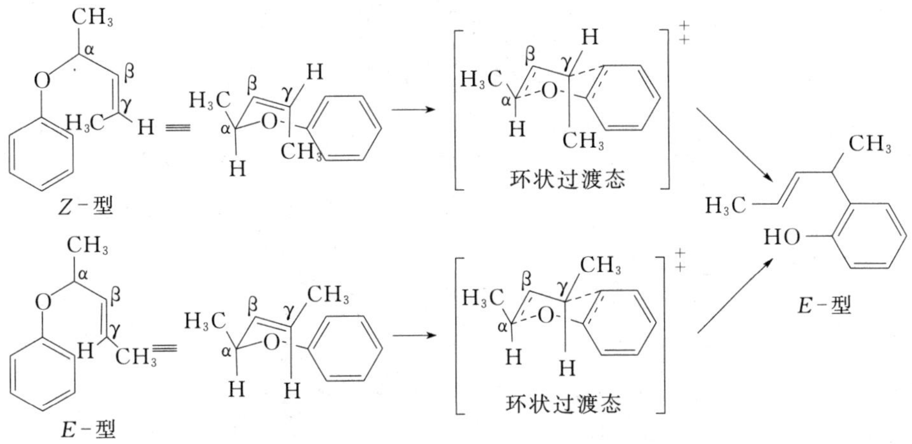

Claisen 重排具有普遍性，在醚类化合物中，如果存在烯丙氧基与碳相连的结构，就有可能发生 Claisen 重排。

烯丙基苯基醚类化合物的 Claisen 重排反应，是在芳环上直接引入烯丙基的简易方法，也是引入正丙基的间接方法。例如：

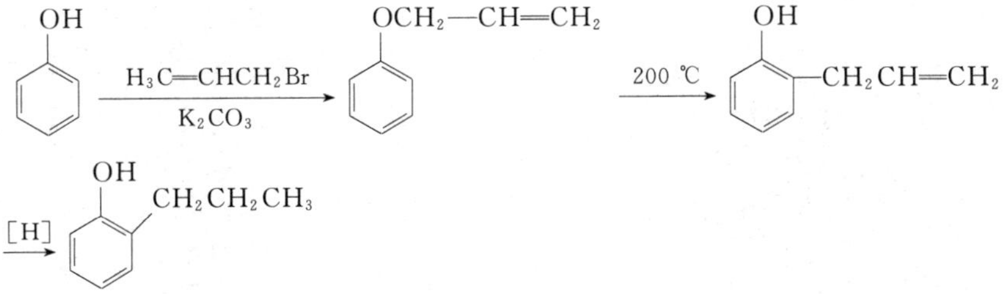

(3)卡罗尔重排(Carroll 重排)

β-酮酸烯丙酯发生 Claisen 重排产生 α-烯丙基-β-酮酸，再经脱羧，得到 γ，δ-不饱和酮，此反应又称 Carroll-Claisen 重排反应。其反应通式如下：

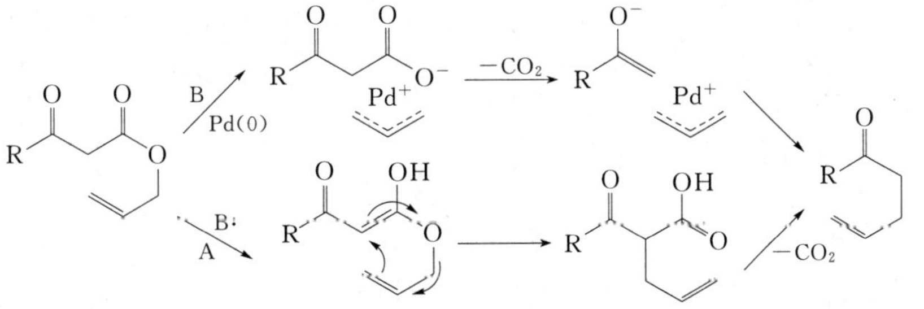

例如：

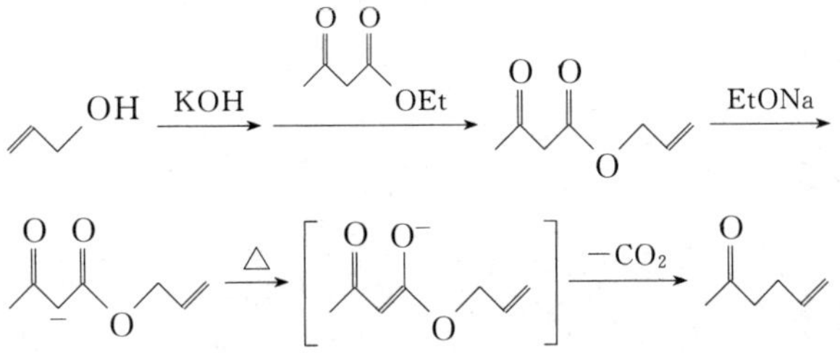

习　　题

1. 完成下列反应方程式。

(1) 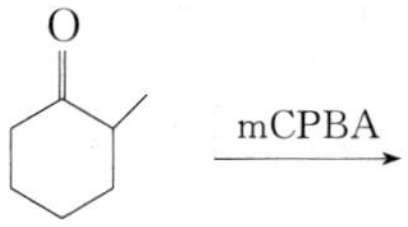

(2) 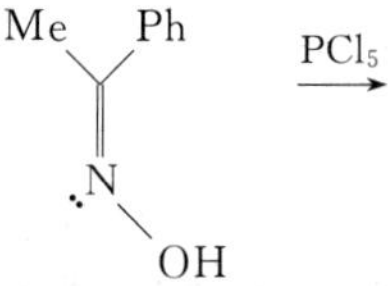

(3) 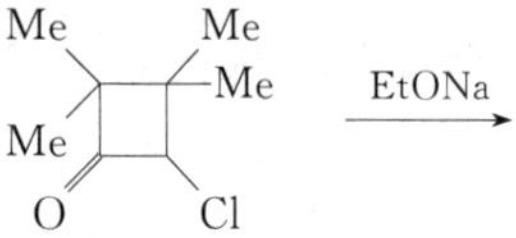

(4) 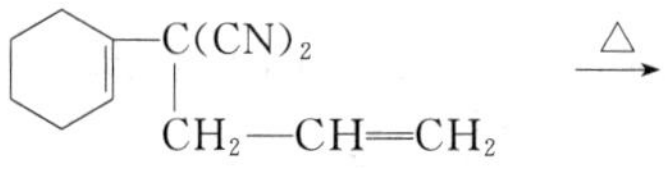

(5) 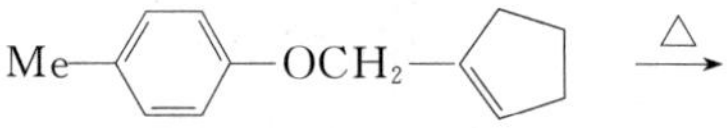

(6) 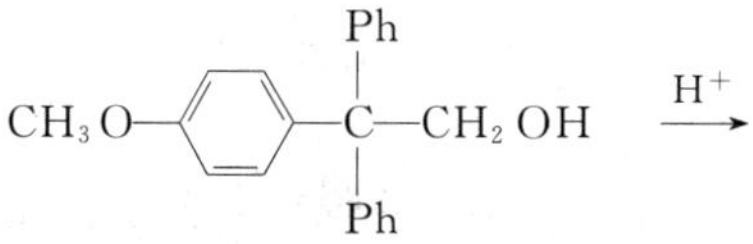

(7) 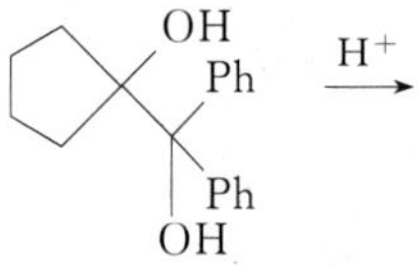

(8) 

(9) 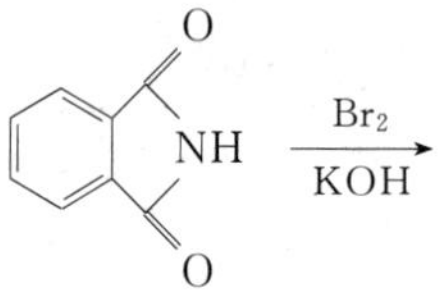

(10) 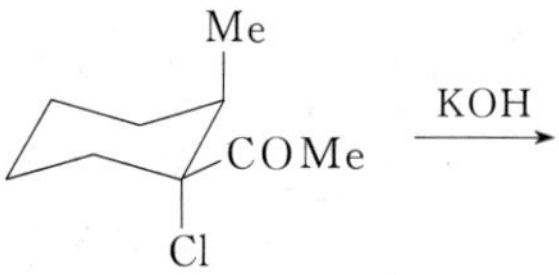

2. 试利用重排反应合成下列化合物。

(1) 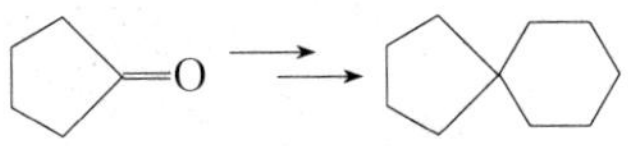

(2) 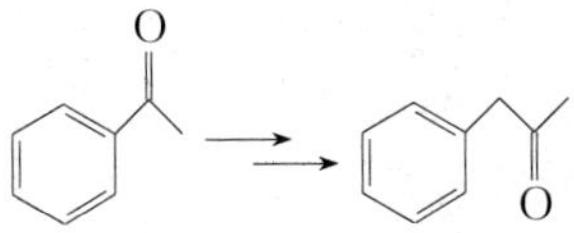

(3) 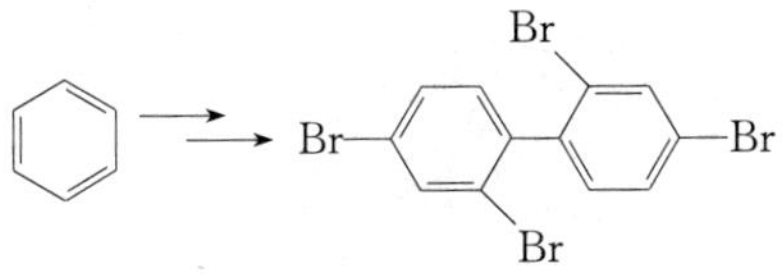

(4) 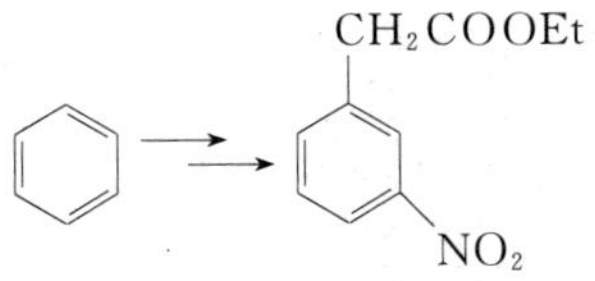

(5) 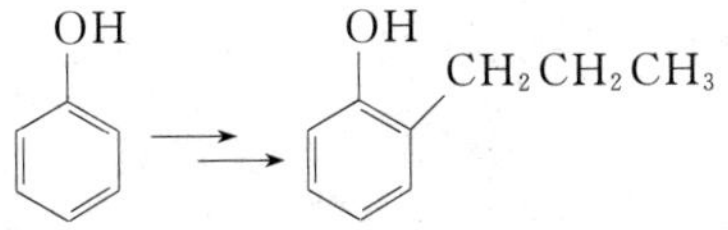

3. 写出下列反应的机理。

(1) 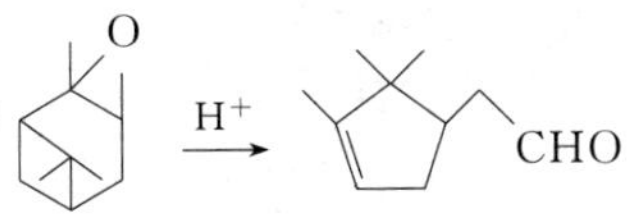

(2) 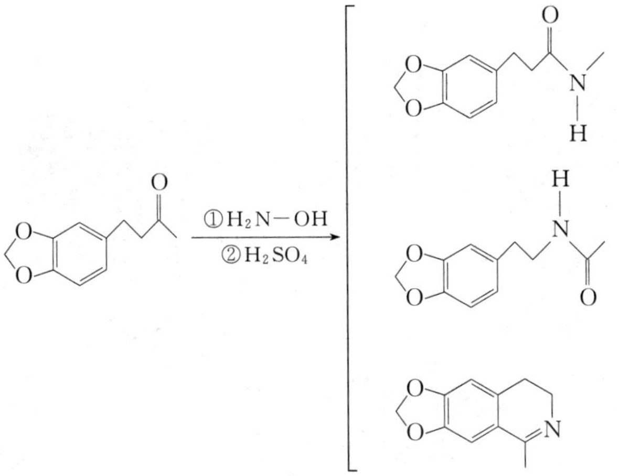

A

B

C

(3) 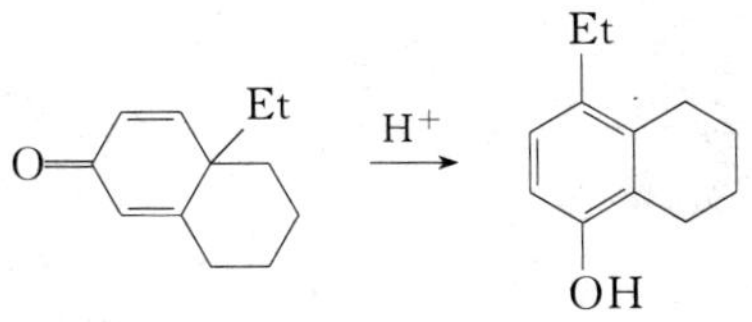

（4）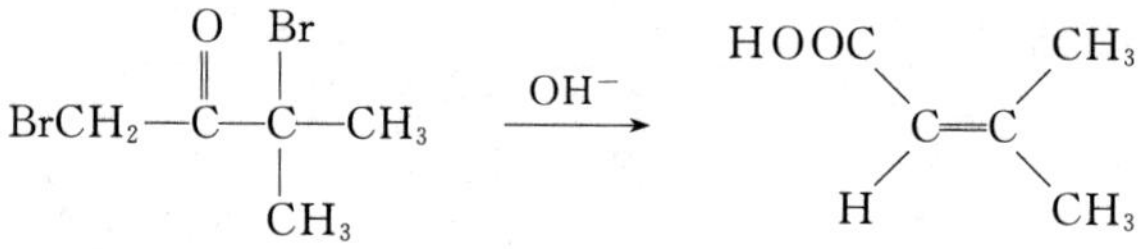

（5）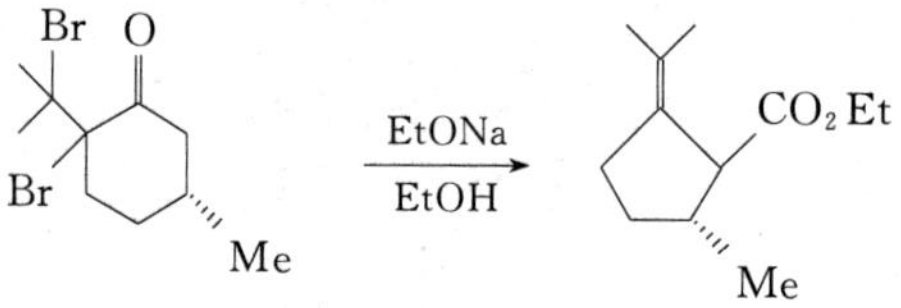

第5章

氧化反应

氧化反应是有机合成反应中最常见的一种反应类型，众多的有机化合物的合成都可以借助于氧化反应得以实现。在有机合成中，多数有机化学家认为氧化反应包括下列几个方面：①氧对底物的加成，即增加氧原子的反应，如烯烃转化为环氧乙烷的反应；②脱氢，如乙醇氧化为乙醛的反应；③从分子中除去一个电子，如酚氧负离子转化为酚氧自由基的反应。

(1)增加氧原子：

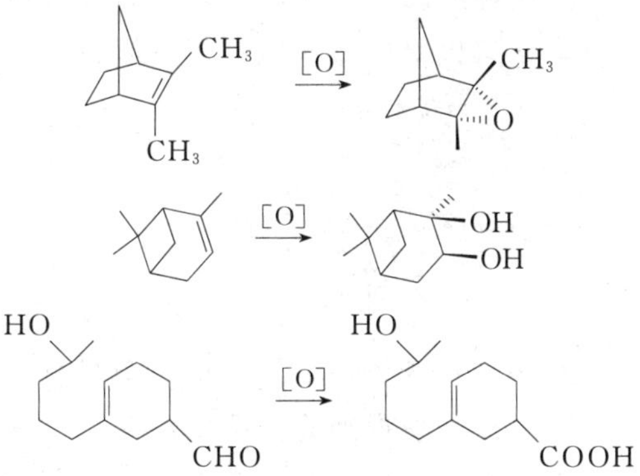

(2)减少氢原子：

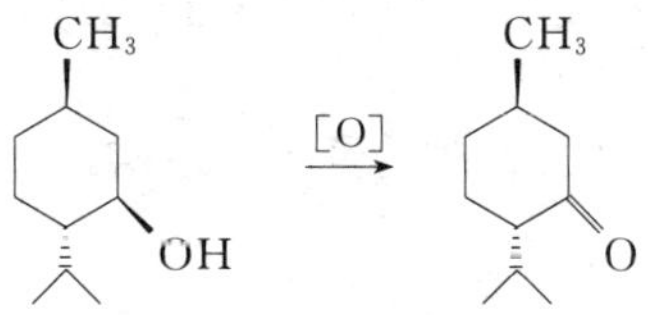

(3)去除电子：

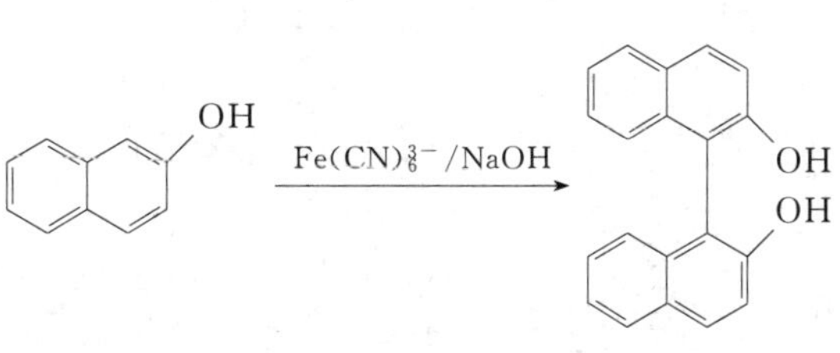

5.1 醇羟基和酚羟基的氧化

5.1.1 碳酸银氧化羟基

沉淀在硅藻土上的碳酸银能将伯醇和仲醇以很高的产率氧化成醛和酮，反应在温和的近中性条件下进行，一般其他官能团不发生反应。例如，胆酸甲酯在硅藻土附载的碳酸银进行氧化时，高位阻的羟基不发生氧化，因此在适当情况下，可选择性地进行氧化，其反应式如下：

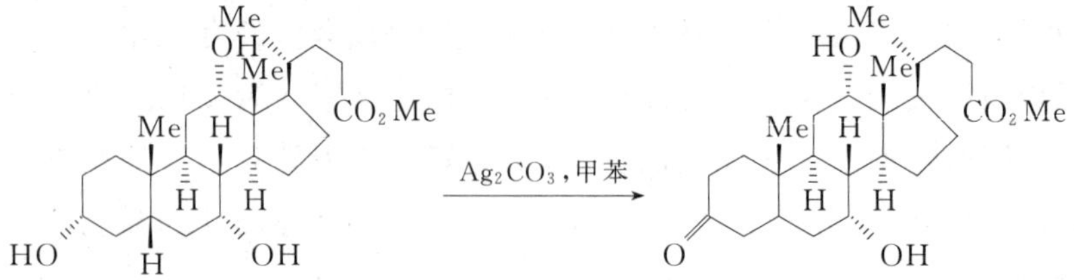

伯醇比仲醇的氧化速率慢，而仲醇的反应活性又远不如苄基和烯丙基醇。因此，在丙酮或甲醇溶液中，苄基或烯丙基羟基可以被选择性地氧化。例如：

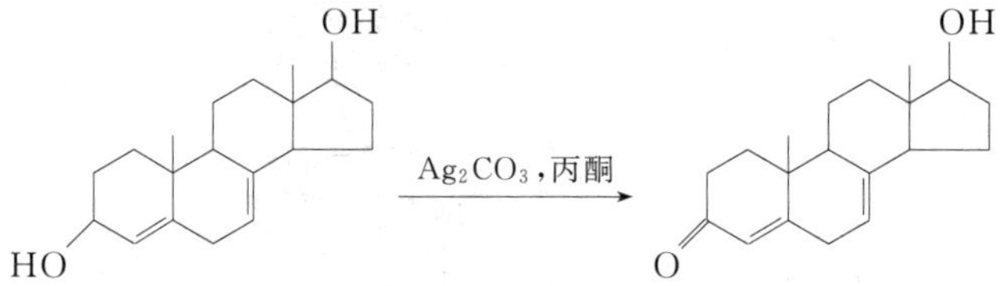

二元醇（1，4－丁二醇、1，5－戊二醇、1，6－己二醇等）一般只有一个羟基被氧化成羧基，再转化为相应的内酯，这是用其他方法不易得到的。例如：

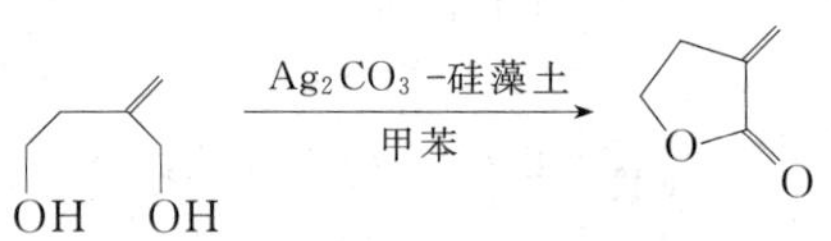

其他的二醇根据其结构不同则生成羟基醛或羟基酮。例如，1，3－丁二醇生成1－羟基－3－丁酮。

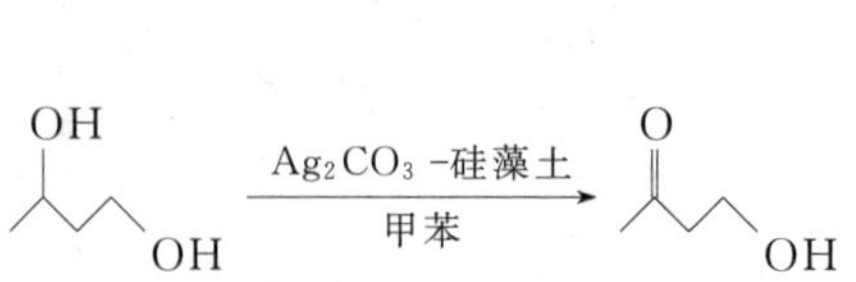

化学性质完全相同的仲醇羟基，在试剂用量的控制条件下，也能达到单边氧化的目的。例如：

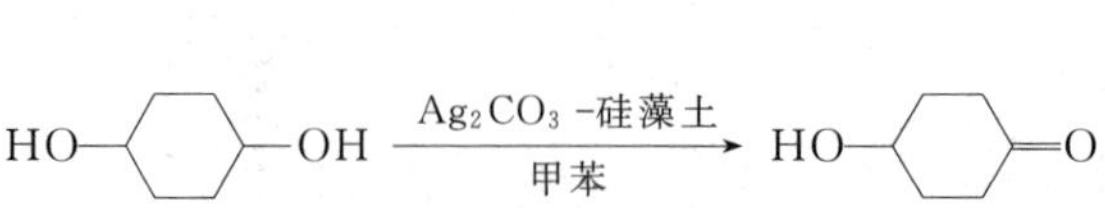

5.1.2 锰化合物对醇羟基和酚羟基的氧化

锰化合物中常用的氧化剂是高锰酸盐和二氧化锰。

(1)高锰酸盐对羟基的氧化

高锰酸盐主要有高锰酸钠和高锰酸钾。钠盐易潮解，钾盐有稳定的结晶状态，故常用钾盐。它们应用范围广，不论在酸性、中性、碱性均能起氧化作用，但由于介质pH值不同，氧化剂强度也不相同。

在中性或者碱性介质中，锰原子从+7价被还原变为+4价，生成MnO_2沉淀。在酸性介质中，锰原子从+7价变为+2价。因此，在酸性介质中标准电极电势高，氧化能力强。

$KMnO_4$通常要在水溶液中使用，优点是所生成的羧酸以钾盐的形式溶解于水，然后酸析就可得到产品，但由于大部分有机物难溶于水，而且大部分有机溶剂也难避免被$KMnO_4$氧化，因此反应收率较低。$KMnO_4$比较易溶于丙酮、吡啶、乙酸、叔丁醇等，可以在这些溶剂或其水溶液里反应。若反应要在一定酸度下进行，可加入H^+调节剂，如加入$MgSO_4$可使反应维持在近中性的弱碱液中进行。另外，有机溶剂溶解被氧化物与$KMnO_4$水溶液形成两相时，在相转移催化剂(PTC)的作用下有利于反应的进行。常用的PTC有$PhCH_2—N^+EtCl^-$、冠醚等。例如，在二环己基18-冠醚-6存在下，醇和酚在室温下就能被酸性条件下$KMnO_4$氧化，且产率也很高。

高锰酸根在酸性或碱性条件下，能将伯醇氧化为醛或酸，将仲醇氧化为酮。在中性条件下，醇相对比较稳定，反应常在乙酸或丙酮中进行，也可以在水/醚、二氯甲烷/水，或石油醚/水等两相中进行，但要使用合适的相转移催化剂。相应反应式如下：

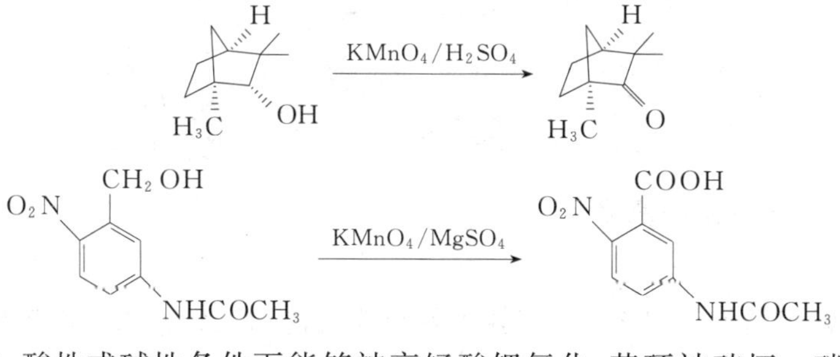

酚类在中性、酸性或碱性条件下能够被高锰酸钾氧化，苯环被破坏。硝基酚亦不例外。因此，该氧化剂一般不用于酚类氧化。

(2)活性MnO_2对羟基的氧化

用作氧化剂的MnO_2有两种：MnO_2和H_2SO_4混合物，以及活性MnO_2。MnO_2特别适合于烯丙基和苄基羟基的氧化，反应在中性溶剂中进行(水、苯、石油醚等)，反应条件温和。但所需要的MnO_2要经过特殊方法制备才能具备较高的氧化活性；最好的方法是用硫酸锰和高锰酸钾在碱性介质中制备而得。MnO_2和H_2SO_4的混合物为温和氧化剂，可使氧化反应停止在中间阶段，使芳烃侧链的甲基氧化为醛基，但反应不易控制，若温度较高，则反应产物中常有部分氧化为羧酸的副产物。

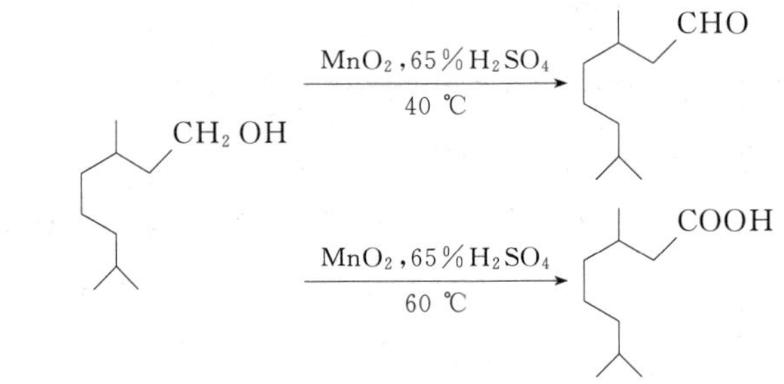

活性 MnO_2 是较缓和选择性高氧化剂，近年来被广泛用于氧化 α，β-不饱和醇合成醛、酮，不影响双键，收率高。

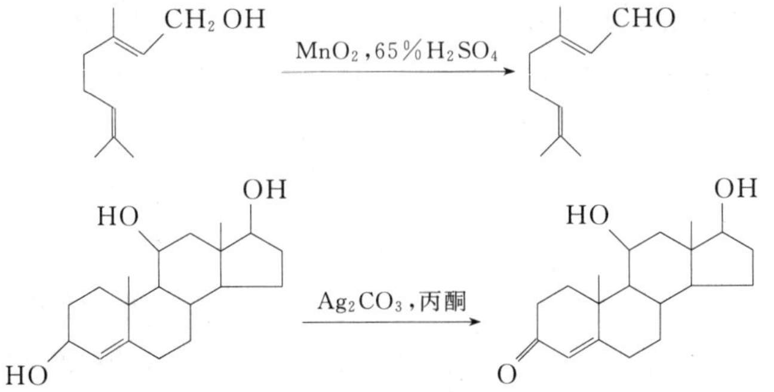

当使用活性二氧化锰进行脂肪醇氧化时，可实现烯丙醇和苄醇的选择性氧化。例如，在合成生物碱雪花碱的过程中，用二氧化锰处理能够促进选择性地氧化苄醇，得到醛。

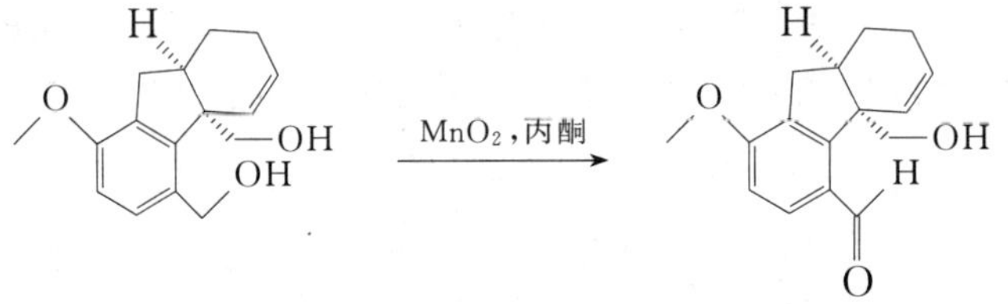

5.1.3 铬化物对羟基的氧化

铬化物也是常用的氧化剂之一。常用的有重铬酸盐和三氧化铬。由于铬化物的种类不同，氧化能力有显著的不同。一般铬酸氧化都在酸性水溶液中进行，将铬酸溶在水中，加入 H_2SO_4 或醋酸，氧化时，铬原子从+6 价变为+3 价。

铬（Ⅵ）氧化剂氧化醇时种类繁多：

酸性试剂
- （1）铬酸（H_2CrO_4）、氧化铬（CrO_3）
- （2）Jone's 试剂（H_2CrO_4 - H_2SO_4 - Me_2CO）

微碱性试剂
- （3）Sarett 试剂（CrO_3/Py）
- （4）Collins 试剂（CrO_3 - 2Py/CH_2Cl_2）

微酸性试剂 (5)PCC 试剂(CrO_3 - Py - HCl/CH_2Cl_2,铬酸吡啶)

中性试剂 (6)PDC 试剂($H_2Cr_2O_7$ - 2 Py,重铬酸吡啶)

其中,Sarett 试剂、Collins 试剂、PCC 和 PDC 试剂是温和的氧化剂,可使一级醇氧化为醛类,而不再进一步被氧化成羧酸。

例如,当化合物在酸性条件下稳定时,可用 Jone's 试剂:

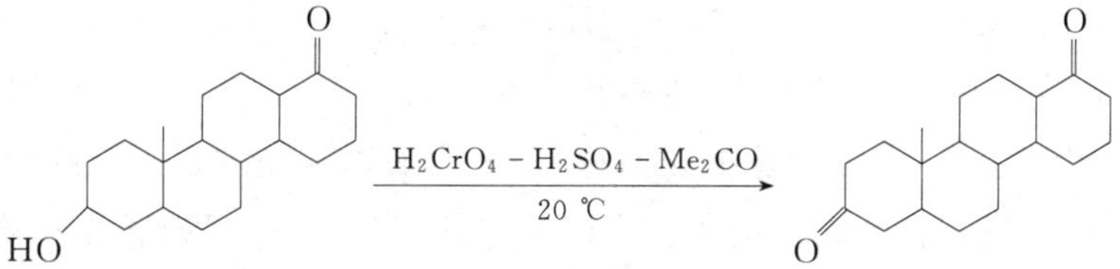

当使用 Sarett 试剂时,可以避免双键被氧化,也可避免进一步氧化成羧酸,例如:

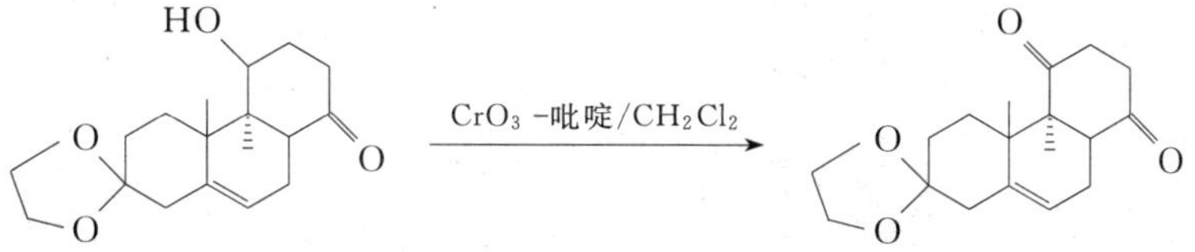

5.1.4　高碘酸对羟基的氧化

高碘酸或高碘酸盐水溶液是邻二醇氧化裂解的常用试剂。反应常用甲醇、乙醇、乙酸或1,4-二氧六环做溶剂。因为能定量反应,因此根据高碘酸的消耗量,可推知多元醇中所含相邻羟基的数目,根据产物可推测原化合物的结构。

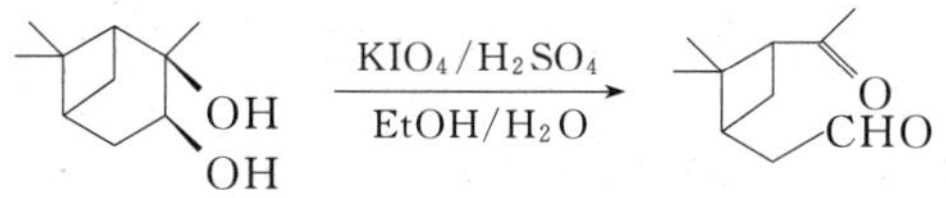

高碘酸与二醇反应时,先形成环状的高碘酸酯,再氧化裂解成二醛(酮)。

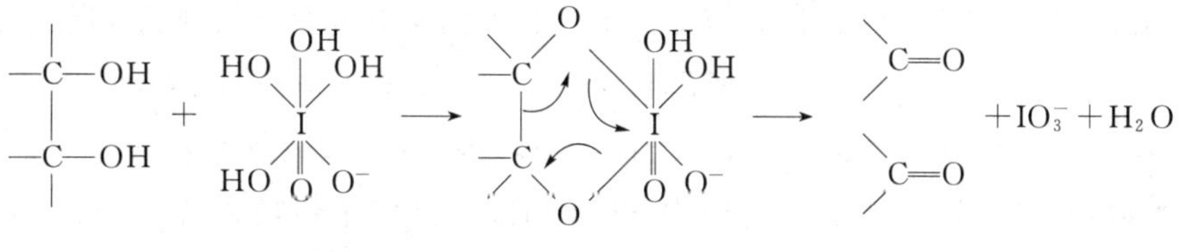

α-羟基酮、α-氨基醇、α-羟基酸、邻二酮、α-酮酸等均可发生上述类似的氧化裂解反应。α-羟基酮与高碘酸反应类似地形成环状中间体,氧化裂解后得到一分子羧酸和一分子醛或酮。邻二酮经高碘酸氧化裂解得到两分子羧酸。

5.1.5 有机物及盐类氧化剂对羟基的氧化

(1)Oppenauer(欧芬脑儿)氧化法

Oppenauer(欧芬脑儿)氧化法是在温和条件下将仲醇氧化成酮的一种方法。这个反应具有良好的选择性,仅能氧化分子中的—OH,对双键和 X 无影响,因此,在分子中含有碳-碳双键或其他对酸不稳定的基团时,利用此法氧化较为合适。其逆反应称为 Meerwein - Ponndorf 反应,因此,为了保证反应向正向进行,所用的丙酮必须过量。这个反应最常用于天然产物如生物碱、甾类化合物的制备。在该反应条件下,β,γ-双键通常要发生迁移而与羰基发生共轭。例如:

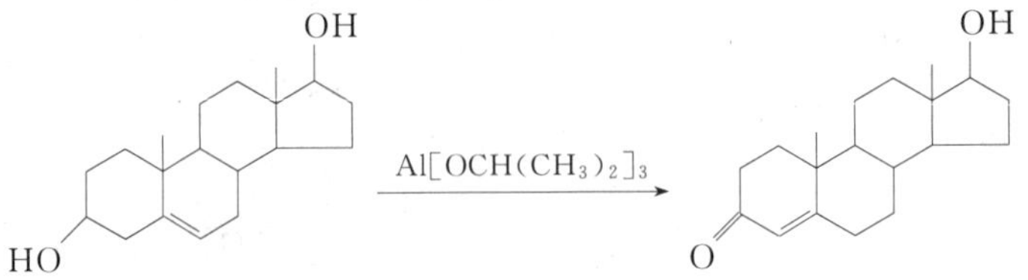

(2)四醋酸铅

四醋酸铅是选择性很强的氧化剂,只对某些基团起作用。其制备方法是:

$$Pb_3O_4 + 8CH_3COOH \longrightarrow Pb(OOCCH_3)_4 + 2Pb(OOCH_3)_2 + H_2O$$

$$Pb(OOCH_3)_2 + Cl_2 \longrightarrow Pb(OOCCH_3)_4 + PbCl_2$$

四醋酸铅的熔点为 175 ℃～180 ℃,稳定性很好。

四醋酸铅主要用于邻二醇的裂解,乙酰氧基的加成和取代。按照氧化的条件,被氧化物的结构、介质性质等的不同,有自由基型和离子型两种氧化方式。

$$Pb(OOCCH_3)_4 \longrightarrow Pb(OOCCH_3)_2 + 2CH_3COO\cdot \xrightarrow{2e} 2CH_3COO^-$$

$$Pb(OOCCH_3)_4 \longrightarrow {}^{+}Pb(OOCCH_3)_3 + CH_3COO^-$$

利用四醋酸铅氧化反应,实验操作是将被氧化物溶解在冰醋酸或苯中,慢慢加入理论量四醋酸铅,在一定温度下反应。当四醋酸铅消耗完毕,反应液对 KI-淀粉试纸不发生显色。反应后分离产物,如果以醋酸为溶剂,可以把反应液倒入水中,滤出产物或用有机溶剂提取;如果以苯为溶剂,可把析出的醋酸铅滤去,滤液用 Na_2CO_3 水溶液洗涤后,分出有机层蒸去溶剂。

四醋酸铅可以用于多种有机化合物的氧化反应,很多方面与其他氧化剂相同,但其主要的用途是 1,2-二醇,α-羟基酮,1,2-二酮,以及 α-羟基酸的氧化断裂。四醋酸铅在氧化邻二醇成醛或酮时,不破坏 C═C,α-羟基酮经四醋酸铅在乙醇溶剂中氧化切断 C—C,生成醛或酯:

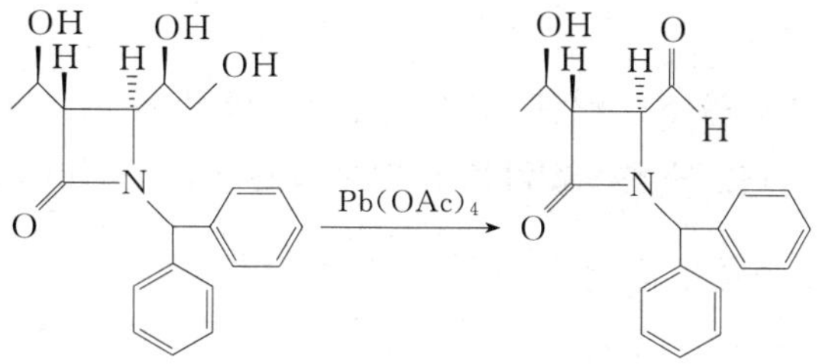

四醋酸铅只对邻二醇起作用，对 1,3 -二醇或 1,4 -二醇不容易起反应，其反应过程是经过环式中间体的过程。四醋酸铅与 1,2 -二醇中的一个羟基形成一个开链的酯，然后形成五元环中间体，后再分解为羰基化合物：

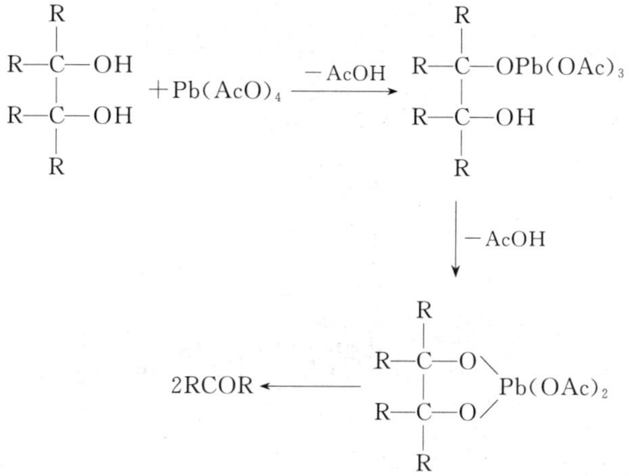

(3)1 -羟基碘酰苯(IBX)及其衍生物

1 -羟基碘酰苯(IBX)是一种高价碘化物。IBX 及其衍生物作为性能温和、选择性高及环境友好的醇氧化剂在有机合成中得到广泛的应用。它不同于其他类型氧化剂的显著特点在于对底物的化学选择性极高，即一般仅氧化醇羟基为羰基，而不会氧化其他一些易被氧化的官能团(如氨基、巯基等)，所以在合成一些药物和天然产物方面具有独特的优势。IBX 的结构式及其典型氧化反应如下：

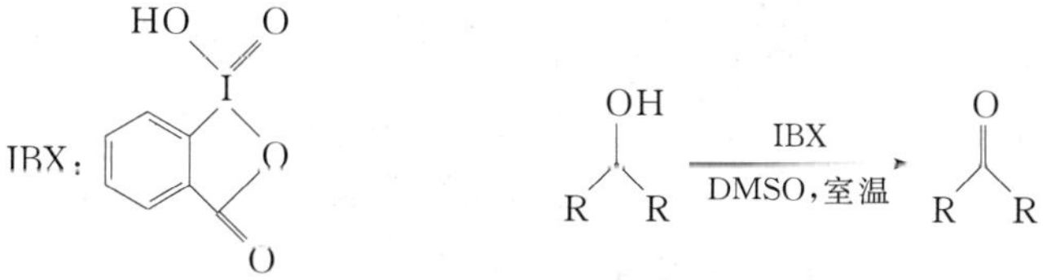

IBX 还可以在温和条件下氧化环状醇，高产率地得到 α,β -不饱和羰基化合物。例如：

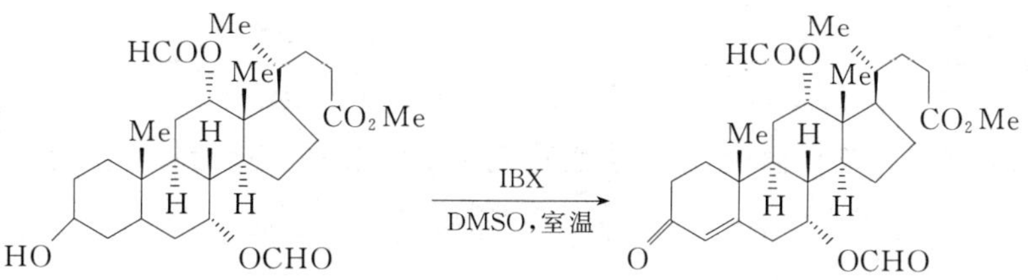

(4)二甲亚砜

二甲亚砜(DMSO)是实验室广泛使用的非质子性极性溶剂。近年的研究表明,它是非常有用的选择性氧化剂。它能在酸、碱和脱水剂的协助下将伯、仲醇氧化为醛、酮。

$$R_2CHOH \xrightarrow{DMSO} R_2CO$$

DMSO 是近年来发展的一个新的氧化剂,伯醇或仲醇在催化剂的作用下被 DMSO 氧化成醛或酮,条件温和,避免进一步氧化,产物分离简单,费用低,收率高。各种醇在温和的条件下,与 DMSO 和草酰氯反应,然后用三乙胺处理,可以较高的产率得到羰基化合物,这是一种将敏感的醇氧化成醛的最好方法(Swern 氧化),其反应机理如下:

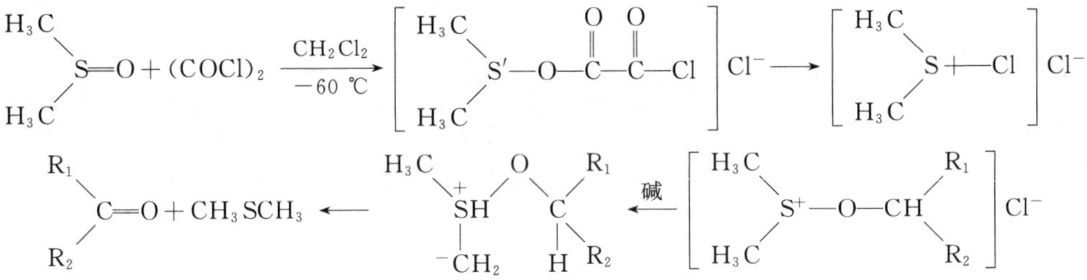

5.2　碳碳双键的氧化

5.2.1　高锰酸盐对碳碳双键的氧化

高锰酸钾氧化法是应用十分广泛的使烯烃发生顺式双羟基化制备 1,2 -二醇的一种方法。而 1,2 -二醇多存在于天然产物和具有生物活性的分子中的一个结构单元,因此该方法备受研究者关注。

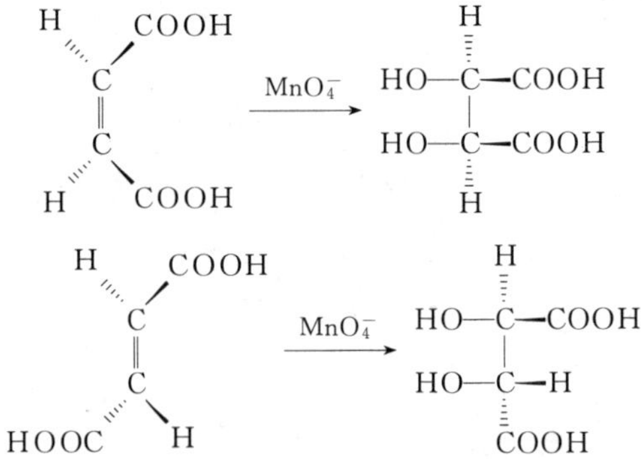

在过量 $KMnO_4$ 或较高温度,烯烃裂解成两个酮、酸等,氟化烯烃尤其容易发生裂解。

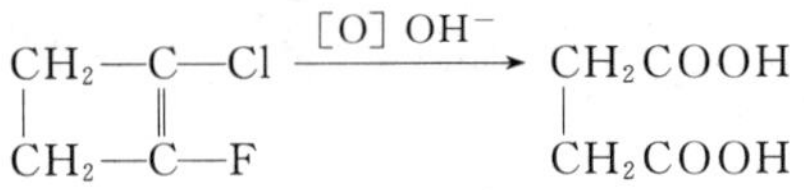

E－5－癸烯在弱酸条件下被高锰酸钾液相氧化，生成 5－羟基－6－癸酮：

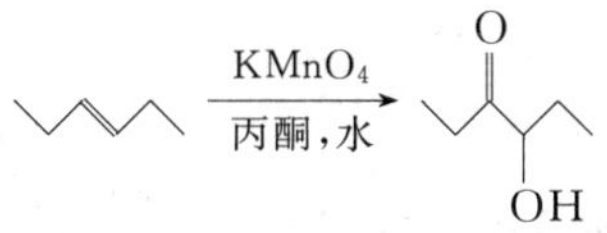

Christopher 等发现，Al_2O_3 固载 $KMnO_4$ 体系能使 1，3－环己二烯和 1，4－环己二烯脱氢氧化，恢复芳香性，具有很好的选择性，其他官能团如烯醇醚、羧基、酯基存在时不受影响。反应式如下：

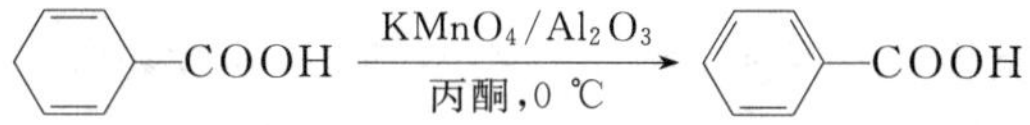

5.2.2　臭氧对碳碳双键的氧化

臭氧的氧化能力比氧强。烯烃经臭氧氧化，然后还原水解，是有机物确定双键位置的经典方法，其公认的机理是由 Griegee 提出的：

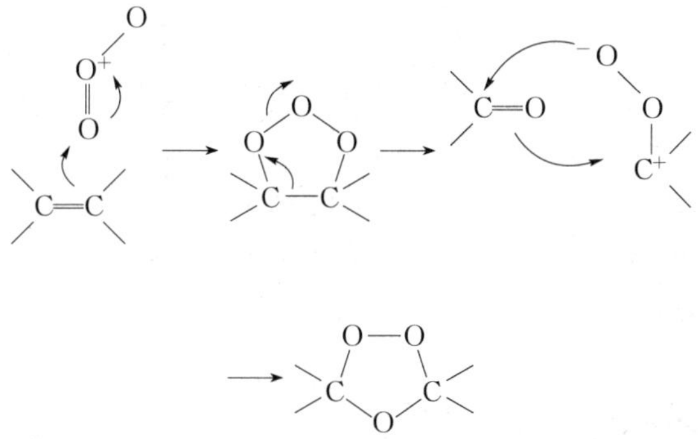

臭氧氧化反应在有机合成中应用于制备醛、酮和羧酸，因为臭氧只作用于碳碳双键，不影响羟基等还原基团，所以它是一个比较专一的氧化剂，产物的类型取决于烯烃的结构和所采用的方法。臭氧氧化物的还原是一个重要的步骤。还原剂有 Zn、HCOOH 等，H_2O_2 虽然不是还原剂，但同样能分解臭氧氧化合物。反应通式如下：

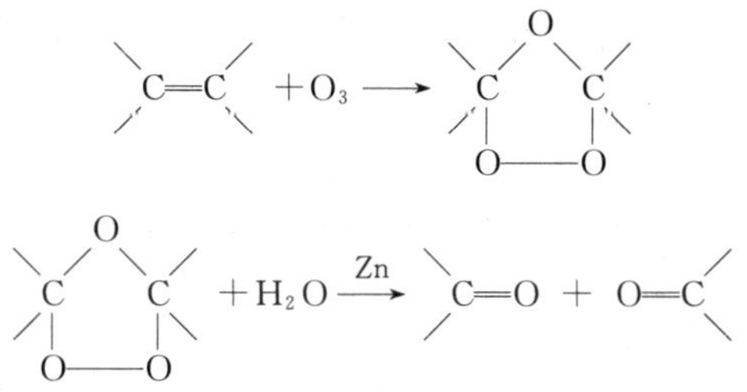

例如，环己烯臭氧氧化生成己二酸，反应式如下：

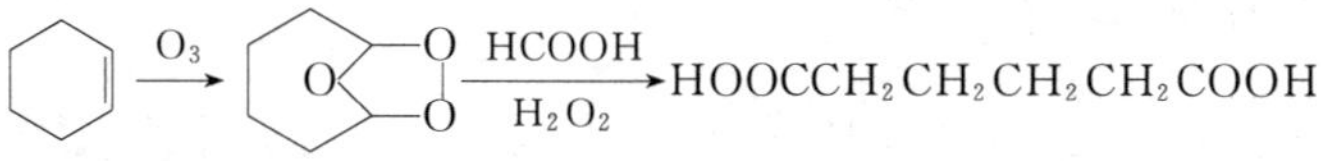

芳香族化合物也能发生臭氧氧化反应，例如：

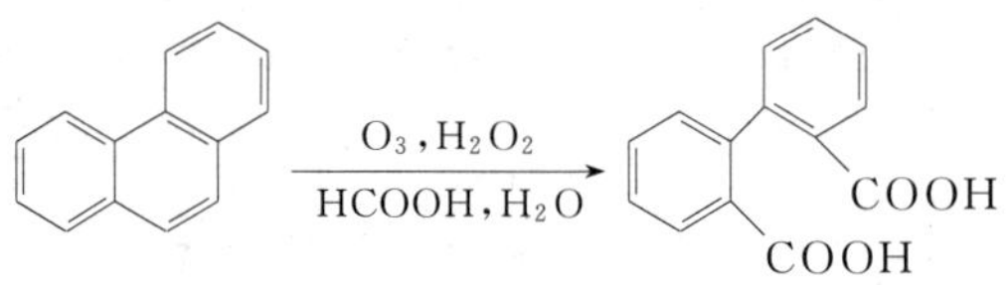

在豆甾二烯酮中，侧链中的双键优先被臭氧氧化。例如：

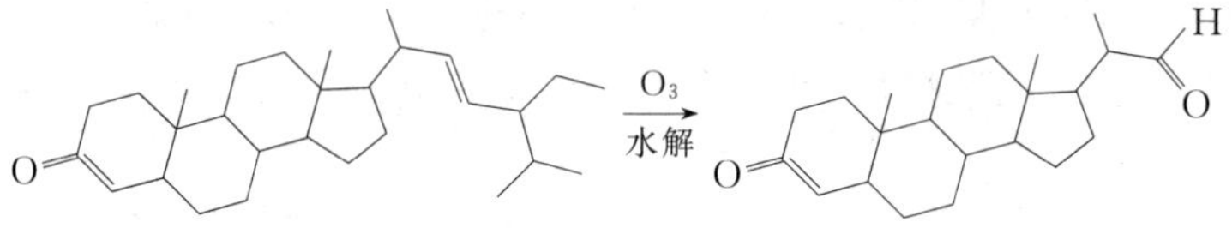

α，β-不饱和酮和酸反应时，一般生成的产物中碳原子数要比预期的少，如三环α，β-不饱和酮反应时，生成少一个碳原子的酮酸，反应式如下：

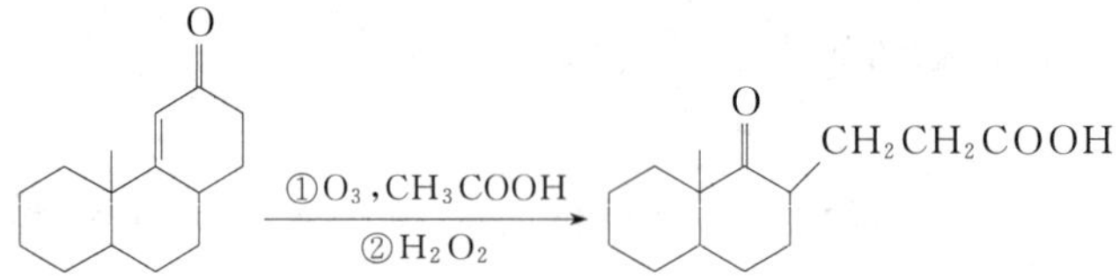

炔烃也能发生臭氧氧化反应，但反应速率较慢，反应生成羧酸或α-二酮。炔醚氧化生成α-酮酸酯。反应式如下：

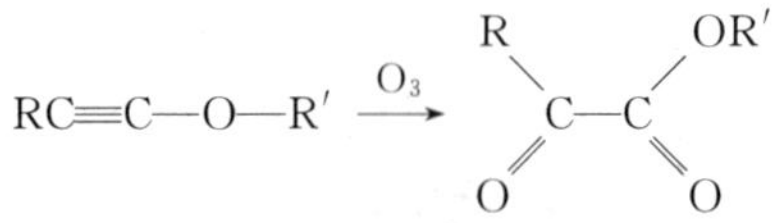

涉及臭氧氧化反应部分的装置必须安排在有效的通风橱中，逸出的气体即可排出。臭氧极不稳定，容易发生爆炸，因此，制备应尽可能在低温下进行。

5.2.3 钌氧化剂对碳碳双键的氧化

四氧化钌可氧化烯烃成醛、酮或羧酸。通常单独使用四氧化钌时产量不稳定，有时产率很低，如环己烯氧化成二醛仅10%。但当与高碘酸钠合并使用，可显著提高氧化收率。四氧化钌一高碘酸钠试剂氧化能力强，氧化含有氢的双键则得到主要产物是羧酸而不是醛。二氧化钌一高碘酸钠是较温和的氧化剂，氧化烯成酮时并不氧化仲羟基。

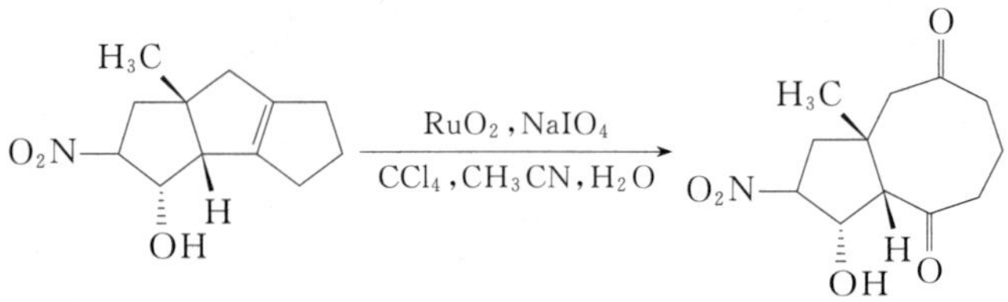

其他的钌试剂，三氯化钌一高碘酸钠能将醇或邻二醇氧化成羧酸。例如含环氧基团的伯醇被氧化成羧酸，环氧基不受影响。

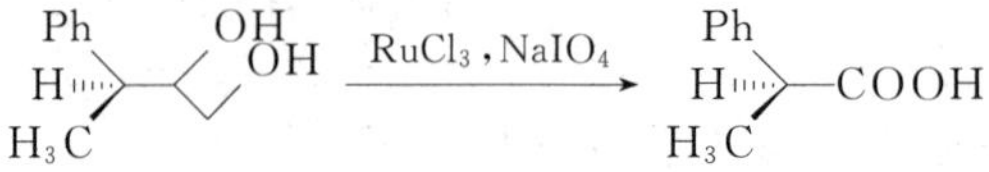

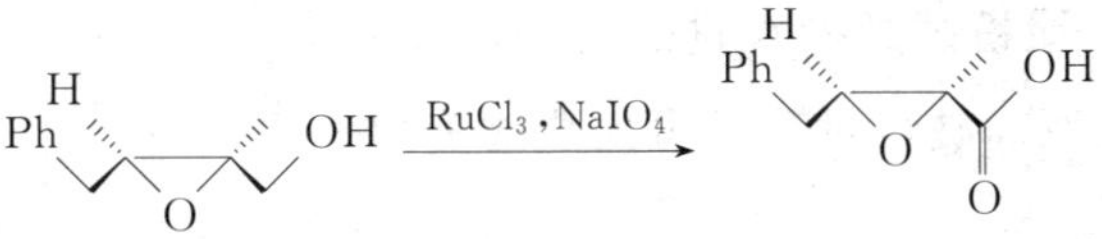

5.2.4　过氧化物对碳碳双键的氧化

(1)过氧化氢对碳碳双键的氧化

过氧化氢具有弱酸性,是一种温和氧化剂。过氧化氢的最大优点是在反应后生成水,而无有害物质生成,但是过氧化氢稳定性差,只能在低温下使用。由于使用的催化剂及实验的条件不同,过氧化氢以不同的形式参与反应。

①碱性条件下,以亲核性离子(HOO^-)进行亲核性氧化反应。

$$HOOH + OH^- \rightleftharpoons HOO^- + H_2O$$

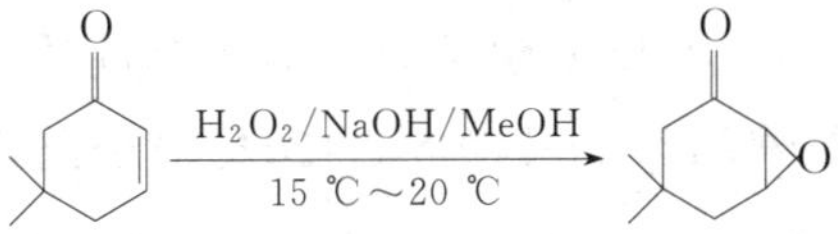

其反应机理为:

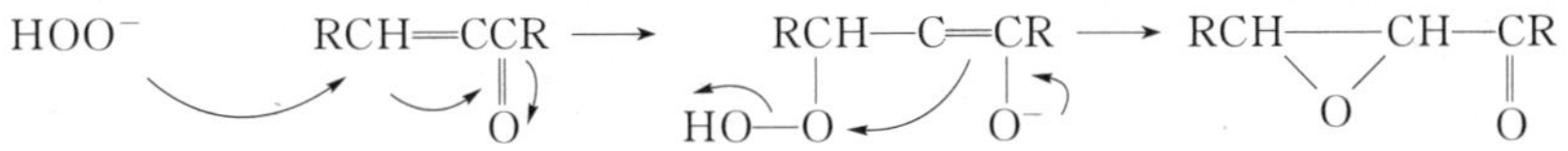

②在强酸性条件下,生成质子化试剂;若在有机酸介质中,则生成过酸而起氧化作用。

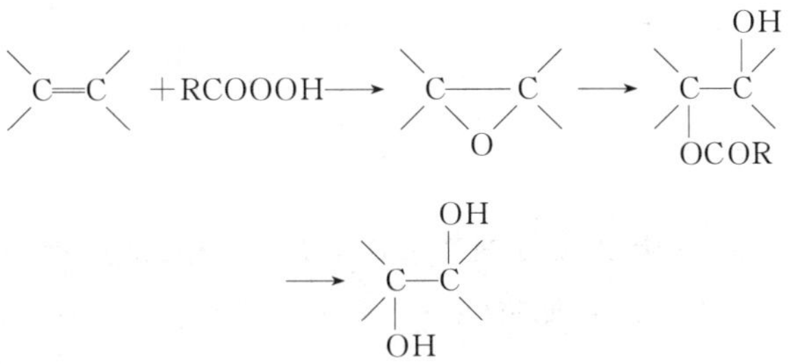

这是制备反式二醇的常用方法。

(2)有机过氧酸及其酯类对碳碳双键的氧化

有机过氧酸简称过酸,结构中具有过氧化氢基团,其通式如下:

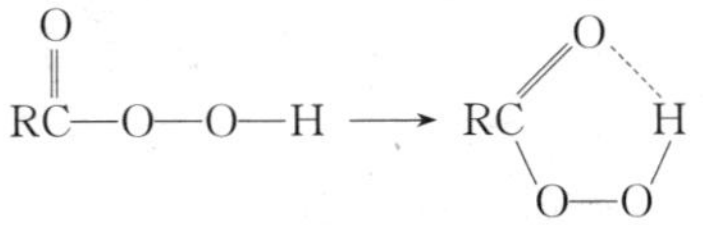

由于分子内部可以利用分子内氢键配位成环,因此比相应酸易于挥发,酸性比相应酸弱。有机过酸的应用主要是双键环氧化和羟基化,以及把羧基转化成酯基。常用的有机过氧酸有过氧甲酸、过氧乙酸、过氧苯甲酸、过氧三氟乙酸等,反应一般在惰性溶剂中进行。操作方法很简单,只要将反应物和过酸按摩尔比先分别溶在溶剂中,在低温下搅拌混合放置,

到一定的时间后用 KI -淀粉试纸检查过酸是否消耗完毕。在反应完毕后,如果还有过剩的过酸,用 $NaHSO_3$ 等还原剂破坏过酸后再加热或蒸馏。

①环氧化反应

一般烯烃都可以用过酸进行环氧化反应,为顺式加成。

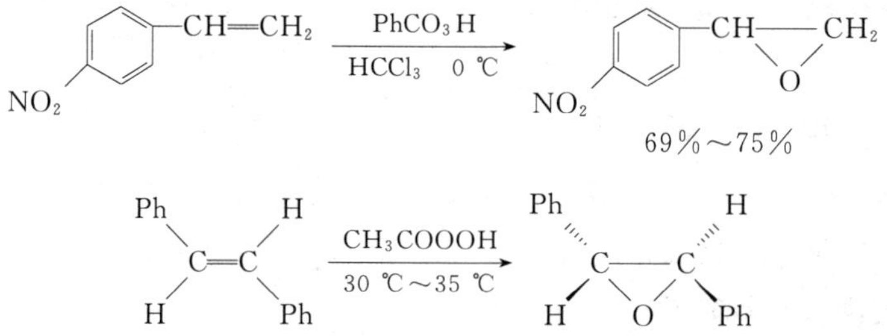

环氧化反应的难易取决于过氧酸中 R 的性质和双键的电子云密度。因为过酸是亲电试剂,所以当过酸的 R 为吸电子基或反应物的双键邻位有给电子基,反应比较易发生;所以,双键的邻位具有 3～4 个烃基存在,要比末端单烃基取代双键的反应快得多。相反,如果双键的邻位有吸电子基时,由于双键的电子云密度降低,反应较困难,必须要使用活性较大的过酸。例如,4 -烯丙基环己烯和 1,2 -二甲基- 1,4 -环己二烯的环氧化几乎全部在二取代和四取代的双键上进行,反应式如下:

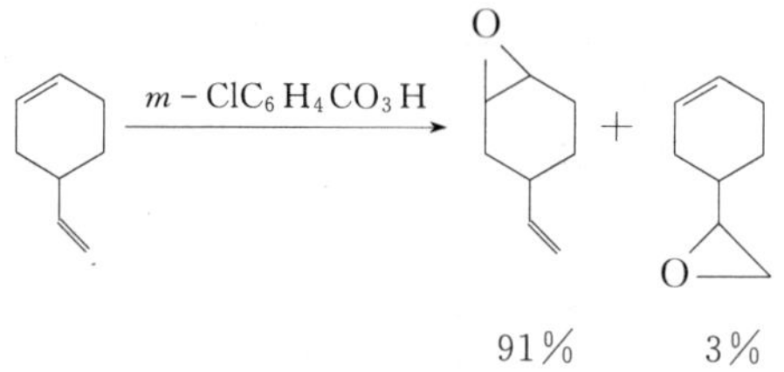

②邻二羟基化

过酸在强酸存在下,与烯类反应得到邻二醇。反应一般都用过甲酸或是 H_2O_2 和过甲酸混合物。产物形成的方式为反式加氧。

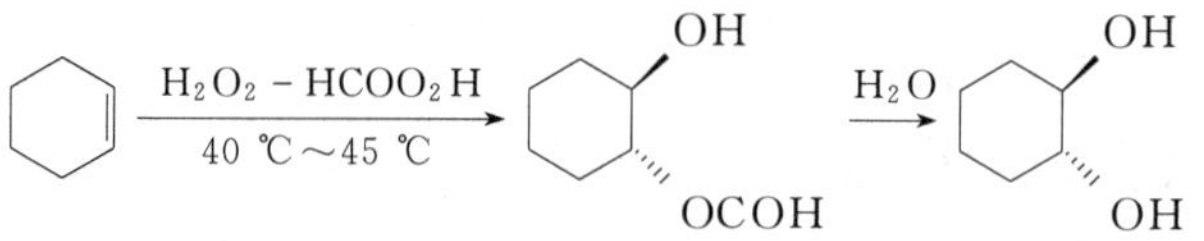

5.2.5　碘和羧酸银氧化法

由碘的四氯化碳溶液与等物质的量的乙酸银或苯甲酸银组成的试剂称为 Prevost 试剂。在 Prevost 条件(无水条件)下,用该氧化剂氧化烯烃可以直接得到反式二醇的二酰基衍生物;在 Woodward 条件(有水条件)下,得到顺式邻二醇的单酯。油酸在 Prevost 条件下氧化生成苏式- 9,10 -二羟基硬脂酸,而在 Woodward 条件下则氧化成赤式异构体。

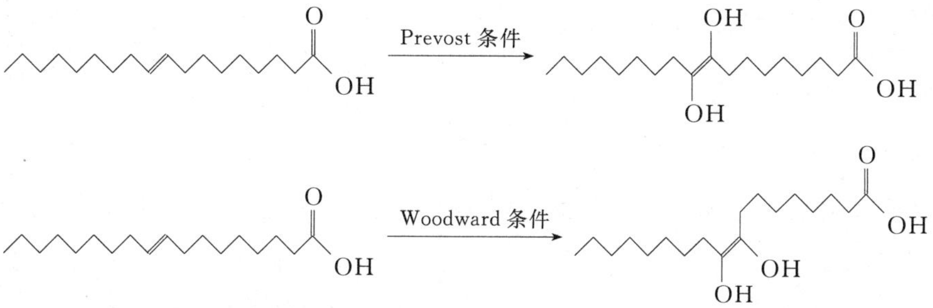

这些反应的过程是试剂首先与烯烃双键作用形成碘正离子，然后在乙酰氧基和银离子存在下转变为具有共振稳定结构的离子，最后乙酸根离子进攻该正离子（双分子过程）生成反式-二酰氧基化合物；当有水存在时则生成羟基缩醛，并进一步转化成顺式-羟基乙酰氧基化合物。反应机理如下：

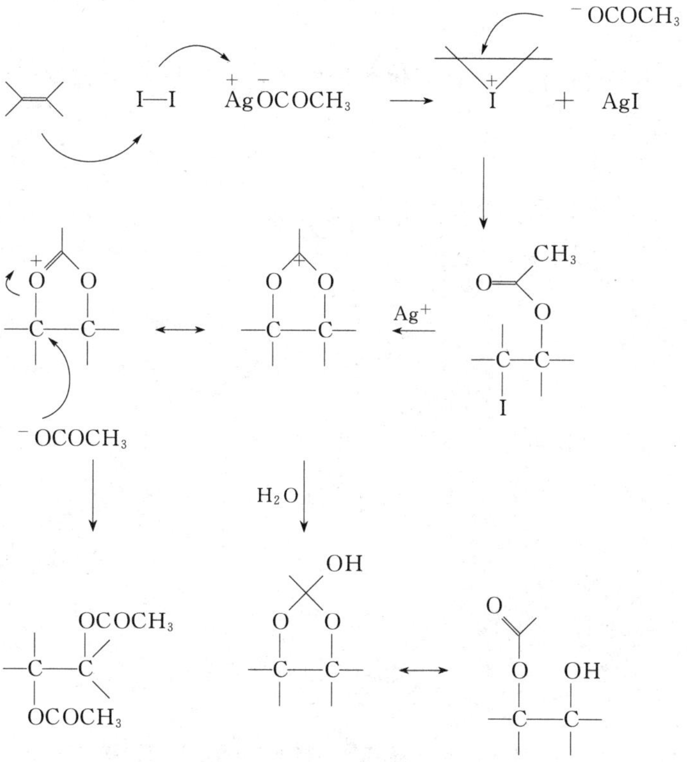

5.3　芳烃侧链和烯丙位的氧化

5.3.1　高锰酸盐对芳烃侧链和烯丙位的氧化

苯环不易被氧化，侧链可被氧化成—COOH。该反应通常在碱性条件下进行，生成的羧酸钾易溶于水，与二氧化锰容易分离。若分子中具有酚羟基或氨基，由于这些基团易被氧化，所以不能采用这种方法，需要采用保护。

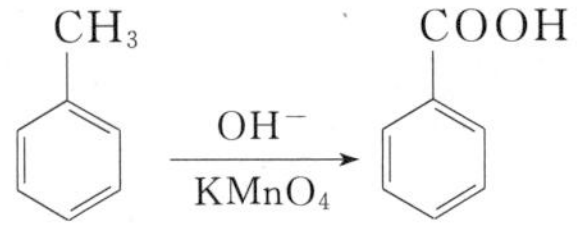

芳香杂环一般对于 $KMnO_4$ 的氧化比苯环更为稳定。发生反应时，杂环稳定，芳环开环。

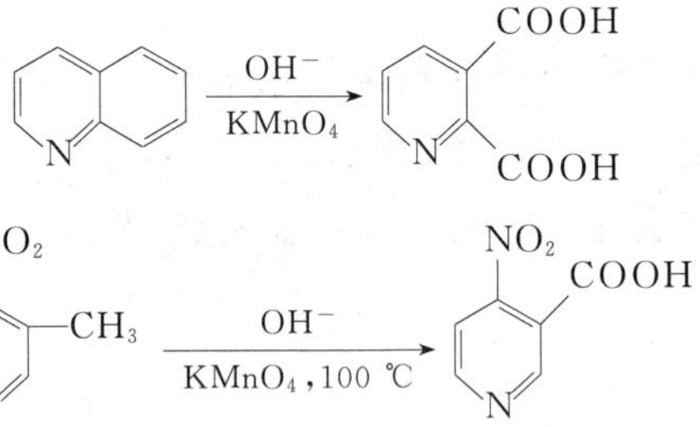

用 Al_2O_3 固载 $KMnO_4$ 能选择性氧化芳烃侧链，当苄基-碳为仲碳时氧化成酮，为叔碳时得到醇，反应式如下：

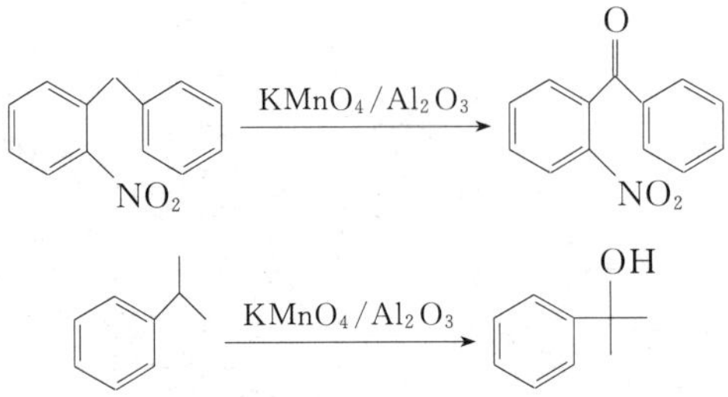

该方法对苯并吡喃型和苯并呋喃型化合物的氧化极具选择性。例如：

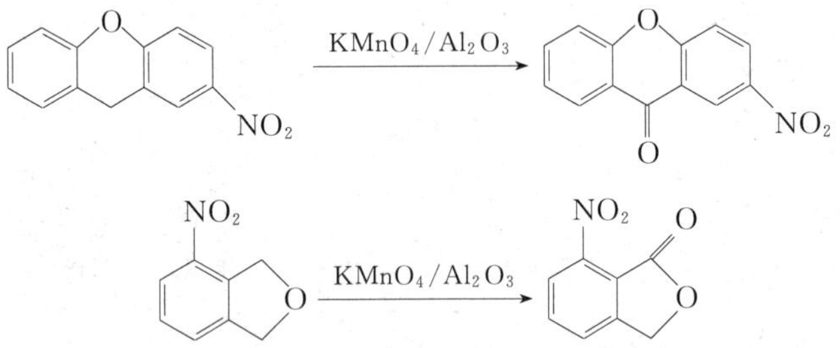

该方法能使 1,3 -环己二烯和 1,4 -环己二烯脱氢氧化，恢复芳香性，具有很好的选择性，其他官能团（如烯醇醚、羧基、酯基）存在时不受影响，反应式如下：

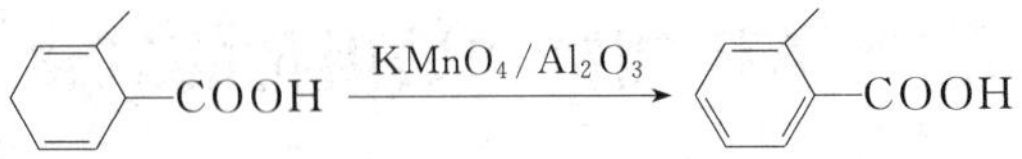

5.3.2　铬化合物对芳烃侧链和烯丙位的氧化

(1)Etard 氧化反应

用铬酰氯氧化甲基芳烃的反应叫作 Etard 氧化反应。该反应是以 CS_2 或 CCl_4 为溶剂，甲基芳烃在 20 ℃～45 ℃与铬酰氯作用，生成有色的复合物沉淀，其组成为 $Ar—CH_3/2CrO_2Cl_2$，用水处理即转变为相应的芳基甲醛。例如：

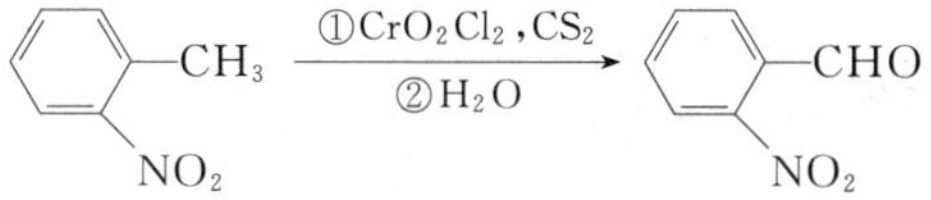

(2)铬酸氧化

铬酸在酸性溶液中氧化，苯环对铬酸较稳定，烷基苯不论烷基长短都可氧化成羧酸，反应可能是从攻击侧链的 α－C 开始。

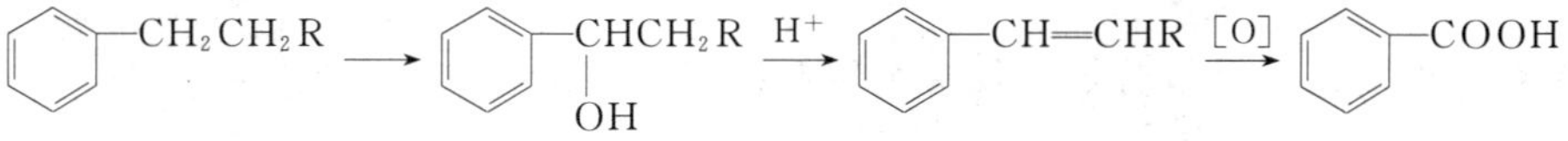

芳杂环上烷基也被氧化：

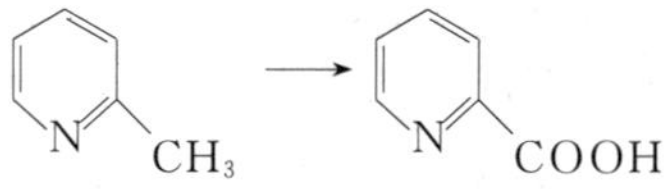

稠环芳烃在用铬酸氧化时，一般是芳环氧化成醌，侧键若是甲基或叔丁基，则保持不变，这与 $KMnO_4$ 氧化不同。

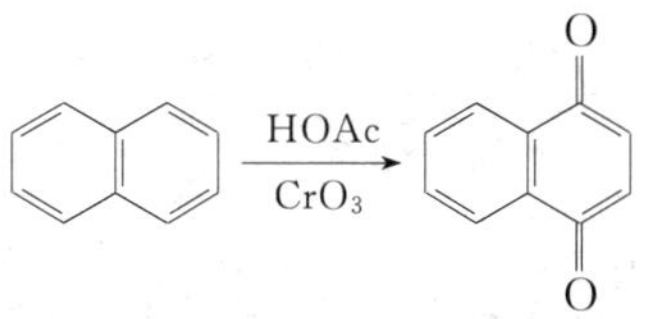

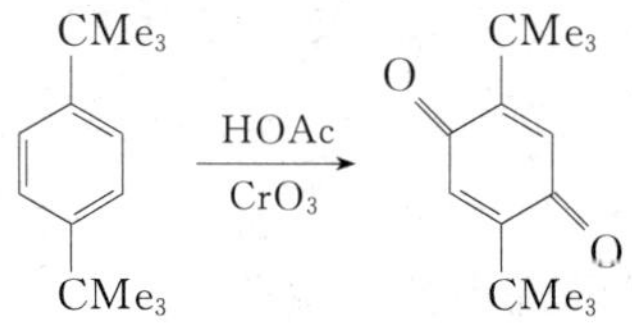

在醋酐中，用 CrO_3 可以把芳香环或芳香杂环上的甲基氧化成醛基：

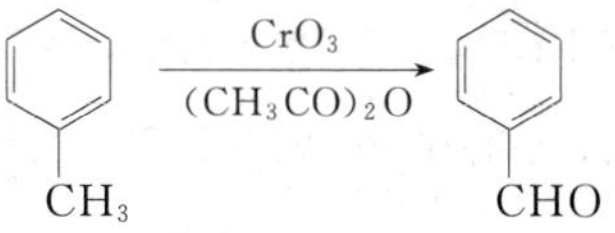

如果芳环上有多个甲基，只有其中一个甲基被氧化成甲酰基。例如：

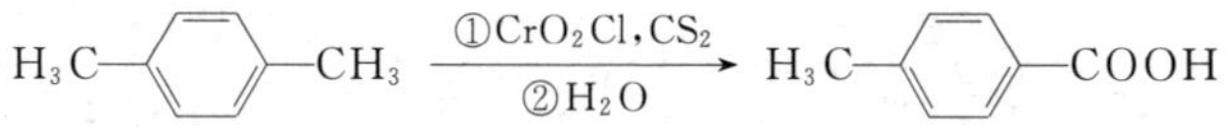

处于环中的苯甲位碳原子比通常侧链上的苯甲位碳原子更容易被氧化。例如，去氢松

香酸甲酯在75%乙酸中，50 ℃与铬酸作用10 h，即得到7-羰基去氢松香酸甲酯，产率可达75%。再延长反应时间，异丙基开始氧化，反应式如下：

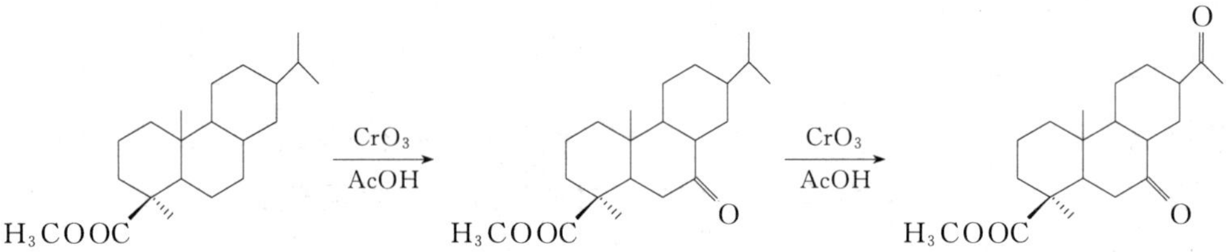

5.3.3 硝酸铈铵氧化

硝酸铈铵是将苄位甲基氧化成醛基而不被进一步氧化的最好的选择性氧化剂。例如：

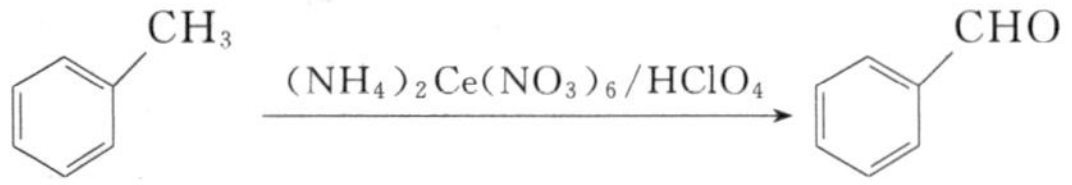

用硝酸铈铵氧化多甲基芳烃时仅一个甲基被氧化。例如：

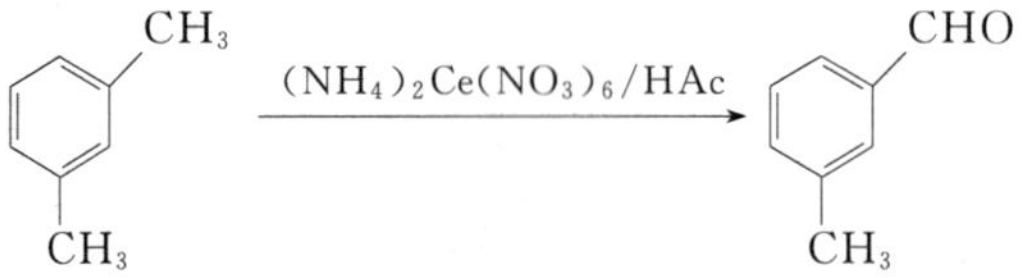

用硝酸铈铵氧化苄位甲基时，在不同的反应温度下，可得到不同的氧化产物。较低的温度下氧化成醛；在较高的温度下，则主要得到取代的苯甲酸。如：

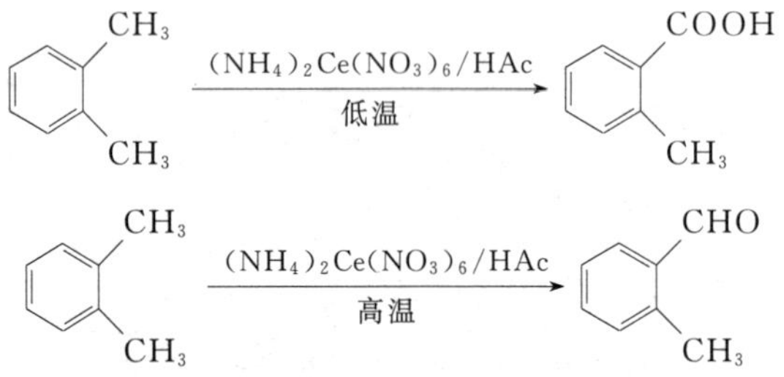

5.3.4 二氧化硒对芳烃侧链和烯丙位的氧化

二氧化硒是氧化C—H键最常用的氧化剂。烯丙基或苄基的C—H键经 SeO_2 氧化可得到烯丙基醇或羰基化合物。含氮芳环的苄甲基经 SeO_2 氧化得到醛或羧酸，芳环的氮原子并不受影响。例如：

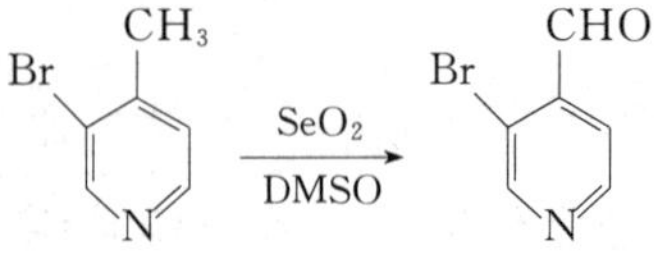

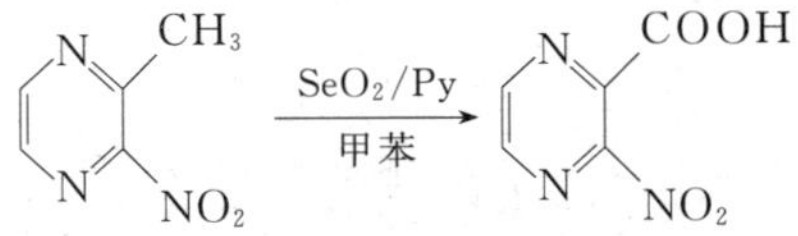

5.3.5　空气对芳烃侧链和烯丙位的氧化

空气是非常廉价的氧化剂，它广泛应用于石油化工生产。少数有机化合物如甲醛、苯甲醛、油脂等可以在空气中发生自动氧化。空气氧化是自由基的链反应，其反应历程包括链的引发、链的传递和链的终止三个阶段。

$$R—H + E \xrightarrow{光/高温} R\cdot \ \cdot H$$

$$R—H + X\cdot \xrightarrow{引发剂} R\cdot \ \ HX$$

$$R—H + M^{+} \xrightarrow{Ag^{+}} R\cdot \ \ H^{+} \ M$$

生成的自由基再生成氢过氧化合物：

$$R\cdot + O_2 \longrightarrow R—O—O\cdot$$

$$R—O—O\cdot + R—H \longrightarrow R—O—O—H \ \ R\cdot$$

最后氢过氧化合物在酸、碱或加热条件下分解为各种氧化产物：

$$R—O—O—H \longrightarrow ROH \quad HCHO$$

$$R—O—O—H \longrightarrow RCHO \quad MeOH$$

$$\downarrow$$

$$RCOOH$$

将有机物的蒸气与空气的混合气体在高温下通过催化剂床层，使有机物适度氧化生成目标产物的反应叫作气-固相接触催化氧化。

气-固相接触催化氧化的特点是：(1)与化学氧化相比，它不消耗价格昂贵的氧化剂；(2)与空气液相氧化相比，它反应速度快，生产能力大，可以使被氧化物基本上完全参加反应，不需要溶剂，后处理简单，设备投资费用低；(3)反应温度一般要在 300 ℃以上。气-固相接触催化氧化也有如下缺点：(1)由于反应温度高，就要求反应原料和氧化产物在反应条件下具有足够的热稳定性，而且要求目标产物对进一步氧化有足够的化学稳定性；(2)很难筛选出性能良好的催化剂，例如，从对二甲苯氧化制对苯二甲酸时，容易发生脱羧副反应。

气-固相接触催化氧化法在工业上主要用于制备某些醛类、羧酸、酸酐、醌类和腈类(氨氧化法)等产品。例如天津大学化工学院开发的 2 -氰基吡嗪就是通过 2 -甲基吡嗪氨氧化法制备的。

5.4　醛、酮的氧化

5.4.1　Baeyer－Villiger 氧化

Baeyer(拜耶尔)和 Villiger(维立格)发现，许多环酮与过一硫酸(H_2SO_5)反应时生成内酯，若用有机过氧酸如过氧苯甲酸、过氧乙酸等特别是使用间-氯过氧苯甲酸进行氧化，反应条件温和，可以得到更高产率的产物。它既适用于开链酮和脂环酮，也适用于芳香酮。在合成上用于制备多种甾族和萜类内酯以及中环和大环内酯，这些化合物用其他方法是很难得到的。此外，该反应还提供了一种由酮制备醇的方法，即将生成的酯水解或由环酮经内酯水解成羟基酸，或内酯用氢化锂铝还原可生成二醇，而且两个羟基的位置是固定的。例如：

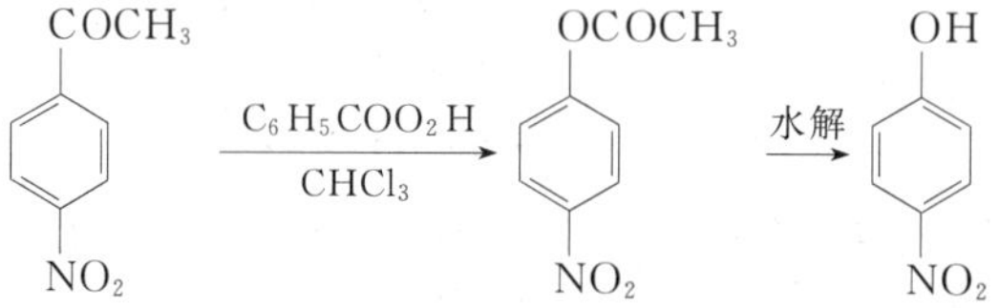

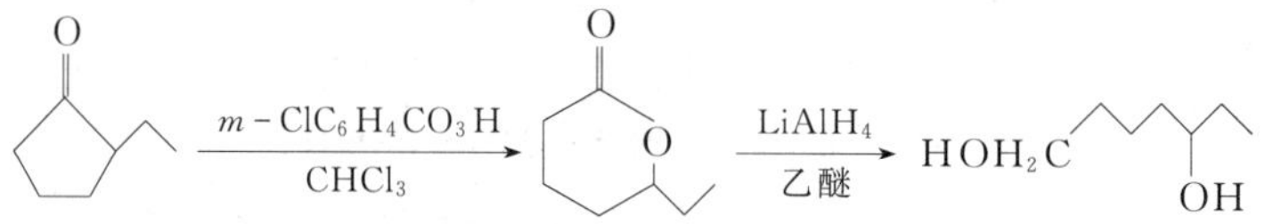

酮用过酸进行氧化生成酯或内酯，其反应历程是通过一个协同的分子内过程进行的，它涉及过氧酸对酮羰基进行亲核加成；加成产物中的过氧键断裂，烃基带着电子从碳原子转移到氧原子(类似于碳正离子 1,2 -重排)，生成质子化的酯和苯甲酸根负离子；前者丢掉一个质子得到酯。其反应过程为：

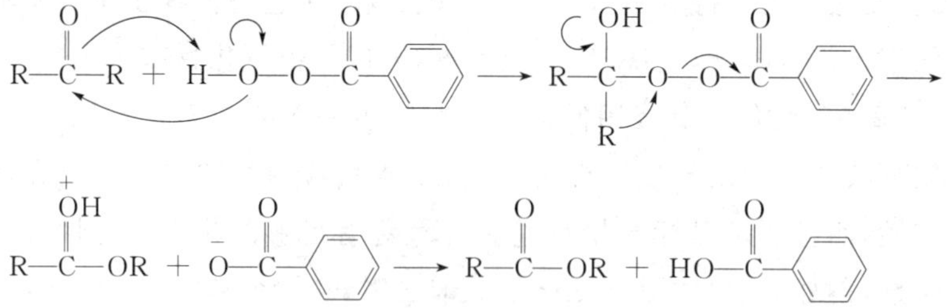

不对称酮进行 Baeyer－Villiger 氧化时，有生成两种酯的可能。其主要产物取决于羰基两边不同烃基迁移的难易，易迁移的烃基形成主要产物。烃基迁移的顺序为叔烃基＞仲烃基＞芳基＞伯烃基＞甲基。在芳基中，芳烃上有给电子基团优先迁移。

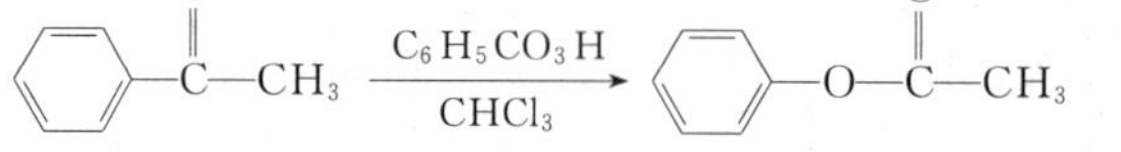

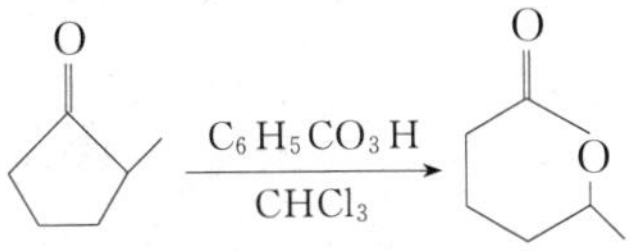

醛发生 Baeyer - Villiger 氧化时，优先迁移基团是氢，所得主要产物是羧酸。

$$n-C_6H_{13}CHO \xrightarrow{CH_3COOOH} n-C_6H_{13}COOH$$

在 BF_3 催化下，过氧化氢可将酮氧化成酯。

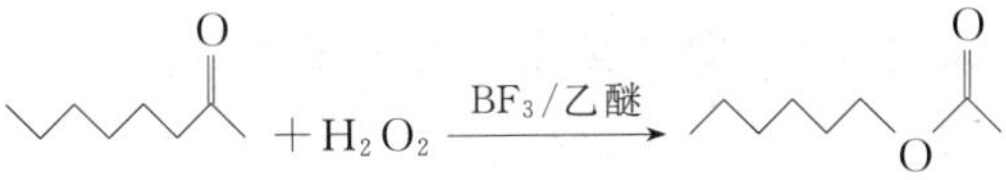

5.4.2　二氧化硒对醛、酮的氧化

醛或酮等羰基化合物经 SeO_2 氧化得到邻二羰基化合物。环己酮氧化得到 60%收率的环己二酮。含甲基的酮氧化得到 α-羰基醛，如苯乙酮氧化得到 α-氧代苯乙醛。反应在酸催化下生成烯醇，然后与 SeO_2 作用生成硒酸酯，再经过迁移、消除得到邻二羰基化合物。

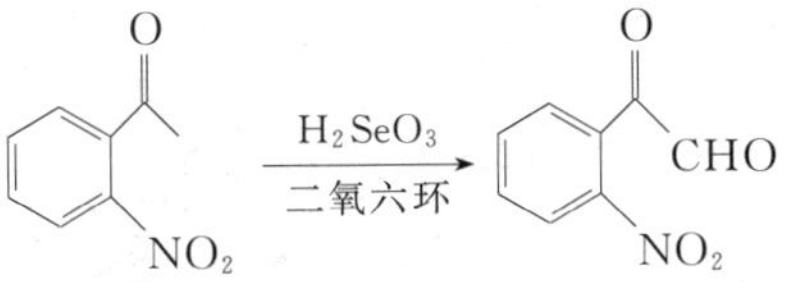

习　题

1. 写出下列反应的主要产物。

(1) 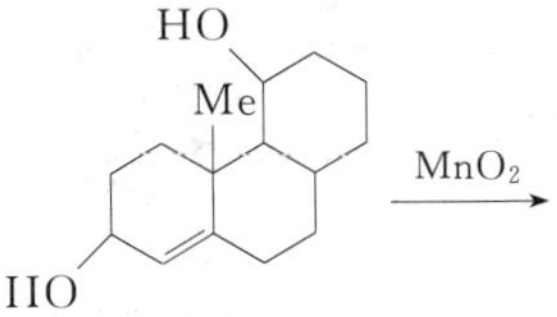

(2) 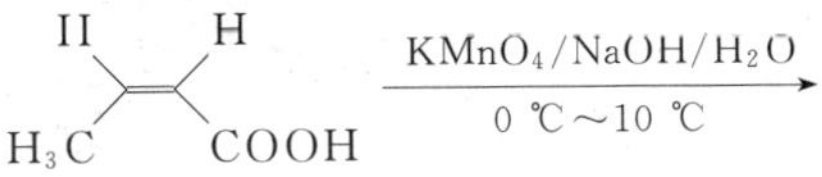

(3) 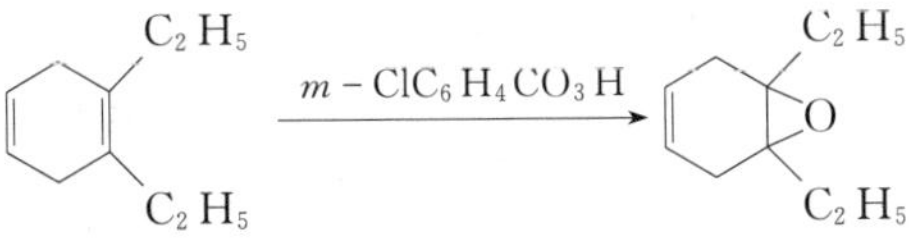

(4) 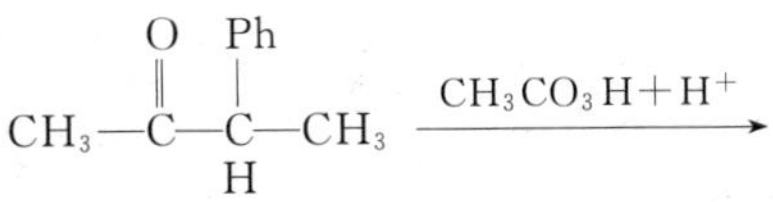

（5）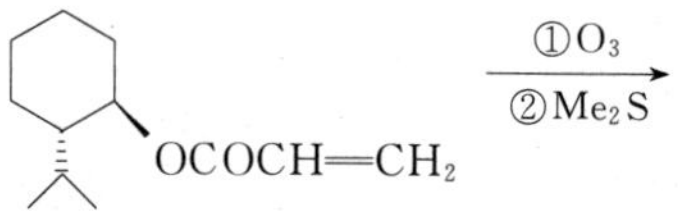

（6）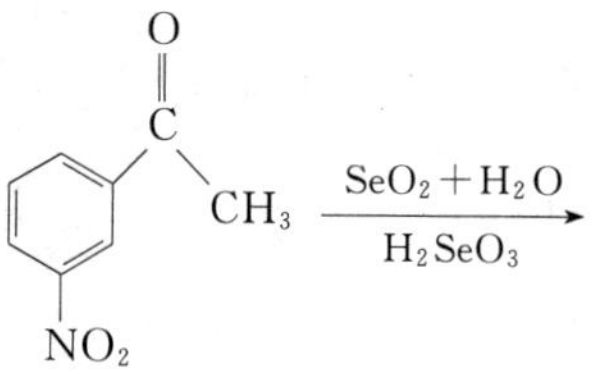

2. 用指定原料合成目标化合物（需要其他试剂可自选）。

（1）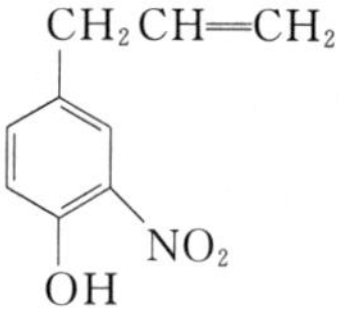 合成 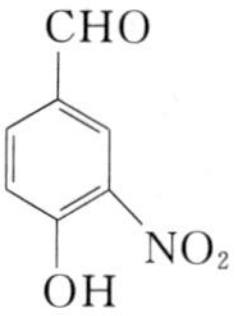

（2） 合成 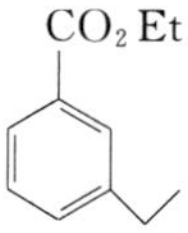

（3）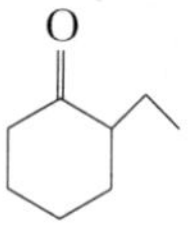 合成 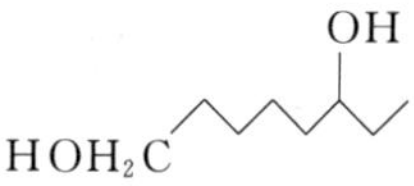

第6章

还原反应

还原反应是有机合成反应中最常见的一种反应类型。在有机化合物的分子中除去氧、加上氢或得到电子的反应称为还原反应。还原反应内容丰富，范围广泛，几乎所有复杂化合物的合成都涉及还原反应，例如：

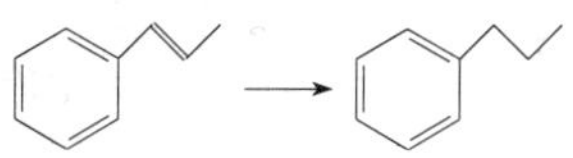

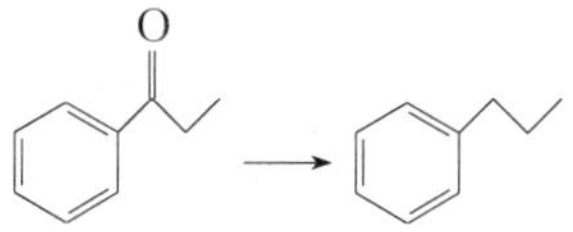

按照所采用操作方法的不同，及所使用还原剂的不同，还原反应可分两大类：(1)金属催化剂存在下，通入氢气进行加氢反应称为催化氢化反应；(2)化学物质作为还原剂所进行的反应称为化学还原反应，它包括溶解金属还原反应和氢化物－转移试剂还原等。

6.1 催化氢化反应

催化氢化可以只是简单地将氢原子加到一个或多个不饱和基团上。有机化学中绝大多数不饱和基团，如烯烃、炔烃、羰基、腈、硝基和芳香环，都可以在适当的条件下被催化还原，但是难易程度不尽相同。某些基团，尤其值得注意的是烯丙羟基、苄基羟基以及氨基和碳－卤单键等，很容易进行氢解反应，导致碳－杂原子键的断裂。

另外一种还原反应是所谓的"催化氢转移反应"，即氢原子从另一个有机化合物转移到反应底物上。该类反应操作简单，只需在催化剂存在下，一起加热底物和氢供体(如异丙醇或者甲酸盐)。通常催化剂为钯。催化氢转移反应和使用氢分子催化还原对官能团可能具有不同的选择性。

催化氢化的应用范围很广，从双键到三键，从芳环到杂环，都可以被还原成饱和结构，催化氢化法具有操作简单、反应快速、产物纯、产率高等特点，而且在一定条件下，可以优先选择对氢化催化活性高的基团。不同基团被催化氢化的大致难易次序为：

RCOCl(⟶RCHO)>RNO_2(⟶RNH_2)> —C≡C— (⟶ —CH═CH—)>

RCHO(⟶RCH_2OH)> —CH═CH— (⟶ —CH—CH—)>R —C(═O)—R (⟶RCHOHR′)

>$PhCH_2OR$(⟶$PhCH_3$+ROH)>RCN(⟶RCH_2NH_2)> 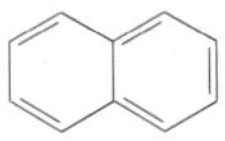 >RCO_2R'>RCONHR′

>  >RCOOH

6.1.1 碳碳重键的氢化反应

催化加氢方法几乎能使各种类型的碳碳双键或三键以不同的难易程度加氢成饱和键。常用的催化剂有钯、铂、镍。该方法成本低、操作简便、产率高、产品质量好和选择性高等优点,因此成为精细有机合成和工业生产中广泛采用的方法。

例如,顺丁烯二酸溶解在乙醇中,加入催化剂镍或铂、钯,于室温下与氢气一起振荡,被定量地还原成丁二酸,反应式如下:

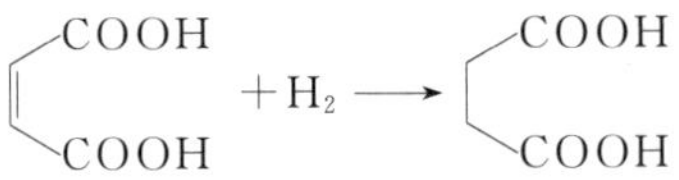

烯烃结构对双键的氢化有显著影响,当取代基的数目增多或者取代基的支链增加时,其都会阻碍双键在催化剂表面的吸收,从而造成反应速度差别。我们可以利用这种反应速度的差别,选择合适的催化剂来进行分离位置不同的双键烯烃,同时也可以在同一分子中进行选择性氢化。例如:

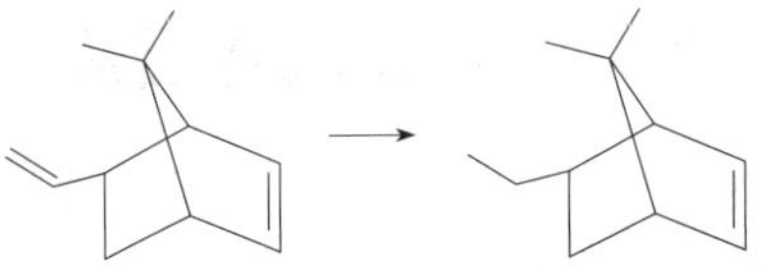

在含有其他不饱和基团的化合物中,碳碳双键也可以选择性还原,但含有三键、芳香硝基和酰卤的除外。钯通常是最好的催化剂。例如,以钯为催化剂,二环烯酮在甲醇中与氢气反应,得到二环酮。

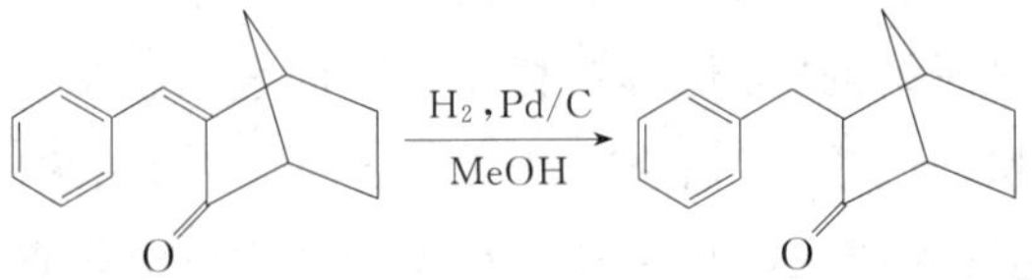

炔烃的催化氢化是一个分步的过程,烯烃和炔烃都可以分离得到。用铂、钯或 Raney Ni 可以很容易地完成炔烃的彻底还原,得到饱和化合物。从合成的角度来说,更有用的是炔烃部分氢化得到 *Z*-烯烃。该反应所用的催化剂是钯、喹啉和硫酸钡催化剂(Lindlar 催化剂),反应的产率较高。这个还原反应的一个重要的特点就是它们具有高度的立体选择性。

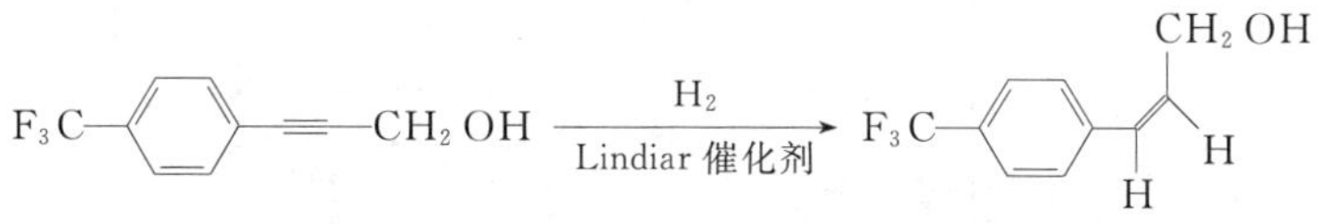

6.1.2　芳香环系的加氢反应

芳香族化合物也能进行催化氢化，转变成饱和的脂肪族环系，但要比脂肪族化合物中的烯键氢化困难得多。最常用的催化剂是铂和铑，它们可以在一般的温度下使用，而 Raney Ni 和钌则需要高温高压。例如，在 20 ℃的乙醇溶剂中，用 Raney 镍可以将肉桂醇还原成 3-苯基-1-丙醇，亦即侧链上的烯键被氢化，而苯环保持不变，反应式如下：

在乙酸溶液中，用氧化铂做催化剂可以将苯还原成环己烷。苯的衍生物如苯甲酸、苯酚或苯胺更容易地被还原。这是由于芳环上的取代基对于芳环的氢化难易程度有很大的影响，但是取代基的效应对不同的催化剂是不一样的。苯环上的—OH、—NH_2、—COOR、—COOH等取代基，尤其是苯环上连有给电子基时，氢化比较容易。

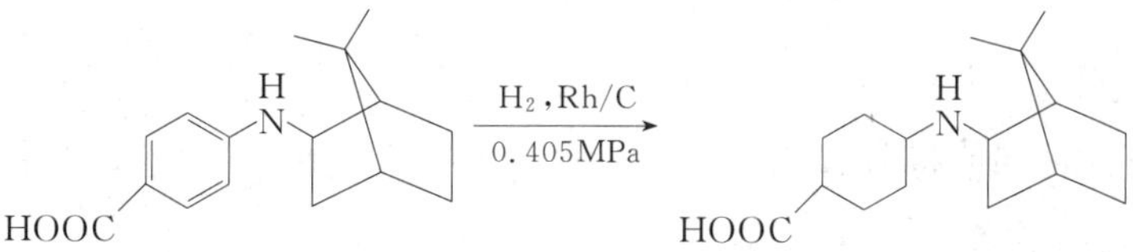

用于大量氢化苯环进行制备，最便利的方法是用 Raney Ni 在 150 ℃～200 ℃和 100～200 个标准大气压下进行氢化。若使用负载到氧化铝上的铑催化剂，反应可以在较温和的条件下进行。先氢化苯酚，再氧化得到的环己醇，是一个容易的制备取代环己酮的方法。

对于稠环芳香化合物来说，通过变换反应条件可以得到部分或全部还原的产物。利用 Raney 镍可以将萘转化成四氢或十氢化萘，产物的种类取决于反应温度。

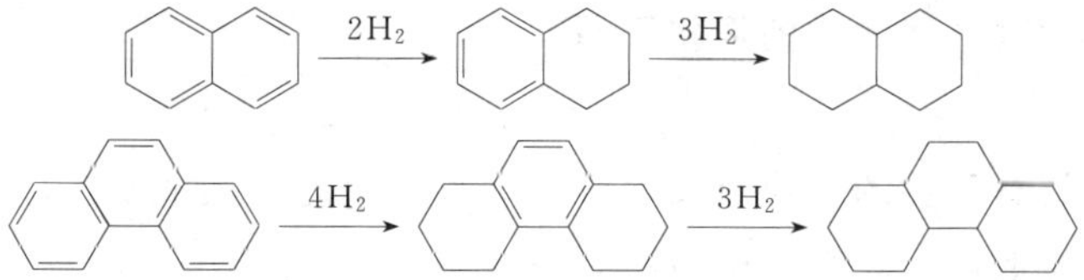

6.1.3　醛和酮的加氢反应

几乎所有的催化氢化催化剂都能顺利地催化氢化成醛成醇。例如，工业上生产维生素 C 的原料葡萄糖醇就是用催化氢化方法合成的，反应式如下：

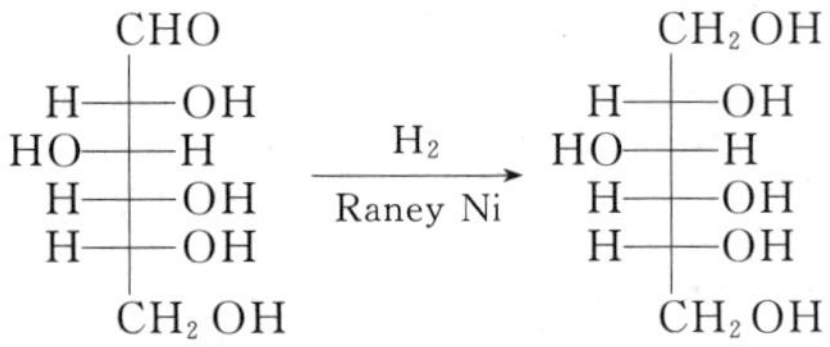

醛分子中含有烯烃双键可以选择性地氢化成不饱和醇。例如,在氯化亚铁或硫化亚铁、乙酸锌的存在下,以氧化铂为催化剂可将柠檬醛氢化成香叶醇,反应式如下:

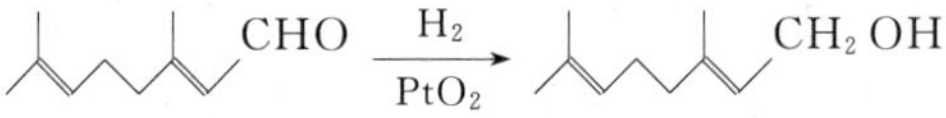

芳香醛的氢化有三种不同的产物:苯甲醇型化合物、甲基芳烃和甲基脂环化合物。在反应条件下,可以使苯甲醛接近定量地转化为苯甲醇型化合物。例如:

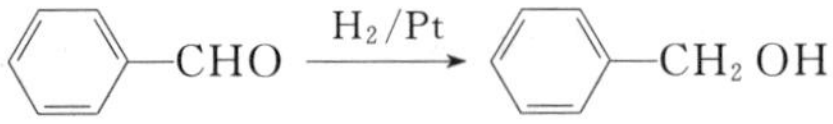

酮羰基的氢化比醛羰基的氢化缓慢得多,因此分子中既含有酮羰基也含有醛羰基时,选择氢化醛羰基是可能的。酮氢化成醇常用的催化剂有氧化铂、氧化铂铑、铂、铑、钯等。通常在室温和大气压下就能进行,产率几乎定量的。在相当的反应条件下采用 Raney Ni 催化氢化也能得到很好的结果。例如:

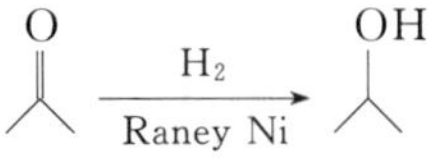

使用贵金属催化剂能将芳香酮氢化成仲醇,但由于该醇为苄醇系,容易发生氢解反应,而各种镍催化剂和氧化酮不会发生氢解反应。例如:

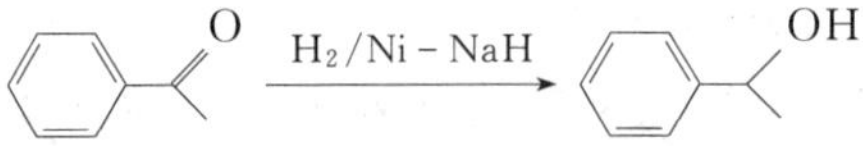

在不饱和酮分子中,用 H_2/PtO_2 可催化氢化其中的碳碳双键,无论是否与酮羰基共轭都容易优先氢化,得到饱和酮。

6.1.4 腈、肟和硝基化合物的氢化还原

腈的催化氢化具有重要的工业意义。合成纤维所用的多次甲基二胺都可以用催化氢化的方法制备。癸二胺的制备就是一例,反应式如下:

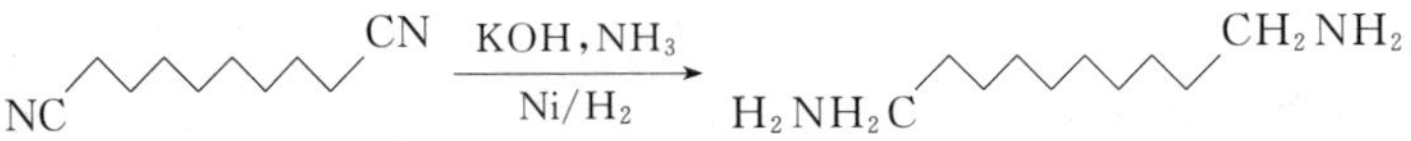

含有碳-碳双键的腈选择性地只氢化氰基比较困难,然而用 Raney Co 能有效地催化氢化 β,γ-不饱和腈生成相应的不饱和胺,反应式如下:

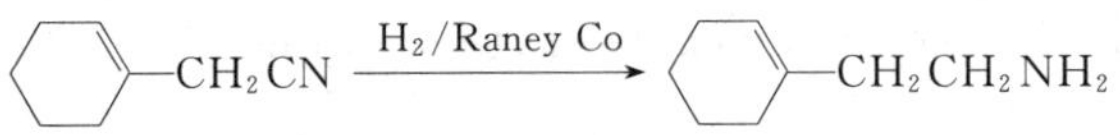

将肟还原为伯胺的反应条件与腈还原的条件相似,可在酸性溶液中使用钯或铂催化剂,

或者在加压条件下使用 Raney Ni。例如：

$$n\text{-}C_6H_{13}CH{=}NOH \xrightarrow{H_2,Pd/C} n\text{-}C_6H_{13}CH_2NH_2$$

硝基化合物很容易被催化氢化的一类化合物，通常比烯键或羰基还原得快。氢化还原硝基化合物最后产物是伯胺。Raney Ni 或任何一种铂族金属都能做催化剂，选择哪种催化剂取决于分子中其他官能团的性质。例如，α,β-不饱和硝基化合物催化氢化，可以很方便地得到用于合成异喹啉的 β-苯乙胺，反应式如下：

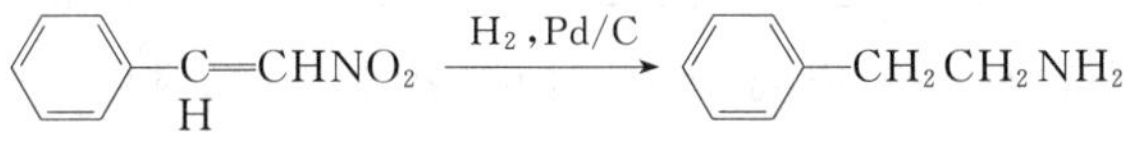

6.2　溶解金属还原反应

溶解金属进行还原反应是电子对不饱和官能团加成引起的化学反应。作用物从电子转移试剂得到电子后再从质子源得到质子而被还原。

金属，尤其活泼金属与其合金，以及某些金属的盐类是应用十分广泛的一类还原剂。一般用于还原反应的活泼金属包括碱金属（Li、Na、K）、碱土金属（Ca、Zn、Mg），以及 Al、Sn、Fe 等。金属与汞的合金为汞齐，它也是常用的还原剂，如钠汞齐、锌汞齐、镁汞齐、铝汞齐等。钠汞齐的活泼性不及金属钠，而铝汞齐的活泼性则超过铝。一般来说，汞齐可使高活泼性的活泼性降低，使低活泼性金属的活泼性提高。汞齐的另一种作用是增加流动性以便于操作。常用作还原剂的金属盐有 $FeSO_4$、$SnCl_2$ 等，其有效的还原剂实际上是 Fe^{2+}、Sn^{2+} 等金属离子。用金属或金属离子还原有机物与用某些高价态的金属离子氧化有机物，在有机合成上具有相似的重要地位。

应用这类还原剂进行的还原反应均包括电子得失的过程。金属在还原反应中所起的作用无疑是供给电子，其所需的氢系由水、醇（乙醇、正丁醇、叔丁醇等）、酸（有机酸、无机酸）等“质子供给剂”提供。上述金属盐亦系作为电子给予体而起还原剂的作用。例如：

$$Fe^{2+} \xrightarrow{-e^-} Fe^{3+};\qquad Sn^{2+} \xrightarrow{-2e^-} Sn^{4+}$$

6.2.1　芳环的还原

(1)Birch 还原

碱金属（Li、Na、K）可溶于液氨，其与醇组成的混合物进行的还原称 Birch 还原。碱金属在液氨中的溶解度次序为：Li＞Na＞K。醇系作为质子供给剂。值得指出的是，在用该试剂进行还原时务必精心除去常存在于未经蒸馏的液氨中的铁盐及其他杂质，少量的这些杂质将促进金属氨化物的形成，从而抑制碱金属的还原作用。由于有机反应物在液氨中溶解度较小，因而体系中加入经除去过氧化物和水的干醚和 THF 等溶剂溶解。

萘经 $Na-NH_3$(液)和 EtOH 部分还原生成 1,4-二氢萘：

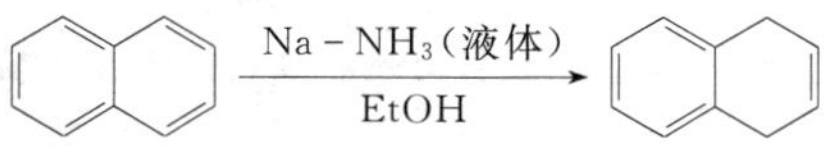

芳环的部分氢化：芳环进行 Birch 还原时，环上的取代基对氢化结果有明显的影响。一般吸电子基团由于使芳环的电子云密度降低，增加环的亲电性能，因而将使反应加速；而供电子基团则与之相反。取代基的电子效应还将影响还原产物的结构，吸电子基团由于形成的负离子游离基进而获得电子，并再与质子作用得到 1,4-二氢化物；而供电子基团形成的负离子游离基则以邻位或间位的电子云密度最高，这样经由上述还原步骤得到的是 2,5-二氢化物。如：

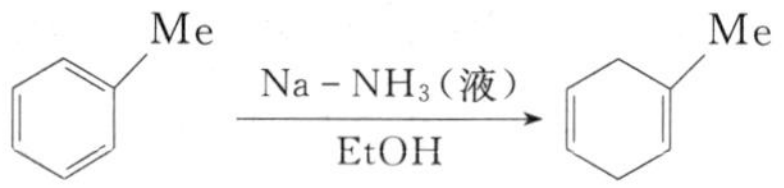

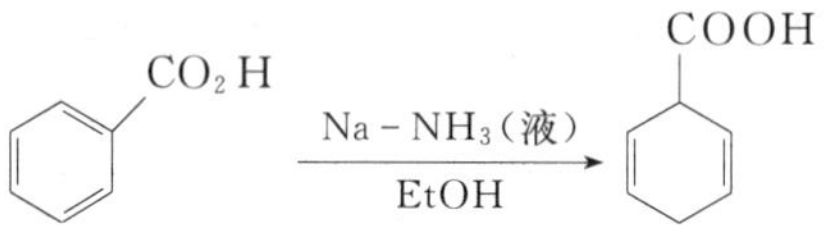

(2)Benkeser 还原

1955 年 Benkeser 发现 Li 与低分子量的烷基胺(最常用的是乙胺)是芳烃等的强还原剂。例如：

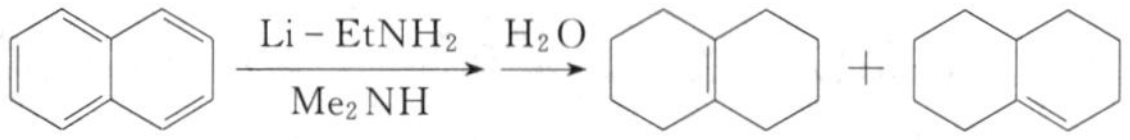

本法一般在氮气或其他惰性气体中进行，亦可将反应物溶于胺中并经电解法于电极产生 Li，并迅速发生还原反应。Benkeser 还原法的还原范围与 Birch 还原大致相同。如：

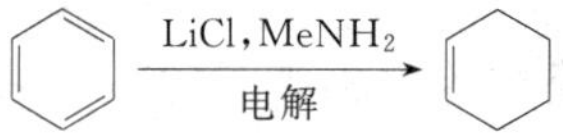

$$C_9H_{19}CONHMe \xrightarrow[\text{电解}]{LiCl,MeNH_2} C_9H_{19}CH_2OH$$

6.2.2 醛、酮羰基的还原

(1)钠汞齐试剂还原

钠汞齐试剂是一类重要的还原试剂，可以在惰性或水(酸)介质中使用，将碳氧双键还原成亚甲基或生成醇。

①醛还原为醇

本法可顺利地将醛还原为醇：

$$Me(CH_2)_2—CHO \xrightarrow{1\%Na-Hg-H_2O} Me(CH_2)_2—CH_2OH$$

②酮还原为仲醇及频哪醇

本法还原酮得到仲醇并有双分子还原产物频哪醇形成：

$$\mathrm{PhCOMe} \xrightarrow{\mathrm{Na-ROH}} \mathrm{PhCHOHMe} + \mathrm{Ph{-}\underset{OH}{\overset{Me}{C}}{-}\underset{OH}{\overset{Me}{C}}{-}Ph}$$

(2)镁和镁汞齐试剂还原

镁和镁汞齐试剂也是一种重要的还原剂，能参与许多还原反应。将 $HgCl_2$ 的无水丙酮溶液逐渐加入被苯覆盖的金属镁中，加热回流可制得镁汞的合金——镁汞齐。镁汞齐能还原酮为相应的仲醇，并发生双分子还原反应生成频哪醇。

$$\mathrm{Me_2CO} \xrightarrow{\mathrm{Mg-Hg}} \mathrm{\underset{OH}{Me_2C}{-}\underset{OH}{CMe_2}}$$

$$\mathrm{2MeCHO} \xrightarrow{\mathrm{Mg-Hg}} \mathrm{Me{-}CHOH{-}CH_2CHO} \longrightarrow \mathrm{Me{-}CHOH{-}CH_2{-}CH_2OH}$$

(3)锌和锌汞齐试剂还原

锌和锌汞齐试剂在中性、酸性与碱性条件下均具有还原能力，可还原羰基、硝基、亚硝基、氰基、烯键、炔键等生成相应的还原产物。若干有机化合物与锌粉共蒸馏时，亦可起还原作用。

$$\mathrm{2MeCHO} \xrightarrow{\mathrm{Zn-Hg}} \mathrm{Me{-}CHOH{-}CH_2CHO} \longrightarrow \mathrm{Me{-}CHOH{-}CH_2{-}CH_2OH}$$

$$\mathrm{PhOH} \xrightarrow[100\ ℃]{\mathrm{Zn}\text{粉}} \mathrm{PhH}$$

①中性及微碱性介质中的还原

通常 Zn 可单独使用，或在醇液，或在 NH_4Cl、$MgCl_2$、$CaCl_2$ 水溶液中进行。$Zn-NH_4Cl$、$Zn-CaCl_2$ 水溶液呈微碱性。硝基化合物在低温时用 Zn 进行中性或微碱性还原，可使还原停止在羟胺阶段。

$$\mathrm{PhNO_2} \xrightarrow{\mathrm{Zn-NH_4Cl-H_2O}} \mathrm{PhNHOH}$$

②酸性介质中的还原

Zn 的酸性还原可在 HCl、H_2SO_4、HOAc 中进行，锌汞齐与盐酸可谓特种还原剂，可将醛、酮中的羰基还原为亚甲基，此方法即 Clemmensen 还原法。

锌汞齐可由锌粒与 $HgCl_2$ 在稀盐酸溶液中反应制得。锌将 Hg^{2+} 还原为 Hg，继而在锌表面形成锌汞齐。还原反应系在被活化的锌表面上进行。此法对于还原酮，尤其芳酮与芳脂混酮等效果较佳，从而是合成纯粹的侧链芳烃的良好方法。唯对于醛、脂肪酮、脂环酮，则可发生双分子还原，甚至生成聚合物而使产品不纯。本法对酮酸与酮酯进行还原时，亦仅还原酮基为亚甲基（α-酮酯的酮基还原为烃基）而不影响—COOH 与—COOR。再者，为增加反应物的溶解度，有时可于反应体系中加入 EtOH 或 HOAc。

值得指出的是，本法宜用于对酸稳定的羰基化合物的还原，若被还原物为对酸敏感的羰基化合物，可改用 Wolff - Kishner -黄鸣龙法进行还原。

Zn 粉在酸性介质中还可以将—NO_2 与—CN 分别还原为—CH_2NH_2 亦用于碳碳不饱和键的还原。如：

$$PhCOMe \xrightarrow{Zn-Hg-HCl} PhEt$$

$$MeCOCO_2Et \xrightarrow{Zn-Hg-HCl} MeCH_2CO_2Et$$

③碱性介质中的还原：Zn 在 NaOH 介质中可使芳香族硝基化合物发生还原生成氧化偶氮化合物、偶氮化合物与氢化偶氮化合物等还原产物。

氧化偶氮化合物可能是还原的中间体亚硝基化合物脱水缩合而成。

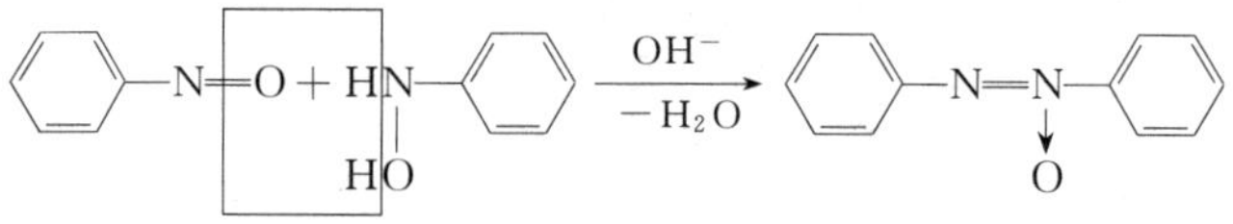

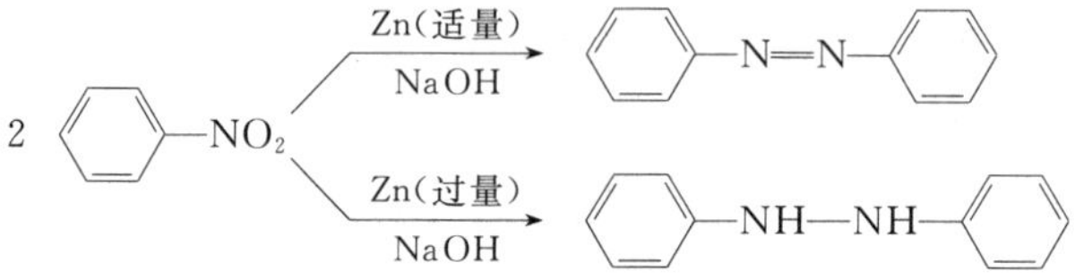

6.2.3 羧基衍生物还原为醇

除了甲酸及羧基直接与芳环相连的芳醇外，本法还原各种羧酸的酯时皆可得到良好的结果。金属钠和醇还原酯为伯醇。这对于制备高级脂肪醇具有重要意义，尤其在 $LiAlH_4$ 还原法问世之前，这一还原法广泛应用于将—COOR 还原为—CH_2OH。在进行本反应时，醇系作为溶剂，且需注意酯、醇均需绝对无水，微量的水将导致酯的水解而使产物的收率大大降低。在多元酸中，只有酯化了的羧基才被还原。许多邻二醇可用此法制备。本法还可以将酰胺还原为醇。

$$PhCO_2H \xrightarrow[\text{稀酸}]{Na-Hg} PhCH_2OH$$

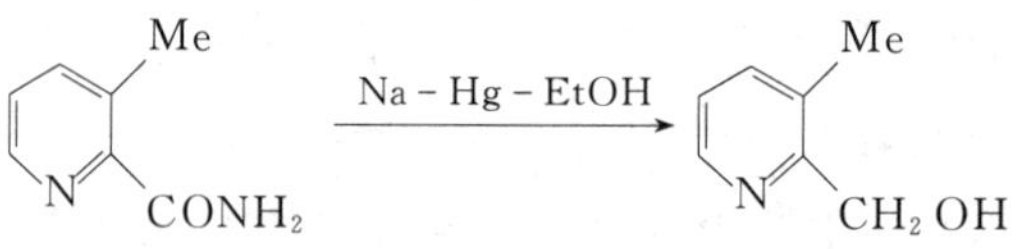

6.2.4 腈还原为伯胺

本法可将腈还原为伯胺：

$$—CN \longrightarrow —CH_2NH_2$$

$$PhCH_2CN \xrightarrow{Na-EtOH} PhCH_2CH_2NH_2$$

$$NC—(CH_2)_4—CN \xrightarrow{Na-EtOH} H_2N—(CH_2)_6—NH_2$$

6.2.5　硝基化合物的还原

铁和酸(如 H_2SO_4、HOAc、HCl 等)共存时为强还原剂,可将硝基化合物还原为伯胺。铁在还原过程中供给电子(自身被氧化为以 Fe_2O_3 为主的铁的氧化物 Fe_3O_4),并在其表面实现电子向硝基苯的转移。此反应历程是反应中产生的负离子自由基和质子供给剂(水)提供的质子结合,最后形成还原产物。

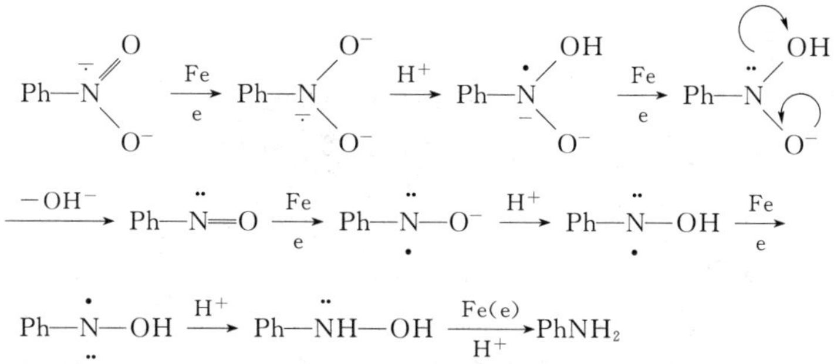

本还原法的特点为在电解质溶液中进行的催化还原反应。在 $FeCl_2$ 的催化作用下,质子系由水提供,因而仅需催化量的 HCl(理论量的 1/20～1/60)即可实现还原反应。加入的少量 HCl 仅是用以维持溶液的一定的 pH,使整个反应始终在酸性介质中进行。此乃工业上常用的方法:

$$4PhNO_2+9Fe+4H_2O \xrightarrow[FeCl_2(少量)]{HCl(少量)} 4PhNH_2+3Fe_3O_4(铁泥)$$

生成的苯胺可通过加入少量碱中和盐酸后,进行水蒸气蒸馏分离得到。实验室里,由于被还原物量少,可采用较多量的盐酸进行还原:

$$PhNO_2+3Fe+7HCl \longrightarrow PhNH_2 \cdot HCl+3FeCl_2+2H_2O$$

虽成本较高,但可减少生成 Fe_3O_4 的麻烦。如:

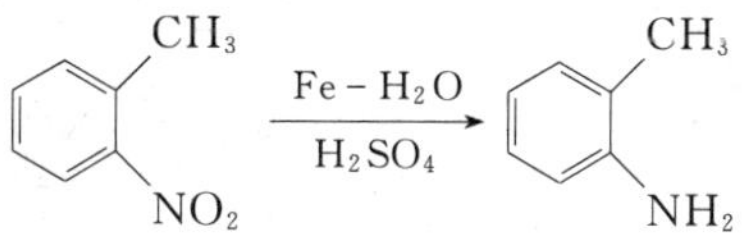

低铁盐亦用作还原剂,如 $FeSO_4$、$FeCl_2$、$Fe(OAc)_2$ 与 $(HCOO)_2Fe$ 等。$FeSO_4$ 的还原多在 $NH_3 \cdot H_2O$ 存在下进行。当分子中除 —NO_2 还原外,不影响其他基团,从而成为硝基芳酮、硝基芳酸等的良好还原方法。如:

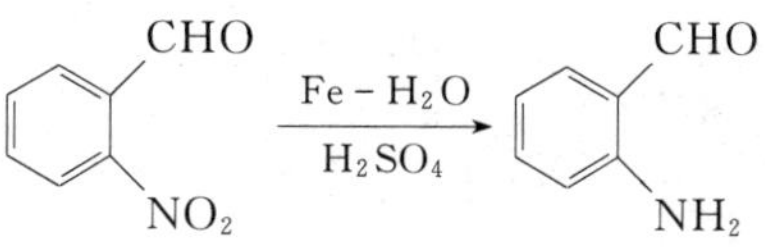

6.2.6 不饱和羰基化合物与不饱和羧酸的还原

本法可用于还原不饱和羰基化合物与不饱和羧酸中的烯键。一般只有当烯键与芳环或羰基邻近时才发生这种作用，形成相应的饱和化合物。

$$PhCH{=\!=}CHCOONa \xrightarrow{Na/Hg} PhCH_2CH_2COONa \xrightarrow{H^+} PhCH_2CH_2COOH$$

6.3 氢化物-转移试剂还原

氢化物-转移试剂还原是负离子转移还原，有负氢离子转移导致的还原反应在有机合成中非常有用。这类试剂中最有用的是各种氢化物和异丙醇铝的还原剂。

6.3.1 烷氧基铝转移试剂还原

异丙醇铝能使羰基化合物还原成醇，称为 Meerwein - Pondorff - Verley（麦尔外因-彭道夫-维兰）反应。该反应是可逆反应，其逆反应为 Oppenauer 氧化。异丙醇铝通过反应可使醛转化成伯醇，酮转化为仲醇，而对碳碳双键、碳碳三键、—Cl、—NO_2 等基团均无还原作用。

异丙醇铝可用下面反应制备：

$$2Al + 6Me_2CHOH \xrightarrow{HgCl_2} 2Al(OCHMe_2)_3 + 3H_2\uparrow$$

醇铝易于水解，因此制备醇铝的反应以及用其进行的还原反应均需在无水条件下进行。

（1）双键不受影响

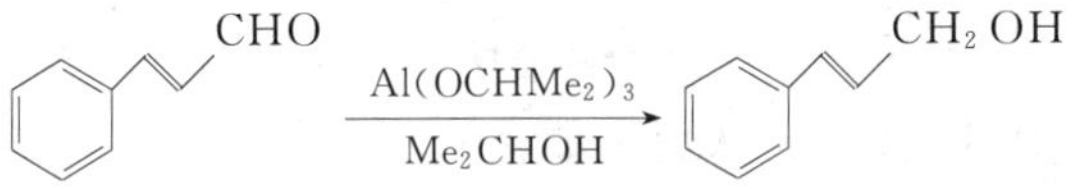

（2）硝基不受影响

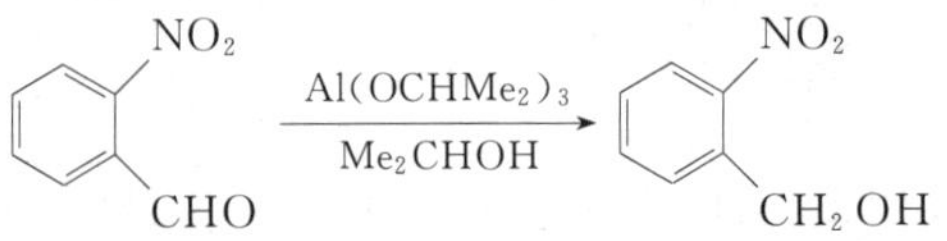

（3）卤素不发生还原

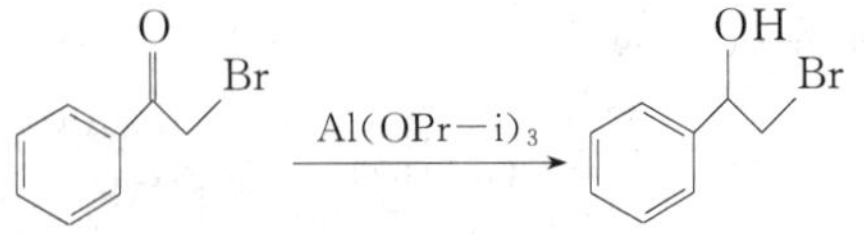

(4)氯霉素合成中间体的还原(分子中的—NO_2与—CO—NH—不受影响)

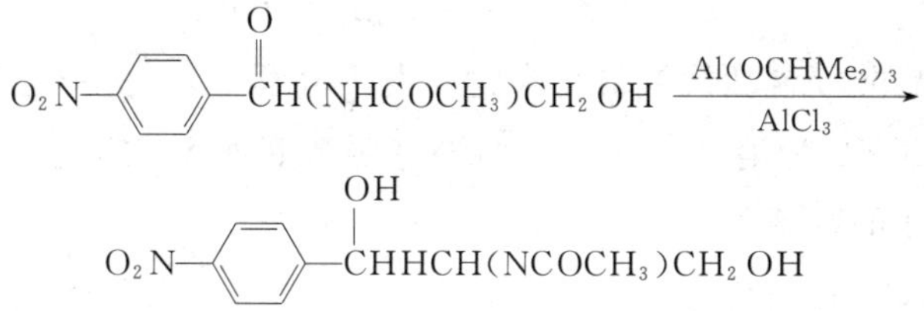

本反应中加入一定量的 $AlCl_3$，是由于它可与异丙醇铝生成极性较大的氯化异丙醇铝 $ClAl(OCHMe_2)_2$，从而有助于反应物羰基的极化，使环状过渡态易于形成，负离子也更易于转移，从而可使还原反应加速。

(5)高温下，异丙醇铝经两次负离子转移可使酮基还原为亚甲基：

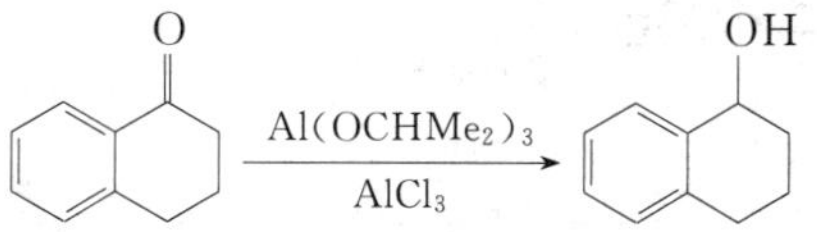

此反应可能是由负离子通过六元环过渡态转移到羰基化合物上进行的。例如：

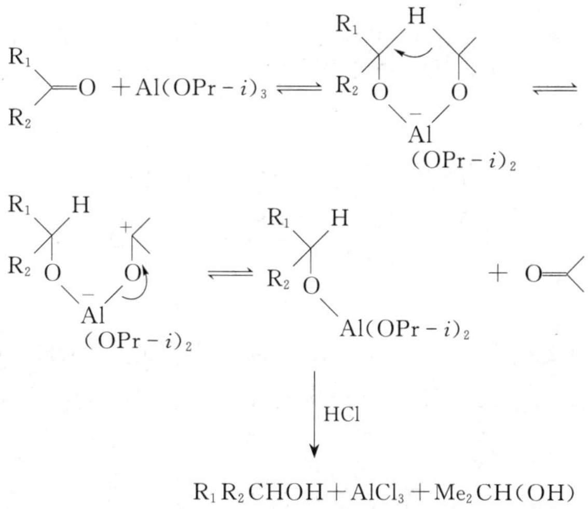

6.3.2　氢化锂铝和硼氢化钠

金属氢化物还原剂最常用的是 $LiAlH_4$ 和 $NaBH_4$。它具有反应速度快、副反应少、收率高、反应条件缓和以及选择性还原等特点。

(1)四氢铝锂

在氢化物还原剂中 $LiAlH_4$ 是强还原剂，除可将羧酸及其衍生物直接还原为醇外，还可以还原羰基化合物成醇，还原肟、硝基化合物成伯胺，还原卤代烃、磺酸酯成烷烃，还原环氧化合物成醇。除其一般不能还原不饱和键外(当不饱和键的 α-或 β-位有极性基团活化时亦能还原)，多数有机化合物可被它所还原，并均能获得优良的收率。

$LiAlH_4$ 可由粉末状的 LiH 与无水 $AlCl_3$ 在干醚溶剂中反应制备：

$$4LiH + AlCl_3 \longrightarrow LiAlH_4 + 3LiCl$$

$LiAlH_4$ 遇水、醇、酸等含活泼氢的化合物即发生分解，因而进行还原反应宜在无水情况下进行，并常用醚与 THF 为溶剂。一般系将被还原物的醚溶液加至 $LiAlH_4$ 中，有时亦将 $LiAlH_4$ 加至被还原物的溶液中。

①羧基及其衍生物的还原

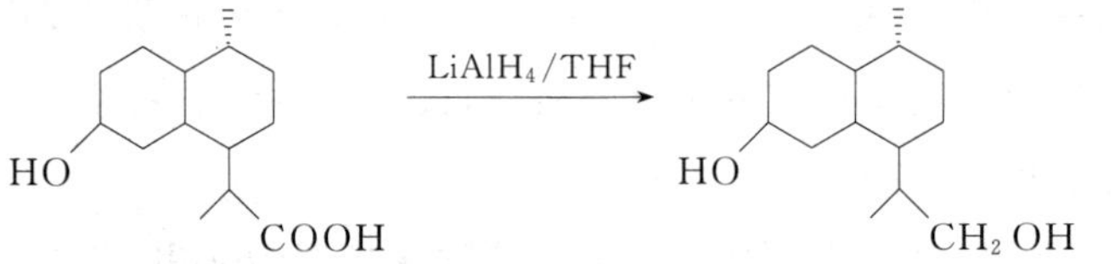

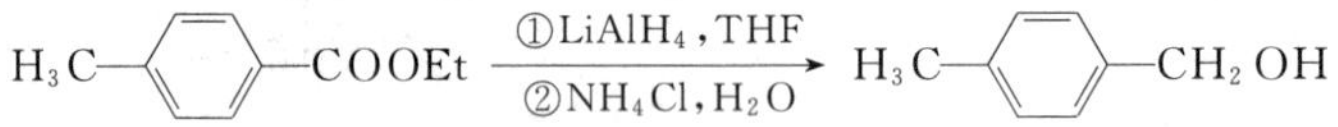

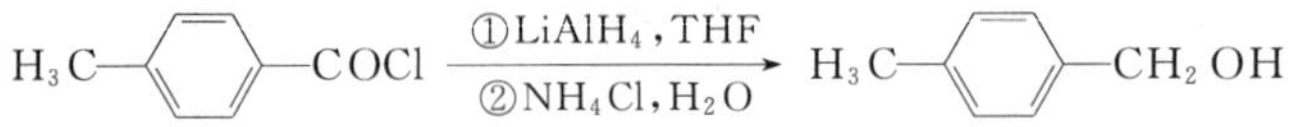

②羰基化合物的还原

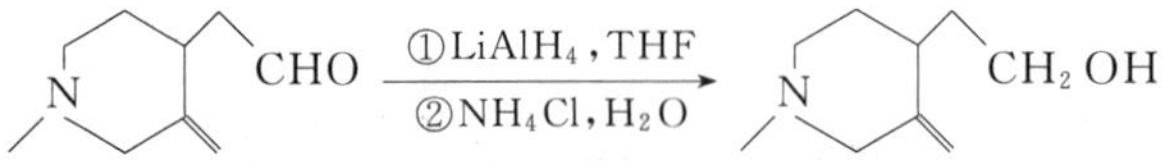

③硝基化合物与腈的还原

$$PhNO_2 \xrightarrow{LiAlH_4} Ph—N=N—Ph$$

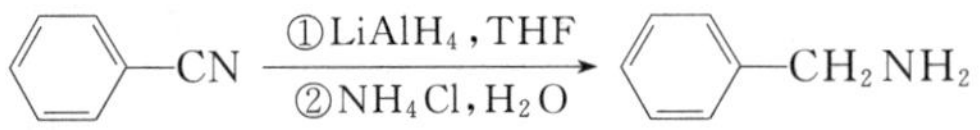

(2)硼氢化钠

$NaBH_4$ 为另一种重要的金属氢化物类还原剂。作用较 $LiAlH_4$ 缓和，它只能使羰基化合物或酰胺还原为醇，而不影响碳碳双键与硝基，因此选用适当的金属氢化物可对羰基化合物进行选择性还原：

$$PhCOCH_2CH_2CO_2H \xrightarrow[H_3^+O]{LiAlH_4} PhCH(OH)CH_2CH_2CH_2OH$$

$$MeCOCH_2CH_2CO_2Et \xrightarrow[H_3^+O]{NaBH_4} MeCH(OH)CH_2CH_2CO_2Et$$

$NaBH_4$ 常温下对水、醇等均较稳定。虽不溶于乙醚，却能溶于水、醇中而不致发生分解，因此可用其作为还原介质。如需在较高温度进行还原反应，可改用 THF、DMSO 等为溶剂。

$NaBH_4$ 可由氢化物与硼酸甲酯制备，其反应式为：

$$4NaH + B(OMe)_3 \longrightarrow NaBH_4 + 3NaOMe$$

$NaBH_4$ 虽为缓和的还原剂，但添加季铵盐或冠醚可提高其还原能力。

①羰基化合物的还原

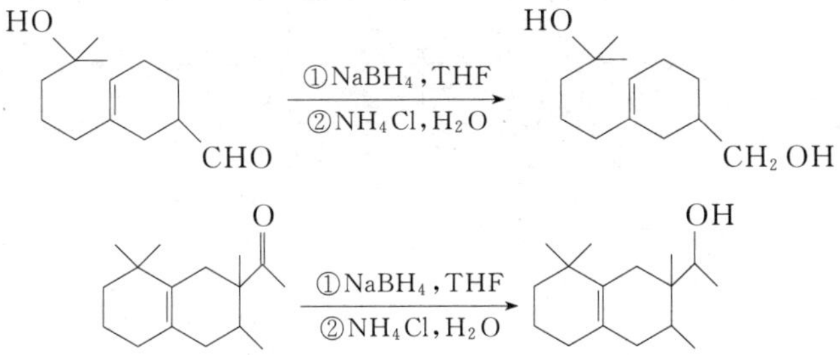

②酸酐的还原

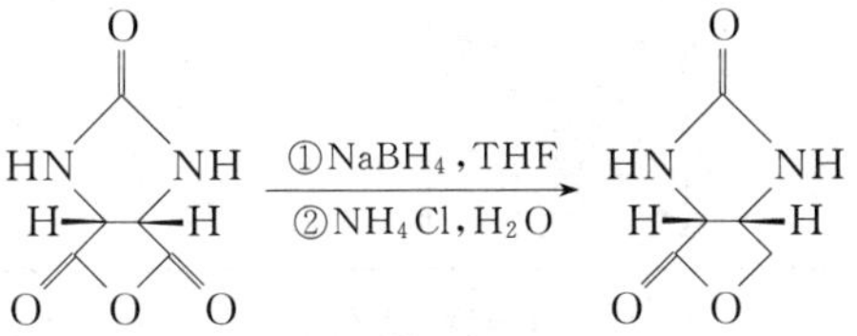

③酰氯的还原

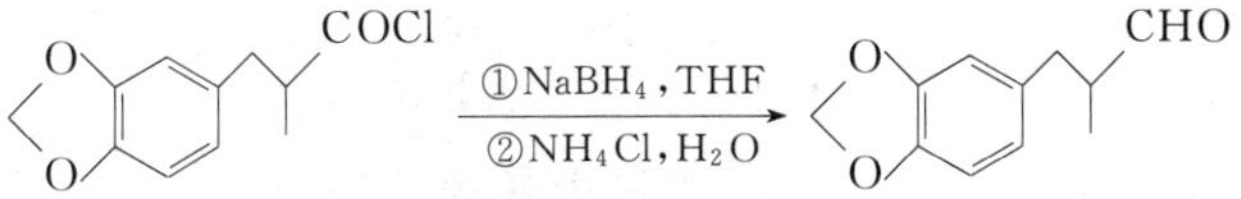

(3)还原机理

该类还原剂具有 AlH_4^- 和 BH_4^-，因而金属氢化物是很强的亲核试剂。还原反应过程中，包括负离子 H^- 向被还原物分子的转移。以羟基的还原为例，H^- 转移到羰基的碳原子上进行亲核加成，从而实现还原为醇的过程。AlH_4^- 与 BH_4^- 中的四个氢可依次参与反应，其过程可表示如下：

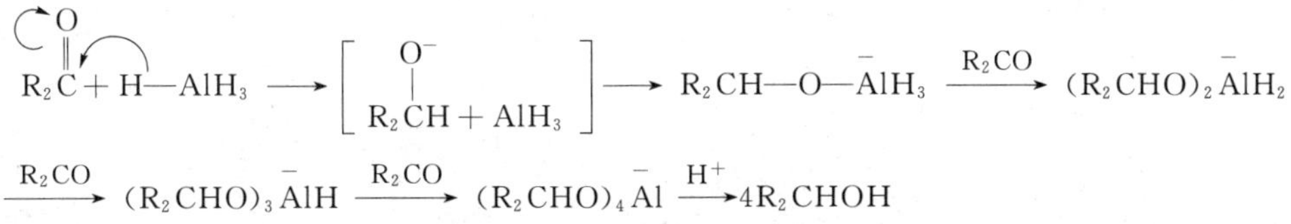

在 AlH_4^- 中以第一个氢原子的作用最为强烈，其后性能依次减弱，BH_4^- 则与此相反。因此，可根据此有控制地进行选择性还原。

6.3.3　硼烷和二烷基硼烷

硼烷 BH_3（以气态二聚硼烷 B_2H_6 存在）是提供氢负离子的又一强还原试剂，它能进攻许多不饱和官能团，反应在室温下就易进行，所得硼化物中间体水解可得高产率的产物。硼烷易与水反应，因此反应要在无水条件下进行，最好用氮气保护。二硼烷还原的官能团如表 6-1 所示：

表 6-1　二硼烷还原的官能团及其产物

官能团	产物	官能团	产物
—COOH	$—CH_2OH$	>C=O	>CHOH
—COOR	$—CH_2OH + ROH$	—CN	$—CH_2NH_2$
$—CONR_2$	$—CH_2NR_2$	—CH=CH—	$—CH_2CH_2B<$
R—C(=O)—O—O—C(=O)—R	RCH_2OH		
—CHO	$—CH_2OH$	>C—C< (O)	>CH—C(OH)<

二硼烷能够很容易地将羧酸还原成伯醇，即使在有其他不饱和基团存在下也能选择性地进行。例如：

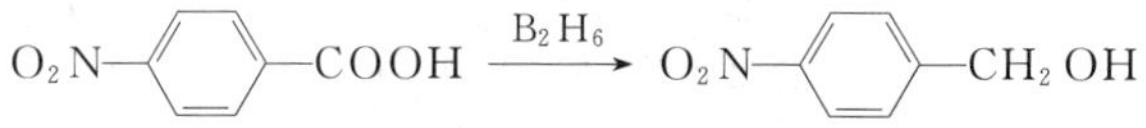

二硼烷还原环氧化合物主要生成取代基较少的醇。例如：

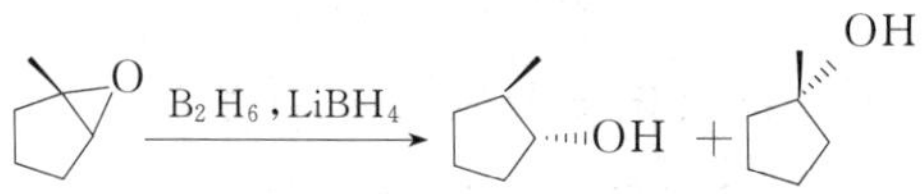

72%　　28%

通常认为二硼烷对羰基的还原反应首先是缺电子的硼原子对氧原子的加成，然后将负氢不可逆地从硼原子转移到碳原子上。例如：

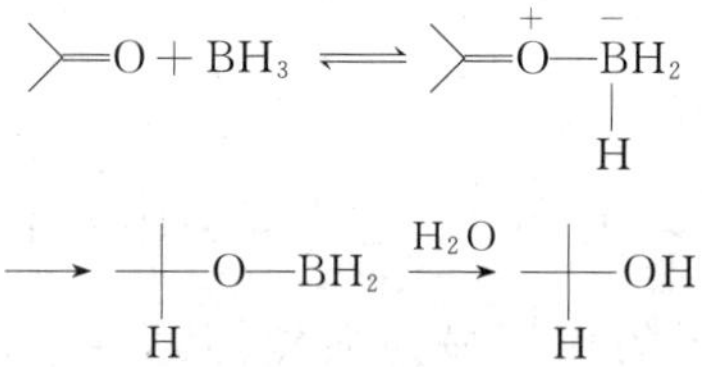

立体障碍较大的烷基硼烷比硼烷温和、选择性高，且由于烷基的立体效应，反应速率受被还原物质结构的影响。烷基硼烷的一个有价值的特点是高立体选择性，这种选择性表现在将脂肪酮还原成醇的反应中。例如，2-甲基环己酮用硼烷还原时，主要生成较稳定的反-2-甲基环己醇，而用二异戊基硼烷还原时，则主要生成顺式异构体。

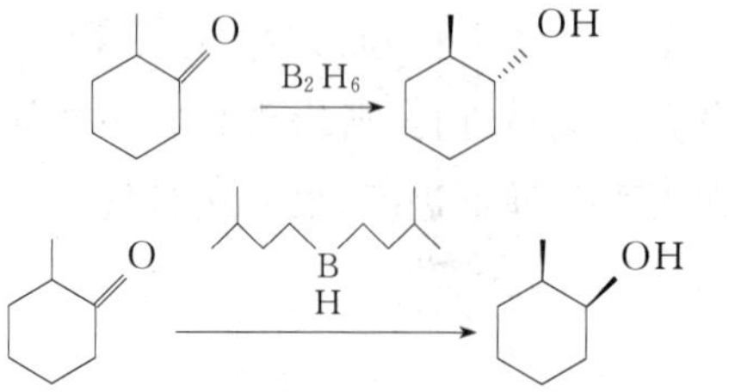

6.4　其他还原试剂

6.4.1　Wolff－Kishner－黄鸣龙还原法

Wolff－Kishner－黄鸣龙还原提供了一种将很多醛和酮的羰基还原成甲基或亚甲基的极好的方法。在最初的报道中，该反应包括用羰基化合物制备腙或缩氨基脲，然后再封管中与其他碱在 200 ℃下加热反应。更为方便的是，Wolff－Kishner－黄鸣龙还原还可以通过在高沸点溶剂中加热羰基化合物、水合肼和氢氧化钠或氢氧化钾的混合物来进行，温度通常为 180 ℃～220 ℃，时间为若干小时。高沸点溶剂二甘醇的使用可以促进除去生成腙后多余的肼以及水，同时缩短了反应时间（此即黄鸣龙改进法）。

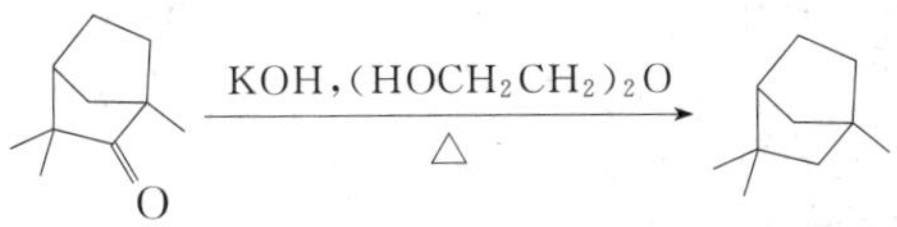

通常认为该还原反应的机理是，首先腙去质子后生成阴离子，然后是碳原子质子化和末端氮原子的去质子化，这是一个决速步骤。最后是消除一个氮分子后，碳负离子质子化得到产物。与这个机理相符合，极性非质子溶剂 DMSO 可以加速该反应的进行，而使用叔丁醇钾，反应甚至可以在室温下进行。

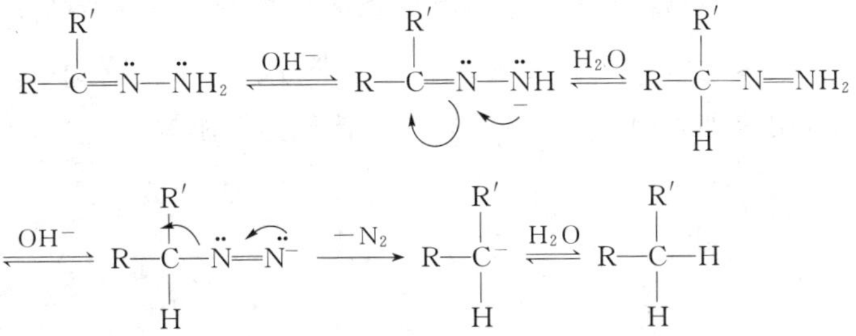

如果羰基化合物的 α 位有离去基，那么还原反应会同时伴随消除反应。这方面的应用是 α，β－环氧酮还原开环后生成烯丙醇。例如，酮用肼和三乙胺处理后生成烯丙醇。

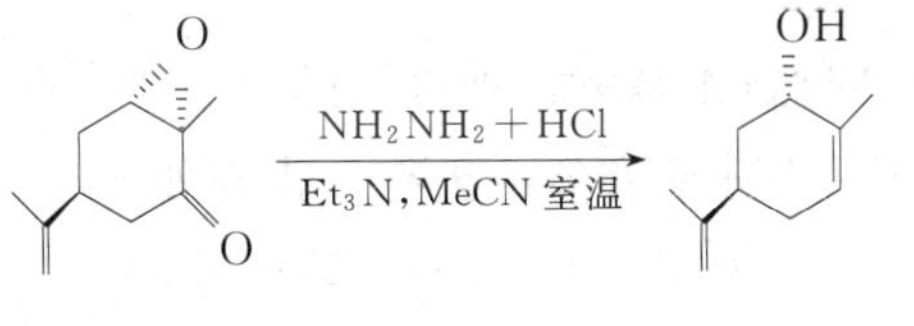

6.4.2　二酰亚胺还原法

二酰亚胺一般在反应溶液中用氧或氧化剂氧化肼制得，也可用对甲苯磺酰肼的热分解或偶氮二甲酸制得，反应式如下：

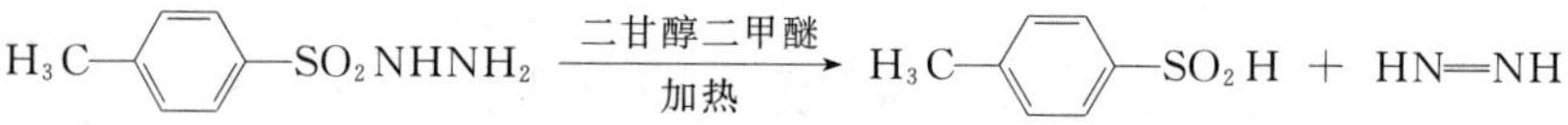

二酰亚胺是一种选择性很高的试剂。一般条件下，对称的重键(如碳碳三键、碳碳双键、氮氮双键)很容易被还原。而不对称的极性较大的键(如氰基、硝基、碳氮双键、硫氧双键、硫醚键、碳硫键等)不容易被还原。例如，二烯丙基硫醚几乎能定量地被还原成二丙基硫醚，反应式如下：

$$(H_2C{=}CHCH_2)_2S \xrightarrow[\text{沸腾的乙二醇}]{\text{对甲苯横酰肼}} (CH_3CH_2CH_2)_2S$$

一般认为，二酰亚胺还原反应是一对氢原子通过六元环过渡态进行同步转移的，亦即该反应是按顺式进行加成。其机理如下：

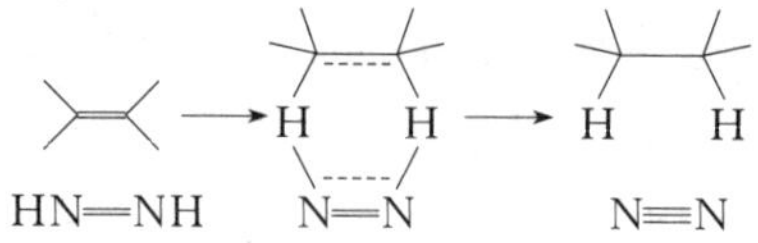

6.4.3 烷基氢化锡还原法

烷基氢化锡对烷基、芳基和烯基卤化物的碳一卤键的还原裂解是非常有用的试剂，常用的是三正丁基氢化锡，反应通式如下：

$$R_3SnH + R'X \longrightarrow R_3SnX + R'H$$

通常溴化物比氯化物容易被还原，各种溴化物的反应活性次序为叔烷基＞仲烷基＞伯烷基。烯丙基卤化物或苄基卤化物的反应特别容易进行。溴化金刚烷在三正丁基氢化锡存在下，以己烷为溶剂，用紫外光照射，以定量的产率转化为金刚烷。

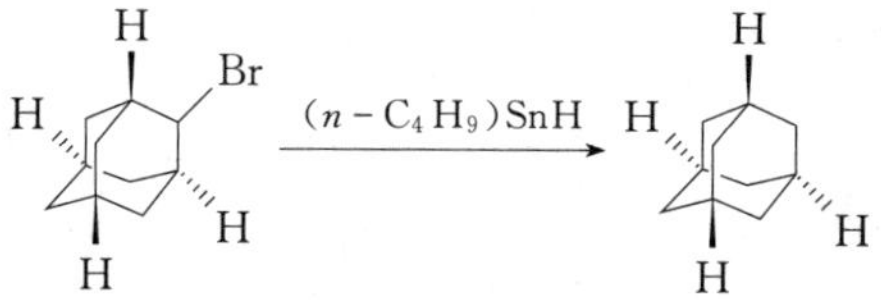

三正丁基氢化锡可以还原酰氯成醛。例如：

$$RCOCl \xrightarrow{(n-C_4H_9)_3SnH} RCHO$$

研究表明，该类反应是通过自由基链机理进行的。一般是在自由基引发剂(如偶氮二异丁腈)存在下，或在紫外光照射下才能有效地进行。机理如下：

$$R_3SnH + In\cdot \longrightarrow R_3Sn\cdot + InH$$

$$R_3Sn\cdot + R'X \longrightarrow R'\cdot + R_3SnX$$

$$R' + IR_3SnH \longrightarrow R'H + R_3Sn\cdot$$

习　　题

1. 选择合适的还原方法。

(1) 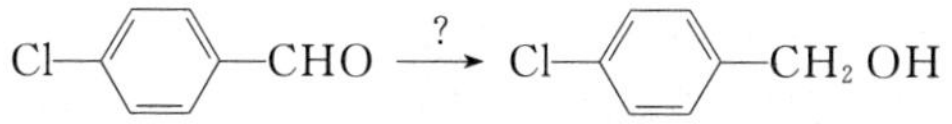

(2) 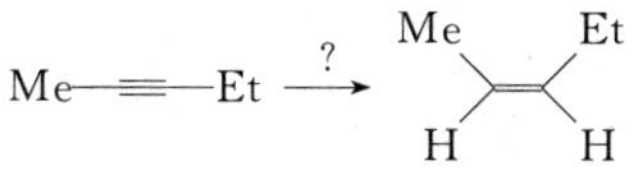

(3) 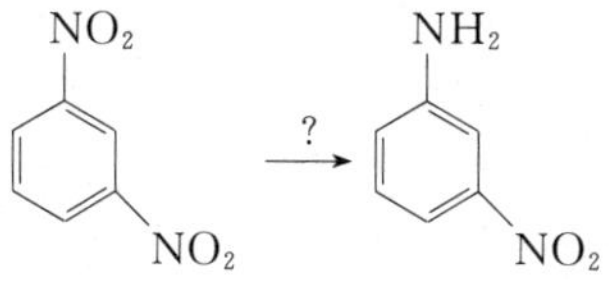

(4) 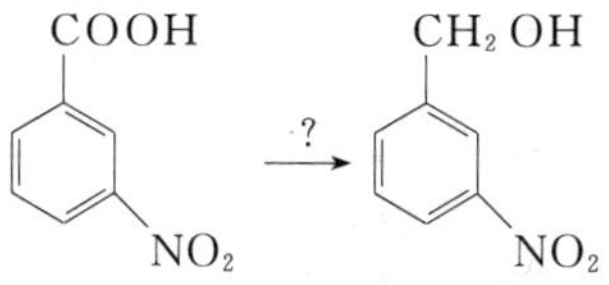

(5) 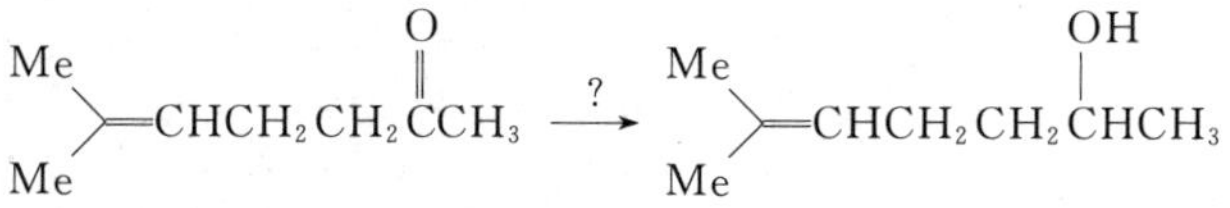

(6) $CH_3CH{=}CHCH_2COOH \xrightarrow{?} CH_3CH{=}CHCH_2CH_2OH$

(7) 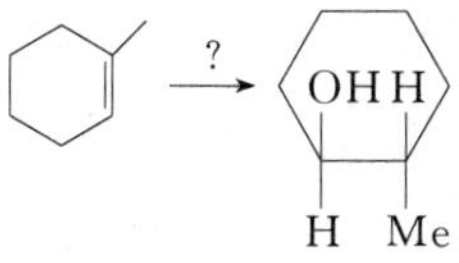

(8) 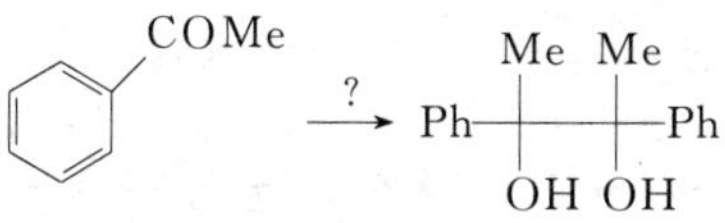

2. 写出下列反应的产物结构(注意立体构型)。

(1) 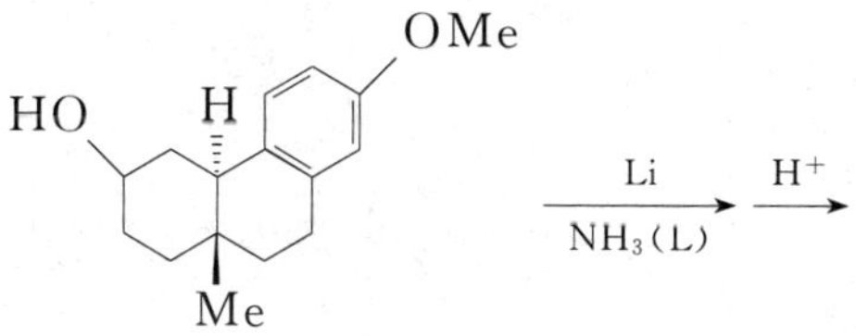

(2) 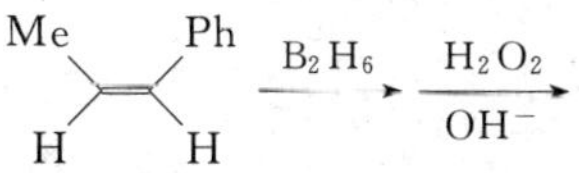

(3) 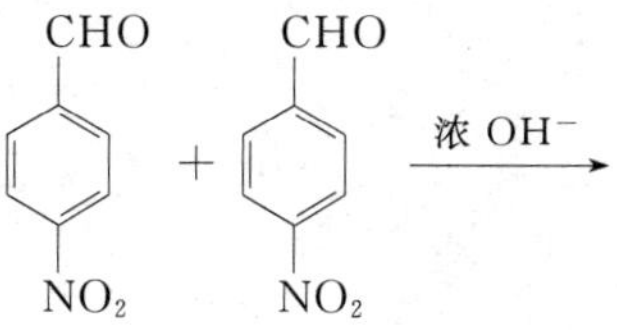

(4) 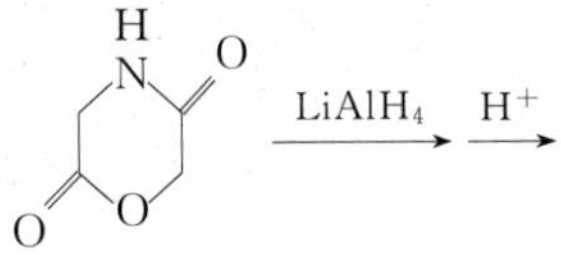

(5) 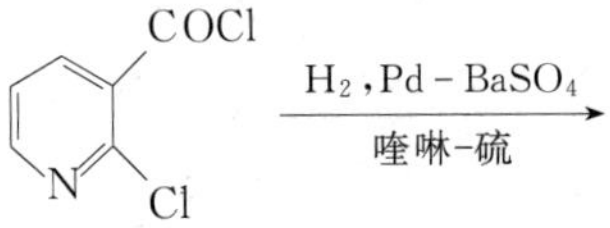

(6) 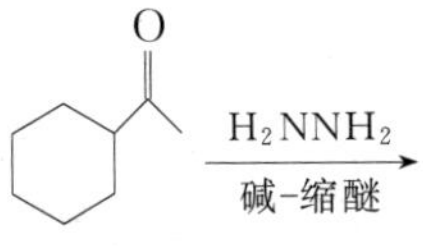

(7) 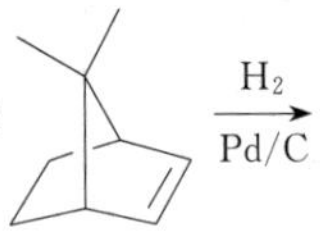

(8) 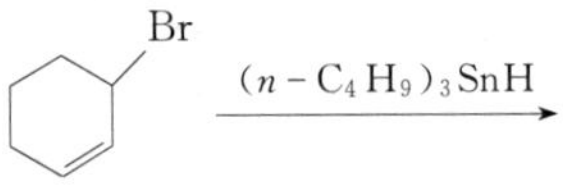

3. 合成题。

(1) 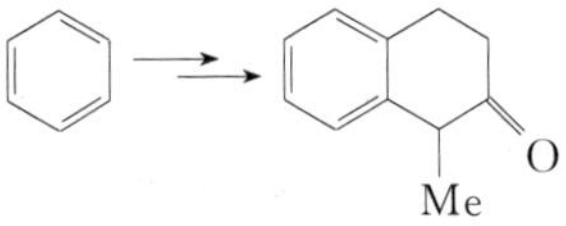

(2) 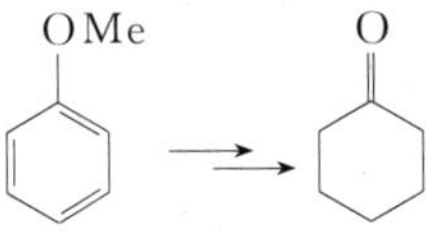

(3) 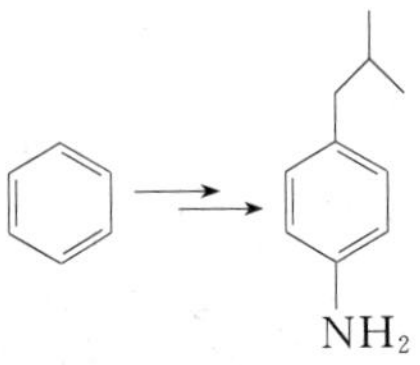

第7章

有机合成试剂

有机合成试剂包括元素有机试剂、金属有机试剂、过渡金属有机试剂以及稀土金属有机试剂等。此类化合物在理论研究上丰富和发展了化学结构理论，实际应用上为工农业生产以及国防、尖端科学提供了性能优异的合成材料和各种具有特殊性能的化学物质，它们具有许多特殊的反应性能，对它们的研究、开发和利用是当代有机合成的一个重要特征。有机镁和有机锂试剂在有机合成中获得了广泛的应用，而铝、锌、硼、硅、硫、磷等有机化合物作为化学试剂在有机合成中的特殊应用也在不断地被开发推广，日益受到人们的重视。本章介绍镁、锂、铜、锌、硼、磷、硫等有机试剂及其在合成中的应用。

7.1 有机镁试剂

有机镁化合物是金属有机化合物中最重要的一类化合物，在有机合成上是一类非常重要的试剂，它是法国有机化学家 Grignard 于 1901 年研究金属镁与卤代烃反应时发现的有机镁化合物（又称 Grignard 试剂或格氏试剂），其中的镁原子以共价键与碳原子相连，且成键电子对偏向电负性较大的碳原子，因此格氏试剂中的烃基是一类高活性的亲核试剂，能发生加成、取代、偶合等反应，这一发现及有机镁试剂的应用对有机化学的发展起到了极其重要的推动作用，由此 Grignard 获得了 1912 年的诺贝尔化学奖。

7.1.1 Grignard 试剂的制备

(1)卤代烃与金属反应

制备格氏试剂经典的方法是：用无水醚做溶剂，卤代烃和镁反应。

$$RX + Mg \xrightarrow{\text{溶剂}} RMgX$$

R＝烷基、芳基、烯基　X＝Cl、Br、I

该反应为放热反应。为了避免局部过热或与过量的卤代烃产生偶联反应，因此该反应要在良好的搅拌下进行。由于格氏试剂对水、氧、二氧化碳等敏感，所以反应一般在惰性气体（如氮气）保护下进行，所用溶剂如乙醚、四氢呋喃或其他惰性溶剂均需严格处理，必须保证绝对无水，并注意隔绝潮气。

从理论上来说，烷基、芳基卤化物都可以反应，但实际上与卤代烃的活性以及溶剂有关系。由于卤代烃与镁的反应活性为：RI>RBr>RCl>RF。氟代烃难以用来制备格氏试剂，碘代烃最活泼。

当 R 为烷基时，常用无水乙醚（b. p. 34.6 ℃）做溶剂，来制备格氏试剂；当 R 为烯基和芳基时，由于需要较高的温度，因此常用四氢呋喃（THF，b. p. 65.4 ℃）代替乙醚做溶剂。例如：

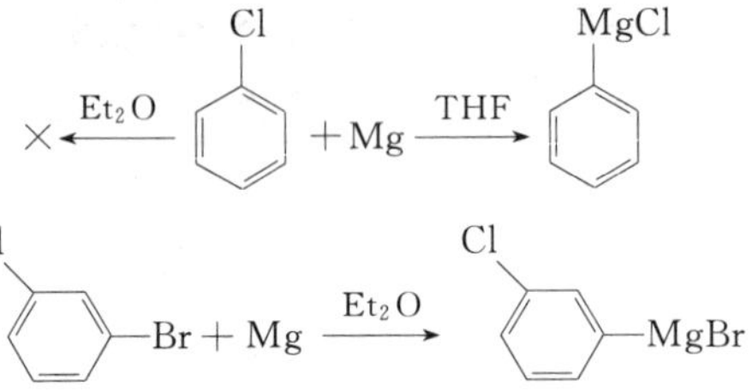

(2)烃的金属化反应

含有活泼氢的化合物，可以用金属化反应制备格氏试剂。例如：

$$RC\equiv CH + CH_3MgI \xrightarrow{Et_2O} RC\equiv CMgI + CH_4$$

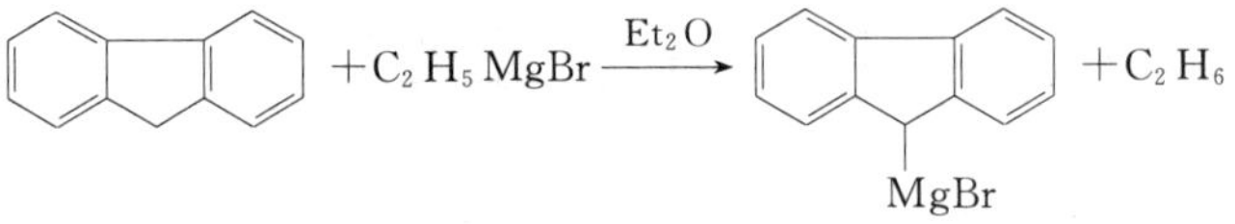

7.1.2 Grignard 试剂的反应

根据格氏试剂的结构特征，其中的烃基带部分负电荷，具有亲核性，可以和含有 $-\overset{O}{\overset{\|}{C}}-$、$-\overset{O}{\overset{\|}{C}}-OR$、$-\overset{O}{\overset{\|}{C}}-X$、$>C=S$、$>S=O$、$>C=N-$、$-C\equiv N$、$-N=O$ 等官能团化合物或环氧烷、卤代烃等化合物，发生亲核加成、亲核取代或偶联反应等。

(1)与醛、酮的反应

格氏试剂与醛、酮反应是制备醇的一种重要方法。与甲醛反应生成增加一个碳原子的伯醇，其他醛生成仲醇，与酮反应生成叔醇。例如：

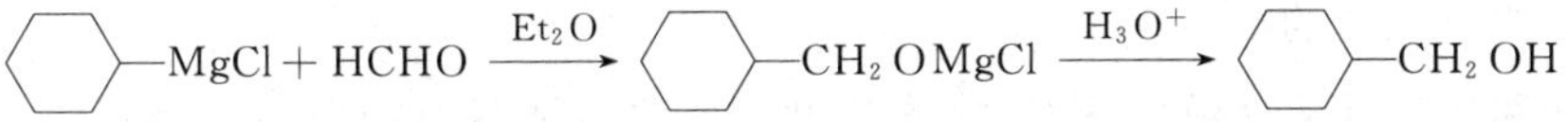

69%

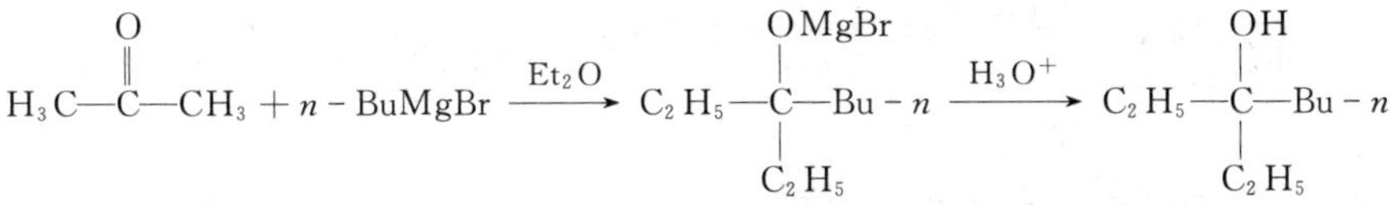

50%

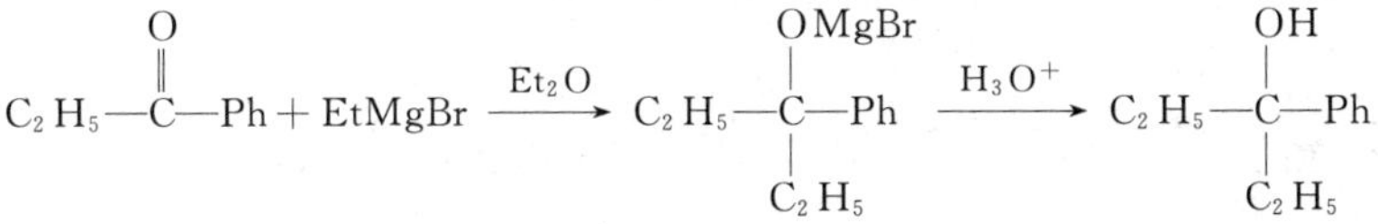

80%

格氏试剂几乎可以和所有的羰基起加成反应，反应的活性依羰基的加成活性而不同，且受结构影响很大，位阻较大的酮和位阻大的格氏试剂难以发生加成。

(2)与 α,β-不饱和醛、酮的反应

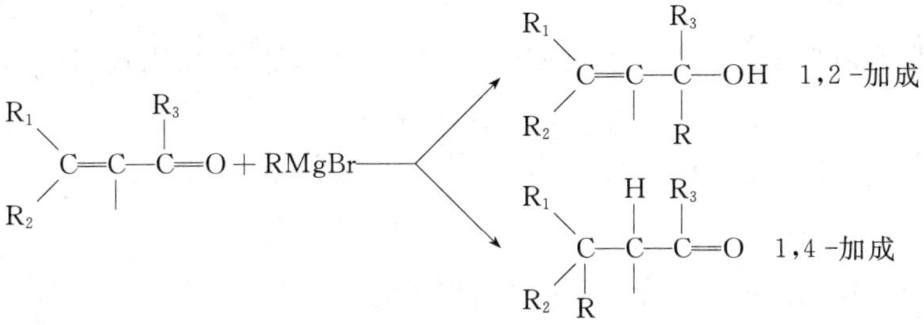

格氏试剂与 α,β-不饱和醛、酮反应，产物是 1,2-加成还是 1,4-加成，与 α,β-不饱和醛、酮结构有关。如果 R_1、R_2 位阻比 R_3 的位阻小或位阻大小相当，则以 1,4-加成为主；如果 R_1、R_2 位阻比 R_3 的位阻大，则以 1,2-加成为主；但是，如果 R(格氏试剂)的位阻较大时，则生成 1,2-和 1,4-加成的混合物。例如：

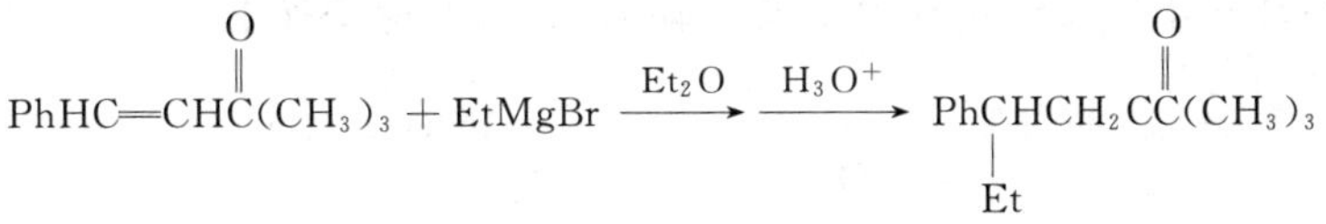

100%

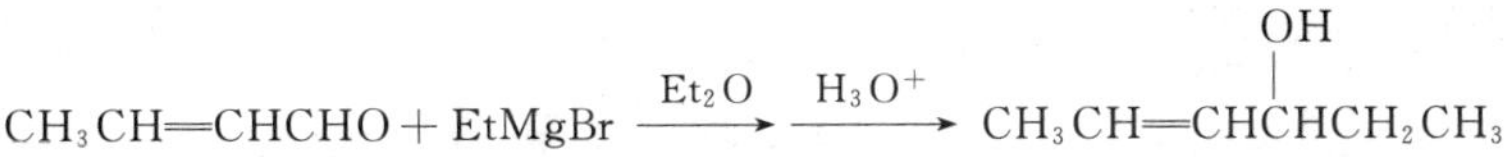

70%

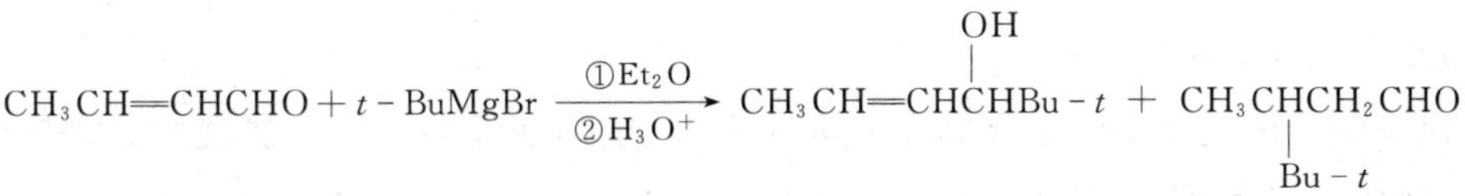

(3)与酯、酰卤和腈的反应

格氏试剂和酯的反应在醚中进行，常常用此方法来合成具有两个相同烃基的叔醇。

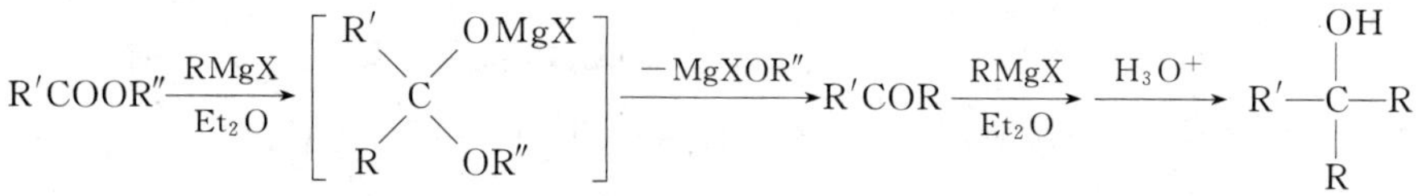

当 R′为 H(即甲酸酯)时，则生成对称的仲醇；当 R′为 OR″(即碳酸酯)时，需要与三倍量的格氏试剂反应，生成具有三个相同烃基的叔醇。例如：

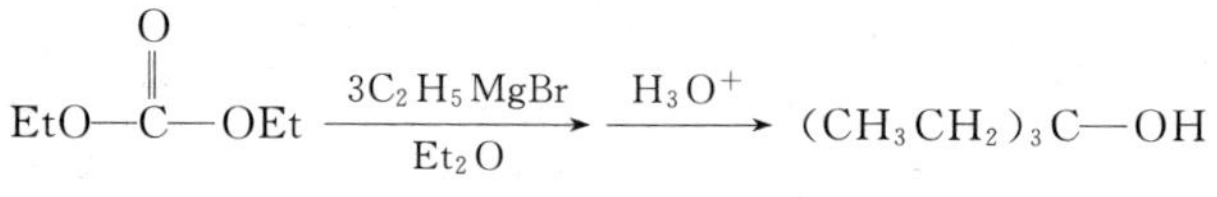

88%

格氏试剂与原甲酸三乙酯反应，经水解生成醛。例如：

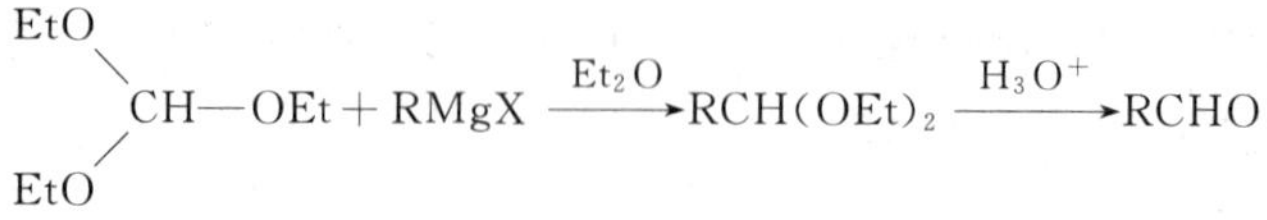

格氏试剂与酰卤作用，一般可使反应停留在生成酮的阶段，反应式如下：

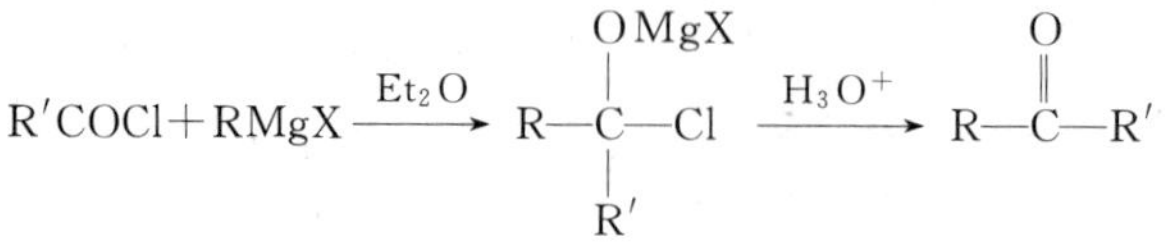

格氏试剂与腈作用生成亚胺盐，水解之后得到酮，反应式如下：

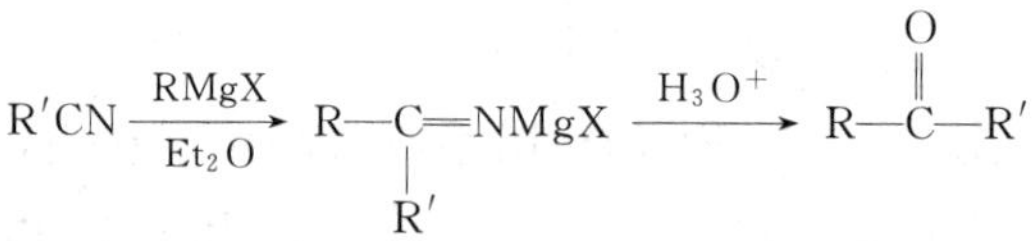

(4)与环氧化合物的反应

格氏试剂与环氧乙烷反应生成增加两个碳的伯醇，反应式如下：

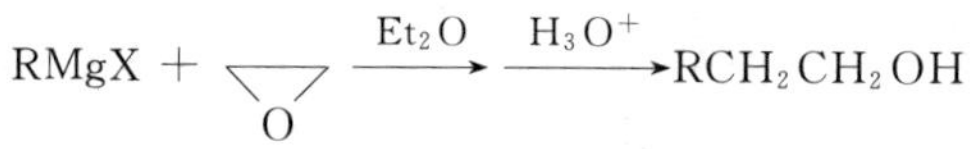

在香料工业中就用此反应合成苯乙醇。格氏试剂与 1,2 -环氧丙烷作用，由于位阻影响，主要生成仲醇，反应式如下：

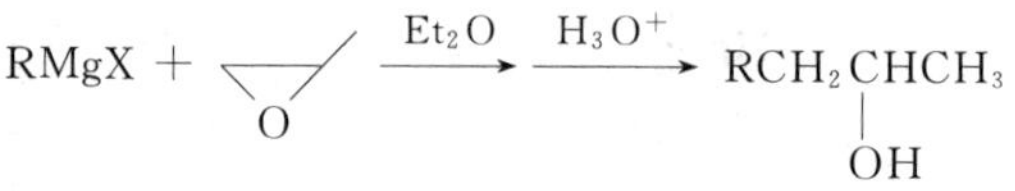

(5)与卤代烃的偶联反应

格氏试剂与卤代烃反应是合成烃的重要方法，也是增长碳链的方法之一。在实际应用时有许多限定。例如格氏试剂与一级卤代烃反应产率较低，只有与烯丙基型和苄基型卤代烃反应收率较好。

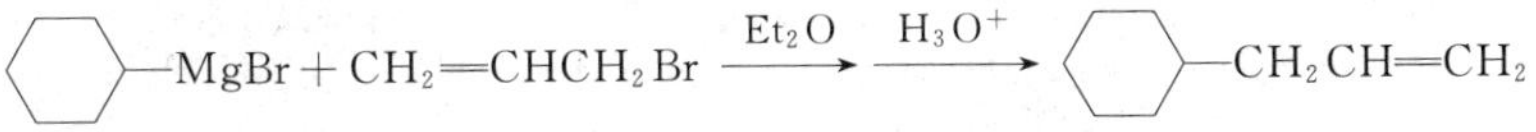

70.5%

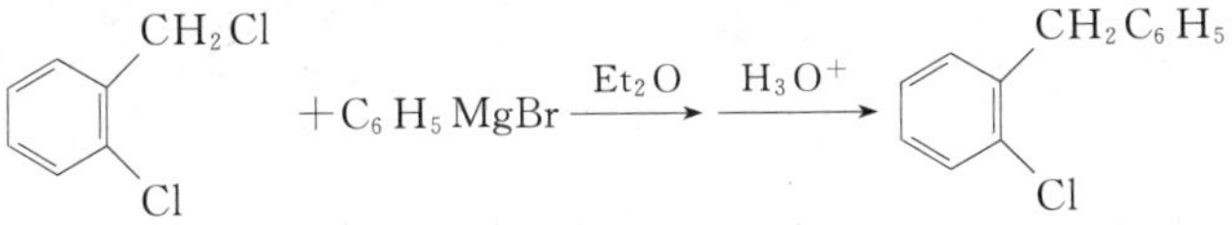

88%

(6)与 CO_2 的反应

格氏试剂与 CO_2(干冰)反应经水解后生成羧酸,此方法可用于制备成增加一个碳原子的羧酸。

$$(CH_3)_3CMgCl \xrightarrow{CO_2} (CH_3)_3CCOOMgCl \xrightarrow{H_3O^+} (CH_3)_3CCOOH$$

70%

7.2　有机锂试剂

有机锂试剂广泛应用于有机合成,多用作碱和亲核试剂。它的活性比格氏试剂要高,因此,有机锂试剂可用于一些格氏试剂难于进行的反应中。

7.2.1　有机锂试剂的制备

(1)卤代烃与金属锂反应

用相应的卤代烃与金属锂在溶剂中制备有机锂试剂。例如:

$$RX + 2Li \xrightarrow{\text{溶剂}} RLi + LiX$$

反应中常用的溶剂无水乙醚、四氢呋喃、庚烷、苯等。由于有机锂化合物活性较高,制备时须在干燥和氮气(氩气更好)保护中进行,以隔绝空气、二氧化碳和水汽等。它对卤代烃的反应活性比格氏试剂高,因此,制备时一般要保持低温,有时甚至在干冰中进行反应,以减少 Würtz 偶合副反应的发生。

$$n\text{-}C_4H_9Cl + 2Li \xrightarrow[N_2]{\text{庚烷,干冰}} n\text{-}C_4H_9Li + LiCl$$

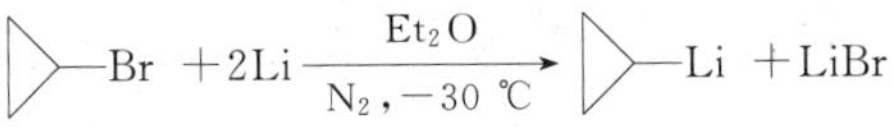

(2)金属-卤素交换反应

芳基型或乙烯型卤化烃与金属锂反应较难,通常采用锂-卤素交换反应来制备相应的有机锂化合物,产率较好。

$$CH_2{=}CHX + n\text{-}C_4H_9Li \xrightarrow{Et_2O, N_2} CH_2{=}CHLi + n\text{-}C_4H_9X$$

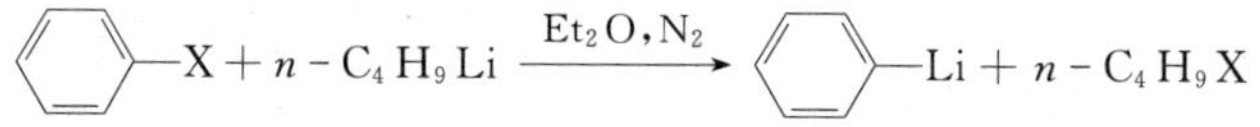

X＝Br、I

(3)烃的金属化反应

具有较强酸性的烃类化合物与较活泼的烃基锂发生锂-氢交换反应，可以生成另一类有机锂试剂。

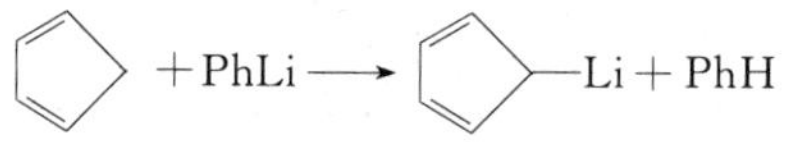

$$n\text{-}BuC{\equiv}CH + n\text{-}C_4H_9Li \longrightarrow n\text{-}BuC{\equiv}CLi + n\text{-}C_4H_9H$$

7.2.2 有机锂试剂的反应

(1)与醛、酮的反应

有机锂试剂与醛、酮的反应与格氏试剂相似，但由于有机锂试剂的活性更高，不易受空间位阻的影响，能用于制备一些空间位阻大的醇。

$$Me_2CHLi + Me_2CH\overset{\overset{\displaystyle O}{\|}}{C}CHMe_2 \xrightarrow{Et_2O} (Me_2CH)_3COLi \xrightarrow{H_3O^+} (Me_2CH)_3COH$$

与 α,β -不饱和酮反应时，有机锂试剂主要生成 1,2 -加成产物，而格氏试剂主要生成 1,4 -加成产物。

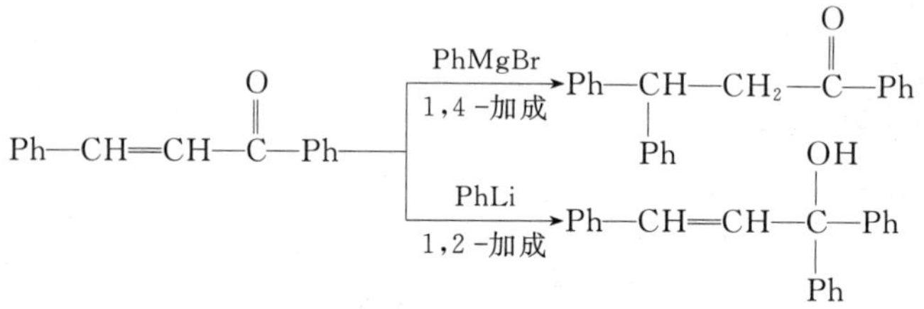

(2)与 CO_2、羧酸及其衍生物的反应

CO_2 与格氏试剂反应生成羧酸，而与有机锂试剂反应却生成酮。这主要是因为有机锂试剂具有更强的亲核性，能继续同生成的羧基根离子反应，然后水解生成酮。例如：

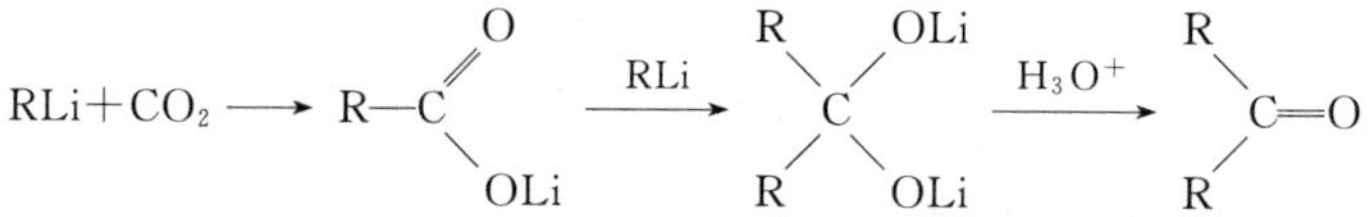

有机锂试剂与羧酸作用也生成酮。反应通式如下：

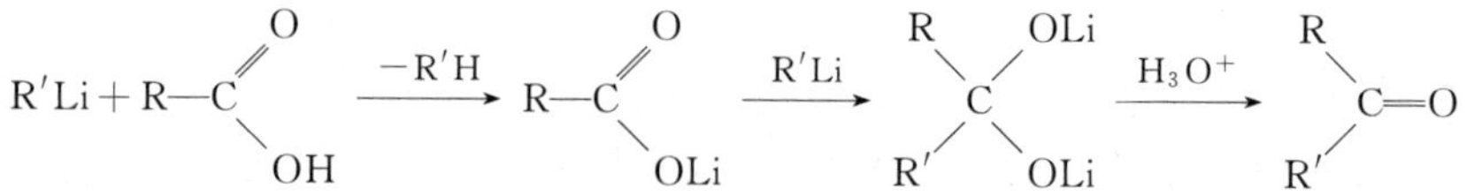

例如：

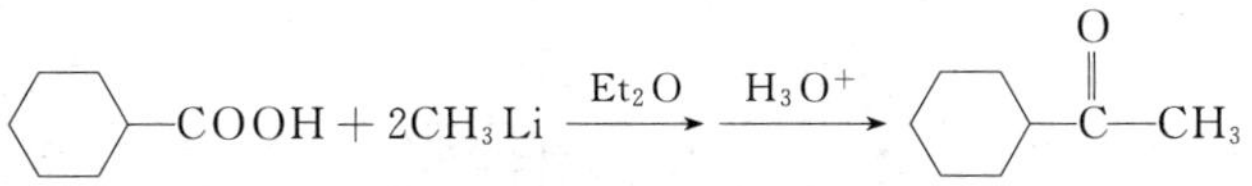

有机锂试剂与羧酸酯反应，也只用于格氏试剂不能正常进行的反应中，产物一般为叔醇。与甲酰胺反应得到醛，与其他酰胺反应时产物一般为酮。

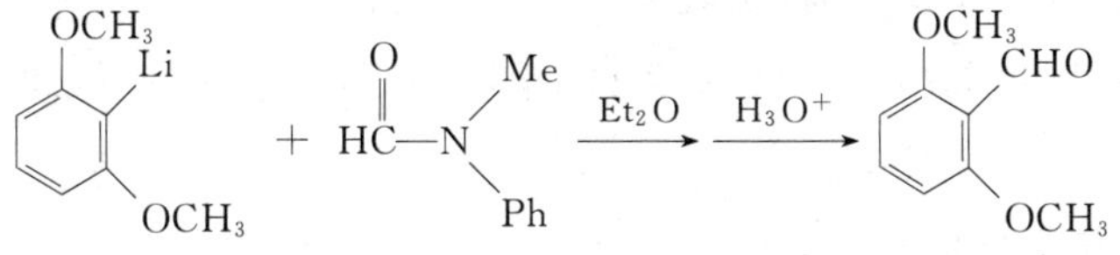

62%

$$PhLi + PhCONEt_2 \xrightarrow{Et_2O} \xrightarrow{H_3O^+} Ph-\overset{O}{\overset{\|}{C}}-Ph$$

76%

(3)与吡啶的反应

芳香体系易发生亲电取代反应，不易发生亲核取代反应。但有机锂化合物中C—Li键的离子化率大，它对芳香核的亲核反应是可以进行的。例如苯基锂与吡啶在 0 ℃反应生成加成产物，进一步反应生成 2-苯基吡啶，反应式如下：

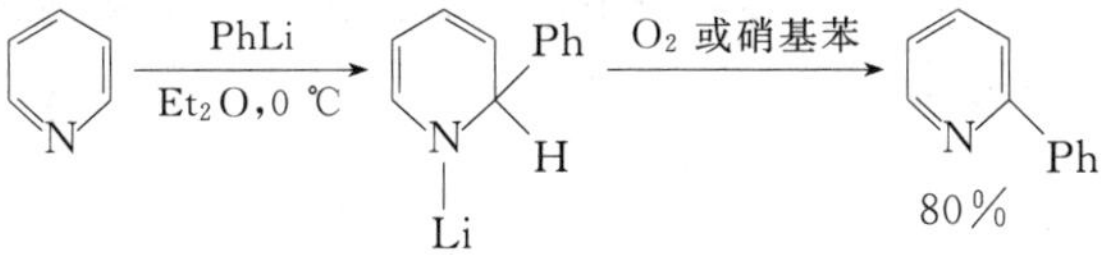

80%

这种反应在苯中很少见，而在吡啶的 α-位或 γ-位可以发生，特别是 α-位。

(4)和金属卤化物的反应

由于有机锂是电正性很高的金属，因此有机锂试剂可同某些电正性较低的金属卤化物在无水惰性溶剂里反应，以制备该金属的有机金属化合物。典型反应有：

$$4RLi + SnCl_4 \xrightarrow{N_2} R_4Sn + 4LiCl$$

$$2RLi + CuI \xrightarrow{N_2} R_2CuLi + LiI$$

$$2RLi + HgCl_2 \xrightarrow{N_2} R_2Hg + 2LiCl$$

(5)与卤代烃的偶联反应

和格氏试剂一样，有机锂试剂可作为亲核试剂与卤代烃进行偶联反应，增长碳链。

$$HC \equiv CLi + RX \longrightarrow HC \equiv CR$$

83%～89%

7.3 有机铜试剂

有机铜化合物有两种类型：一种是烷基铜(RCu)；另一种是烷基铜锂(R_2CuLi)。其中烷基铜锂试剂比烃基铜试剂更稳定，而且更活泼，溶解性好，选择性好，因此更具合成价值。

7.3.1 有机铜试剂的制备

有机铜试剂通常是利用有机锂化合物与卤化亚铜，氮气保护下在乙醚中反应制备，反应式如下：

$$RLi + CuX \xrightarrow[N_2]{Et_2O} RCu + LiX$$

$$2RLi + CuX \xrightarrow[N_2]{Et_2O} R_2CuLi + LiX$$

R＝芳基、烯基、伯烷基等

运用这种方法很容易制得芳基、烯基、伯烷基铜试剂。仲烷基、叔烷基铜试剂的制备，最好选择有配位体(如三丁基膦或二甲基硫醚的络合物)存在，使它们形成配位化合物而提高稳定性。例如：

$$2CH_3Li + CuI \cdot (C_4H_9)_3P \xrightarrow{Et_2O, N_2} (CH_3)_2CuLi \cdot (C_4H_9)_3P + LiI$$

7.3.2 有机铜试剂的反应

(1)与 α,β-不饱和羰基化合物的反应

α,β-不饱和羰基化合物与格氏试剂起 1,2-加成和 1,4-加成反应，而与有机锂试剂只起 1,2-加成反应。但与有机铜锂试剂加成，只发生 1,4-加成(即 Michael 加成)，生成相应的饱和羰基化合物，而此条件下，非共轭羰基化合物不发生反应。这一反应具有高度的专一性，产率很高。这是有机合成中将烷基、芳基、烯基、烯丙基、苄基等导入 α,β-不饱和羰基化合物 β-位的重要方法，特别适用于位阻大的 α,β-不饱和羰基化合物。

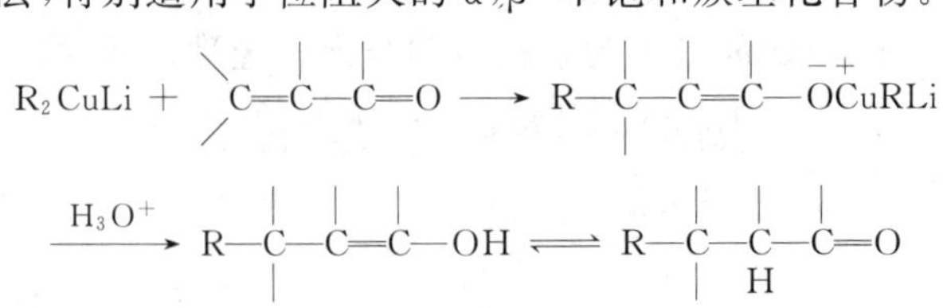

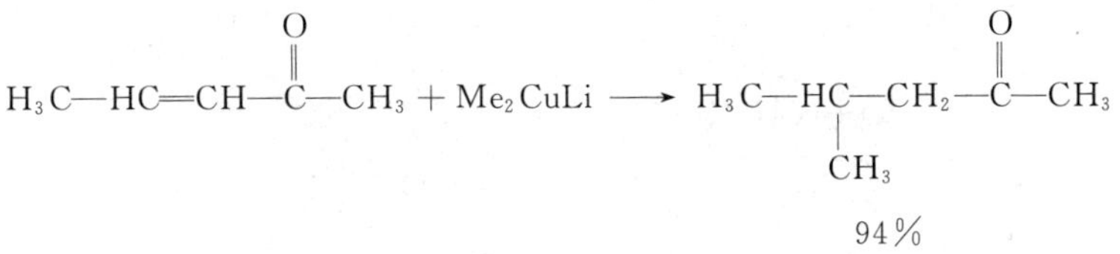

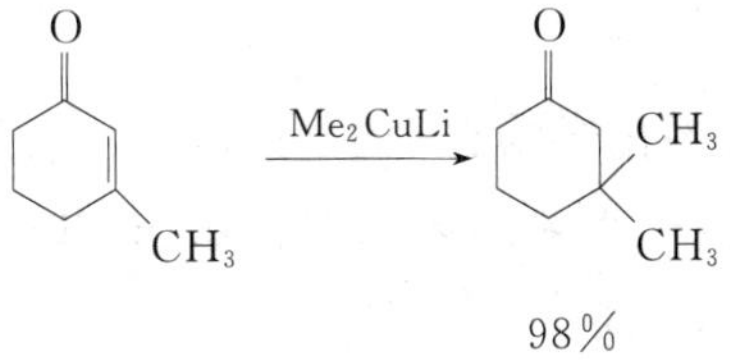

由于二烃基铜锂试剂中的烃基可以是烷基、烯基、烯丙基和苄基等基团，反应物中带有—CO—、—OH、—COOR、—$CONR_2$ 基团时不受影响，故在合成中应用很广。

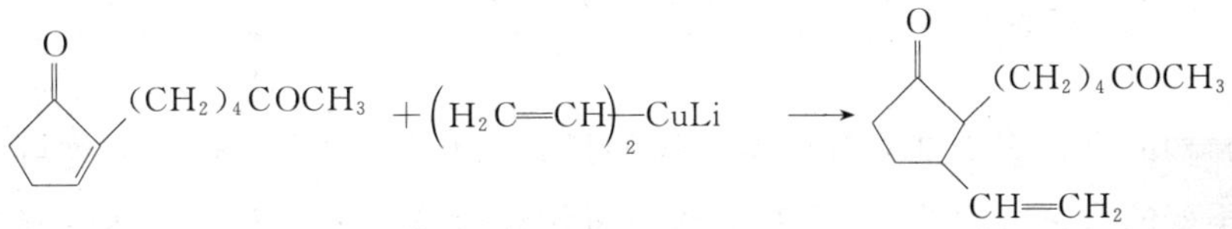

α，β-炔酮、炔酸、炔酸酯与有机铜锂试剂进行这类 Michael 加成，几乎全生成顺式加成产物。例如：

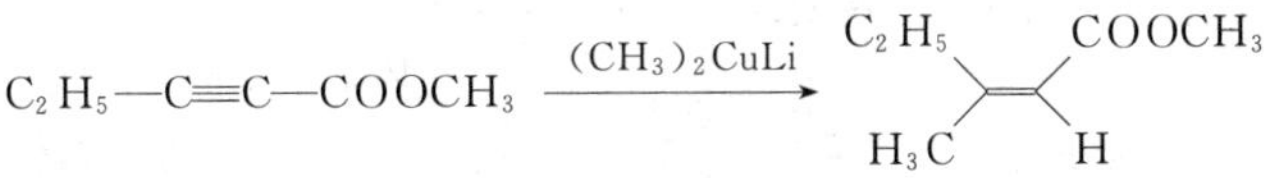

(2)与酰卤的反应

铜锂试剂不与醛、酮羰基反应，只和酰氯反应，停留在酮的阶段，其他官能团不受影响，这是合成酮的有效方法之一。

$$R'COCl + R_2CuLi \xrightarrow[-78\ ℃]{Et_2O} R'COR$$

该反应的特点是：条件温和，产率高，只和酰氯反应，不受其他官能团影响。

(3)与环氧化合物的反应

与格氏试剂、有机锂试剂类似，有机铜锂试剂与环氧化合物反应，发生亲核开环，经水解得到醇。环氧化合物中含羰基、酯基、烷氧基的存在对反应没有影响。当环氧化合物结构不对称时，多数情况下进攻位阻小的碳原子。例如，合成脱氧粗榧碱的反应式如下：

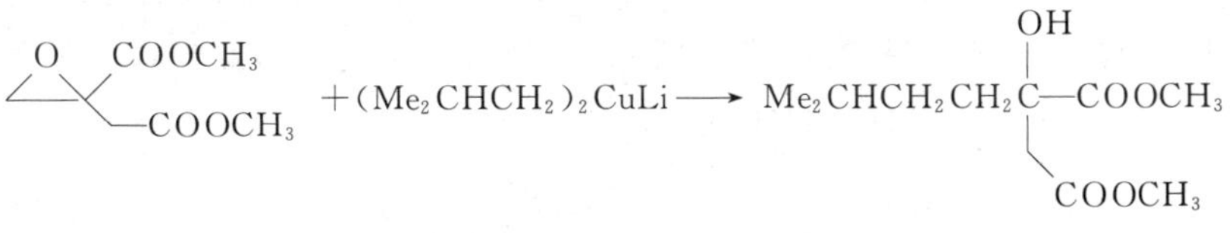

在 Cu(Ⅰ)存在下，碳负离子亲核试剂对 2，3-环氧醇的反应一般都选择优先进攻 C-2 位。

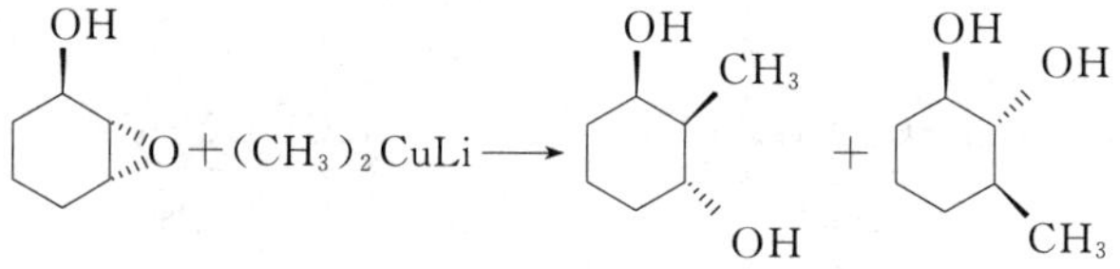

85%　　15%

(4)与卤代烃的反应

与有机镁化合物一样，有机铜化合物也可以与卤代烃进行亲核取代反应。它不仅与伯、仲、叔卤代烃反应，而且可以与活性很差的烯基卤化物、芳基卤化物反应。

$$2Bu_2CuLi + C_{10}H_{21}Br \longrightarrow C_{14}H_{30}$$

80%

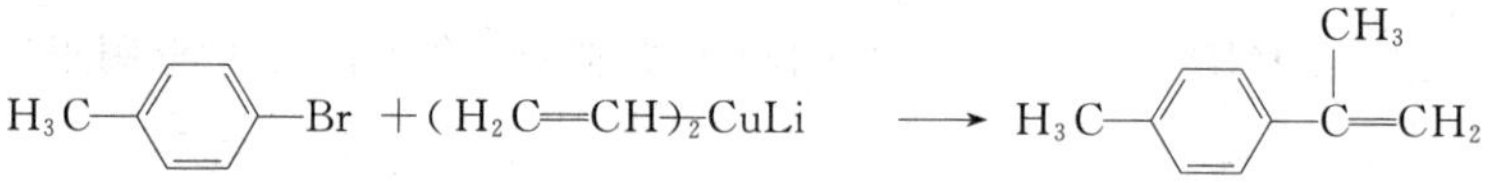

80%

有构型异构的有机铜试剂或有构型异构的烯基卤化物发生亲核反应，均可优先得到双键构型保持不变的产物。因此，有机铜试剂与卤代烃反应是一种新的立体选择性合成多取代烯烃的重要方法。例如：

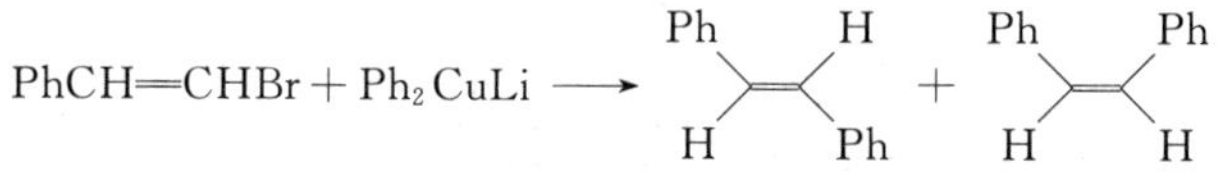

顺式	<1%	73%
反式	90%	<2%

上述反应已广泛应用于三取代烯烃的立体选择性合成中，如保幼激素合成中就利用了这类反应：

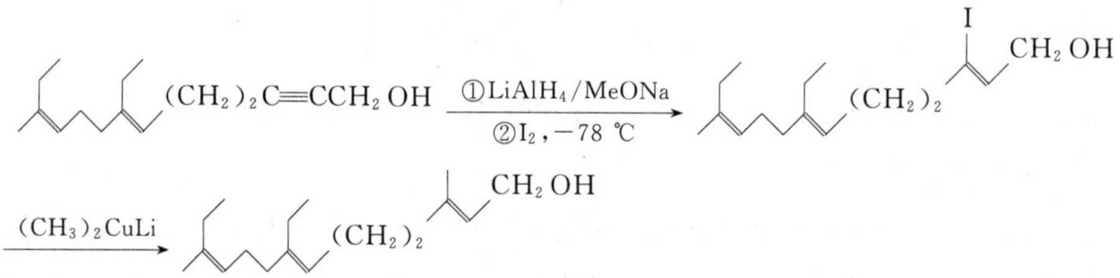

(5)有机铜试剂的偶联反应

当加热有机铜试剂(有时甚至是室温)或二烃基铜锂试剂与氧化剂(包括在空气中)接触时就会发生偶联反应。若烃基是有构型的烯基，则保持构型发生偶联反应。例如：

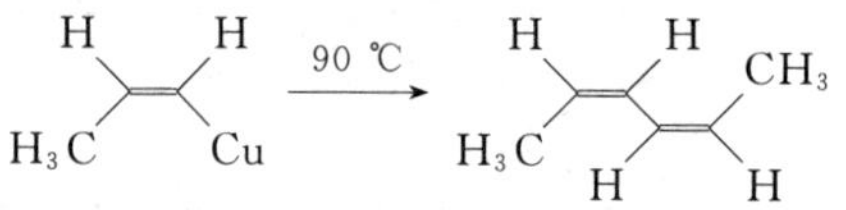

84%

$$PhCH_2Cu \xrightarrow{25\ ℃} PhCH_2CH_2Ph$$

88%

7.4　有机锌试剂

分子中含有碳-锌键的有机化合物称为有机锌化合物。有机锌化合物包括二烃基锌 R_2Zn 或 $R'RZn$。在有机合成中有机锌试剂是一种优良的有机金属试剂。由于它的反应活性较低，使其具备良好的官能团兼容性，很高的区域、化学和立体选择性等优点。此外，有机锌试剂可以和许多过渡金属盐或配合物发生金属交换反应得到活性高的有机过渡金属试剂，可与多种亲电试剂反应。

7.4.1　有机锌的制备

二烷基锌可以从碘代烷和锌铜制得。反应式如下：

$$2RI + 2Zn(Cu) \longrightarrow R_2Zn + ZnI_2$$

7.4.2　有机锌的反应

有机锌试剂的反应活性比格氏试剂小，易在空气中自燃。所以，在有机合成中通常间接使用有机锌试剂。

(1)与醛、酮反应

醛、酮与金属锌和 α-溴代羧酸酯反应，得到产物后再水解，即得到 β-羟基酸酯或 β-羟基酸，该反应称为 Refomatsky(雷福马茨基) 反应。

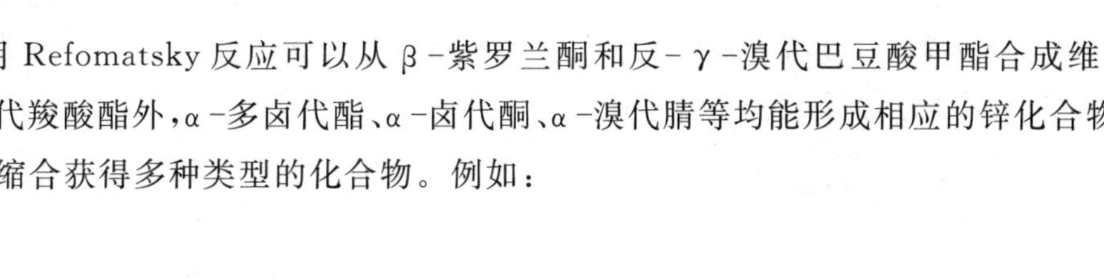

应用 Refomatsky 反应可以从 β-紫罗兰酮和反-γ-溴代巴豆酸甲酯合成维生素 A_1。除 α-溴代羧酸酯外，α-多卤代酯、α-卤代酮、α-溴代腈等均能形成相应的锌化合物，进一步与醛、酮缩合获得多种类型的化合物。例如：

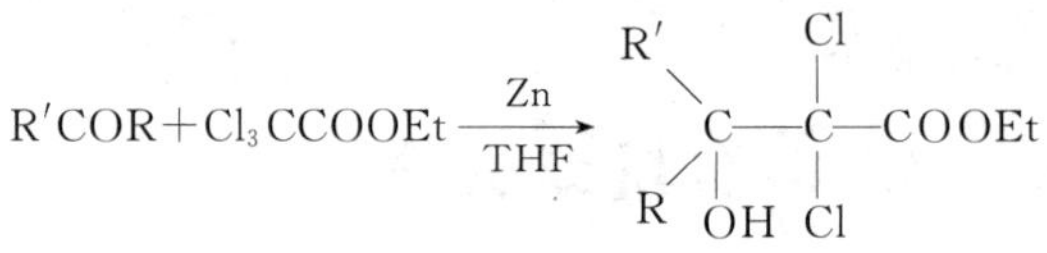

50%～86%

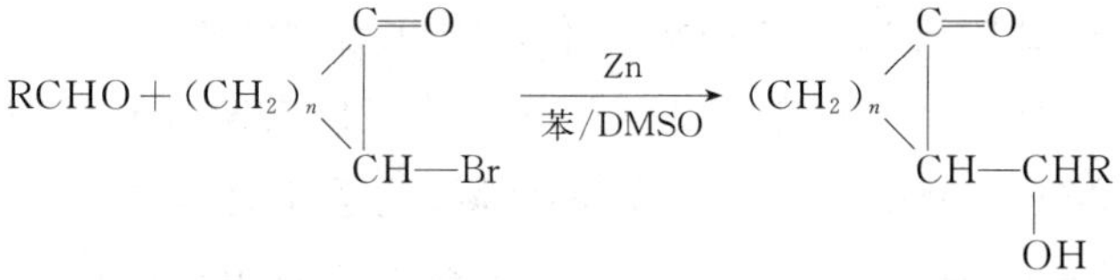

57%～70%

(2)与酰氯反应

有机锌试剂可以和活性较强的酰卤反应，得到烷烃，反应通式如下：

$$2R'COCl + R_2Zn \longrightarrow 2R'CH_2R + ZnCl_2$$

(3)与烯烃反应

最新研究表明，在锌-铜的存在下，二碘甲烷与烯烃反应得到环丙烷或取代环丙烷衍生物。

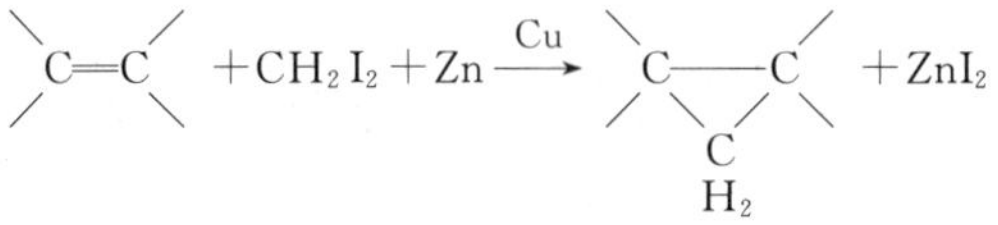

例如，以环己烯为原料发生上述反应，可以得到蒈烷。

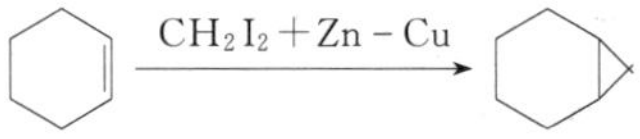

57%

目前认为，该反应是通过卡宾络合物完成的，属立体专一性反应，得到顺式加成产物。

7.5 磷叶立德

磷叶立德(phosphorus ylide)是 α -碳负离子内鳞盐，结构为 $R_3P^+—C^-R'R''$。由于磷原子具有低能量的 3d 空轨道，而 α -碳上又具有孤电子对的 p 轨道，因此可以产生 d－pπ 共轭，分散 α -碳上的负电荷，使分子趋于稳定。因此，磷叶立德也可表示为 $R_3P═CR'R''$，如下式表示：

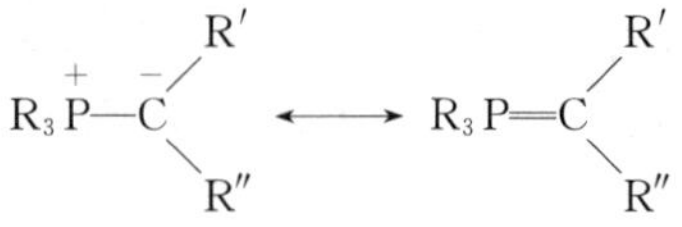

7.5.1　磷叶立德的制备

制备磷叶立德最常用的方法是将三价磷化物与卤代烷作用生成的季鏻盐与适当的强碱处理，脱去 α-氢而得到，反应式如下：

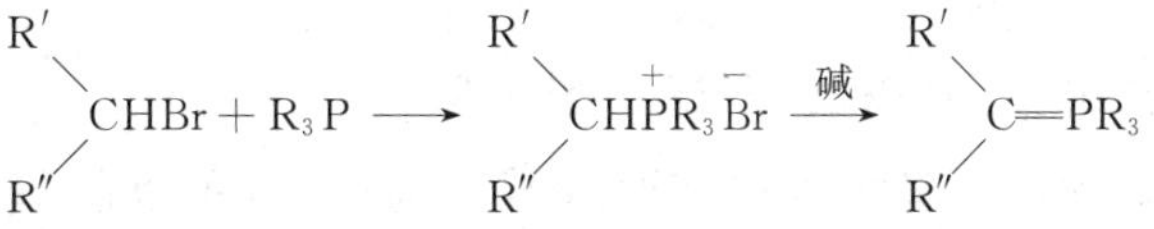

R 通常都是苯基，也可以是吸电子基团或烷基等。一般常用的碱是：丁基锂、苯基锂的醚溶液，氨基钠的液氨溶液，氢化钠的四氢呋喃溶液（THF），醇锂的醇溶液或二甲基甲酰胺（DMF）溶液。在卤代烃中，以碘代烃最为活泼，氯代烃活性较低，通常采用溴代烃。一般而言，制得的磷叶立德不需分离，让其保存在溶液中，再加入其他反应试剂即可进一步反应。

卡宾或苯炔与膦作用，或二氯三苯基膦在三乙胺存在下与活泼的亚甲基化合物也能制得磷叶立德，反应式如下：

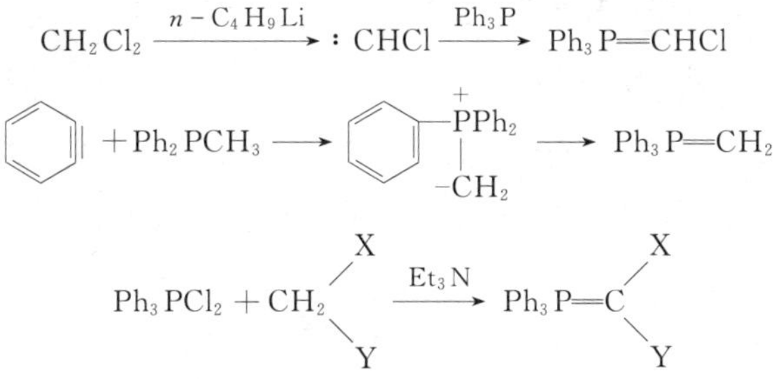

X、Y：CN、COR、COOR

7.5.2　磷叶立德的反应

磷叶立德的结构特征表明它是一类强亲核试剂，但它与一般的碳负离子不同，绝大多数都能稳定存在。它具有特殊的化学活性，能发生多种有机反应，是有机合成的重要中间体，广泛用于碳 碳键的形成。

(1)与羰基化合物的反应

磷叶立德与羰基化合物反应生成烯烃，该反应常称为 Wittig(魏悌希)反应，是合成烯烃的极有价值的重要方法，反应通式如下：

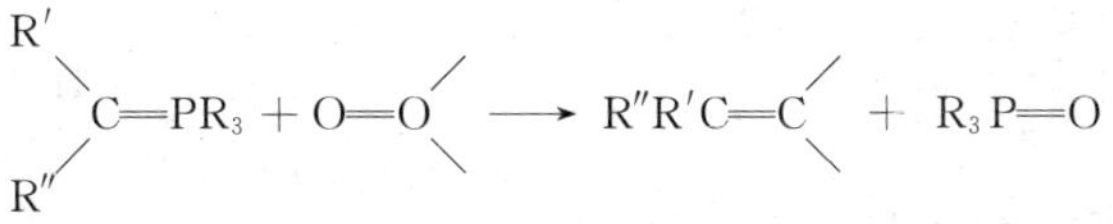

反应的羰基化合物中含有双键、三键、羟基、烷氧基、卤素等对反应不受影响；另外磷叶立德也可以带有双键、三键、酯基等官能团而不受影响，因此使用范围很广。

Wittig 反应的历程是磷叶立德首先对羰基化合物进行亲核加成，形成内鎓盐，然后形成四元环中间体，最后四元环中间体发生顺式消除，生成烯烃。

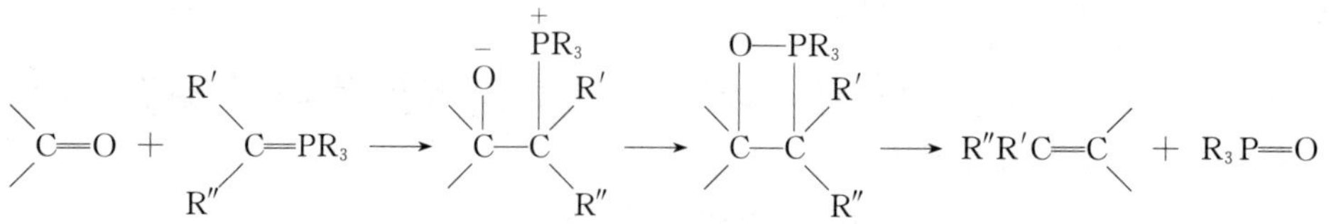

Wittig 反应条件温和、产率较高，广泛应用于取代乙烯的合成。该反应的第一个特点是：具有高度的位置专一性，即双键生成在原来羰基的位置，可以制备能量上不利的环外双键化合物。例如：

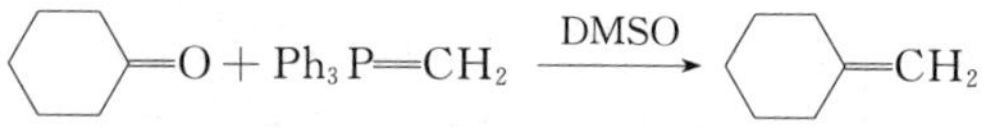

86%

又如，在维生素 D_2 的合成中，就充分利用了 Wittig 反应：

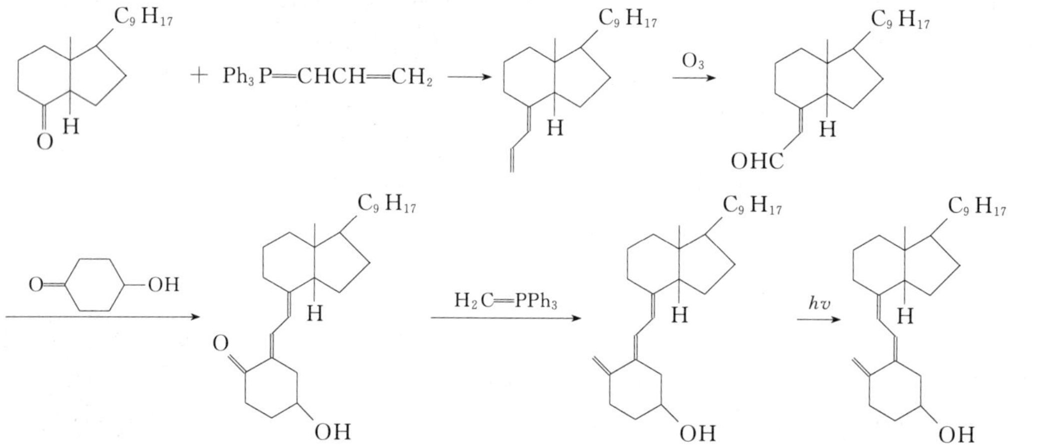

第二个特点是：与 α,β-不饱和羰基化合物不发生 1,4-加成反应，因此双键的位置比较固定，特别适合于合成多烯类化合物和萜类化合物。例如维生素 A 的合成，反应式如下：

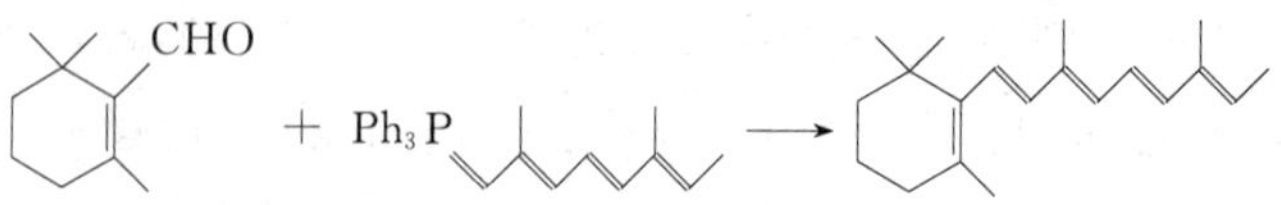

维生素 A

第三个特点是：反应具有很好的立体选择性。一般来说，在非极性溶剂中，共轭稳定的磷叶立德与醛、酮反应优先生成反式烯烃，而不稳定磷叶立德则优先生成顺式烯烃。

Wittig 反应的立体化学与磷叶立德的种类及反应条件有关，如表 7-1 所示。

表7-1　磷叶立德反应的立体选择性参考表

反应条件	稳定磷叶立德	不稳定磷叶立德
极性溶剂		
非质子性	低选择性，但以反式为主	选择性差，以顺式为主
质子性	生成顺式烯烃的选择性增加	生成反式烯烃的选择性增加
非极性溶剂		
无盐存在	高选择性，生成反式烯烃	高选择性，生成顺式烯烃
有盐存在	生成顺式烯烃的选择性增加	生成反式烯烃的选择性增加

1958年，Horner首先报道α-位有吸电子基的磷酸酯与醇钠作用生成的碳负离子具有与磷叶立德相似的性质，与羰基化合物反应，高产率地生成烯烃及磷酸根负离子，此反应常称为Wittig-Horner反应。

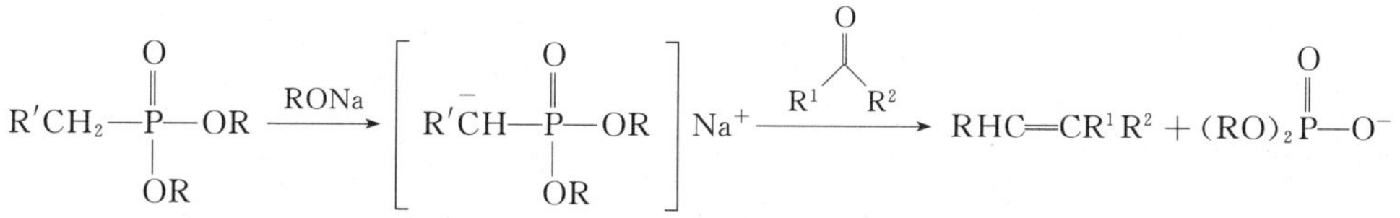

R′=COOR、COR、CN等

与Wittig反应相比，Wittig-Horner反应具有如下优点：

①磷酸酯极易由亚磷酸酯与卤代烃反应制得。

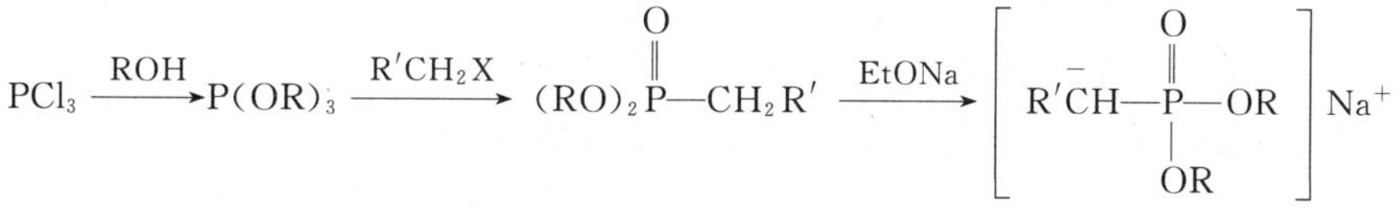

②磷酸酯碳负离子比相应的磷叶立德具有更强的亲核性，能在温和的条件下与多种类型的羰基化合物发生反应，生成烯烃。

③反应生成的磷酸盐易溶于水，容易分离，操作简化。

④最突出的优点是磷酸酯碳负离子与醛、酮反应的立体化学受取代基的立体因素、电子效应及反应介质的影响较小，几乎立体专一地生成反式产物。

(2)酰化反应

磷叶立德与酰卤在苯溶液中进行C-酰化作用，是制备酰基磷叶立德的实用方法。

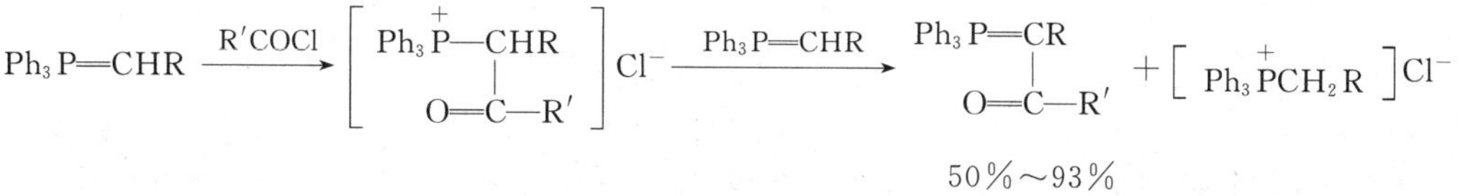

50%～93%

酰基磷叶立德是有机合成的重要中间体，加热水解或者用锌-乙酸还原裂解可制得酮，进行高温裂解可得到炔。

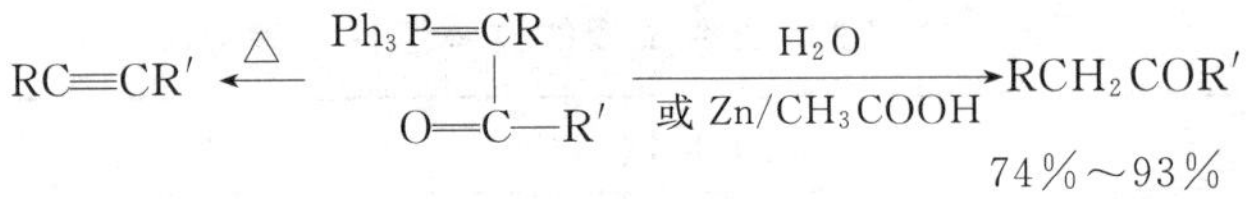

采用酰卤进行酰化反应的缺点是有一分子磷叶立德转变为鏻盐，若改用羧酸酯或硫代羧酸酯做酰化剂则可避免这一缺点。

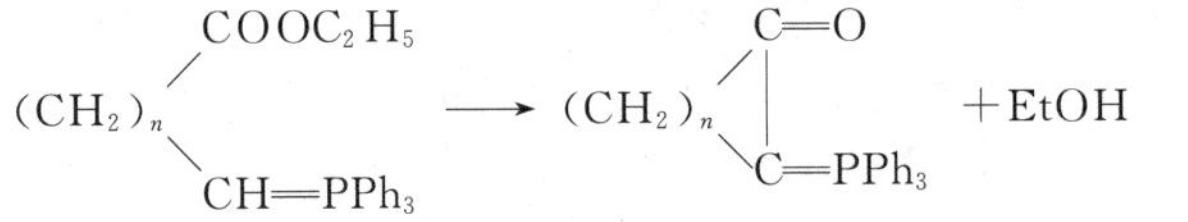

磷叶立德也可用氯甲酸酯进行C-酰化反应，生成α-烷氧羰基磷叶立德，水解后得到羧酸酯。若进一步再用酰氯进行酰化，提供了累积二烯烃的合成方法。

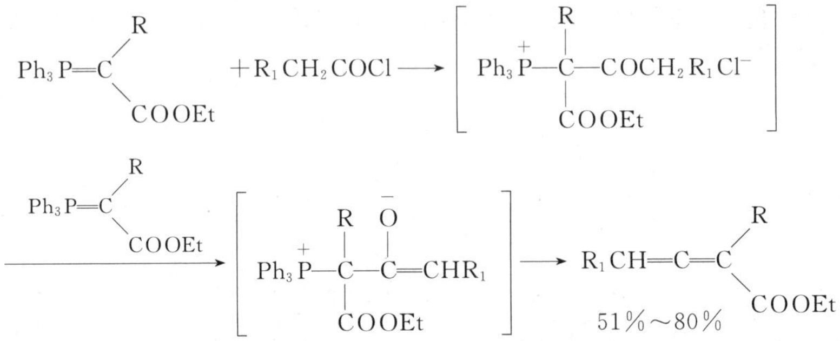

(3)偶联反应

具有α-氢的磷叶立德与氧作用可以发生偶联反应，提供了合成对称烯烃的方法。一般认为反应首先生成醛，醛与另一分子磷叶立德反应得到烯烃。

$$Ph_3P{=}CHR + O_2 \longrightarrow [\ RCH{=}O\ ] \xrightarrow{Ph_3P{=}CHR} \underset{60\%\sim72\%}{RCH{=}CHR}$$

磷叶立德的偶联反应是制备环烯烃的良好方法。例如：

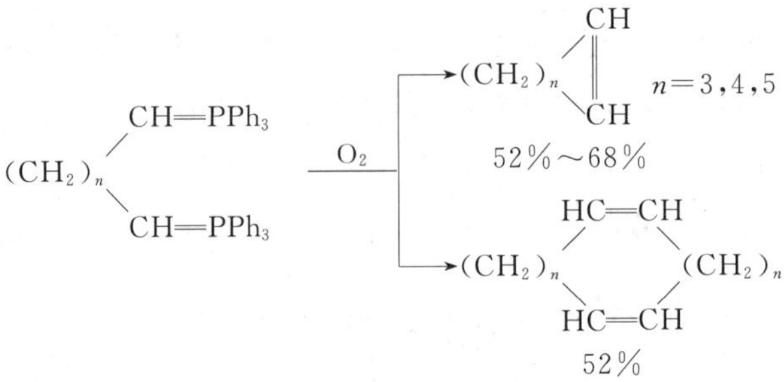

下列鏻盐与碳酸钠反应生成的磷叶立德可被过氧化氢氧化偶联为β-胡萝卜素。

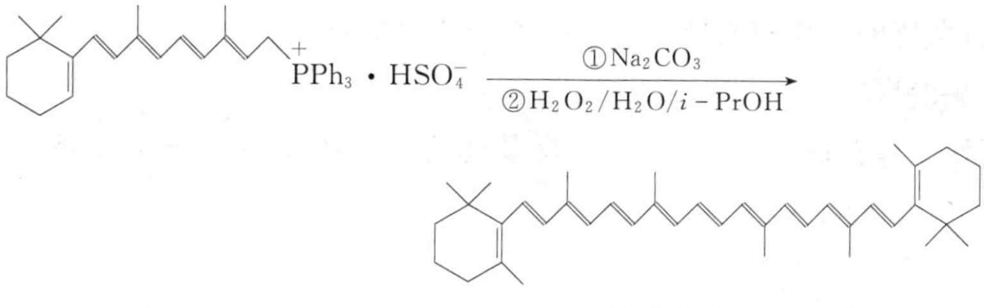

β-胡萝卜素　80%

7.6　硫叶立德

常见的硫叶立德(sulfur ylide)有四价和六价两种，它是 α-碳负离子内鎓盐，结构是具有被一个相邻的硫正离子所稳定的碳负离子。由于硫相邻的 α-碳上的氢具有一定的酸性，硫的 3d 空轨道可以分散 α-碳上的负电荷，使分子趋于稳定。因此，硫叶立德也可表示为 $R_2S^+—C^-R'R''$，如下式表示：

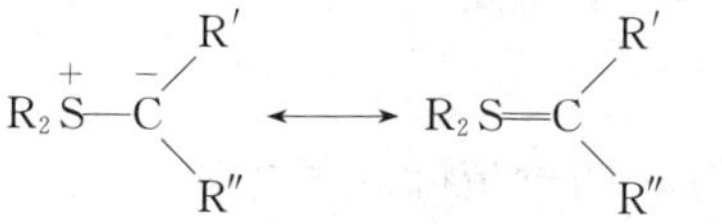

7.6.1　硫叶立德的制备

四价硫叶立德的常用制备方法是采用锍盐与适当的碱反应，例如：

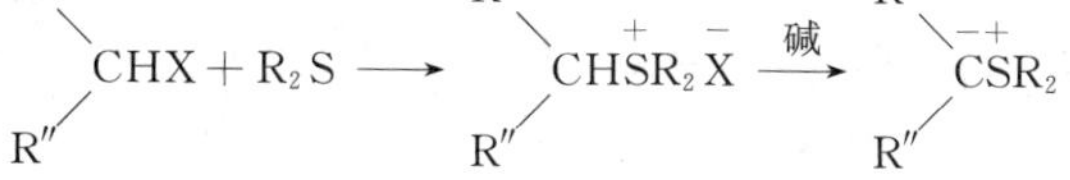

R:烷基，芳基等

$$CH_3SCH_3 + CH_3Br \longrightarrow (CH_3)_3\overset{+-}{S}Br \xrightarrow{碱} (CH_3)_2\overset{+-}{S}CH_2$$

六价硫叶立德的常用制备方法与四价硫叶立德相似，但一般不用特殊的强碱，而用 NaH 夺取质子。例如：

$$H_3C-\overset{O}{\overset{\|}{S}}-CH_3 + CH_3I \xrightarrow{\triangle} (CH_3)_2\overset{O}{\overset{\|}{\underset{+}{S}}}CH_3I^- \xrightarrow{NaH} (CH_3)_2\overset{O}{\overset{\|}{\underset{+-}{S}}}CH_2$$

7.6.2　硫叶立德的反应

硫叶立德的结构特征表明它是一类强亲核试剂，它具有特殊的化学活性，能发生多种有机反应，是有机合成的重要中间体，广泛用于碳-碳键的形成。

(1)与醛、酮的反应

硫叶立德作为亲核试剂，同样可以与羰基化合物发生反应。与非共轭醛、酮反应，得到环氧化合物，反应通式如下：

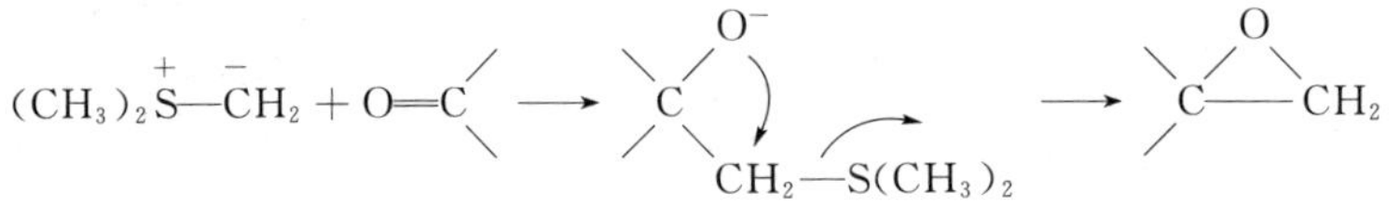

这种环氧化合物进一步在酸性条件下开环，得到多一个碳原子的醛。

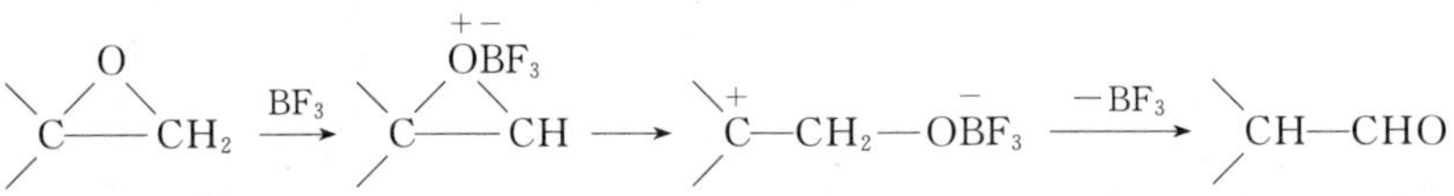

这是将醛、酮转变成多一个碳原子的醛的方法。

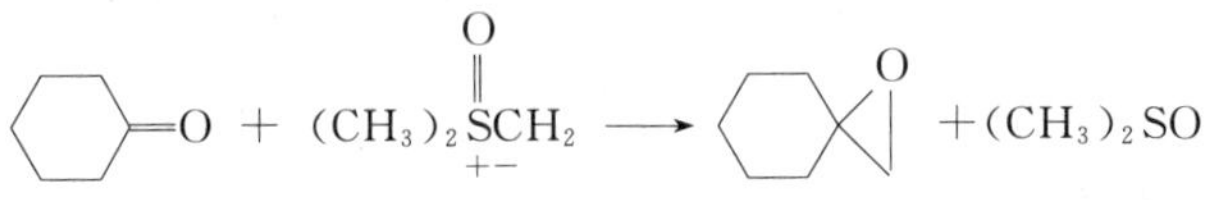

一般来说，六价的叶立德比四价稳定，在制备环氧化合物时，采用六价硫叶立德较合适。

(2)与 α，β-不饱和醛、酮的反应

与 α，β-不饱和醛、酮的反应，四价硫叶立德主要在氧上发生；而六价硫叶立德由于位阻大，更容易在C═C双键上反应。例如：

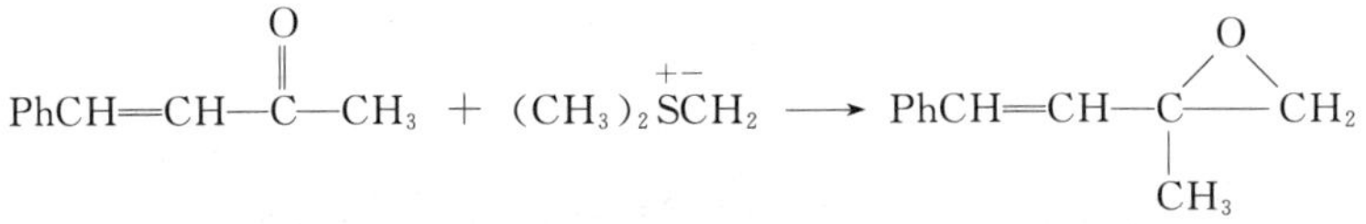

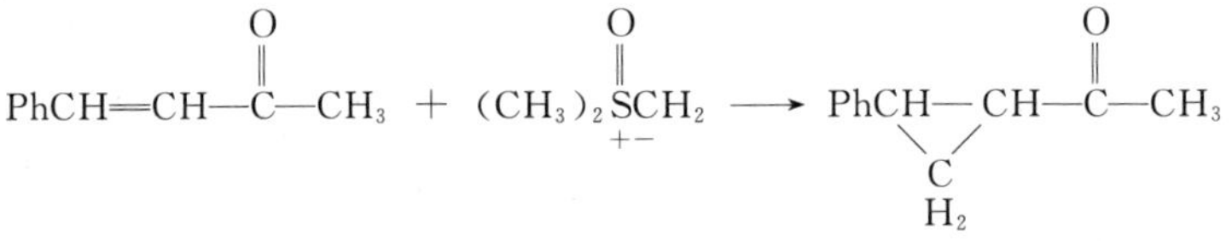

7.7 有机硼试剂

有机硼试剂主要包括硼烷、烃基硼烷，由于硼是元素周期表中第二周期Ⅲ_A族元素，其电子排布式为$1S^2 2S^2 2P^1$，故硼一般形成三价化合物，其外层仅有 5 个电子，所以有机硼试剂是高度缺电子的亲电试剂，它能发生各种反应，合成多种化合物。这些反应，多数反应条件温和，操作简便，产率高，并且具有高度的立体选择性，很适用许多天然产物如甾类化合物、萜类化合物和激素等的立体合成，在有机合成上具有重要的价值。

7.7.1　烃基硼烷的制备

(1)格氏法制备

烃基硼烷可以由格氏试剂与相应的三卤化硼反应得到,反应通式如下:

$$BX_3 + 3RMgX' \longrightarrow R_3B + 3\,Mg\begin{matrix} X' \\ X \end{matrix}$$

X=F、Cl　X′=卤素

(2)硼氢化法制备

烃基硼烷也可以由硼烷 BH_3[通常以气态二聚体乙硼烷(B_2H_6)形式存在]对烯烃或炔烃的加成得到,这个反应称为硼氢化反应,反应通式如下:

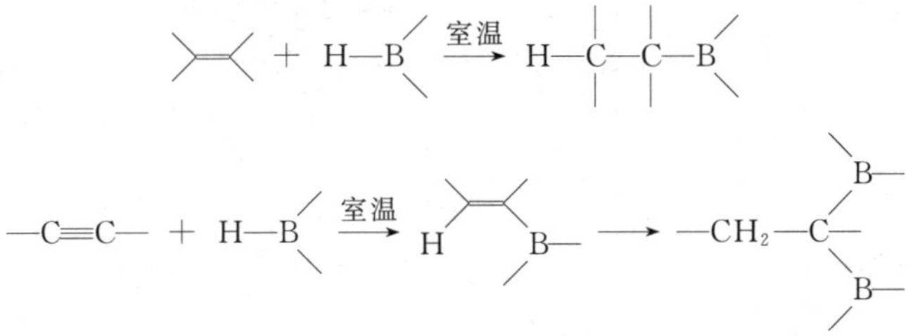

该反应通常在室温下能迅速地进行,只有位阻特别大的烯烃才不反应。绝大多数烯烃(如单取代或双取代乙烯)与之反应生成三烷基硼;三取代的乙烯与之反应通常只生成二烷基硼;四取代的乙烯与之反应则只形成一烷基硼。例如:

$$n\text{-}C_4H_9CH{=}CH_2 + B_2H_6 \longrightarrow (n\text{-}C_4H_9CH_2CH_2)_3B$$

$$(CH_3)_2C{=}CHCH_3 + B_2H_6 \longrightarrow \left[(CH_3)_2CH\underset{}{C}H(CH_3)\right]_2BH$$

二(3-甲基-2-丁基)硼烷

简写:Sia_2BH

$$(CH_3)_2C{=}C(CH_3)_2 + B_2H_6 \longrightarrow (CH_3)_2CH{-}C(CH_3)_2{-}BH_2$$

2,3-二甲基-2-丁基硼烷

简写:$ThBH_2$

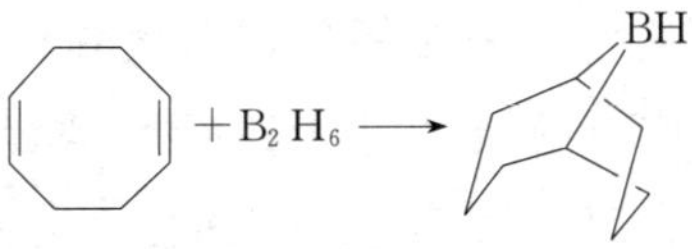

9-dee cc ggi[3.3.1]壬烷

简写:9-BBN

硼烷与不对称烯烃的加成，硼原子可以加到双键碳原子的任何一个上去，生成两种不同的产物。实际上由于硼氢键的极化使得电子移向氢原子，使得反应具有高立体选择性，生成的产物主要是硼原子加到取代基较少的碳原子上。

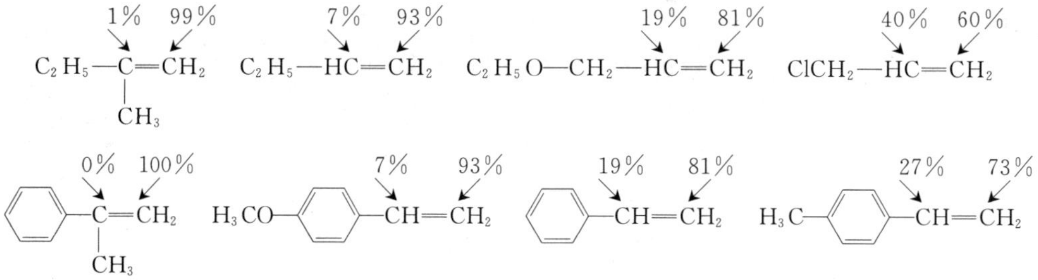

当烷基硼烷有较大的位阻（如一烷基或二烷基硼烷）时，与烯烃的反应性能比硼烷弱，但却具有更高的立体要求和选择性。例如：

硼氢化试剂种类	烯烃及产物分布			
	n-$C_4H_9CH{=}CH_2$		$(CH_3)_2CHCH{=}CHCH_3$	
	↑	↑	↑	↑
B_2H_6	6%	94%	43%	57%
Sia_2BH	1%	99%	5%	95%
9-BBN	0.1%	99.9%	0.3%	99.7%

人们普遍认为，硼氢化反应是一个协同过程，是通过四元环过渡态进行的。

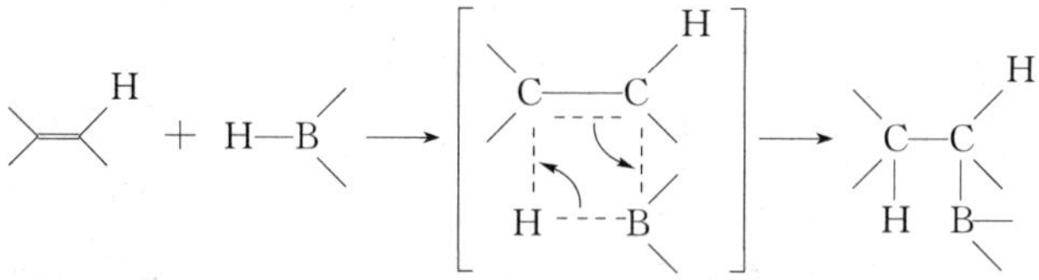

该过渡态是由极性硼氢键对碳碳双键加成形成的，在硼氢键中，硼原子显正电性，反应的立体化学（B 和 H 的顺式加成）和极性取代基有间接效应都支持了这种机理。

7.7.2　烃基硼烷的反应

（1）氧化反应

烃基硼烷的氧化反应通常是用碱性过氧化氢作为氧化剂。因为在该反应条件下，许多官能团都不发生反应，所以通过这种方法能将各种取代烯烃、炔烃转化为醇或羰基化合物。该反应基本上是定量进行的，反应总的结果相当于烯烃、炔烃与水反应按反马氏规则进行加成，从而弥补了常用的酸催化水合反应的不足。例如：

$$RCH{=}CH_2 \xrightarrow{BH_3 \cdot THF} (RCH_2CH_2)_3B \xrightarrow[NaOH]{H_2O_2} RCH_2CH_2OH$$

$$H_2C{=\!=}CHCH_2COOC_2H_5 \xrightarrow{BH_2 \cdot THF} [C_2H_5OOC(CH_2)_3]_3B \xrightarrow[NaOH]{H_2O_2} HOCH_2(CH_2)_2COOC_2H_5$$

通常认为，该反应在碳碳键氧化成醇的过程中构型保持不变，而且在反应过程中，烷基发生分子内转移，由硼原子转移到氧原子上。机理如下：

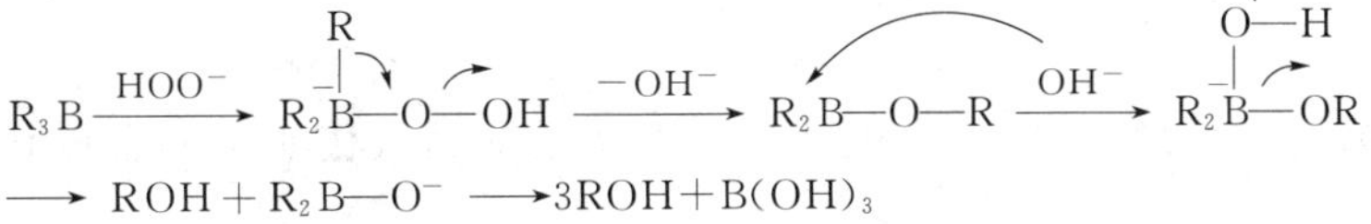

该反应已广泛用于天然产物的立体选择性合成。例如由 D-(＋)-苧烯可立体选择地合成 D-(－)-新薄荷醇。

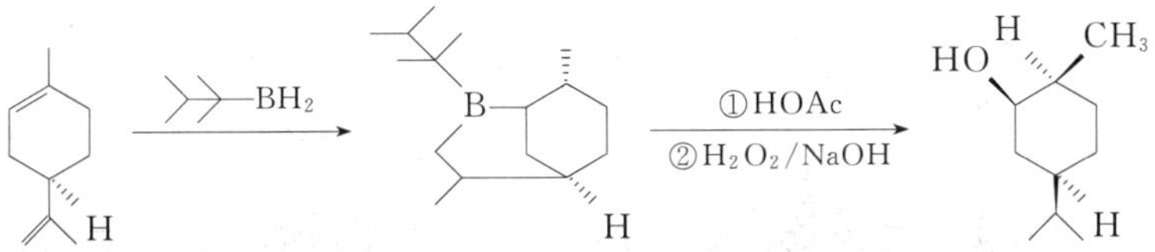

末端炔烃与乙硼烷发生反应产物为双硼烷，再经碱性下氧化可得醇。反应通式如下：

$$RC{\equiv}CH \xrightarrow{BH_3 \cdot THF} RCH_2CH(B\langle)_2 \xrightarrow[②H_2O_2/OH^-]{①NaOH} RCH_2CH_2OH$$

若末端炔烃与空间位阻较大的 Sia_2BH 作为硼氢化试剂，可停留在单烷基硼烷阶段，经氧化可得到醛，这是合成醛的新方法。例如：

$$CH_3(CH_2)_5C{\equiv}CH \xrightarrow{Sia_2BH} CH_3(CH_2)_5HC{=\!=}CHBSia_2 \xrightarrow{H_2O_2/OH^-} \underset{70\%}{CH_3(CH_2)_6CHO}$$

二取代炔烃发生硼氢化反应，一般得到单烃基硼烷，经氧化的到酮。例如：

$$C_2H_5C{\equiv}CC_2H_5 \xrightarrow[②H_2O_2/OH^-]{①B_2H_6} \underset{68\%}{C_2H_5CO(CH_2)_2CH_3}$$

(2)质子解反应

烷基硼烷在温和条件下用羧酸(常用乙酸、丙酸等)进行回流，可发生质子解反应，即氢原子可取代硼基。当烯烃或炔烃分子中存在某些对催化氢化敏感的基团时，可实现双键或三键的选择性还原，得到烷烃或烯烃，并且保持了与硼连接的碳原子构型。

$$CH_3SCH_2CH{=\!=}CH_2 \xrightarrow{B_2H_6} (CH_3SCH_2CH_2CH_2)_3B \xrightarrow[回流]{丙酸} \underset{78\%}{CH_2SCH_2CH_2CH_3}$$

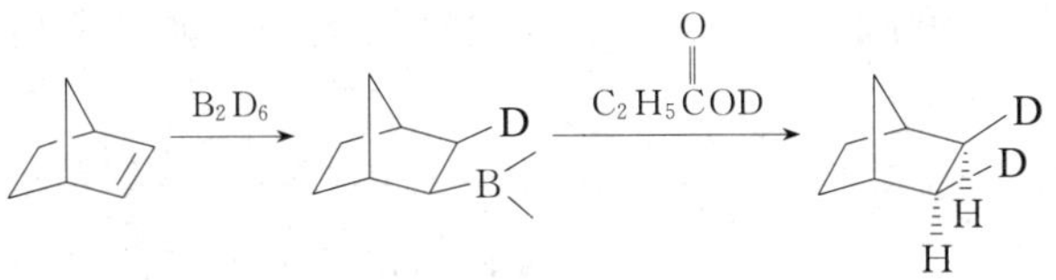

$$C_2H_5C{\equiv}CH \xrightarrow{Sia_2BH} C_2H_5HC{=\!=}CHBSia_2 \xrightarrow[回流]{丙酸} \underset{80\%}{C_2H_5HC{=\!=}CH_2}$$

二取代炔烃的硼氢化-质子解反应生成顺式烯烃。使用具有位阻的硼烷，可避免继续硼氢化，达到预期的效果。例如：

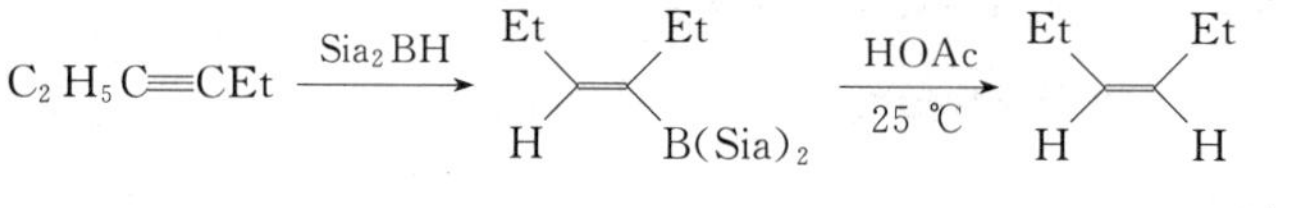

(Z)　100%

二取代的共轭二炔烃和2,3-二甲基-2-丁基硼烷硼氢化质子解后得到共轭顺式二烯烃。例如：

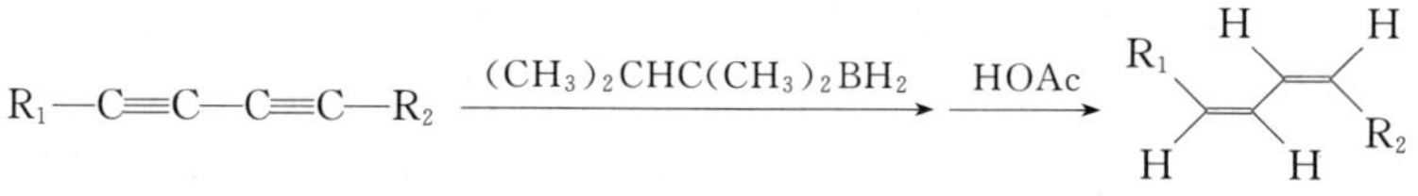

56%～79%

(3)羰基化反应

烃基硼烷与一氧化碳的反应称为羰基化反应。这个反应的价值在于为有机合成开辟了一个新的途径，由此可合成醇、醛、酮等。

在这类反应中，乙二醇或金属氢化物（如硼氢化锂）可促进该反应，生成的初始产物，连续经过三次重排，生成硼酸酯衍生物，再与溶剂乙二醇生成类似环状缩醛中间体，最后经碱性过氧化氢氧化得到三烃基甲醇。反应过程如下：

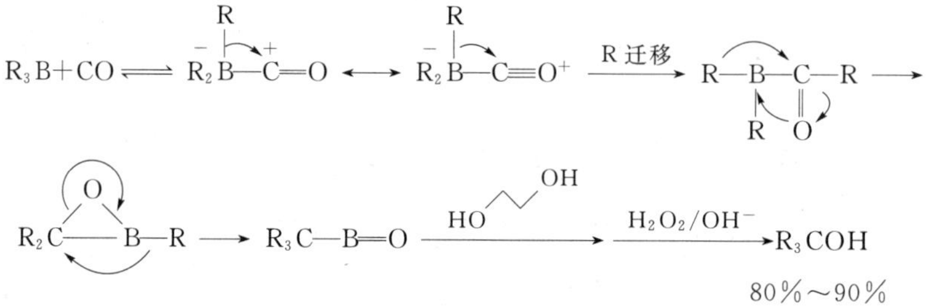

80%～90%

当有金属氢化物存在时，仅发生一次迁移，氧化后得醛；若被 $LiBH_4$ 还原则生成伯醇。

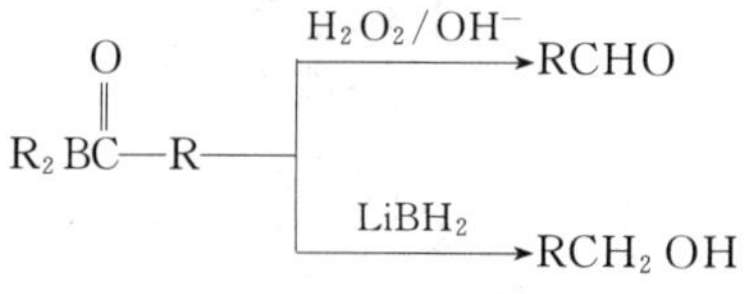

在少量水存在下，使CO与三烃基硼烷反应，硼原子上第三个烃基的迁移受到阻碍，因此氧化时得到高产率的对称酮。该方法提供了合成酮的一条非常方便的路线。

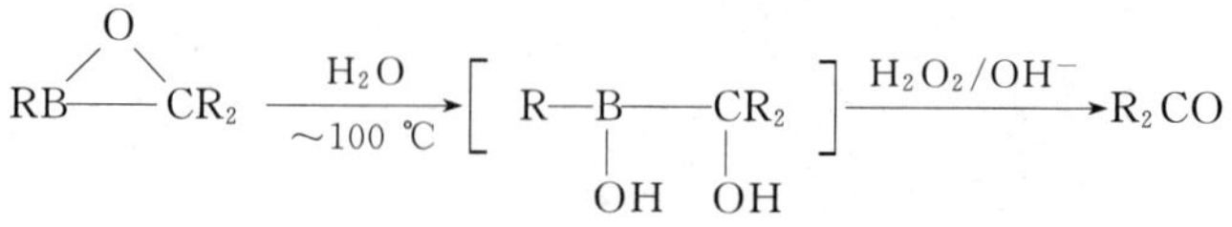

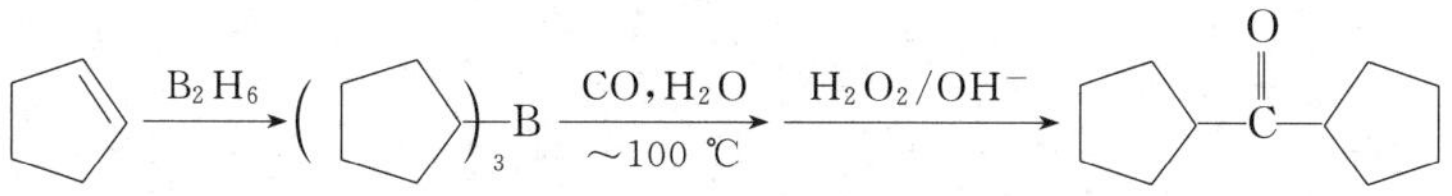

90%

(4)异构化反应

在较高温度下，有机硼烷会发生异构化，硼原子倾向于迁移到分子中空间位阻小的位置。在合成上这是一个颇有价值的反应。

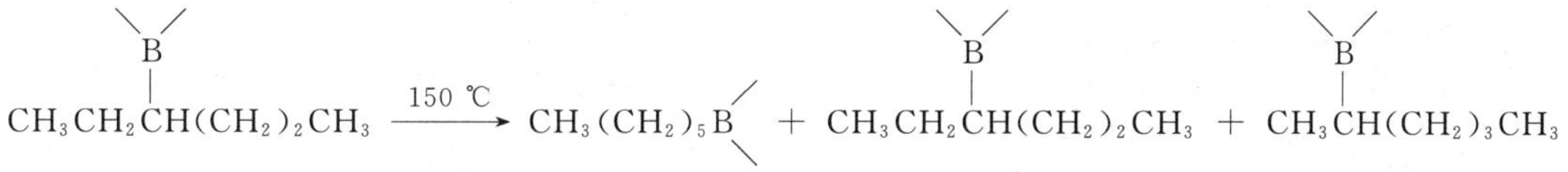

90%　　　　4%　　　　6%

该反应受乙硼烷或其他含硼氢键的分子强烈催化。烃基硼烷的热异构化反应被认为是分子内连续消除—硼氢化反应的结果。反应中发现硼原子容易顺着碳原子直链迁移，并且能通过单烷基化分支的碳链，但不能通过完全取代的碳原子而迁移。

当活性相近或更高的烯烃存在时，烃基硼烷中的烃基可以部分或全部地被置换。利用这种性质，在有机硼烷重排异构之后，与适当的烯烃共热置换出异构化的烯烃，从而得到末端烯烃。反应过程如下：

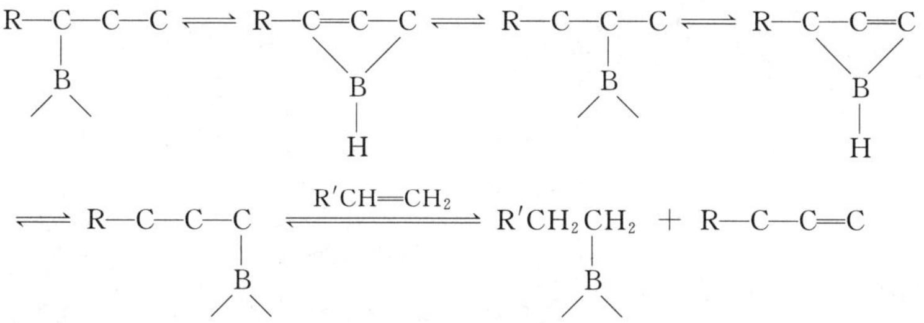

通过烯烃的硼氢化、热异构化、置换反应，得到末端烯烃。例如 α-蒎烯转化为 β-蒎烯的反应：

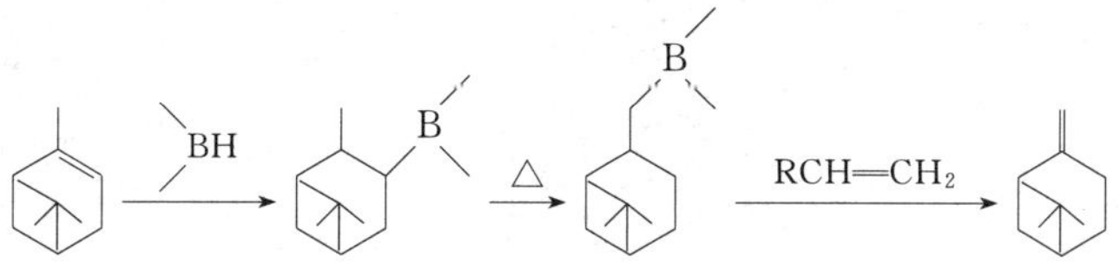

(5)偶合反应

有机硼烷(三烃基硼烷)与 Tollens 试剂反应生成偶联产物 R—R。例如：

$$CH_3(CH_2)_3CH{=}CH_2 \xrightarrow{B_2H_6} (n\text{-}C_6H_{13})_3B \xrightarrow[NH_3]{AgNO_3} CH_3(CH_2)_{10}CH_3$$

70%

氯代硼烷与末端炔烃的硼氢化产物在碱性条件下用碘处理，可发生偶联，立体选择性地得到顺，反-共轭二烯烃。

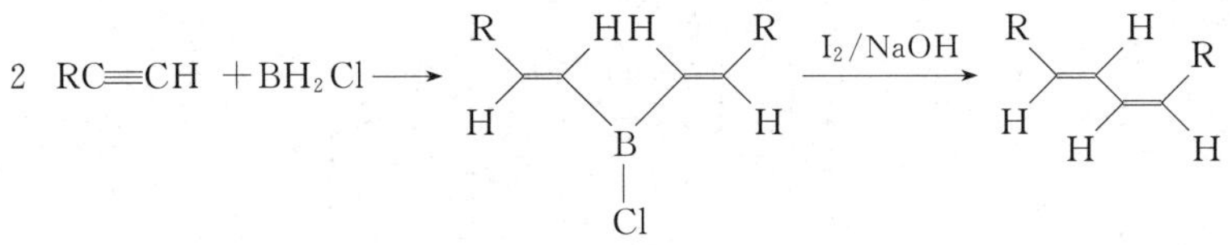

习 题

1. 写出实现下列化合物转化的方法。

(1) 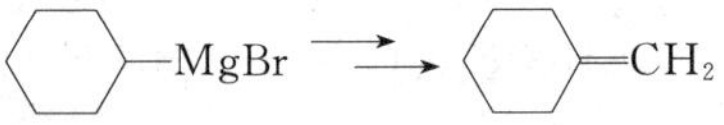

(2) $H_2C{=}CHBr \longrightarrow\longrightarrow n\text{-}C_6H_{13}CH{=}CH_2$

(3) 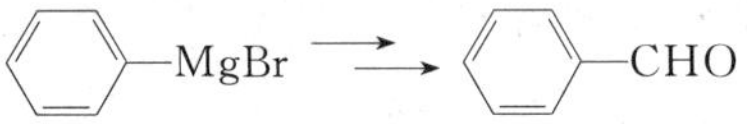

(4) 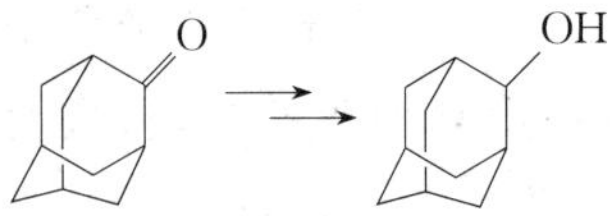

(5) 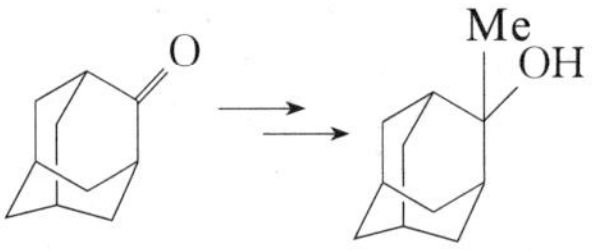

(6) 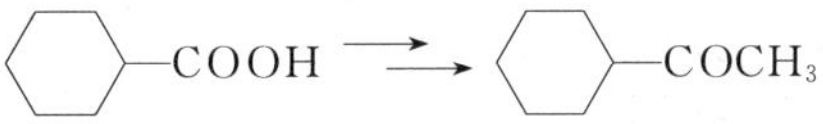

2. 写出下列反应的中间物和产物。

(1) $CH_3MgBr+CH(OEt)_3 \longrightarrow \qquad \xrightarrow{H^+/H_2O}$

(2) $CH_3Li+CO_2 \longrightarrow \qquad \xrightarrow{RLi} \qquad \xrightarrow{H^+/H_2O}$

(3) 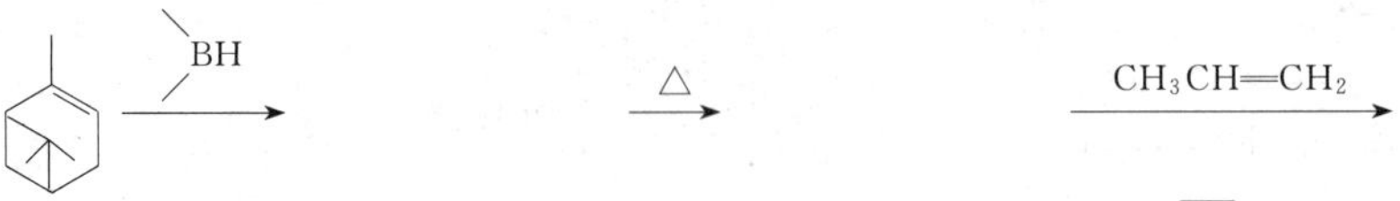

(4) $CH_3OCH_2Br+PPh_3 \longrightarrow \qquad \xrightarrow{碱} \qquad$ 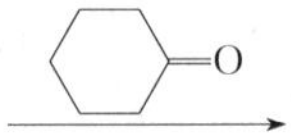

(5) $H_3CC{\equiv}CCH_3+B_2H_6 \longrightarrow \qquad \xrightarrow{H_2O_2/OH^-}$

3. 用指定的原料合成下列化合物(其他试剂任选)。

(1) 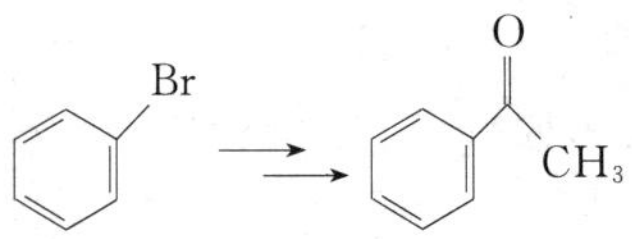

(2) $n\text{-}C_4H_9Cl \longrightarrow\longrightarrow Me_3CC{\equiv}CCH_2CHMe_2$

(3) 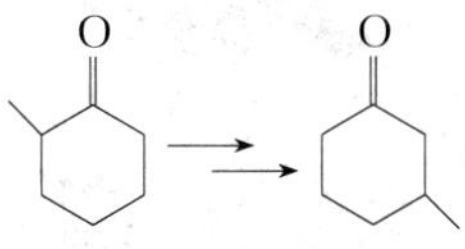

(4) $Me_3B \longrightarrow\longrightarrow Me_3COH$

(5) $PhCHO \longrightarrow\longrightarrow Ph_2CHCH_2COOCH_3$

第8章

不对称合成反应和光学异构体拆分

手性是自然界中普遍存在的现象，手性化合物也是非常重要的物质，例如构成生物体的基本物质如氨基酸、糖类等都是手性分子，一些药物和功能材料的分子中也含有手性因素。然而，不同光学异构体之间在活性、代谢过程、毒性以及物理性能等方面往往存在着差异，因此，在对单一手性物质的需求量增大的同时，对其纯度的要求也越来越高。因此，发展高效率、低成本手性技术的重要性日益凸显。目前单一手性化合物的获得途径主要包括不对称合成法和光学异构体拆分法两种。

8.1 不对称合成反应

8.1.1 不对称合成反应的概述

不对称合成，也称手性合成、立体选择性合成、对映选择性合成，是研究向反应物引入一个或多个具有手性元素的有机合成的分支。Morrison 和 Mosher 提出了一个广义的定义，将不对称合成定义为“一种反应，其中底物分子整体中的非手性部分经过反应试剂作用，不等量地生成立体异构体产物的手性单元。也就是说，不对称合成是这样一个过程，它将潜手性单元转化为手性单元，使得产生不等量的立体异构产物”。这里，反应试剂可以是化学试剂、催化剂、溶剂或物理因素。潜手性单元可以是含有重键的平面基团如羰基、碳碳双键、亚胺基，也可以是饱和碳上的潜手性单元如烯丙位或苄基位。

不对称合成反应的主要用途有两个，合成手性分子和测定对映体的绝对构型。对于测定对映体的绝对构型，最常用、最直接的方法是X射线结晶学的方法。然而这样一个直接测定的方法也有它的局限性，例如它只限于适宜的晶体或含有适当其他原子的晶体，同时还需要通过繁琐的计算才可以得知(现在常用计算机来计算)。因此目前常用“构型联系”这样一个间接的方法来测定对映体的绝对构型。它首先通过X射线结晶学的方法测定一个化合物的构型,然后将待测构型的化合物与已测定其绝对构型的化合物联系起来,从而获得待测化合物的绝对构型。构型联系的方法有化学方法和物理方法两种。物理上最经常应用同时也比较可靠的是施光色散(optically rotatory dispersion)和圆二色散(circular dieroism),它们都有供测定用的很完备的仪器。化学上主要是化学转变或降解,不过要充分注意的是在进行这些反应时不要影响手性原子或中心,避免异构化或消旋化的产生。应用不对称合成测定构型是化学方法中的一种。

判断一个不对称合成反应是否成功的标准主要是三个方面:(1)是否有高的某种对映异构体过量百分数;(2)手性辅助剂是否易于制备并能循环利用;(3)是否是催化性的合成。这是由于不对称合成反应的目的是要制备单一性的手性分子,而自然界中的酶催化体系能最好地完成不对称合成。

在一个不对称合成反应中,若底物经转化后形成不等量的一对对映异构体,则该反应称为对映选择反应,通常用对映体过量百分数(ee,enantiomeric excess)来表示该不对称合成反应进行的程度。对映体过量百分数是指一个对映体比另一个对映体过量的程度,如在反应产物中有 R 型和 S 型两种对映体,当 R 型为主要产物时,则

$$\mathrm{ee}=\frac{[R]-[S]}{[R]+[S]}\times 100\%=[R]\%-[S]\%$$

但若在一个不对称合成反应中,底物分子中已经存在手性中心,且反应的产物为不等量的一对非对映异构体,这样的反应则称为非对映选择反应。相应地,一个非对映体对另一个非对映体过量的程度即为非对映体过量百分数(de,diastereomeric excess),如在反应产物中有 A 和 B 两种非对映体,当 A 为过量的非对映体时,则

$$\mathrm{de}=\frac{[\mathrm{A}]-[\mathrm{B}]}{[\mathrm{A}]+[\mathrm{B}]}\times 100\%=[\mathrm{A}]\%-[\mathrm{B}]\%$$

可用于 ee 测定的方法已有不少,最简单的是通过测定样品的比旋光度来确定。而目前使用最多,并可获得精确和可靠结果的是用手性色谱柱的液相色谱方法。此外,使用手性色谱柱的气相色谱方法、带有对映选择性电解质的毛细管电泳方法以及使用不同手性试剂的核磁共振方法,也在许多场合相当有效。

8.1.2　不对称合成的分类及实例

根据手性的来源,有人把手性合成分为普通不对称合成和绝对不对称合成。普通不对称合成是指依靠直接或者间接由天然获得的手性化合物衍生的基团诱导产生手性化合物的合成。而绝对不对称合成是指绝对脱离天然产物来源而通过物理方法(比如说圆偏光的照射等)诱导产生手性的合成。后者相当困难,所以目前只有非常有限的几个反应能做到绝对不对称合成。

普通不对称合成可以分为生物合成和化学合成。生物合成手性化合物通常是通过从天

然产物中提取和酶催化合成两种途径来实现的。这是一种非常有效而又受到很大限制的方法。通常所说的不对称合成主要是化学合成，是通过立体化学控制的途径来实现的。立体化学控制有三种方法：底物控制、试剂控制和不对称反应。有时手性拆分也被算作不对称合成的一种。在大多数的有机合成中都用到催化剂，手性催化剂在不对称合成中的使用也是很常见的。下面就底物控制、试剂控制和不对称催化合成这三个方面来做概述。

(1)底物控制

底物中含有的不饱和共价键，尤其是羰基，是构建手性中心碳原子的重要官能团，它既可以表现亲电试剂的功能，也可以通过它所衍生的烯醇结构，表现出亲核试剂的功能。具体如下：

①烯醇盐的不对称烷基化反应

醛、酮和羧酸及其衍生物由于具有特殊的结构，很容易去除酸性质子而产生烯醇结构。其通式如下：

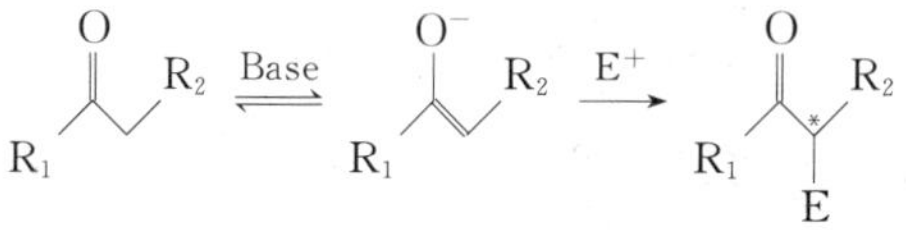

为了使羰基化合物产生烯醇结构，必须使用 Lewis 碱作为促进剂。所选用的 Lewis 碱应该满足两个条件：一是具有足够的碱性，以确保生成烯醇结构所需要的选择性去质子过程；二是所选用的碱必须是具有空间位阻的，以便阻碍该碱对羰基中心碳原子的亲核进攻。

羰基通过烯醇结构来实现不对称烷基化的反应是最常用的手性传递反应之一。在这一过程中，如果将手性烯醇体系作为一类亲核试剂，底物的手性可被传递至新形成的不对称碳原子。这类反应根据烯醇化合物结构上的不同，一般可以再分为三类：环内型、环外型和配位环内型。

对于环内型和环外型，亲电试剂的进攻方向主要受空间位阻影响，有可能会受到立体电子效应的影响。配位型的环内不对称诱导在不对称有机反应中曾占有非常重要的地位。开链的烯醇体系通过金属的螯合作用变成环状，从而使得环内手性诱导的立体选择性的烷基化反应得以实现。这种手性诱导方法是迄今为止涉及羰基化合物的不对称合成反应中最有效的方法之一。配位型环内不对称诱导反应的通式如下：

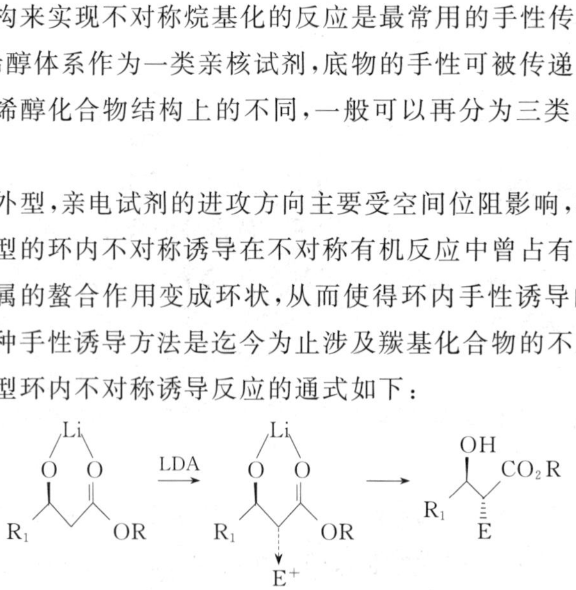

LDA：$[(CH_3)_2CH]_2N^- Li^+$

②手性辅基作用下的不对称烷基化反应

酮或酸类化合物与手性辅剂相结合可以得到手性的亚胺、酰亚胺、酰胺和磺内酰胺等不同的含氮化合物，这些手性的底物发生不对称烷基化取代反应得到相应的烷基化产物，而手性辅基则可在烷基化反应完成之后通过水解或还原反应去除。通过这些反应可以得到各种不同的 α-取代的酮、羧酸及相关的羰基化合物。常用的手性辅助剂是美国哈佛大学的 Evans开发的噁唑啉酮和瑞士日内瓦大学 Oppolzer 开发的樟脑磺内酰胺。

Evans 等报道了一种脯氨醇类化合物为手性辅剂的手性诱导反应。通过锂烯醇盐中金属的螯合作用使得反应过渡态具有刚性结构，使得羧酸的 α-烷基化反应具有较高的非对映选择性。采用这种方法可以得到一系列 α-取代的羧酸类化合物。例如当采用其中一种噁唑啉酮对映体作为手性辅基时的通式如下：

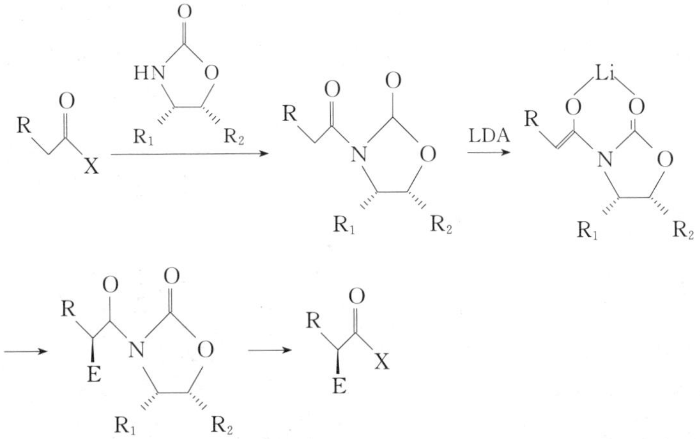

脯氨醇的局限性是其具有较大的水溶性，这一特点使得这类价格较昂贵的手性辅剂不易从反应混合物中回收。为了克服这一缺点，Lin 等将 Evans 试剂中引入两个甲基来降低其水溶性。

磺内酰胺辅基的烷基化反应也是一种很有效的方法。酰基磺内酰胺(sultam)是一种廉价的手性辅基。在不对称醛醇缩合反应中，应用该体系手性辅基，可以高选择性的得到目标产物。其通式如下：

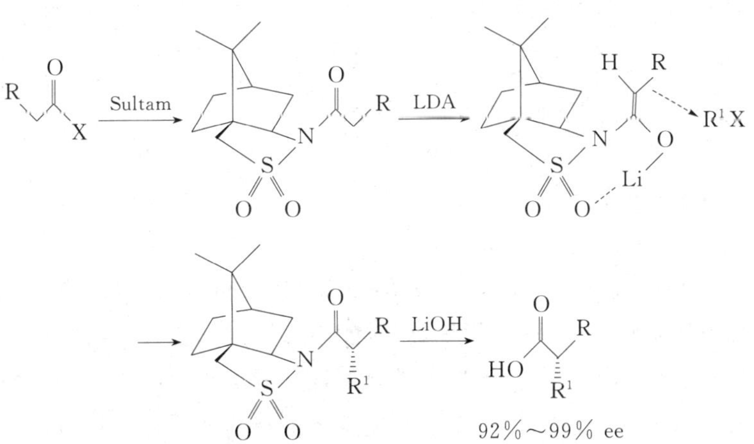

在上述过程中，首先将磺内酰胺辅基与 NaH 和酰氯衍生物反应制备得到酰基磺内酰胺，接着经过正丁基锂去质子处理变为中间过渡态，此过渡态在催化剂六甲基膦酰胺

(HMPA)存在下，与亲电试剂烷基卤代物反应，得到 α -烷基化产物，再经过重结晶精制后，用 $LiAlH_4$ 还原或用 LiOH 水解，即可以得到手性产物。

还有其他的手性辅助剂也可以实现，像 Corey 和 Enders 于 1976 年报道了以金属化的二甲基腙为高反应活性中间体的C—C键生成反应等。手性腙的烷基化反应具有很多优点。例如：腙的形成反应具有很高的收率；即使是空间位阻大的酮，也能定量地形成腙；腙类化合物很稳定，同时金属化的衍生物具有非常高的反应活性；随后的亲电取代反应产率较高且手性辅基的去除可采用多种温和方法来实现，例如，可以在中性条件下(pH＝7)通过酮酸盐的氧化来去除相应的肼。因此这种“手性腙试剂”成为制备 α -取代羰基化合物的重要方法之一。Mori 和 Nicolaou 分别用这一反应合成了信息素 serricornin 和离子载体抗生素 X - 14547A。

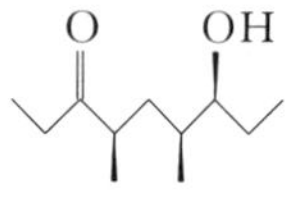

Serriconin

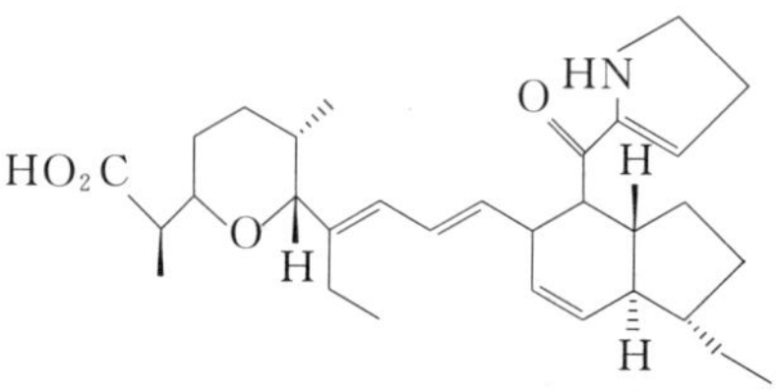

X - 14547A

③金属试剂对双键的加成

在手性配体存在下，烷基金属化合物对羰基衍生物的亲核加成是有机合成中受到最广泛研究的反应之一。该反应的优点在于：在催化量的手性配体存在下，可以从非手性或潜手性的羰基化合物与非手性的烷基金属反应，得到高对映选择性的产物。

【例 8 - 1】

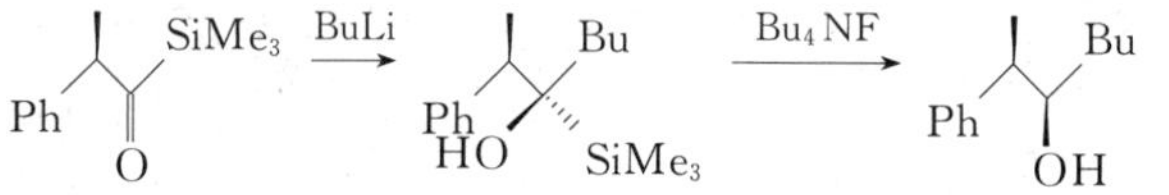

【例 8 - 2】

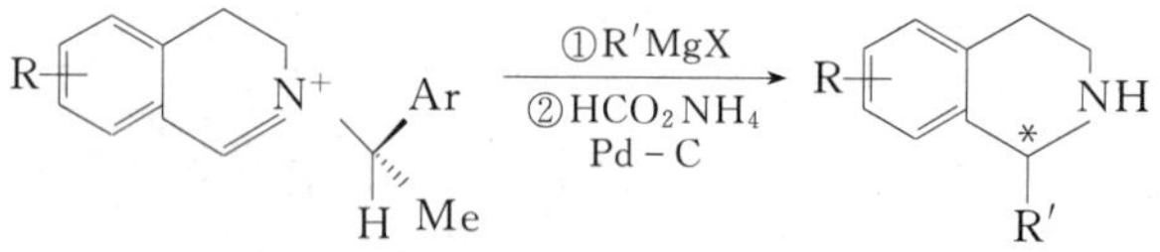

88%～96% ee

④醛醇缩合反应

又称为 aldol 缩合反应，是亲核试剂与亲电的羰基基团(及类似基团)的缩合反应，也是有机合成中构建不对称C—C键的最简单、同时能满足不对称合成方法中最严格要求的一类化学转化。在有机合成和天然产物化学中醛醇缩合是最重要的反应之一。如果采用手性烯醇盐与非手性醛进行 aldol 反应，即可得到对映选择性很高的产物。其通式如下：

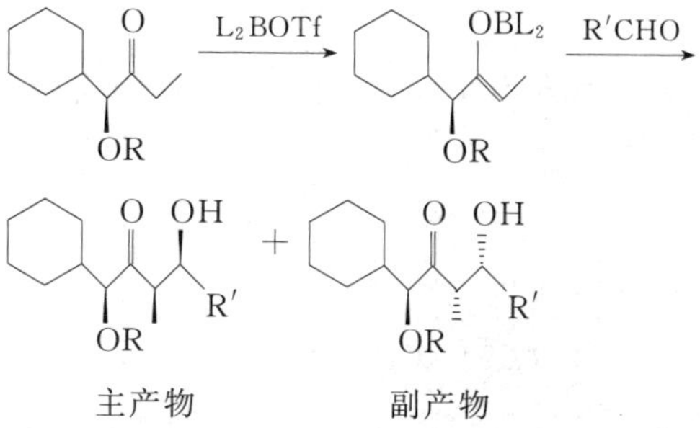

⑤环加成反应

环加成反应有很多种，其中 Diels - Alder 反应是构建复杂分子最有效的方法之一。这个反应最吸引人的特征是它可以立体选择性地同时形成两个键，生成多达四个手性中心，而且在大多数情况下，反应的立体化学都是可以预见的。Diels - Alder 反应的主要特征是双烯体和亲双烯体在进行反应时以顺式加成。此外，通过以下三种方法可以实现反应的不对称诱导：一是在亲双烯体上连接手性辅基；二是在双烯体上连接手性辅基；三是使用手性催化剂，通常是 Lewis 酸。第三种方法放在后面不对称催化部分进行阐述。

含有手性辅基的双烯体很难被制备，这是用于不对称 Diels - Alder 反应的实例相对较少的原因之一。而含有手性辅基的亲双烯体，特别是 α,β -不饱和酮类亲双烯体和 α,β -不饱和 N -酰基噁唑烷酮都有很高的反应性和非对映选择性。对于 α,β -不饱和酮类亲双烯体，可能是因为以下两个原因：一是其手性中心毗邻反应中心，使得反应过程实现了很大程度的不对称诱导(手性传导)；二是这一类亲双烯体属于 α -羟基羰基化合物，因此一些不必要的官能团(一般是指手性辅基)可以在反应结束后很容易地通过高碘酸盐氧化去掉。这种方法也有一些缺点，由于在去除手性辅基时会完全破坏手性辅基的结构，因此在某种程度来说是一种浪费，然而它仍然是一种非常有效的不对称诱导方法。总之，无论是实验结果还是前线轨道理论都表明，含有吸电子基团的亲双烯体在进行 Diels - Alder 反应时都会表现出相对较高的活性。例如：

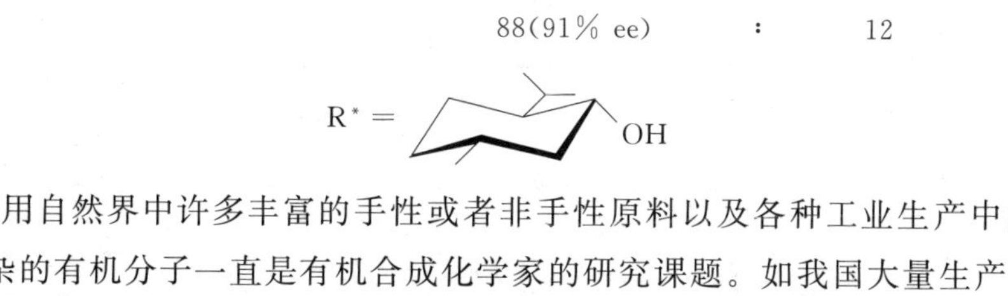

总之，利用自然界中许多丰富的手性或者非手性原料以及各种工业生产中的基本原料合成一些复杂的有机分子一直是有机合成化学家的研究课题。如我国大量生产的 α -蒎烯、松香，以及各种天然资源如葡萄糖、各种氨基酸等。因此，以廉价的原料为出发点设计合成路线，充分利用原料的结构特征以及反应特性已经成为有机合成研究的一个方向。

(2)试剂控制

在底物进行不对称反应时加入手性试剂，得到反应产物为新的手性化合物，而手性试剂能部分回收。

①不对称氧化反应

它是利用一些手性氧化剂来氧化底物，从而得到旋光性不同的化合物。常用的手性氧化剂有单过氧樟脑酸，还有 H_2O_2 或 Me_3CCOOH 与某些生物碱的季铵盐配合，以及过氧异丙苯与旋光性酮配合也常用来进行不对称氧化反应。例如直接氧化苯乙烯会得到两种旋光性环氧乙烷的衍生物，而如果采用手性氧化剂就可得到某种对映体过量的环氧乙烷衍生物。

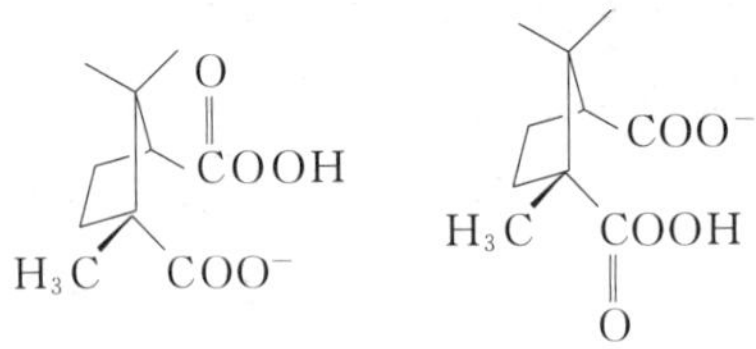

单过氧樟脑酸

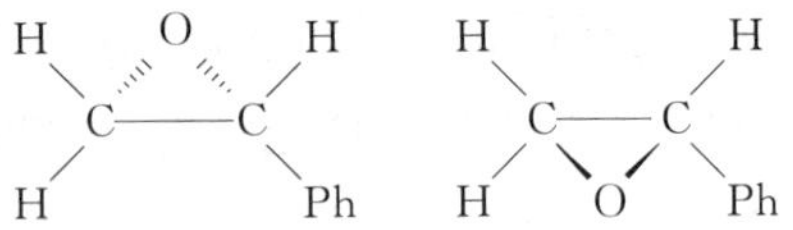

环氧乙烷衍生物

然而，在烯烃的不对称环氧化研究中，手性过氧羧酸诱导的环氧化反应所得产物的 ee 值很少能超过 20%，其原因可能是因为在过氧羧酸中手性中心的控制离反应位点的距离太远。目前烯烃的不对称环氧化反应大都是在手性催化剂的作用下进行。

②不对称还原反应

一些还原剂如硼氢化物、氢化铝锂等可以用于光学活性物质的改性，而制成含有手性中心的还原剂，作为改性的物质有旋光性醇类、酒石酸衍生物、糖类、生物碱、氨基酸、萜类、胺类及杂环化合物等，利用还原反应由非光学活性底物制备光学活性物质，是一种很有效的不对称合成反应。例如：

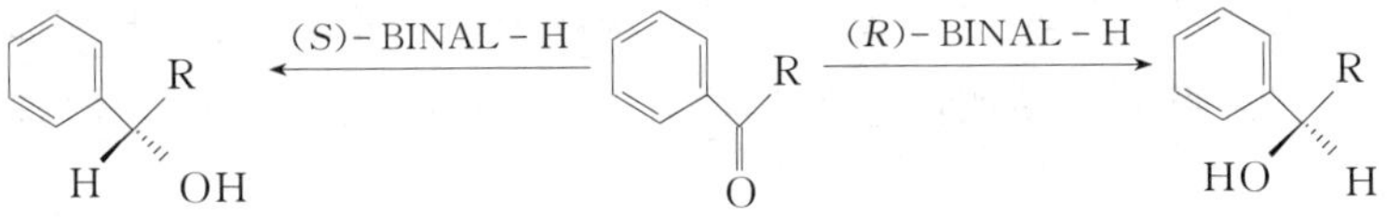

R=CH_3　C_2H_5　$n-C_3H_7$　$n-C_4H_9$

ee(%)=95　98　100　100

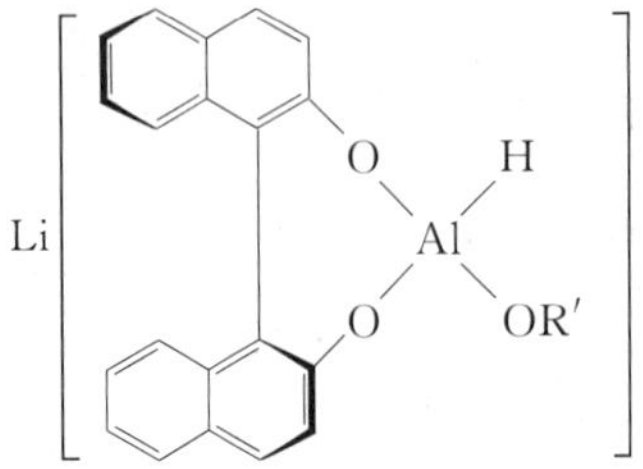

(*S*)- BINAL - H

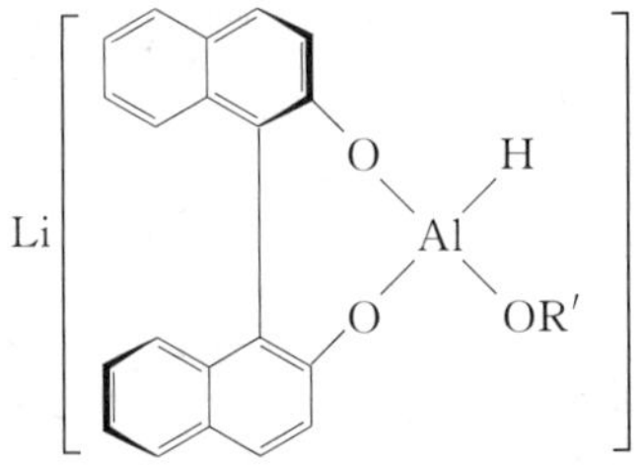

(*R*)- BINAL - H

BINAL - H：2，2′-二羟基- 1，1′-联萘氢化铝

③不对称加成与缩合反应

硼烷或者烷基硼对于烯烃的加成反应是立体选择的顺式加成，产物具有很强的专一性。

当烷基硼中的烷基是光学活性基团时，效果更为显著。例如：

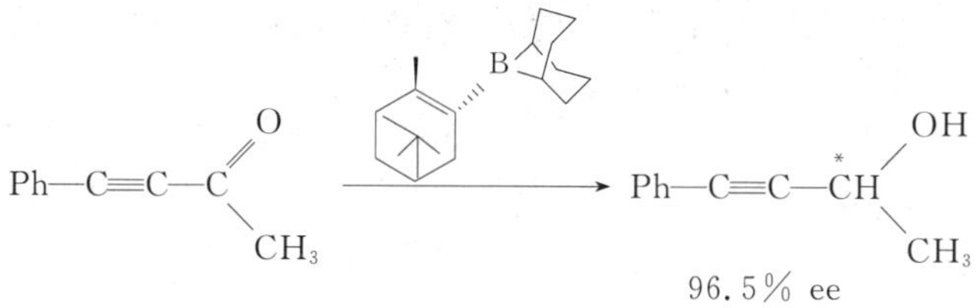

这样的情况不仅仅是手性的硼试剂可以，使用手性醇、手性硫试剂、手性胺等也同样可以实现不对称反应。也不仅仅是烯烃的加氢反应，对于烯烃的 Diels - Alder 反应和羰基的不对称加成反应以及羰基的 α 位取代反应等一样可以进行。

【例 8 - 3】

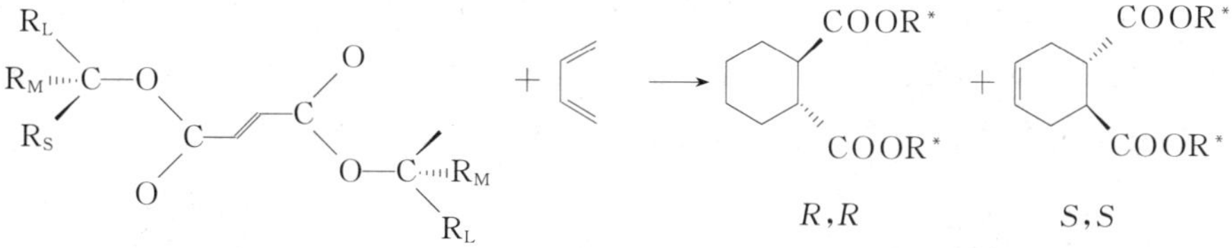

反应的机理可以用 Prelog 规律进行解释。从这个图来看，当双烯试剂由纸平面的上方接近时，生成(*R*,*R*)产物，如从纸平面下方接近，则产物为(*S*,*S*)。

【例 8 - 4】

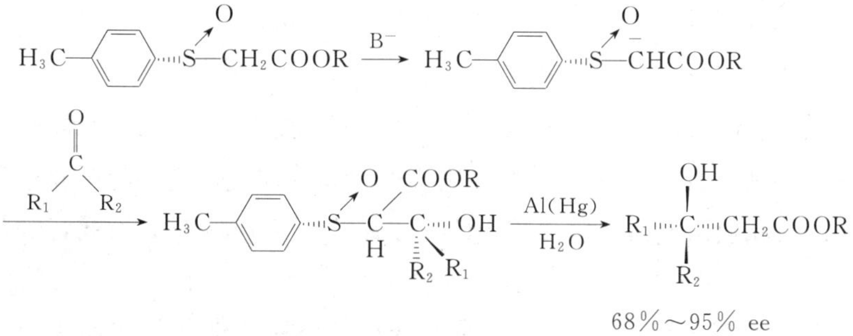

(3)不对称催化

不对称催化是一个手性增量的过程，使用少量手性配体或手性修饰剂即可获得大量手性化合物，它是众多不对称合成反应中最有效、也最具有研究开发价值的合成手性化合物的方法。

①不对称催化氢化

不对称氢化反应是研究得较深入的一类不对称催化合成。据估计在已工业化的所有不对称合成反应中有 70%的反应属于不对称氢化反应。

2001 年诺贝尔化学奖得主之一 Knowles 在这方面做出了重要贡献。曾是美国孟山都公司(Monsanto)研究人员的 Knowles 于 1968 年第一个将含手性膦配体的铑配合物作为手性催化剂用于不对称氢化反应，并于 1972 年获得有效的手性体，使不对称合成对映体过量百分率(ee 值)达 90%。铑催化剂的不对称氢化反应是手性金属有机催化剂在不对称合成领域最早、也是最好的例子。1975 年，Knowles 的研究很快就被孟山都公司用于治疗帕金森症的药物手性多巴(L－DOPA)的生产。这是不对称催化的第一个工业化例子。

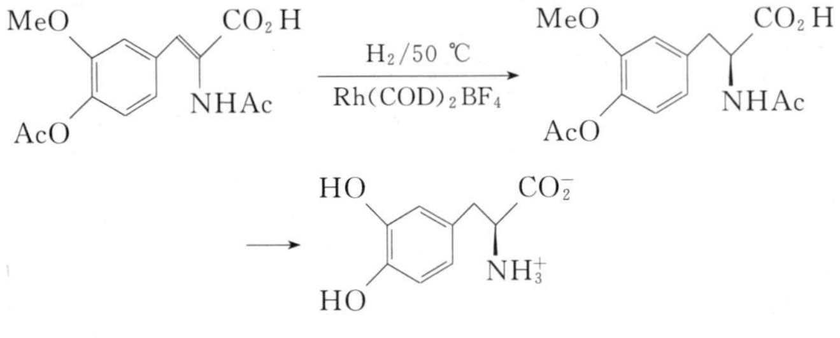

L－DOPA

此后，研究者在 Knowles 的研究基础上不断换用其他膦配体，日本京都大学的野依良治于 20 世纪 80 年代初最先开发出性能更为优异的手性催化剂 Ru(BINAP)(α，α′-联苯体系制成的手性膦配体)，成功地把 6－甲氧基－2－萘基丙烯酸进行不对称催化反应，得到了(S)-Naproxen，这是一种非甾体抗炎镇痛的新药，其对映体过量百分率高达 96%。

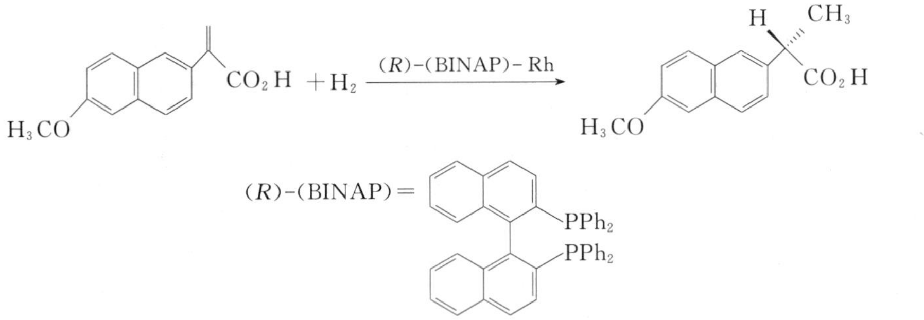

Novartis 公司运用 Togni 和 Spindler 的不对称氢化技术生产以光学纯异构体为主的除草剂，年产量为 1 万吨。使用这些除草剂相比普通的除草剂在达到同等除草效果的情况下，用量减少 40%。因此使用不对称氢化技术既可以减少了生产原料的消耗，又减轻了除草剂对环境的污染。

Knowles 与野依良治由于各自出色的研究开拓了不对称催化氢化的领域，他们共同获得 2001 年度诺贝尔化学奖。

目前，随着一系列新配体的出现，不对称催化氢化反应正向常温、常压和高选择性、高反应速率、重复使用和绿色化方向发展；同时，反应底物的范围也不断扩大。一个进展就是 C=C 双键和 C=O 双键的选择性氢化问题已被解决：Noyori 用 $RuCl_2(PhP)_3$ 作为催化剂，在乙二胺和氢氧化钾共存下，实现了在 C=C 键存在下高选择性的氢化 C=O 键。尽管对于碳-杂原子连接的不对称反应的研究还处在初级阶段，但是对难于氢化的 C=N 键的不对称氢化已经取得了成功：Buchwald 等将 Ti—H 键插入 C=N 键形成 Ti—N 键，从而用所获得的立体环境成功实现了对 C=N 键的不对称氢化。另一方面，催化不对称合成中手性配体昂贵的问题也有了解决方法：利用配位化合物的手性识别原理，使廉价的对映体的非活性配体和外消旋的活性配体之间的相互作用，拆分了外消旋体的活性配体，从而起到不对称催化的作用。这是不对称催化发展的一个方向。

②不对称催化氧化

不对称催化氧化反应主要有两种。一种是环氧化反应。其中烯丙醇的 Sharpless 的环氧化反应最为经典，Sharpless 环氧化反应具有简易性，可靠性，光学纯度高，产物的绝对构型可以预见等优点，是目前为止最成功的环氧化方法。

1980 年，Sharpless 用手性钛酸酯及过量的过氧叔丁基醇对烯丙醇进行氧化，成功地实现了不对称环氧化的过程。并且 Sharpless 很快就将这一反应用于一种治疗心脏病的药物心得安[(*S*)- propanol]的合成。

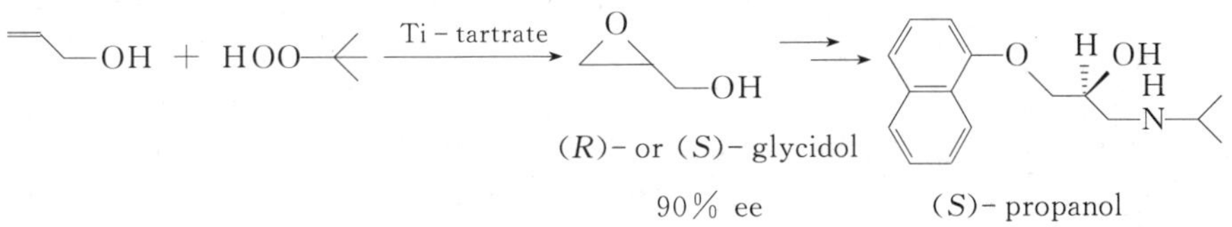

后来，Sharpless 经过改进，发现在分子筛的存在下，用较少量的四异丙基钛酸酯[$Ti(OPri)_4$]和手性的酒石酸二乙酯(DET)组成著名的 Sharpless 试剂，也实现了过氧叔丁基醇对烯丙醇衍生物的不对称环氧化，对映体过量百分率(ee 值)往往大于 90%，对某些反应物能获得 100%的选择性。

另一种是双羟基化反应。1988 年 Sharpless 用手性配体双金鸡钠碱和四氧化锇的催化体系，对烯烃进行不对称氧化的研究，得到手性二醇，该反应已成功用于抗癌药物(紫杉醇)的合成。

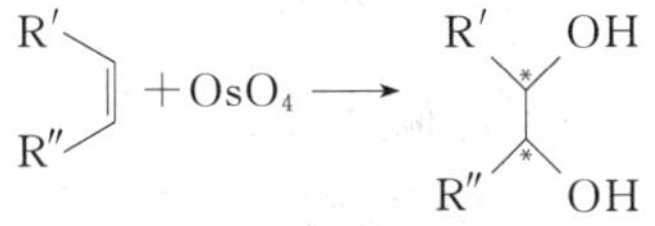

接下来，他对该反应进行了三个方面的改进：一是在体系中加入氧化剂 $K_3Fe(CN)_6$，使得在反应中仅需要使用催化量的 OsO_4；二是桥联配体的发现使得反应的选择性和适用范围都大为提高；三是反应结束后水解除去 OsO_4 时加入 $CH_3SO_2NH_2$ 可以使反应速度提高 50 倍，从而使得反应能够在 0 ℃而非室温下进行，这使得反应的选择性得到了进一步的提高。

不对称环氧化和不对称双羟基化反应是 20 世纪最著名的有机反应之一，并且很快就被应用在了许多光活性天然产物的全合成中。Sharpless 小组先后用了十七年的时间、研究了二百五十多个手性配体和数千个烯烃底物，发表研究论文上百篇。目前已经知道除顺式烯烃外，一般烯烃都可以得到较高的选择性。Sharpless 因为在不对称氧化领域做出了杰出的贡献而获得了 2001 年度诺贝尔化学奖。

③不对称催化烯烃异构化

研究者们在进行不对称催化氢化研究时，发现当使用铑与 BINAP 形成的配合物作为催化剂对具有烯胺结构的化合物进行不对称氢化反应时，这些烯胺化合物发生了立体选择性很高的异构化反应，如下式：

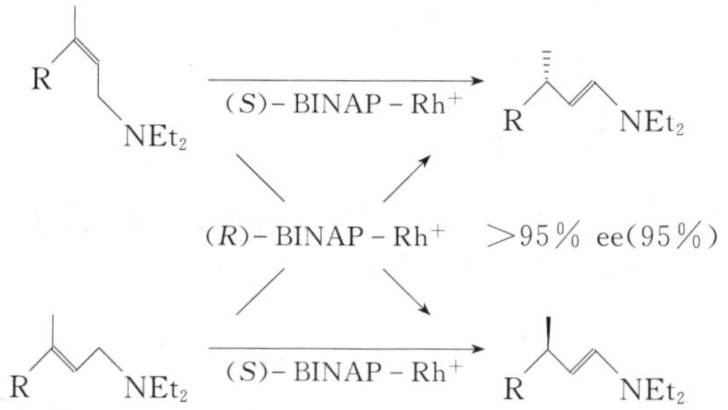

根据这一对映选择性催化反应，日本的 Takasago 公司利用 BINAP－Rh 催化烯丙基胺的不对称异构化反应技术，在 1983—1996 年仅消耗掉 250 千克手性配体，就已经生产近 3 万吨薄荷醇(menthol)及其中间体。如下式：

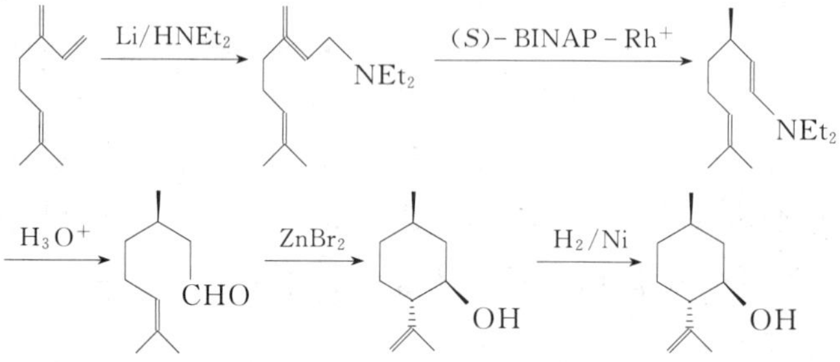

(－)-Menthol

④不对称催化环丙烷化

手性环丙烷结构广泛地存在于天然化合物和人工合成的产物中，这一事实使不对称环丙烷化反应不但具有理论上的意义，更具有实际应用价值。首例催化不对称环丙烷化反应由 Nozaki 和 Noyori 与 1966 年报道。他们使用含有手性水杨醛亚胺的铜配合物为催化剂进行苯乙烯和重氮基乙酸乙酯的不对称环丙烷化反应，反式构型环丙烷衍生物为反应的主要产物，其 ee 仅仅 6%。尽管产物的 ee 值并不高，但却是不对称催化反应中的一个突破。

在一些过渡金属配合物的催化作用下，金属键合的卡宾中间体的行为与通过光解或热解产生的游离卡宾不同，因此，使用这种卡宾中间体和烯烃反应就可以制备出光学活性环丙烷化合物。为了实现不对称环丙烷化反应，一般可采取两种策略：第一种是基于辅基的方法，共价连接的手性辅基使烯烃或环丙烷化试剂获得手性；第二种是在金属催化剂上使用手性配体。研究者们利用这两个策略已经发展了很多的手性配体。例如手性席夫碱配合物、半咕啉配体、双噁唑啉配体等。其中手性双核铑配合物在分子内不对称环丙烷化反应中得出了较好的结果，而环丙烷二胺的双磺酰胺存在下的 Simmons－Smith 反应也可以高立体选择性地得到相应的环丙烷化产物。另外，Tang 等人发展的用手性硫叶立德或碲叶立德的方法也是合成手性环丙烷的好办法。

值得一提的是，2003 年 Shi 首次用修饰的二肽化合物为催化剂，进行了烯烃的不对称 Simmons－Smith 环丙烷化反应，得到中等程度至较好的化学产率和 ee 值。反应如下：

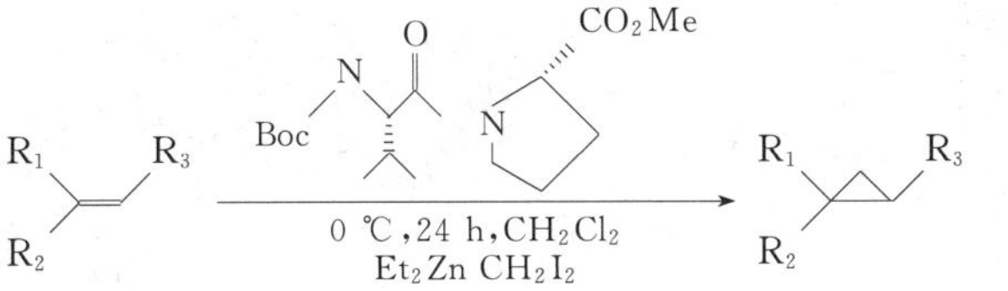

⑤手性 Lewis 酸催化的反应

某些活性官能团在手性 Lewis 酸的作用下可以更容易的生成碳正离子，因此在这些反应中，Lewis 酸的存在可大大提高反应的速率。例如羰基化合物的加成反应、Diels - Alder 反应等。如果采用手性 Lewis 酸配合物作为催化剂，则是实现高对映选择性加成反应的方法之一。这些手性 Lewis 酸催化剂通常是具有 C_2 对称性的二羟基化合物或者二胺化合物与硼、钛和铝等金属元素形成的配合物。例如：

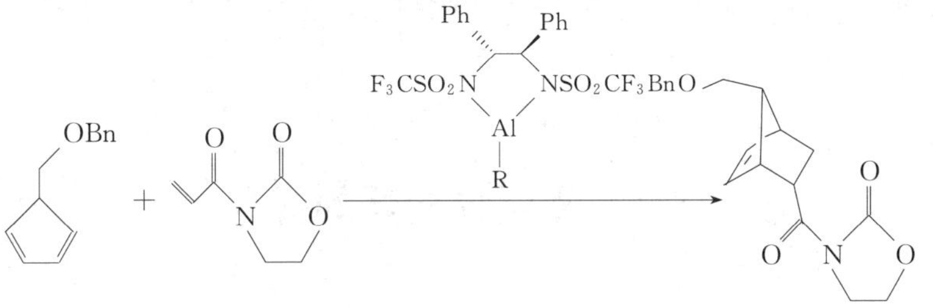

95% ee (94%)

对用于不对称 Diels - Alder 反应的许多配体-金属组合进行的研究显示，不但与氧原子的配位较强、属于强 Lewis 酸和硬金属的硼、钛和铝等可大大提高不对称 Diels - Alder 反应的速率和立体选择性，铜、镁和镧系金属在不对称催化 Diels - Alder 反应中也得出了很好的结果。

⑥纯有机化合物催化的不对称合成

金属配合物催化剂虽然具有催化活性好、立体控制选择性高的优点，但是它的缺点也是很明显的，比如需要贵金属、配体成本高、催化剂对空气和水汽敏感、回收利用困难、产物中残留金属的毒性问题等。因此研究者们将目光投向了有机催化剂。目前使用有机催化剂的不对称合成反应类型有 Aldol 反应、环加成反应、Michael 加成反应、烷基化反应等。

【例 8 - 5】

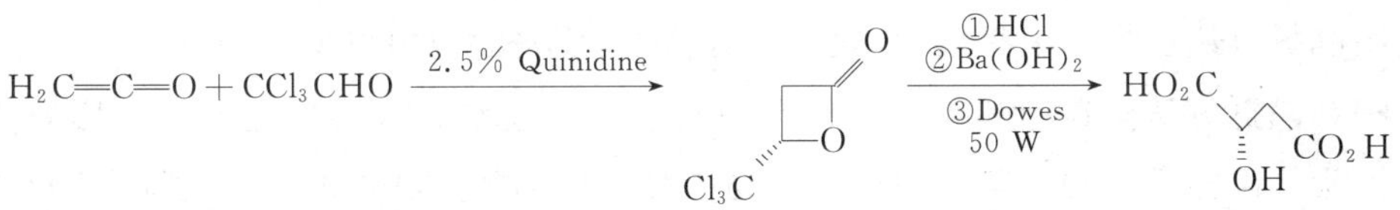

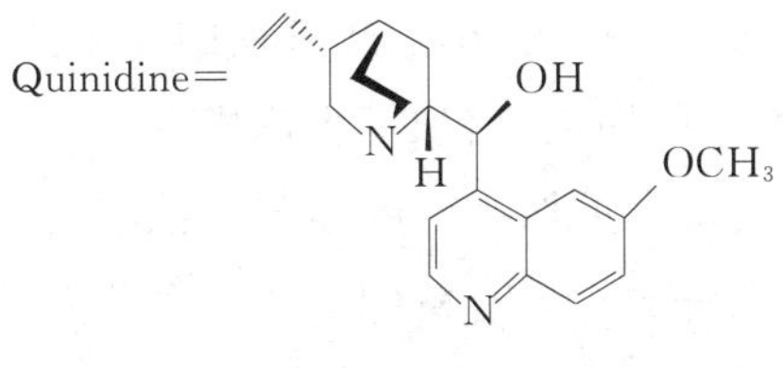

【例 8-6】

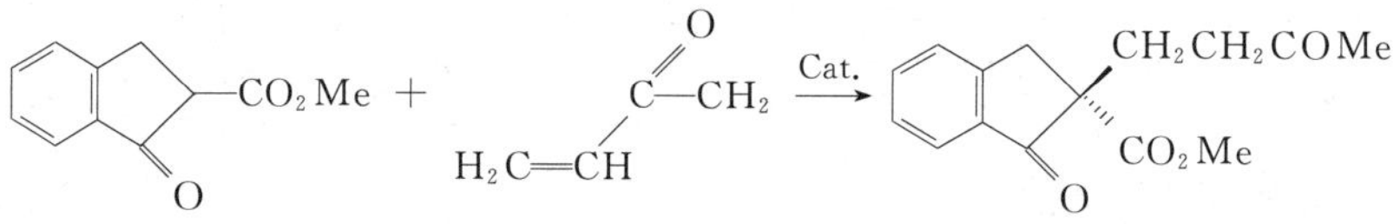

99% ee(48%)

Cat.=

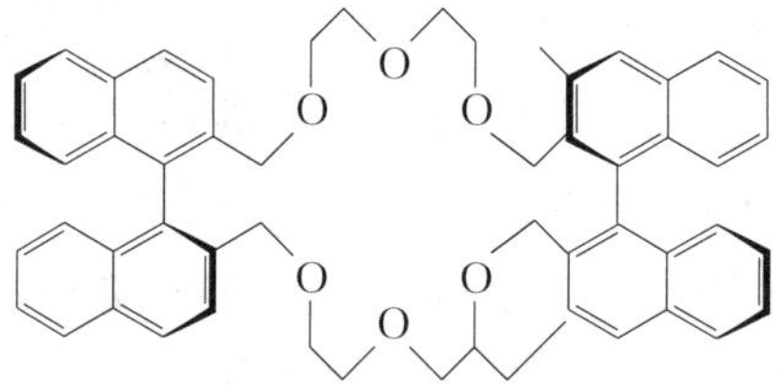

尽管有机催化剂的催化条件简单、易于回收利用，然而它在催化活性和选择性方面还有待提高。

8.2 光学异构体的拆分

据统计，大约有 65%的非天然手性化合物是由外消旋体或中间产物拆分得到的。迄今在实验室或工业领域中使用的手性拆分技术主要分为五类，分别为直接结晶法、化学拆分法、动力学拆分法、色谱拆分法和手性膜拆分法。

8.2.1 直接结晶拆分法

直接结晶拆分法分为自发结晶拆分法、晶种结晶拆分法和手性溶剂结晶拆分法。

自发结晶拆分法又称晶体机械分离拆分法，是指当外消旋体在结晶过程中，对映异构体分别能够自发地形成足够大的、肉眼可以识别的晶体，从而可以在放大镜的帮助下，用镊子将他们分别拣出来，从而达到拆分的目的。但大多数化合物本身都很难形成足够大的晶体，因此这种方法主要用于通过衍生化的方法得到可以形成足够大晶体的情形。即便如此，由于自发结晶拆分法在操作上很繁琐，效率十分低下，故实际应用很少。

晶种结晶拆分法是在饱和或过饱和的外消旋体溶液中加入某种光学异构体的晶种，从而让外消旋体中的某一种对映异构体更容易结晶。根据加入晶种的方式不同分为诱导结晶法、逆向结晶法和接种结晶法三种。但这种方法在生产过程中为了使外消旋混合物饱和，必须采用间断式结晶，这无疑延长了生产的周期，增加了生产成本。

手性溶剂结晶拆分法是利用外消旋体的两个对映体与手性溶剂的溶剂化作用力的差异来进行外消旋体的拆分。例如用离子型的金属有机配合物在含羟基的光活性溶剂中进行结晶时，不同对映异构体之间存在溶解度的差别。然而这种方法需要寻找特殊的手性溶剂，且适用于拆分的外消旋体混合物的范围相当狭窄，故在实际工业生产中意义不大。

8.2.2　化学拆分法

化学拆分法是一种广泛使用的方法。根据手性试剂与外消旋体反应所得生成物不同可分为以下三种：

(1)生成非对映异构体的拆分法

该方法称为经典成盐拆分法，是一种经典的应用最广的拆分方法。它首先利用手性试剂与外消旋体进行反应生成两个非对映异构体，再利用生成的两个非对映异构体的某种性质(主要是溶解度)方面存在的差异而将两者分开，最后再把拆分开的两个非对映异构体分别复原为原来的对映异构体。对这种方法的一种重要的改进是用某种外消旋体作为拆分剂和待拆分的外消旋体进行反应，这样待拆分的化合物与拆分剂都是外消旋化合物，拆分剂和待拆分的化合物之间相互反应，就可以形成四个非对映异构体，从而实现拆分。要注意的是，选择合适的拆分剂是成功拆分的关键。合适的拆分剂是指容易与对映异构体生成某种物理性质或者化学性质差别比较大的非对映异构体，并且生成的非对映异构体经拆分后又容易被还原为原来的对映异构体。通常拆分酸和内酯，用碱类化合物，如生物碱、萜类化合物、氨基酸及其碱性衍生物等；拆分碱性物质，如外消旋的胺类化合物，用酒石酸及其酰基衍生物、扁桃酸及其衍生物等；对于含羟基的化合物的拆分，可选择扁桃酸及其衍生物、Mosher 酸、顺式-2-苯甲酰氨基环己烷羧酸、萘普生等；对于外消旋醛和酮的拆分，则需要先进行转化后再选择酒石酸及其衍生物、(*R*,*R*)-2,3-丁二醇、氨基酸酯、肼和(*S*)-N,N-二甲基苯基亚砜胺等。例如抗心律失常的药物美西律可以选择四氢呋喃保护的扁桃酸来进行拆分，最终得到光学纯度达 99% ee 的 *R* 和 *S* 两种异构体。虽然这种方法一直被作为重要的拆分方法，但其局限性也很明显：首先拆分剂和溶剂的选择性较为盲目；其次拆分的产率和产品的旋光纯度不高；第三适用于手性拆分的化合物的类型不多。

近年来，随着主-客体化学的深入研究而开发出来的包结拆分和组合拆分等新型手性拆分技术，在一定程度上解决了经典成盐拆分方法的不足。

(2)包结拆分

该方法是 20 世纪 80 年代由日本化学家 Toda 教授发明的。其基本原理是在外消旋化合物的溶液中加入某种手性化合物，该手性化合物作为主体能够通过弱的分子间作用力(如氢键或分子间的 π-π 作用力)选择性地与外消旋化合物中的某一个对映异构体(客体)形成稳定的超分子配合物(即包结复合物)析出，从而达到使对映异构体分离的目的。由于主-客体分子之间不发生任何化学反应，因而与经典成盐拆分相比，所拆分的化合物不再局限于有机酸或有机碱。而且对于主体与客体的分离可以通过溶剂交换过程以及逐级蒸馏等手段很容易地实现，使得溶剂可以重复使用。因此，包结拆分具有操作简单、成本低廉、易于规模生产的优点。例如Merk公司的Cai等采用乙腈为拆分溶剂，使用略过量的氯化N-苄基辛克尼定作为手性主体与曾经难于拆分的联苯二酚中的(*R*)-(+)-联苯二酚形成包结结晶体析出，留在母液中的(*S*)-(−)-联苯二酚的光学纯度可以达到99% ee，而包结结晶体通过甲醇萃取不但可交换得到手性主体，还可以进一步提高(*R*)-(+)-联苯二酚的光学纯度(>99.8% ee)。更为重要的是，这种方法极易放大，具有良好的工业应用前景。

(3)组合拆分法

组合拆分法是将组合方法引入手性拆分剂的设计和筛选之中，以一组同一结构类型的手性拆分剂构成的拆分剂家族代替通常所用的单一手性拆分剂来进行外消旋体化合物的拆分。这个方法是Wynberg等人首先报道的。这些拆分剂家族是以常用的手性拆分剂作为模板，经过结构修饰得到的衍生物或者是含有不同取代基的某一类结构类型的化合物，如通常用于酸性化合物拆分的α-苯乙胺类拆分剂家族PE-Ⅰ，PE-Ⅱ和PE-Ⅲ以及邻氨基醇PG，见下图：

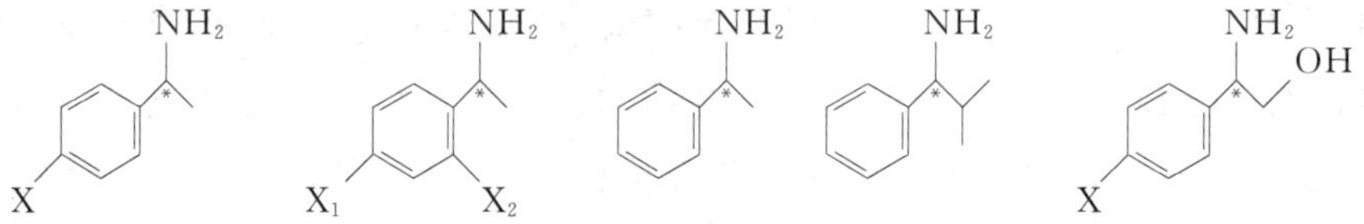

PE-Ⅰ　　PE-Ⅱ　　PE-Ⅲ　　PG

X=H,Me,Br　　X_1=H;X_2=H,NO_2　　X=H,Me,OMe

X_1=NO_2;X_2=H

在实际操作中，待拆分的底物与拆分剂家族是以1∶1的比例加入同一溶剂中进行拆分。与经典的成盐拆分方法相比，组合拆分法具有结晶速度快、收率高、纯度高等特点。

8.2.3 动力学拆分法

在不对称反应环境中的某一反应进行到一定程度时，两个对映异构体之间因对该反应的速率存在差异，导致他们彼此所剩余的反应底物和得到产物的量不同，因此可以分别对其进行回收或分离。由于两个对映异构体对于某一反应的动力学差异而对其进行的拆分方法是动力学拆分法。根据反应中所使用的催化剂或手性试剂的不同，可将动力学拆分法分为酶法和化学法。

(1)酶法

又称生物化学拆分法，是指某些微生物和霉菌在外消旋体的稀溶液中生长时，破坏其中一种对映体的速度比另一种快。例如酵母在DL-氨基酸中，易与L-对映体反应而剩下D-对映体，从而达到拆分的目的。这是由这些生物的体内具有高效专一的酶造成的，它能选择性地作用于对映异构体中的某一异构体，而对另一异构体则不起作用，因此也可以用完整的微生物细胞或者从微生物中提取酶作为生物催化剂来实现对外消旋体的生物化学拆分。

虽然酶催化具有副反应少、产率高、反应条件温和、无毒、易降解、不会造成环境污染等优点，但是这种方法也存在很多局限性，比如菌种筛选很困难、酶制剂不易保存、产物后处理工作量大以及通常只能得到一种对映体等。

(2)化学法

与酶法比较相似，在外消旋体和某一手性试剂反应时或在手性助剂存在下进行某种反应时，由于两种对映异构体在反应中生成的过渡态（非对映体）不同而导致他们之间反应速度的不同，因此可以通过选择手性试剂和控制反应进程使其中一个对映体转化成产物，而另一对映异构体不发生反应，这样也可以达到分离的目的。此方法称作化学动力学拆分方法。化学动力学拆分方法可采用等当量的手性助剂加反应试剂的方法，也可直接使用手性催化剂。例如 Noyeri 等使用 Ru^{II}-BINAP 催化体系氢化还原 α-取代 β-酮酯类化合物，实现了很高水平的对映和非对映立体控制合成，已用于工业生产。到目前为止，用 Ru^{II}-BINAP 催化氢化进行动态动力学拆分得到了广泛应用，由于催化剂用量少、方法简单、经济，适合于大规模生产。另外，手性助剂和 α-卤代胺或 α-卤代羰基化合物形成的非对映异构体混合物与不同的亲核试剂反应时表现出了不同的立体选择性，从而可实现动态动力学拆分，这也已经引起了人们的普遍关注。

8.2.4　色谱拆分法

各种各样的色谱技术都可以用于手性拆分。根据不同的分类方法可以将色谱拆分法分为不同的类别。比如根据所用的色谱柱可以分为普通的色谱技术拆分和使用手性流动相或者手性固定相的色谱技术拆分。前者是指将外消旋体与手性试剂反应生成非对映异构体，按一般的色谱技术进行拆分；后者是指在色谱所用的流动相或者固定相中加入能够与外消旋体作用的手性试剂，从而实现外消旋体的拆分。根据色谱拆分法的应用可以将其分为分析级水平和制备级水平。

(1)高效液相色谱法（HPLC）

高效液相色谱法分离对映异构体可分为间接法和直接法，前者又称为手性试剂衍生化法（CDR），后者可分为手性流动相添加剂法（CMPA）和手性固定相法（CSP）。CDR 法是将对映异构体先与高光学纯度的衍生化试剂反应形成非对映异构体后进行色谱分离测定。此法要求：第一，对映异构体一定要具有易于衍生化的基团；第二，手性试剂和反应产物在衍生化反应和色谱条件下均不发生消旋化反应；第三，反应产物在色谱中能被高柱效的分离。衍生化反应后就可用通用的非手性柱对其进行分离，检测方法常采用紫外-可见分光光度法（UV）、荧光法和电化学法等。随着 HPLC-MS 联用技术的发展，也可采用 MS 检测。目前常用的手性衍生化试剂主要有光学活性的氨基酸类、羧酸衍生物类、异硫氰酸酯与异氰酸酯类、萜衍生物类及胺类。CMPA 法是将手性试剂添加到流动相中，利用手性试剂与各对映异构体之间结合的稳定常数不同，以及各对映异构体与手性试剂生成的结合物在固定相上分配系数的差异，从而实现对其的分离。此法主要包括手性包含复合法、手性配合交换法及手性离子对色谱法等。CMPA 法可以采用普通的色谱柱（非手性的固定相），检测方法多为 UV 和电导检测法（ECD）。CSP 法是将高纯度的手性试剂化学键合到固定相上，键合后的固定相与各个对映异构体分别形成复合物，可根据复合物的稳定常数不同而获得分离，分离的效率和洗脱顺序取决于复合物的相对强度。检测的方法一般为 UV。目前常用的手性固定相有蛋白质手性固定相、手性聚合物固定相、环糊精手性固定相、纤维素和多糖衍生物手性固定相、冠醚类手性固定相和 Pirlde 型手性固定相等。高效液相色谱法在制备领域中的应用比较广泛。

（2）气相色谱法（GC）

GC 分离对映异构体也可分为间接法和直接法。间接法与 HPLC 法相似，也是将手性衍生化试剂与外消旋体反应形成非对映异构体后分离测定。直接法与 HPLC 法的 CSP 相似，是通过使用手性固定相来提供拆分所需要的手性中心，使用这个方法不需要进行柱前手性衍生化反应。间接法不如直接法方便和准确，因为间接法中分离前所进行的化学反应常会增加最终的分离误差。另外，使用手性衍生化试剂要求分子结构中存在一个活性官能团，以形成非对映异构体的衍生物，而对映体的反应速率可能会有差异。而且，衍生化试剂必须是光学纯的。而直接法由于对映体与手性固定相直接的相互作用差异较小，必须采用高效毛细管柱，价格较为昂贵。因此这种方法只适合分析级水平。

（3）高效毛细管电泳法（CE）

CE 最初是作为生物大分子的分析和纯化而发展起来的微量分析技术，是在高压电场的作用下，样品中各组分之间因其在毛细管通道中的迁移率和分配行为存在的差异而实现对对映异构体的分离。CE 的分离模式主要包括毛细管区带电泳、毛细管等电聚焦、胶束电动毛细管电泳、毛细管凝胶电泳、毛细管等速电泳和毛细管电色谱等。CE 拆分对映异构体也同样分为间接法和直接法两种。间接法是将对映体与手性试剂进行衍生化反应后形成非对映异构体，然后在非手性电泳系统中进行拆分的方法。直接法是先将手性选择剂加入背景电解质中，也可先将其结合在毛细管壁上或固定在凝胶支撑剂上，在电泳过程中，与对映体作用生成的非对映异构体具有不同的稳定常数，进而有不同的迁移速率而得以分离。检测方法多是连用 UV 或者 MS。目前常用的手性选择剂有环糊精（CD）、冠醚、大环内酯类抗生素、手性混合胶束、手性选择性金属配合物和蛋白质等。

（4）高效电分离微柱液相色谱法（CEC）

CEC 是近年来综合了 HPLC 和 CE 的优势而发展起来的。它克服了 CE 选择性差和难于分离中性物质的困难，还大大提高了液相色谱的分离效率，开辟了高效分离技术的新途径。目前 CEC 进行对映体拆分主要有三种方式：第一，非手性固定相结合手性添加剂流动相，手性选择作用依靠流动相中添加的手性选择剂产生；第二，采用手性固定相，手性选择剂键合在固定相上；第三，采用手性分子烙印固定相，进行记忆性、专一性分离。

(5)其他色谱拆分法

其他的色谱方法还包括薄层色谱法（TLC）和模拟流动床色谱法（SMB）等。先进的TLC 采用分子烙印技术，利用手性固定相实现拆分；SMB 实际是多根色谱柱串联形成循环回路，可提高分离效率，减少损失。

8.2.5　膜分离技术

膜分离技术是通过模拟氨基酸的生物转移来实现的。氨基酸的生物模拟通常是由埋在生物膜中的载体蛋白来传递的，这种转移的对映体选择性是非常高的。已报道的膜包括：(1)在光学活性的冠醚中浸入聚合薄膜的氨基酸光学拆分薄膜；(2)具有两亲性侧链的 α-螺旋链聚氨基酸衍生物手性固定膜；(3)纤维素衍生物固定膜；(4)海藻酸钠和脱乙酰壳多糖分别与戊二醛生成的交联复合物手性膜材料。

习　题

1. 已知 DL-氯霉素的母体氨基醇的结晶拆分方法为：首先在 80 ℃下将 DL-氨基醇溶解于水中形成饱和溶液，然后加入适量的 D-氨基醇并冷却至 20 ℃，即可析出一定量的 D-氨基醇。接下来，将母液加热至 80 ℃，向母液中加入 DL-氨基醇使得溶液达到饱和，然后将溶液冷却至 20 ℃，析出物质即为 L-氨基醇。重复以上的操作，即可交替地分离出 D-氨基醇和 L-氨基醇。请说明这里采用了哪种拆分方法，其原理是什么？

2. 丙酮酸甲酯被还原后，再经过水解，得到的产物只可能是外消旋乳酸。而如果先将丙酮酸与左旋的薄荷醇进行酯化反应，然后再进行还原反应，这时所得的还原产物经水解后生成的是左旋体占优势的乳酸。请结合下面式子进行简要的说明。

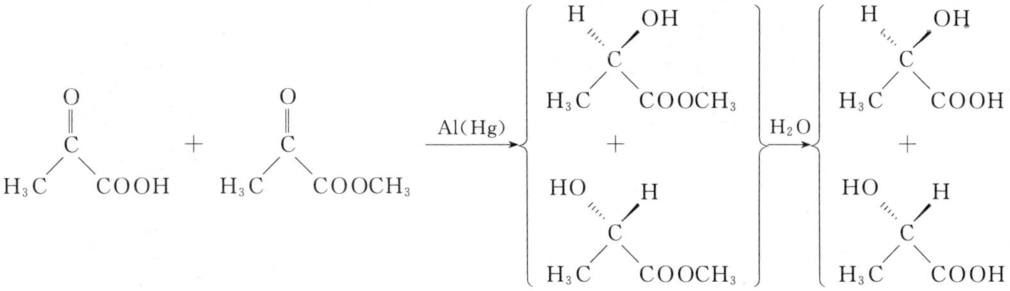

左旋薄荷醇的结构为 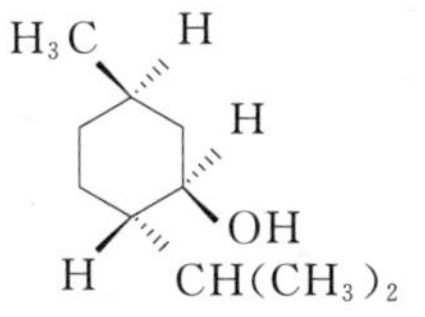

3. 由于某种原因使反应底物分子中的反应部位在过渡态时形成一个不对称环境(或者称为手性环境)而使生成两种异构体的活化自由能不同,从而导致其生成量的不同,这就是不对称合成反应发生的原因。在这个过程中,造成这种手性环境的因素可以是化学的,如手性的底物、试剂、催化剂、溶剂等;也可以使物理的,如圆偏振光、平行于磁力体的光辐射等。这种化学的不对称因素叫作不对称源,不对称源在反应中对产物的生成方向起着控制或者限制的作用,叫作指向作用。在反应中新生成的手性原子,在底物中称为潜手性原子,也称前手性原子。请指出下面的反应式中的不对称源和前手性原子。

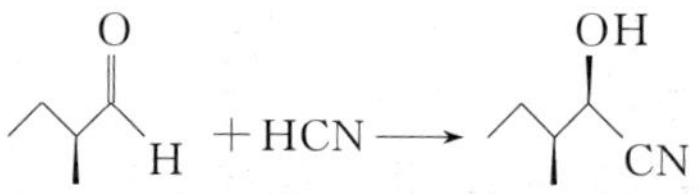

第9章 有机合成中的选择性

有机合成中的反应物通常会带有多重官能团或多个可能发生反应的中心，即使只在某个特定的官能团或特定中心进行反应，也有可能生成不止一个异构体产物。因此，应用选择性的有机化学反应，即有机合成中的选择性控制，成为设计一个复杂目标分子的理想合成路线的一个关键问题。

9.1 有机化学反应选择性的分类

有机化学反应的选择性是指一个反应可能在底物的不同部位和方向进行，从而形成几种产物时的选择程度，通常可以分为三种：化学选择性、区域选择性和立体选择性。

9.1.1 化学选择性

化学选择性是指不同官能团或处于不同化学环境中的相同官能团，在不利用保护或活化基团时区别反应的能力；或者一个官能团在同一反应体系中可能生成不同官能团产物时的选择情况。具体表现为：

(1)分子中不同官能团在相同反应条件下的反应活性不同，例如：

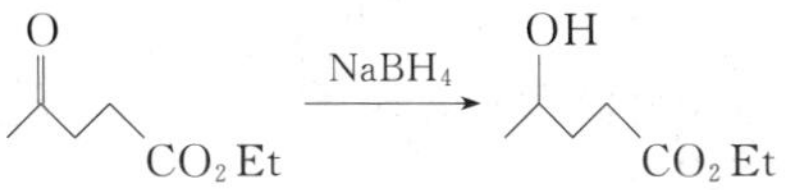

(2)分子中相同官能团由于周边环境不同造成的反应活性不同，例如：

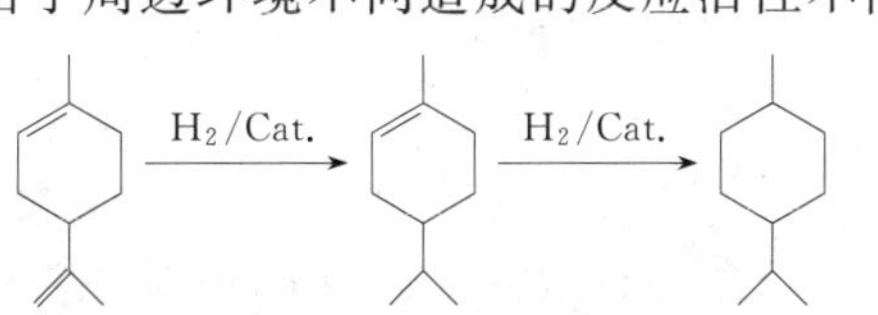

(3)分子中的官能团反应之后的官能团产物与原来分子中的官能团进行竞争反应，例如：

$$RNH_2 \xrightarrow{RX} R_2NH \xrightarrow{RX} R_3N$$

9.1.2 区域选择性

区域选择性是指当存在两种或两种以上可能的反应途径时，反应物优先选择其中一种途径进行反应。具体表现为：

(1)加成反应中的区域选择性

不对称烯烃或炔烃发生亲电加成反应时，亲电试剂加的位置存在选择性，一般加在带有部分负电荷的不饱和碳原子上，氢作为亲电试剂时，通常加在含氢较多的不饱和碳原子上。例如：

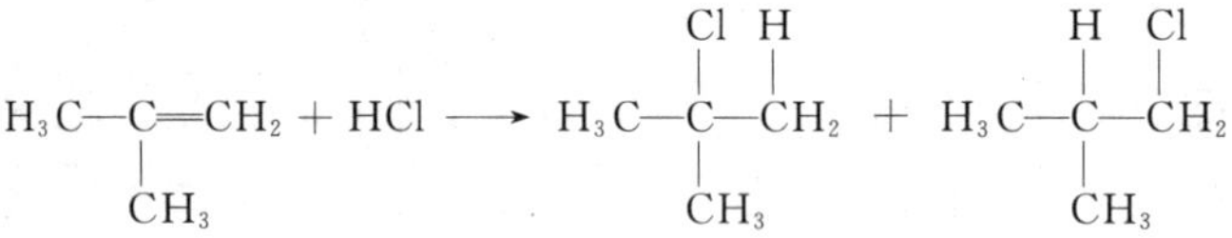

100%　　0%

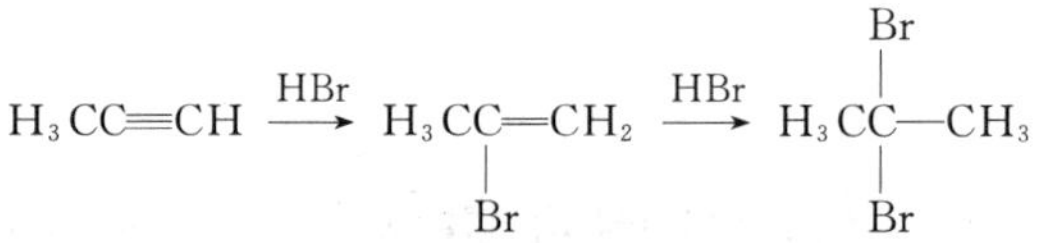

但若亲电试剂的体积比较大，通常也会加在带取代基少的不饱和碳原子上，例如：

$$3\ H_3CCH_2CH{=}CH_2 \xrightarrow{B_2H_6} (H_3CCH_2CH_2CH_2)_3B \xrightarrow{H_2O_2/OH^-} 3\ H_3CCH_2CH_2CH_2OH$$

另外，若在有过氧化物存在时，不对称烯烃与溴化氢之间发生自由基加成反应，氢加在带取代基多的不饱和碳原子上，例如：

$$H_3CCH_2CH{=}CH_2 \xrightarrow[\text{过氧化物}]{HBr} H_3CCH_2CH_2CH_2Br$$

Diels - Alder 反应中也会存在区域选择性问题，当双烯体和亲双烯体上带有取代基时，主要生成六元环上对位取代产物和邻位取代产物，通式如下：

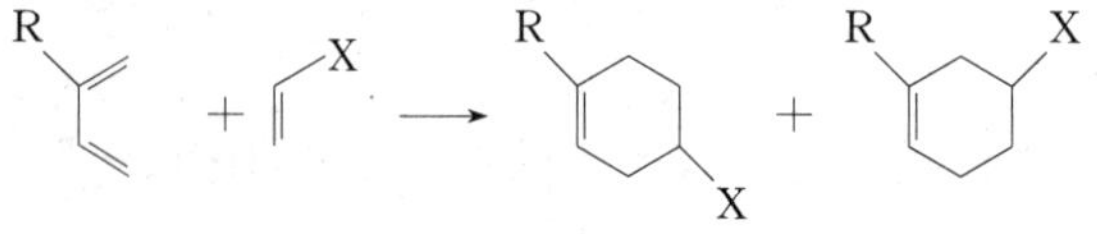

主要产物　　次要产物

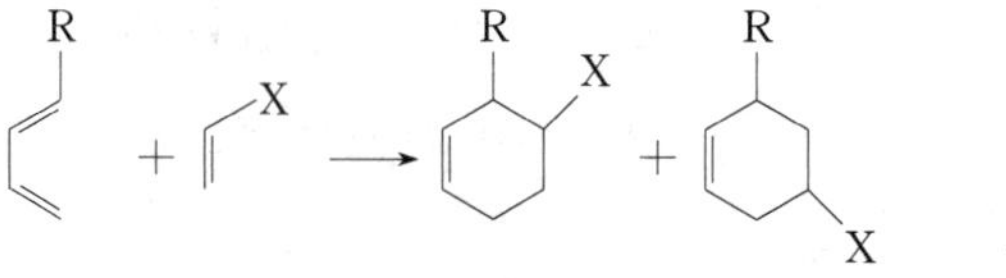

主要产物　　次要产物

X＝NO_2、CHO、CN、COOR 等

α,β -不饱和羰基化合物发生加成反应时，受共轭效应的影响，可能发生 1,2 -加成和 1,4 -加成两种反应。例如：

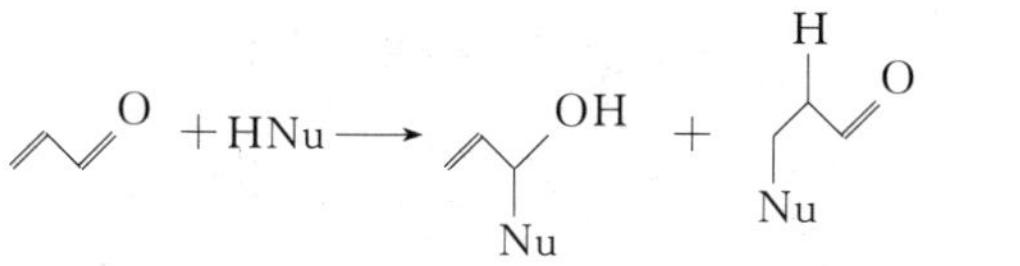

1,2-加成产物 1,4-加成产物

不对称的环氧化合物与亲核试剂反应时，存在哪个C—O键优先发生断裂的问题。一般而言，碱性条件下亲核试剂会优先进攻位阻较小的环上碳原子，而酸性条件下，则是优先进攻带正电荷的环上碳原子。例如：

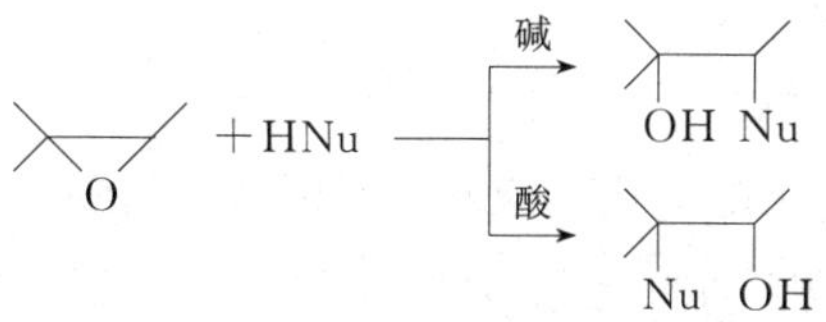

(2)消除反应中的区域选择性

卤代烃、醇、季铵碱和叔胺的氧化产物在发生消除反应时，通常优先与能生成共轭体系的β-H进行消除。例如：

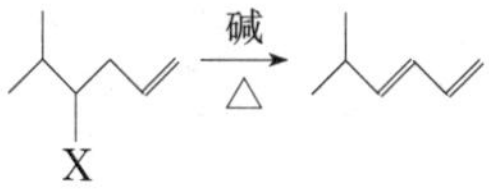

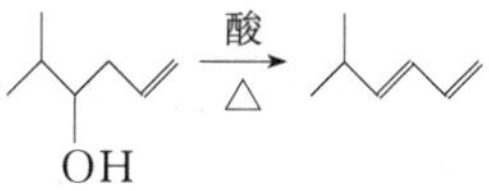

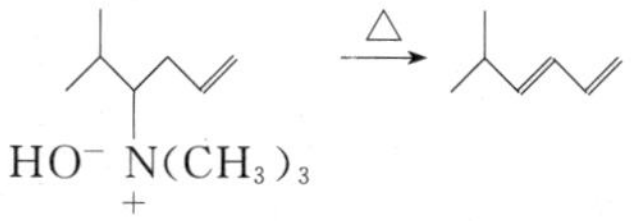

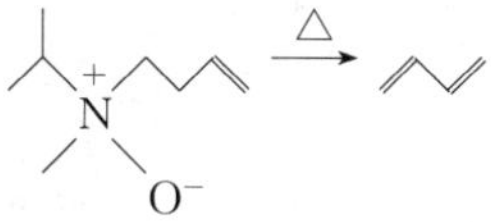

在不能形成共轭体系时，卤代烃和醇的消除按扎伊采夫规则，即优先与含氢较少β碳上的氢进行消除，而季铵碱和叔胺的氧化产物的消除按霍夫曼规则，即优先与含氢较多β碳上的氢进行消除。

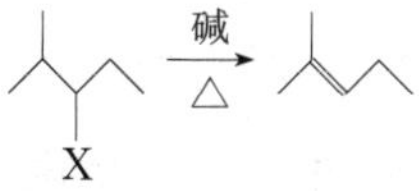

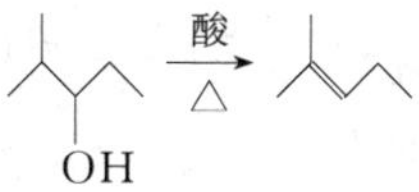

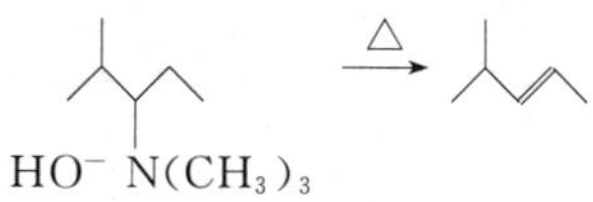

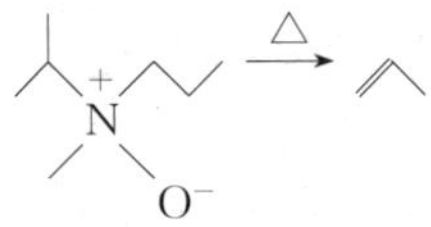

但邻二卤代烃在一些情况下发生消除反应生成炔烃或者单烯烃，例如：

$$H_3C\underset{\displaystyle Br}{\underset{|}{C}}H-\underset{\displaystyle Br}{\underset{|}{C}}H_2 \xrightarrow[\triangle]{NaNH_2} H_3CC\equiv CH$$

$$H_3C\underset{\displaystyle Br}{\underset{|}{C}}H-\underset{\displaystyle Br}{\underset{|}{C}}HCH_3 \xrightarrow{Zn,C_2H_5OH} H_3CCH=CHCH_3$$

(3)芳环上取代反应中的区域选择性

芳香化合物发生芳环上的亲电取代反应时，芳环上已有的取代基会对亲电取代反应发生位置以及反应的难易程度产生影响，即存在明显的区域选择性。这主要是受到芳香环上各原子上分布的电子云密度大小、空间位阻以及定位基与反应试剂或催化剂间的配位作用等的影响。例如：

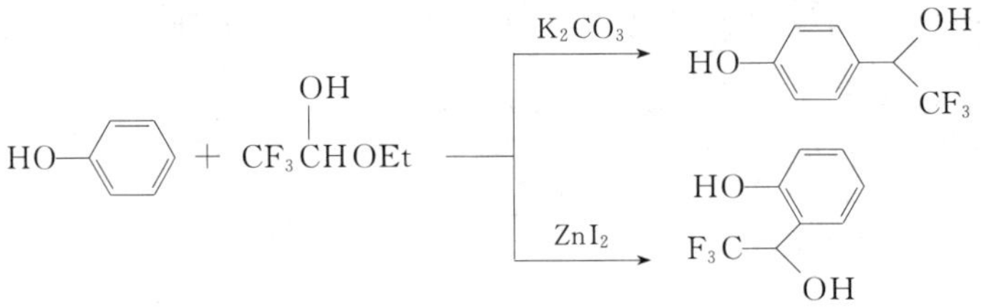

芳环上卤素原子被亲核取代时，也会受到其他取代基的影响，从而发生区域选择性。芳环上例如：

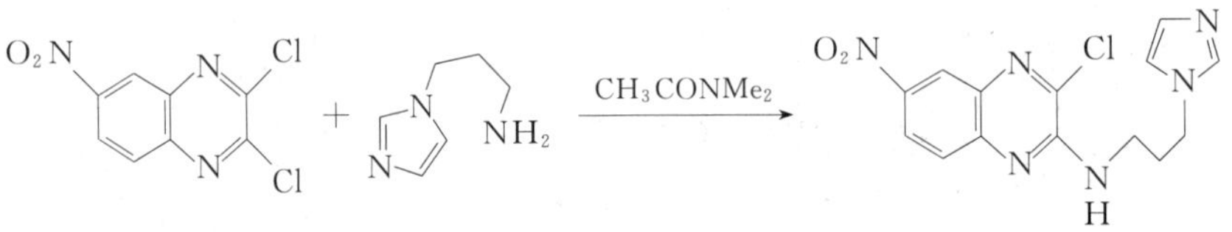

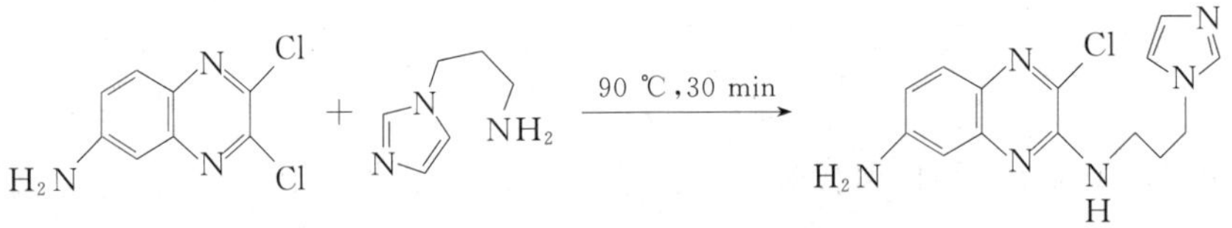

(4)不对称饱和酮 α 位反应中的区域选择性

含有两种不同 α－H 的不对称饱和酮在酸碱催化下发生互变异构会生成两种不同的烯醇式异构体，在反应过程中哪位位置优先发生反应，主要取决于两种 α－H 的相对酸性强弱，以及这两种烯醇式异构体的热力学稳定性。一般来说，在高温条件下弱酸或者弱碱催化，反应主要在形成高热力学稳定性烯醇式异构体的 α 位碳原子上进行；在低温条件下强碱催化，反应主要在与酸性较强 α－H 相连的碳原子上进行。但在一些特殊条件下，反应会在空间位阻更小的 α 位碳原子上进行。例如：

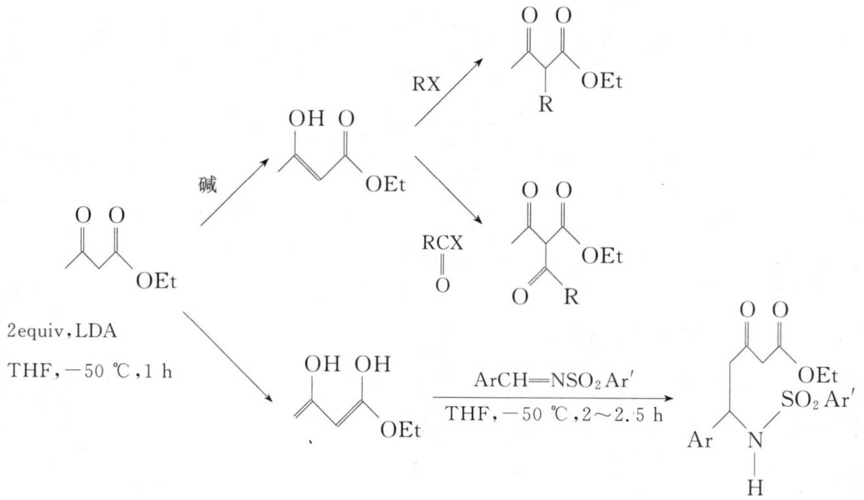

9.1.3　立体选择性

立体选择性是指反应在可能生成多种立体异构体时的选择情况。立体选择性可分为两类：一类是相对立体化学或非对映选择性，另一类是绝对构型或对映选择性。具体表现为：

(1)加成反应中的立体选择性

烯烃的亲电加成反应一般经历反式共平面加成过程，得到反式加成产物，通常是一对对映异构体的形式。例如：

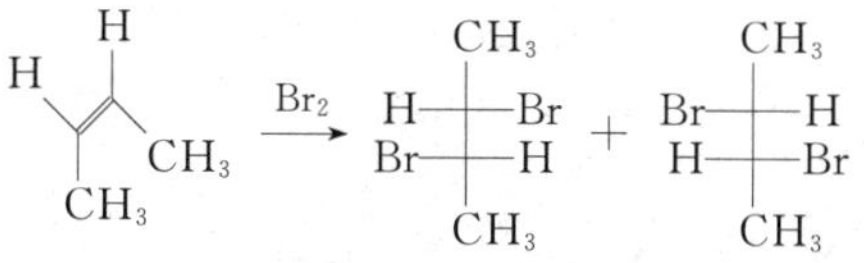

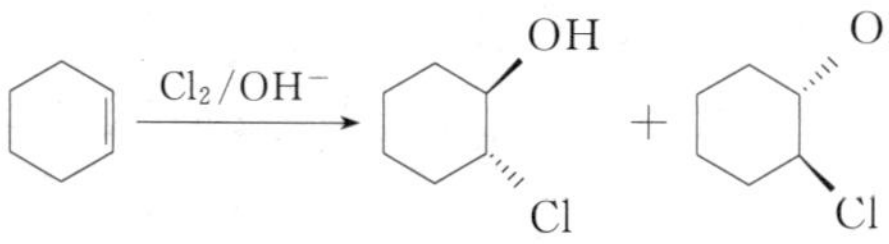

炔烃在合适试剂作用下发生加成反应得到烯烃，根据试剂的不同分别可以得到顺式烯烃或者反式烯烃。一般来说在 Lindlar 催化剂和 P－2 催化剂作用下与氢气加成可以得到顺式烯烃，而用还原性金属体系或者氢化铝锂还原时则得到反式烯烃。例如：

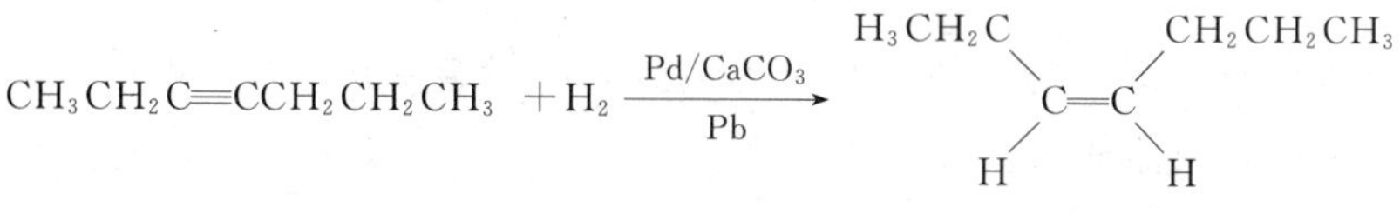

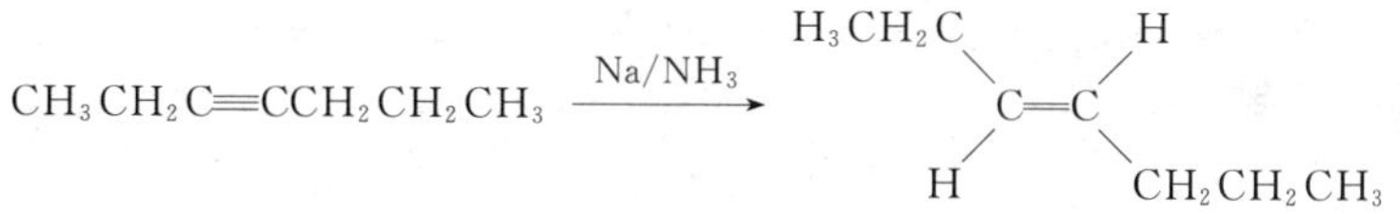

醛酮的羰基碳在亲核试剂进攻下发生反应时，羰基周边的空间位阻会影响亲核试剂的

进攻方向，通常可以得到具有一定立体选择性的手性化合物。例如：

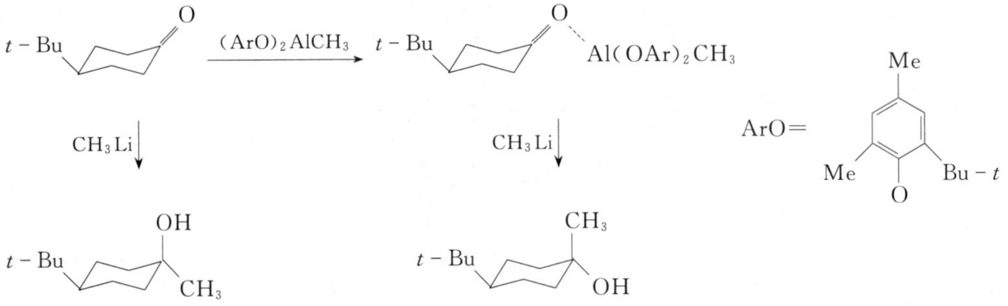

(2)消除反应中的立体选择性

卤代烃、醇和季铵碱在发生消除反应时，通常为反式共平面消除，而叔胺的氧化产物进行消除反应时，通常为顺式共平面消除。例如：

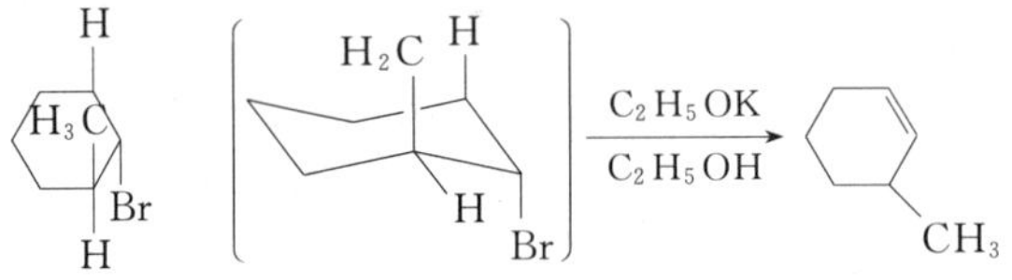

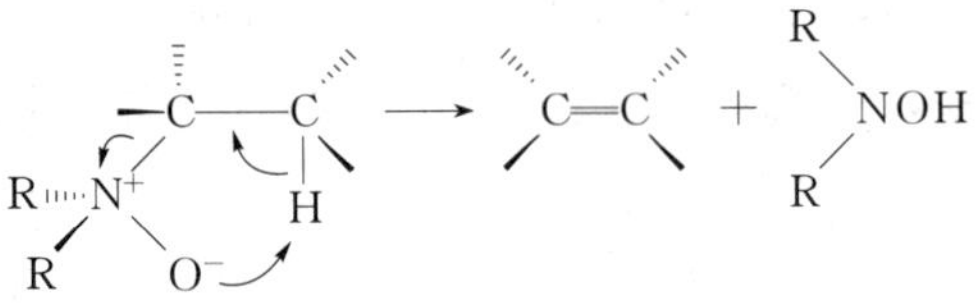

(3)亲核取代反应中的立体选择性

卤代烃等作为底物被亲核试剂进攻时，空间位阻和中间体的特点会使得取代反应具有一定的立体选择性。例如：

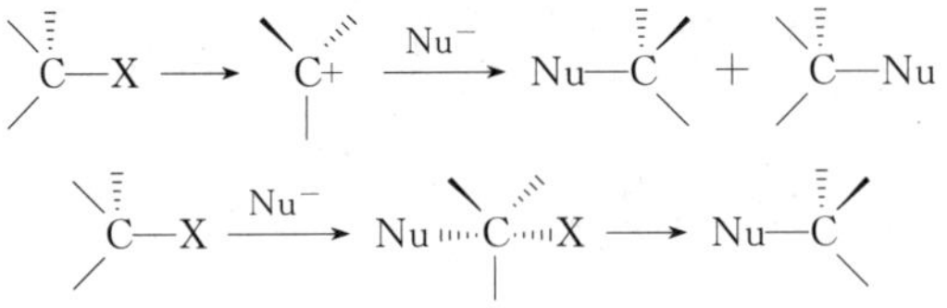

9.2　有机化学反应选择性控制方法

通过对有机反应选择性的控制可有目的地提高有机合成的效率，从而设计出预期目标分子的理想的有机合成路线。具体如下：

9.2.1　底物控制

当反应底物中含有不同的官能团，或者官能团能反应产物和原官能团会竞争反应试剂时，则需要控制反应底物的选择性来实现预期目标分子的合成。具体情况大致分为四类。

其一，当两个官能团活性不相同时，可以只使反应活性较强的官能团单独反应；若想让反应活性较弱的官能团反应，则需对反应活性较强的官能团进行保护。例如下面的底物分子中酮羰基比羧基的反应活性大，因此可以直接使其发生还原反应或者亲核加成反应。但如果想让羧基反应而酮羰基不反应，则需要对酮羰基进行保护。

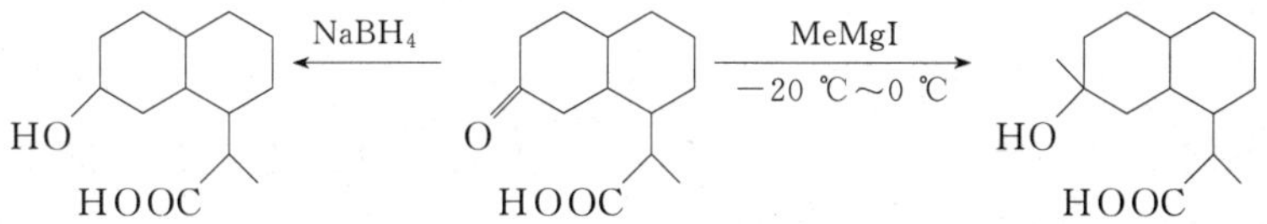

其二，当相同的官能团所处环境不同时，可利用化学环境不同所造成的反应活性差异来实现选择性。例如在 Diels - Alder 反应中，由于亲双烯体上带有吸电子基团时更容易发生反应，因此在该反应中，亲双烯体上右边的双键与二烯体发生反应，同时实现了区域选择性和立体选择性的目的。

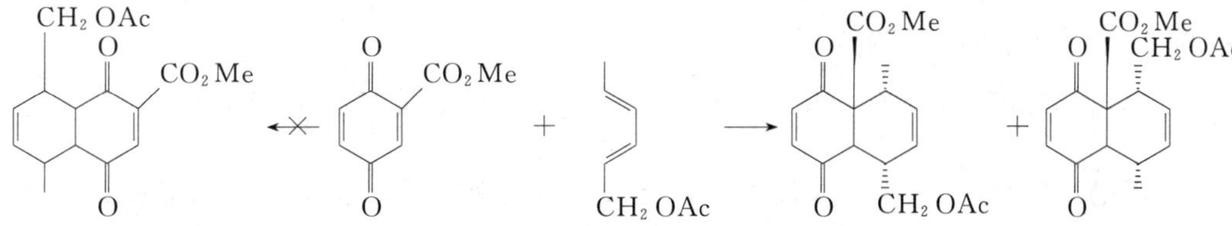

其三，当官能团相同时，若其中一个官能团反应后，第二个相同官能团的反应活性会随之下降，因此，实现单个官能团反应并不困难。例如间二硝基苯在水相中用硫化钠与氯化铵体系进行还原时，第一个硝基被还原为氨基后，第二个硝基的反应活性明显降低。

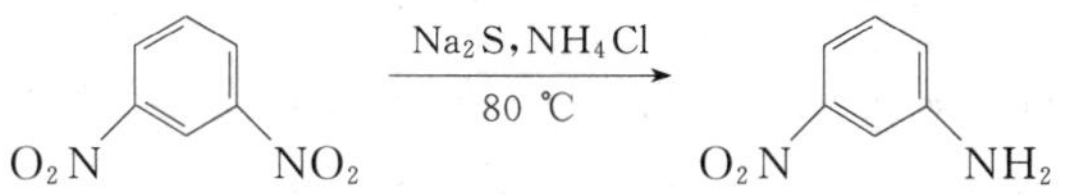

但在大多数情况下，第一个官能团反应后，第二个相同官能团的反应活性并不会发生太大的变化，或者反应前后的官能团存在竞争反应时，通常可通过控制底物和反应试剂的投入比例来实现只反应其中一个官能团。例如：

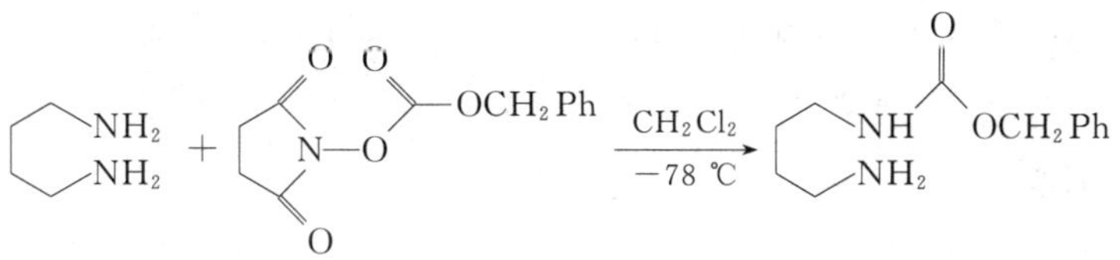

其四，当反应的选择性基本无差别时，则只能通过产物分离的手段或者改变合成路线的方法来实现预期目标分子的合成。例如对下面反应底物中的醇结构进行催化脱水反应时，由于缺少有效的控制因素，因此得到的 1∶1 的两个性质相近的消除产物，只能采用产物分离的手段来合成预期目标分子。

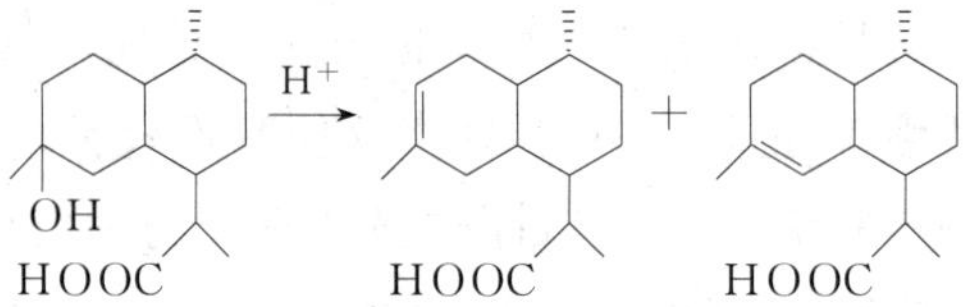

9.2.2 反应试剂和条件控制

在底物控制的第二和第三种类型选择性控制中，可以通过选择合适的试剂和反应条件来实现反应底物的反应选择性，这也是目前有机合成方法学研究的一个主要方向。下面将以一些典型官能团的选择性反应为例来说明这样的选择控制方法。

(1)碳碳不饱和键的选择性加成

在一个分子中同时存在碳碳双键和碳碳三键时，可利用两者的反应活性不同来实现选择性加成。例如在催化加氢反应中时，通过选择合适的催化剂来实现保留碳碳双键的同时还原碳碳三键为碳碳双键。例如：

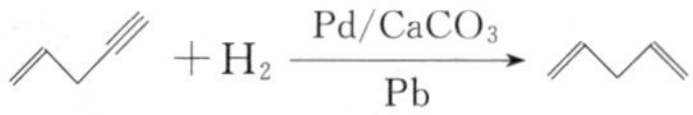

而在亲电加成反应中，可以通过控制亲电试剂的量来实现碳碳双键发生加成反应，而碳碳三键保持不变。例如：

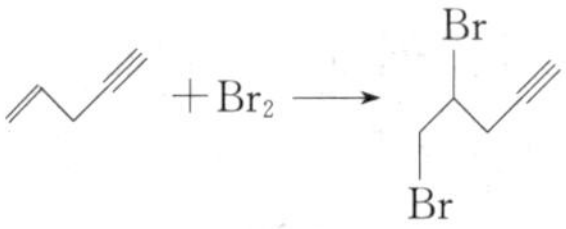

但当碳碳双键和碳碳三键形成共轭体系时，加成反应优先在碳碳三键上进行。例如：

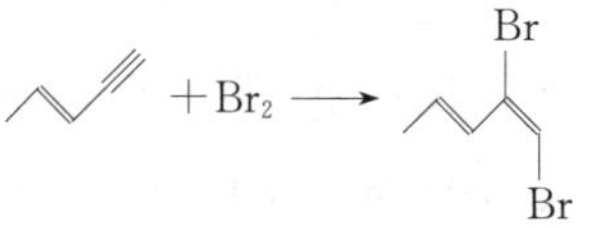

(2)醇羟基的选择性氧化

在醇分子中同时存在伯羟基和仲羟基时，可以利用一些特定的化学试剂来实现选择性氧化伯羟基或者仲羟基，而保持另一个不变。例如在下面的反应中底物上的仲羟基被氧化，而伯羟基则保持不变。

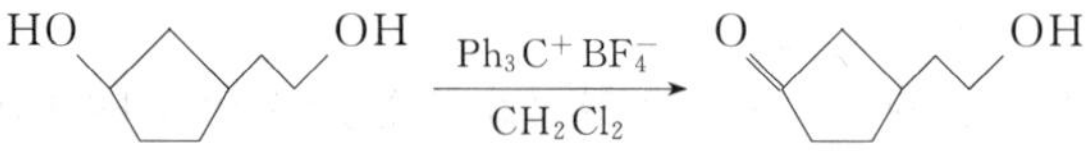

而在下面的例子中，底物分子中的伯羟基被首先氧化，接着又发生了分子内的酯化反应。

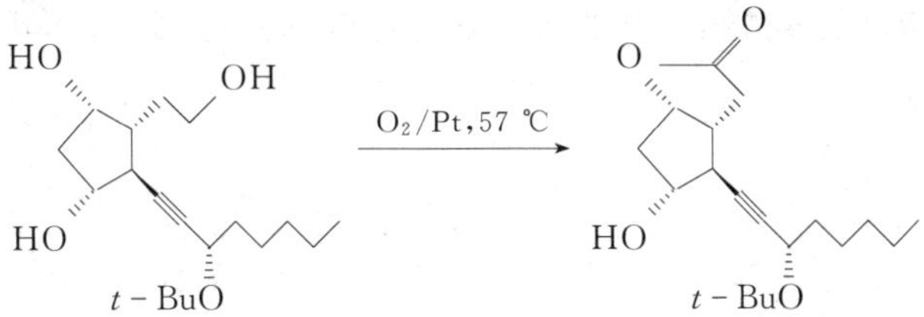

烯丙基醇羟基在其他羟基的存在下可被一些特殊的试剂选择性氧化，例如：

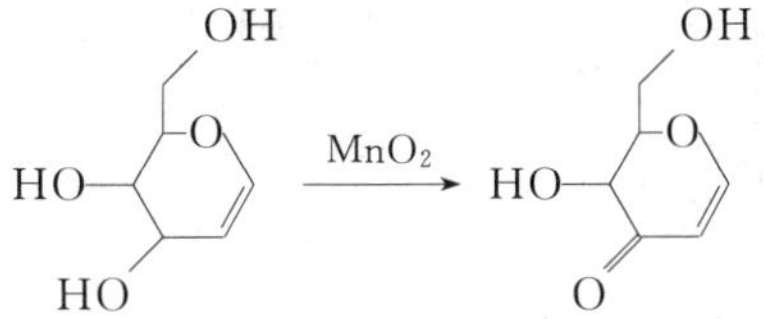

完全相同的两个仲羟基在控制试剂用量的条件下可以实现单边氧化。例如：

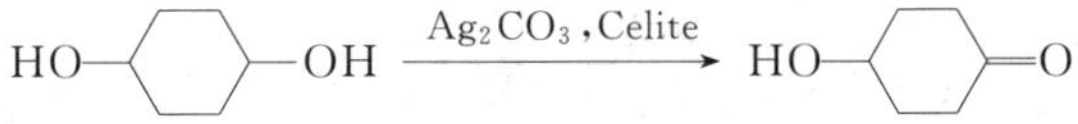

(3)环氧化物的选择性开环

环氧化物的开环反应一般都是亲核反应过程，亲核试剂总是从离去基团（氧桥）的反位进攻任一环氧碳原子，得到反式开环产物。因此，不对称环氧化物开环反应可生成两种产物，以哪种产物为主，决定于它们的开环方向，这种开环方向与反应的酸碱性密切相关。一般来说，在碱性条件下，亲核试剂总是优先进攻空间位阻较小的、含烷基较少的环氧碳原子；而在酸性条件下，亲核试剂优先进攻比较能容纳正电荷的那个环碳原子，即取代较多的环碳原子。例如：

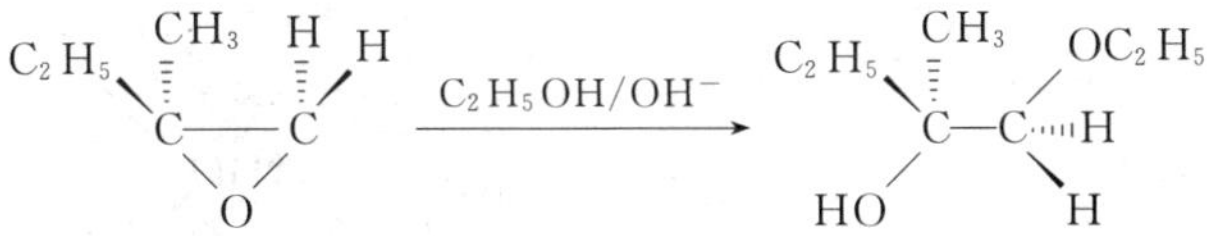

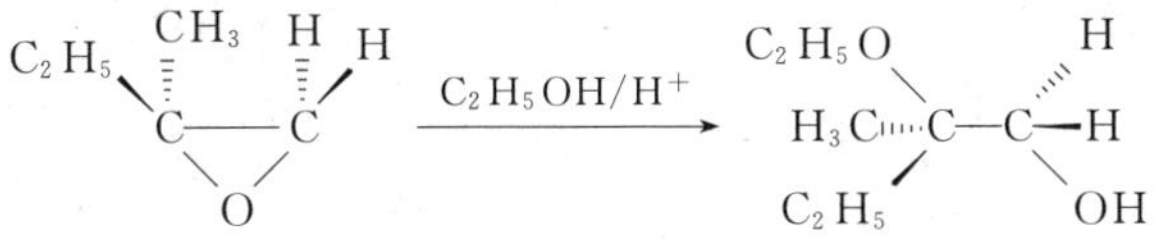

(4)醛酮羰基的选择性反应

醛的反应活性比较高，一般会优先发生反应。因此，当选择一些弱氧化剂时，可实现醛的选择性氧化反应。例如：

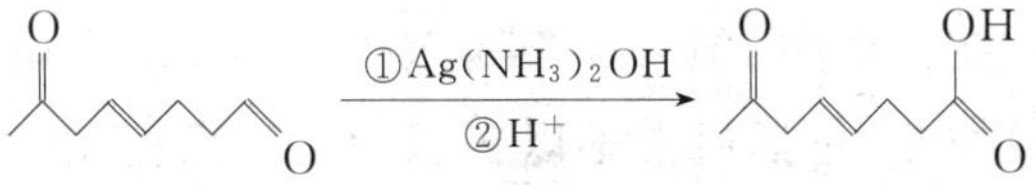

金属氢化物如 $LiAlH_4$ 和 $NaBH_4$ 是高选择性还原剂，可以在碳碳双键和碳碳三键存在下，实现羰基的选择性还原。例如：

然而，在 α,β 不饱和醛或酮中，由于碳碳双键与羰基共轭，因而 $NaBH_4$ 还原的选择性下降。例如：

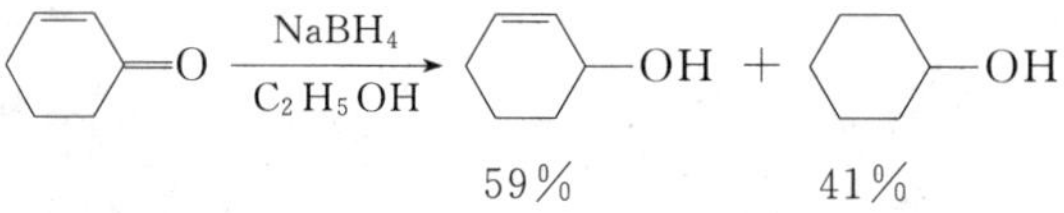

此时，可利用选择性更高的 $LiAlH_4$ 还原或者麦尔外因-彭多夫还原。例如：

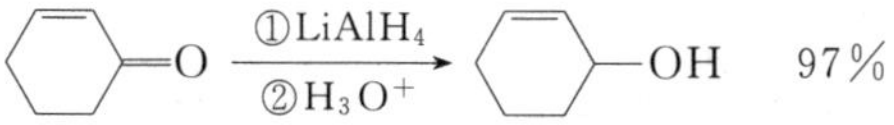

$$RCH{=}CH{-}\underset{\underset{O}{\|}}{C}R' \xrightarrow{\text{麦尔外因-彭多夫}} RCH{=}CH{-}\underset{\underset{OH}{|}}{C}HR'$$

在不饱和醛或者酮中，与羰基共轭的碳碳双键也可能被还原。例如：

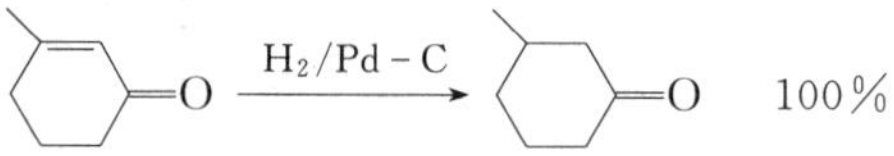

9.2.3 邻基参与控制

一些多官能团化合物发生反应时，官能团中周边的杂原子或基团可能会参与反应，从而造成与其他相同官能团反应活性不同，从而表现出一定的选择性，即邻基参与实现选择性控制的效果。例如多烯类化合物中，用一般的过氧酸进行碳碳双键环氧化时基本没有选择性，但用 TBHP/VO(acac)$_2$ 氧化体系时，与羟基邻近的碳碳双键可以优先发生环氧化。

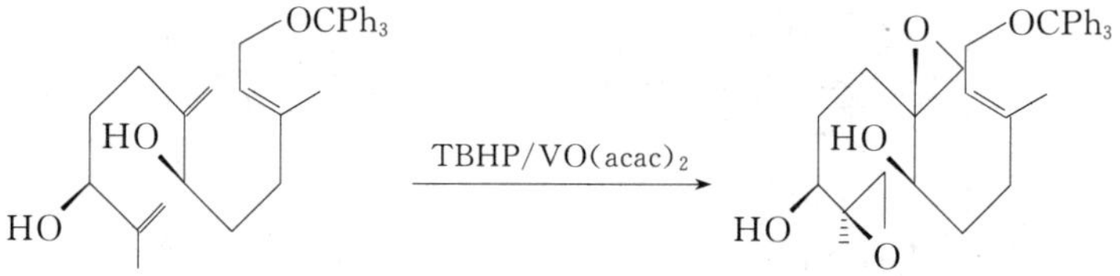

9.2.4 其他控制

除了以上运用反应体系中的因素来进行有机合成选择性控制以外，其他手段也被用于进行有机合成的选择性控制。例如 Breslow 等运用仿生手段，采用模板引入的方法实现了对许多选择性反应的有效控制，包括通常难以实现的远距离控制。例如在下面的两个反应中，将试剂通过一硬链连接与控制基团上，从而实现将分子间反应转换为分子内反应，并且通过调节链的长短来实现不同距离的区域控制。

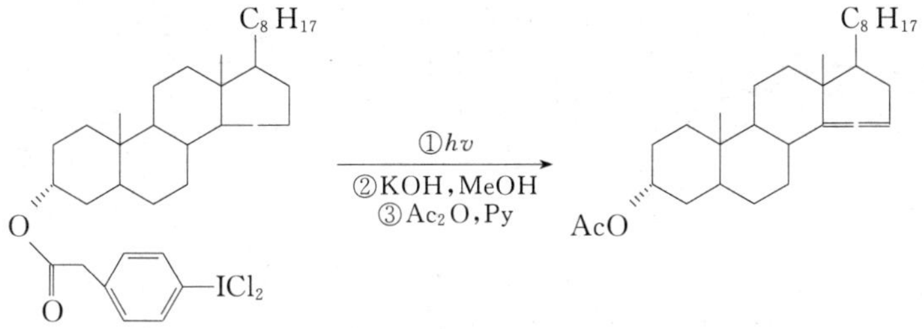

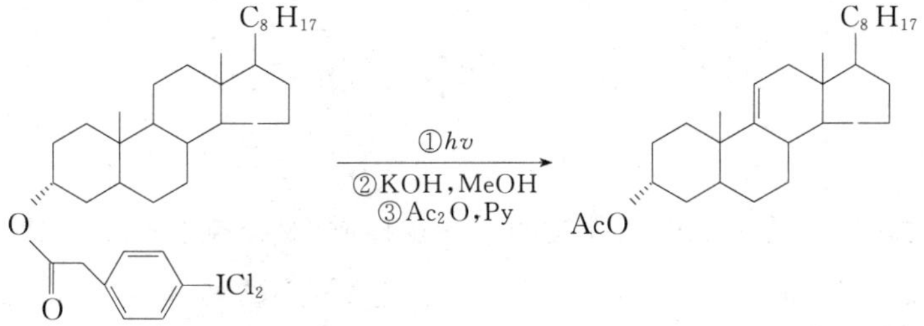

Breslow 的另一贡献是从主客体概念出发，借助环糊精来实现底物的控制反应。例如对于环戊二烯与丙烯腈的 Diels - Alder 反应，一般情况下是要在一定的温度和压力下才能进行，但放入 β -环糊精后，两底物均被结合在环糊精的空穴中，有利于过渡态的形成，从而加速反应并增强了产物的 endo 选择性。但若采用 α -环糊精则不行，这是由于空穴大小与底物不匹配。

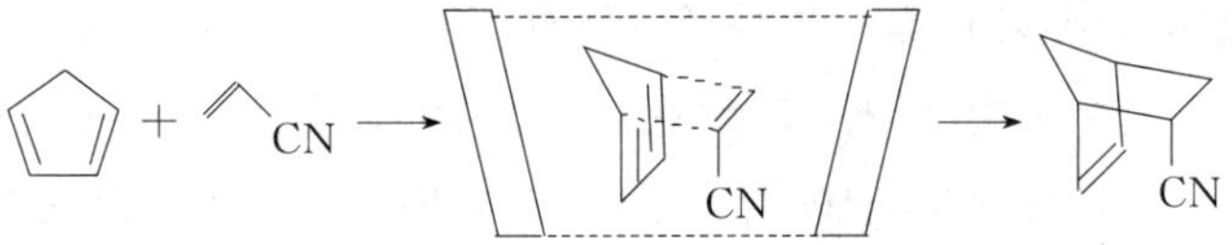

惠永正等将手性胶束产生的不对称微环境用在化学反应上产生不对称效果，也取得了一些较好的结果。例如：

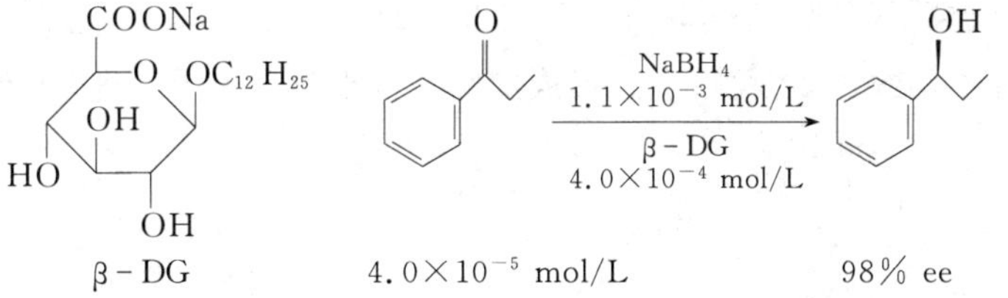

除此以外，分子互补和分子识别的概念也被用于有机合成选择性控制反应。以其为基础目前已发展出很多概念和应用，例如合成位置专一性的 DNA 剪刀、Kemp 三酸的自我复制、共价键和非共价键的卟啉装配、两亲分子的装配以及发散型分子胶束等。例如下面的反应中，Lewis 酸催化剂 ATPH 在反应中为底物双烯的羰基提供了一只高效率的口袋，使得通常在 Al 类催化剂存在下主要得到 endo 产物的反应，选择性发生了逆转。

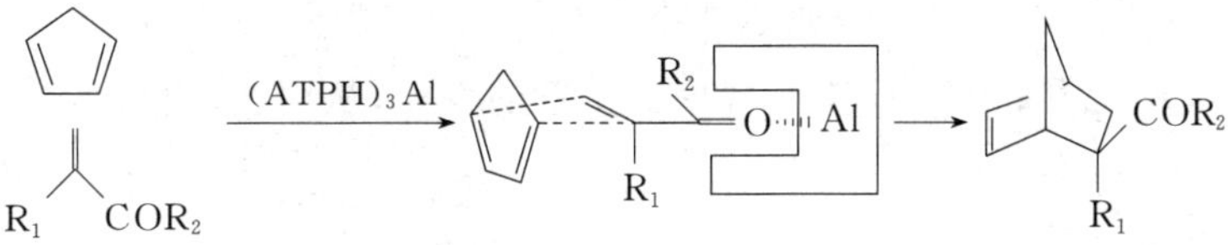

exo-transition state

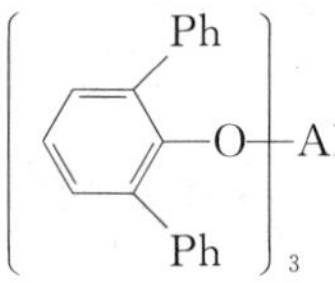

ATPH

9.3 实例分析

选择底物和试剂，以及对反应条件等的选择性控制，是复杂目标分子理想合成路线设计中必须考虑的问题。下面将以一些有机化合物合成路线中的选择性反应为例来讨论有机合成中的选择性控制。

【例 9-1】 由环己酮合成 2,6-二甲基环己酮

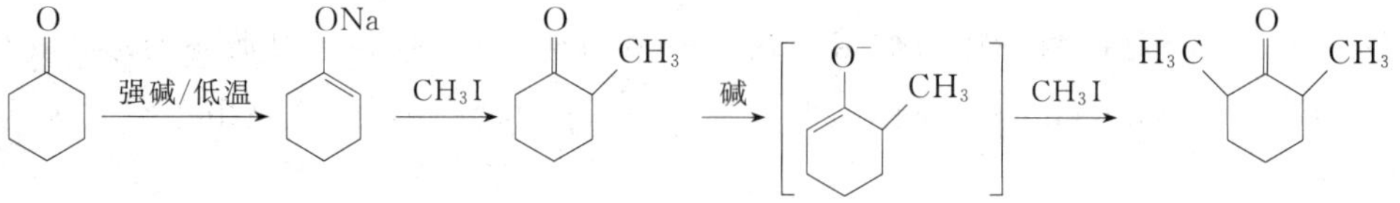

分析：在该合成路线中，环己酮在碱性条件下存在互变异构，形成烯醇氧负离子，同时也可能发生分子间的羟醛缩合反应。因此需要在低温下用强碱(如 $NaNH_2$，LDA，NaH，Ph_3CNa 等)首先将环己酮转变为烯醇氧负离子，然后再与碘代甲烷反应即可得到 2-甲基环己酮。2-甲基环己酮是不对称酮，在碱性条件下会形成两种烯醇氧负离子(如下)，和碘代甲烷反应分别可以得到 2,2-二甲基环己酮和 2,6-二甲基环己酮。其中烯醇氧负离子(i)是通过热力学控制得到的，而烯醇氧负离子(ii)是通过动力学控制得到的。因此，控制较低的反应温度可实现目标分子的合成。在本路线中，也可以通过形成烯胺来实现第二个甲基进入6 位。

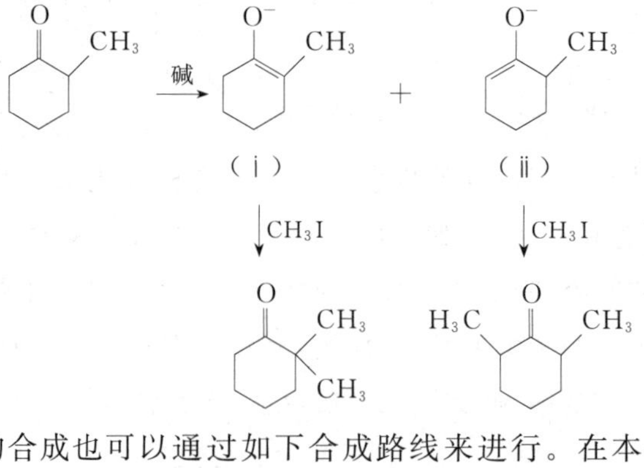

本题中目标分子的合成也可以通过如下合成路线来进行。在本合成路线中，引入酯基来实现反应导向，并利用重排反应来实现反应位置的变化，从而实现目标分子的合成。

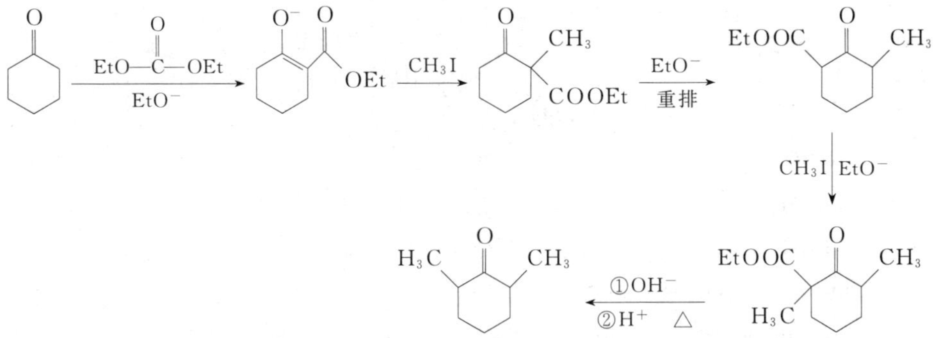

【例 9 - 2】 2 -丁烯- 1,4 -二醇缩丙酮的合成

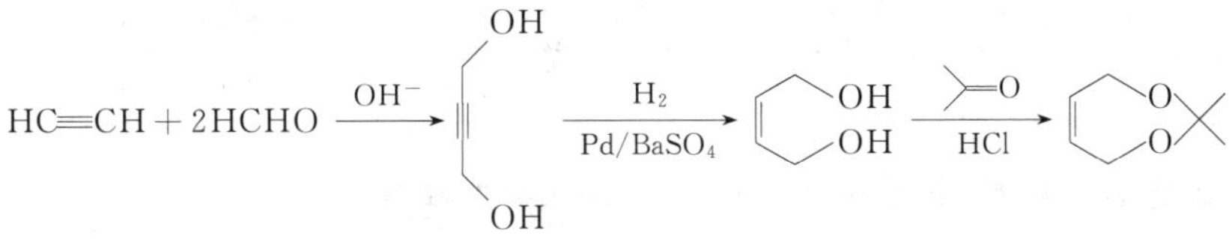

分析:在该合成路线中,炔烃的还原可以通过 Lindlar 催化剂催化加氢的方法得到顺式烯烃结构,也可以通过金属还原剂还原得到反式烯烃,分别可以得到的产物顺- 2 -丁烯- 1,4 -二醇和反- 2 -丁烯- 1,4 -二醇,但顺式结构中两个羟基的距离比较近,可以与丙酮 1∶1 反应生成缩酮的结构,而反式结构中两个羟基的距离比较远,不能与丙酮 1∶1 反应生成缩酮的结构。

【例 9 - 3】 5,6 -二羟基二环[2.2.1]庚烷- 2 -甲酸甲酯缩丙酮的合成

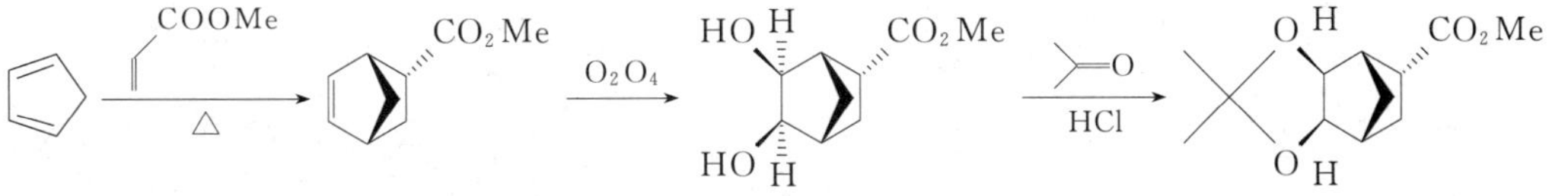

分析:在该合成路线中,环戊二烯和丙烯酸甲酯的 D - A 反应为顺式反应,产物中甲酸甲酯基团伸向环外。丙酮缩合要求邻二醇的两个羟基一定要处于顺式,因此要选择 OsO_4 等氧化剂来实现碳碳双键的氧化。

【例 9 - 4】 取代环己酮的还原

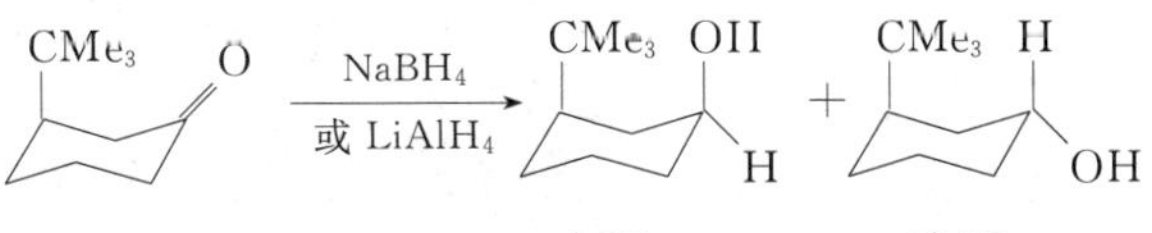

主要　　　　次要

分析:在本例中,叔丁基的体积比较大且离羰基的位置比较近,当叔丁基处于 a 键位置时,会阻碍进攻试剂从上面进攻,因此羰基被还原得到的主要产物中羟基处于 a 键的位置。但如果叔丁基处于 4 位时,整个分子是对称结构,叔丁基离羰基的位置比较远,基本不影响进攻试剂的进攻方向,如下例,得到的主要产物中羟基处于更稳定的 e 键位置。

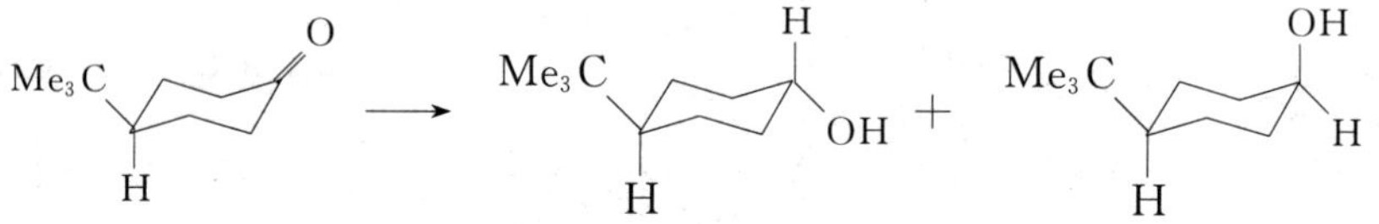

$NaBH_4$	主要	次要
$LiAlH_4$	主要	次要
$LiAlH_4-AlCl_3$	主要	次要
$Al(O-Pr-i)_3/HOPr-i$	主要	次要
$Na-ROH$	主要	次要

习　　题

完成下列反应方程式，并分析其中涉及什么反应选择性。

(1) 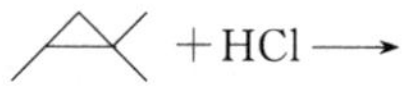

(2) 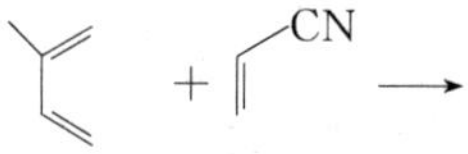

(3) 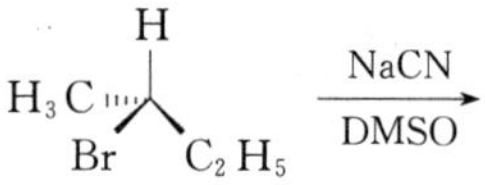

(4) 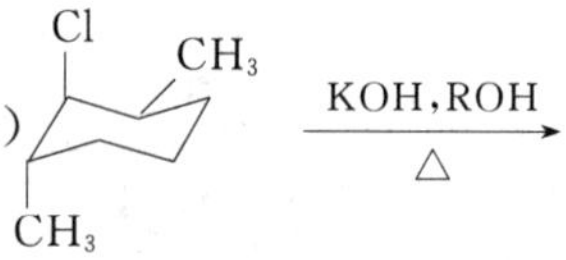

(5) 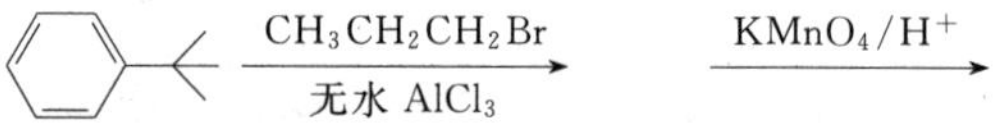

(6) 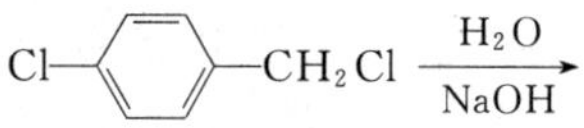

(7) 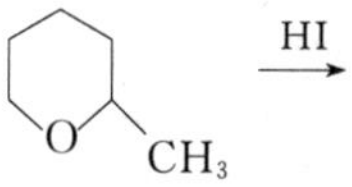

第10章

基团的保护基

在有机合成反应中，往往需要对分子中个别基团进行加工，这就必须提高反应的专属性，因此在合成反应过程中会使用一些保护基，对某些敏感的官能团进行保护和去保护，否则可能会导致所需反应的失败。所谓保护基，就是将反应物中不希望发生反应的敏感基团转为不发生反应的基团。例如通过 Grignard 试剂与 4-羟甲基苯乙酮反应制备三级醇时就需要对醇羟基实施保护，烷氧基可以作为羟基的保护基。

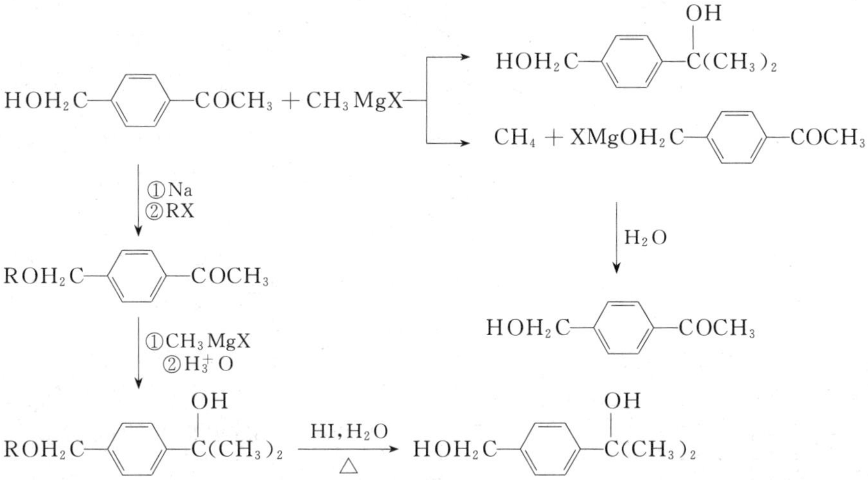

基团保护和去保护是复杂有机合成中的重要问题。需要保护的基团主要包括羧基、巯基、羟基、氨基和羰基等。已有的保护基团种类很多，去保护基条件也各不相同。基团保护和去保护试剂研究的发展方向是反应条件温和、被保护基团稳定、易脱离、具有高选择性。

10.1 胺的保护

选择一个氨基保护基时，必须仔细考虑到所有的反应物，反应条件及所设计的反应过程中会涉及的所有官能团。首先，要对所有的反应官能团作出评估，确定哪些在所设定的反应条件下是不稳定并需要加以保护的，并在充分考虑保护基性质的基础上，选择能和反应条件相匹配的氨基保护基。其次，当几个保护基需要同时被除去时，用相同的保护基来保护不同的官能团是非常有效的（如苄基可保护羟基为醚，保护羧酸为酯，保护氨基为氨基甲酸酯）。要选择性去除保护基时，就只能采用不同种类的保护基（如一个 Cbz 保护的氨基可氢解除去，但对另一个 Boc 保护的氨基则是稳定的）。此外，还要从电子和立体的因素去考虑对保护的生成和去除速率的影响（如羧酸叔醇酯远比伯醇酯难以生成或除去）。最后，如果难以找到合适的保护基，要么适当调整反应路线使官能团不再需要保护或使原来在反应中会起反应的保护基成为稳定的；要么重新设计路线，看是否有可能应用前体官能团（如硝基、亚胺等）；或者设计出新的不需要保护基的合成路线。

由于许多生物活性分子，如氨基酸、肽、糖肽、氨基糖、β-内酰胺、核苷、生物碱等均含有 N 原子，因此氨基的保护在有机合成中占有十分重要的地位。几种常见氨基的保护和去保护见表 10-1 所示。

表 10-1 几种常见氨基的保护和去保护

结构	缩写	引入条件	脱去条件
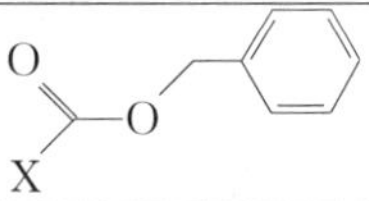	Cbz	Cbz-Cl/Na_2CO_3/$CHCl_3$/H_2O	H_2/Pd-C，供氢体/Pd-C，BBr_3/CH_2Cl_2 or TFA，HBr/HOAc 等
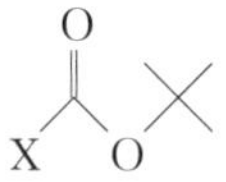	Boc	Boc_2O/NaOH/diox/H_2O，Boc_2O/ /MeOH，Boc_2O/Me_4NOH/CH_3CN	3MHCl/EtOAc，HCl/MeOH or diox，TosOH/THF - CH_2Cl_2，Me_3SiI/$CHCl_3$ or CH_3CN
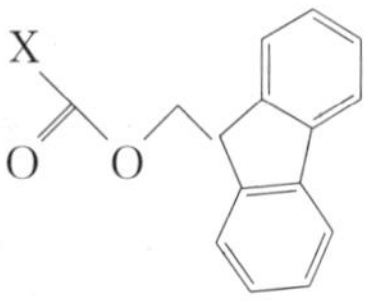	Fmoc	Fmoc-Cl/$NaHCO_3$，/diox/H_2O	20%哌啶/DMF，50%哌啶/CH_2Cl_2 等
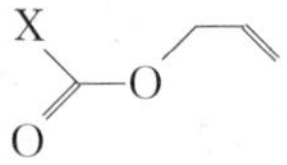	Alloc	Alloc-Cl/Py	$Ni(CO)_4$/DMF/H_2O；$Pd(PPh_3)_4$/Bu_3SnH；
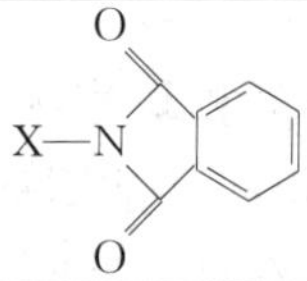	Pht	邻苯二甲酸酐/$CHCl_3$/70 ℃；邻苯二甲酰亚胺 - NCO_2Et/aq. Na_2CO_3	H_2NNH_2/EtOH，$NaBH_4$/*i*-PrOH-H_2O(6∶1)
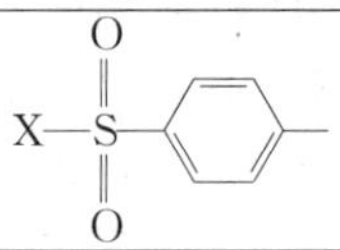	Tos	Tos-Cl/Et_3N	HBr/HOAc，48%HBr/苯酚(cat)
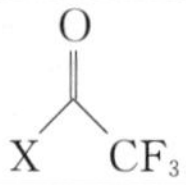	Tfa	TFAA/Py；苯二甲酰亚胺-NCO_2CF_3/CH_2Cl_2	K_2CO_3/MeOH/H_2O；NH_3/MeOH；HCl/MeOH
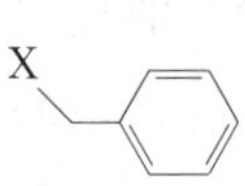	Bn	Bn-Br/Et_3N or K_2CO_3/CH_3CN；PhCHO/$NaCNBH_3$/MeOH	HCO_2H/Pd-C/MeOH；H_2/$Pd(OH)_2$/EtOH；CCl_3CH_2OCOCl/CH_3CN

10.1.1　N-酰基型氨基保护基

将胺转变成取代的酰胺是一个简便而应用很广泛的氨基保护方法。一级胺的单酰基往往足以保护氨基，使其在氧化、烷基化等反应中保持不变。而更完全的保护则是与二元羧酸形成环状双酰胺衍生物。常用的简单酰基的稳定性从高到低依次为：苯甲酰基、乙酰基、甲酰基。

如二肽的合成中氨基的保护：

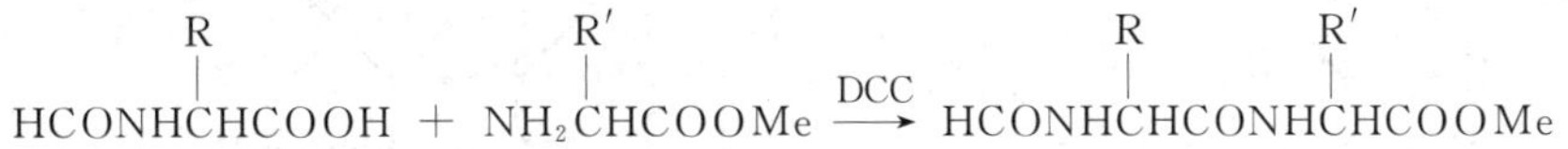

DCC：二环己基碳二亚胺

然而在多肽的合成中，一般不用甲酰基和乙酰基，而是用结构较为复杂的三氟乙酰基(Tfac)、叔丁氧羰基(*t*-Box、Boc)、三氯乙氧羰基(Tceoc)、苄氧羰基(Cbz)以及邻苯二甲酰基(Phth)作为氨基的保护基团。一方面是因为简单的酰基稳定性较差，难以对氨基实施完全保护；另一方面在酸性或碱性条件下脱去甲酰基和乙酰基可能对多肽键中的酰胺键产生不利的影响。

(1)叔丁氧羰基

叔丁氧羰基保护氨基的条件温和，受保护的氨基化合物能够经受催化氢化、比较强烈的碱性条件和亲核反应条件。常用的保护试剂主要有 Boc_2O(di-tert-butyl dicarbonate)和 BocON[2-(tert-butoxycarbonyloxyimino)-phenylacetonitrile]。如对苯丙氨酸中的氨基保护如下：

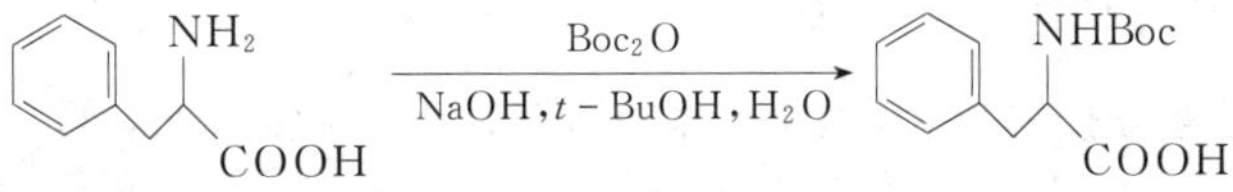

脱去 Boc 保护基最常用的方法是常温下使用三氟乙酸(TFA)或三氟乙酸的 CH_2Cl_2 溶液，即可迅速去除保护基。

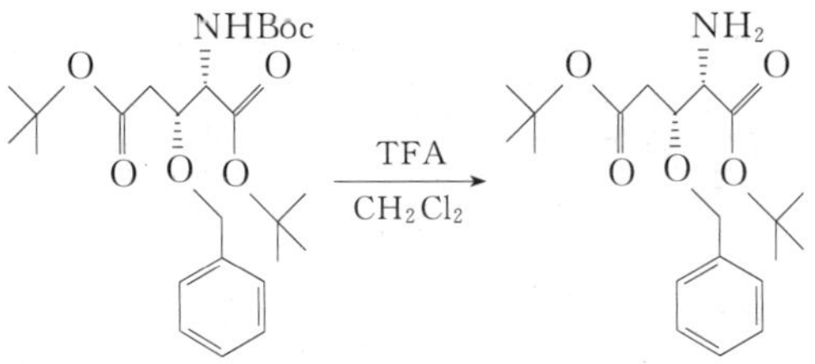

(2)三氟乙酰基

卤代乙酰基尤其是三氟乙酰基不仅在甾体、苷类合成中保护氨基得到应用，而且也可以保护糖上的氨基，例如胸腺嘧啶核苷的合成。

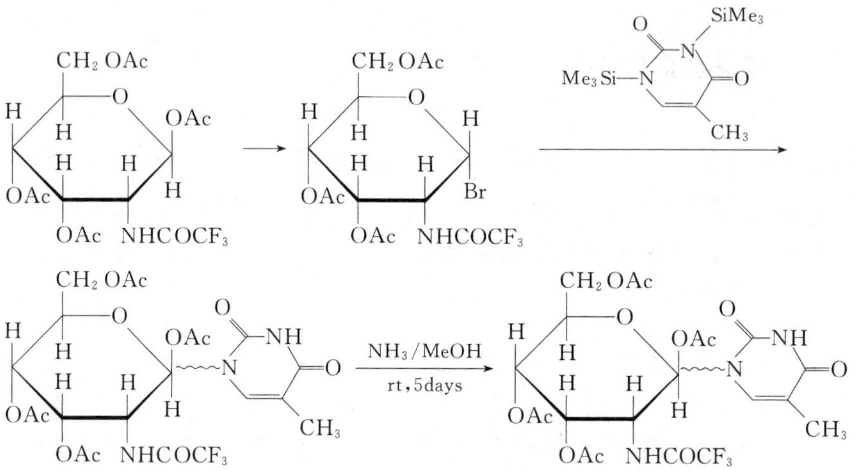

三氟乙酰基可以在温和的碱性条件下水解去掉，如用氨水、氢氧化钠、氢氧化钡以及碱性离子交换树脂等。

(3)苄氧羰基

苄氧羰基保护氨基的条件非常温和，在碱性水溶液中室温下使用很快就能完成保护。由于 CbzCl 非常便宜，适合大量原料的制备，而且 Cbz 可以被氢解除去，因此得到了广泛的应用。

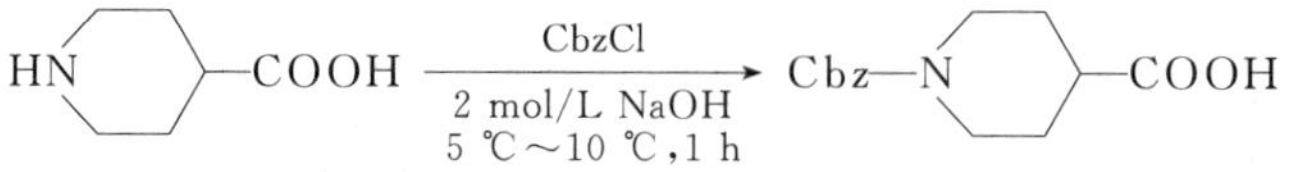

(4)9 -芴甲氧基羰基

9 -芴甲氧基羰基(Fmoc)基团对酸性条件相当稳定，它的使用是现代固相和液相多肽合成的基础，常用的保护试剂是 Fmoc - Cl，在 $NaHCO_3$ 或 Na_2CO_3 存在下，可以取得较好的收率。同时该保护基的除去按照 β 消除的原理，只需简单的碱如 NH_3、Et_2NH、哌啶、吗啡碱等在非质子极性溶剂[DMF、NMP(N -甲基吡咯烷酮)或 MeCN]中即可快速完成氨基的释放。

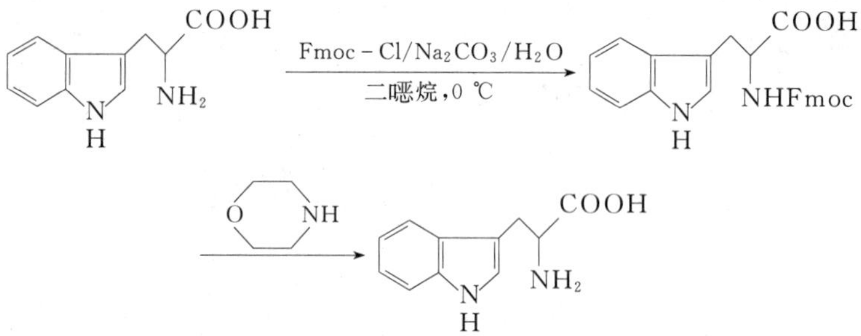

(5)N -磺酰基衍生物

Hinsberg 反应可将一级、二级和三级胺的混合物分开，这一分离作用可视作一个早期用苯磺酰胺对氨基进行保护的例子。磺酰基类氨基保护基是较稳定的保护形式，这些化合物一般都是很好的结晶，与碳酰胺类保护基比较，不易受到亲核试剂的进攻。

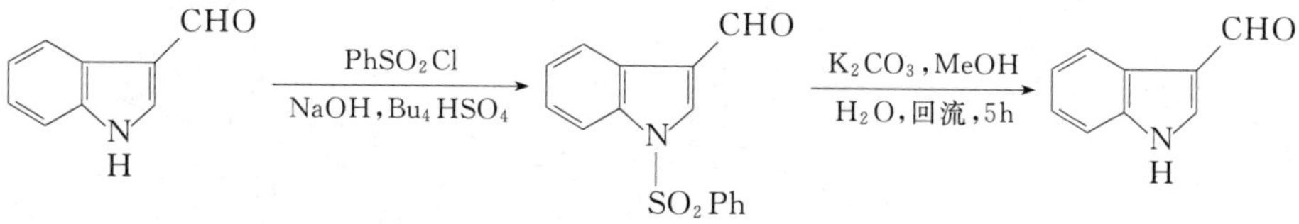

磺酰基的除去因底物特性而有区别。对于弱碱，如吲哚和吡咯，它们的磺酰基保护可以使用简单的碱水解完成脱除；但如果是伯胺或仲胺的磺酰胺，则需要使用强烈的还原条件才能完成此过程。

10.1.2　N-烷基类氨基保护基

(1)苯甲基及其衍生物

用烷基保护氨基主要使用苄基或三苯甲基，由于这些基团的空间位阻作用对氨基可以起到很好的保护，由于简单的烷基对胺保护后难以去除，因而很少使用。伯胺可以在 Na_2CO_3 存在下与苄基溴反应，二次烷基化得 N,N-二苄基衍生物，而且还能很容易催化氢解而除去；还原氨化方法是另一种常用的方法，而且可以控制 N-单苄基化，产率很好：

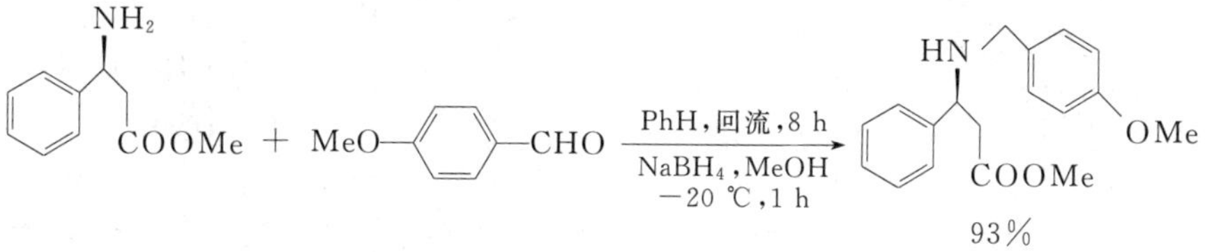

(2)烯丙基和异丙烯衍生物

烯丙基可用于保护咪唑环上的N—H键。腺嘌呤和 6-羟基嘌呤与烯丙基溴在 N,N-二甲基乙酰胺中，在 K_2CO_3 存在下可得 9-烯丙基衍生物，用碱处理则异构化成丙烯基衍生物。C_1 位进行甲基化后，在碱性条件下丙烯基可被氧化除去。

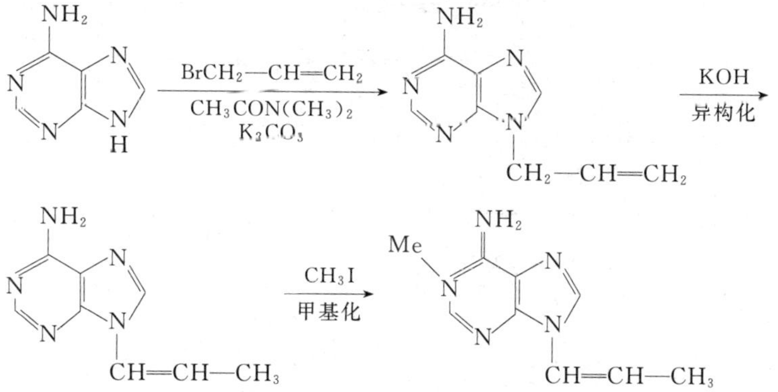

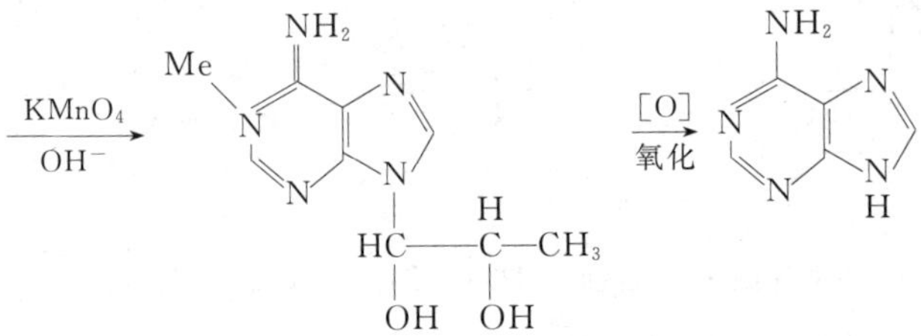

除此之外，氨基保护基还有很多，如质子化成盐、硅基衍生物、亚氨基衍生物等，由于应用面不广泛，在此不做介绍。

10.2 醇的保护

羟基的保护基有150种左右，但其中只有少部分具有普遍的实用价值。下面从几大类加以讨论（表10-2）。

表10-2 几种常见羟基的保护和去保护方法

结构	缩写	引入条件	脱去条件
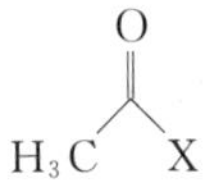	Ac	Ac_2O/Py(DMAP)	CH_3ONa/CH_3OH K_2CO_3/CH_3OH NH_3/CH_3OH
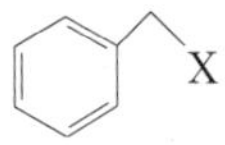	Bn	$PhCH_2Cl$/KOH $PhCH_2Cl/Ag_2O$	H_2 - Pd Na - NH_3
CH_3O—	Me	Me_2SO_4/NaOH $Me_2SO_4/Ba(OH)_2$	BBr_3 BCl_3
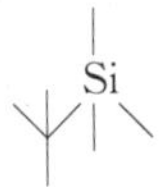	t - $BuMe_2Si$	t - $BuMe_2SiCl$	Bu_4NF；H_2O/AcOH
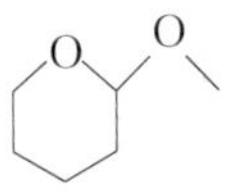	ThP	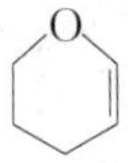	H_2O/AcOH
Ph_3C—	Tr	$TrCl/Et_3N$	80%HOAc 回流

10.2.1 酯类保护基

形成羧酸酯是最常用来保护醇羟基的方法，使其在酸性或中性条件的反应中不受影响。该方法经济而有效，且在碱性条件下易去除。

(1)酯类保护基的生成

酯类保护基主要有 *t*-BuCO—、PhCO—、CH_3CO—、F_3CCO—、$ClCH_2CO$—等。生成酯类的方法大同小异，可由醇和相应的酸酐或酰氯在吡啶(Py)或三乙胺中，0 ℃～20 ℃下反应获得。在多羟基底物中，*t*-BuCOCl 可以选择性的保护伯羟基。

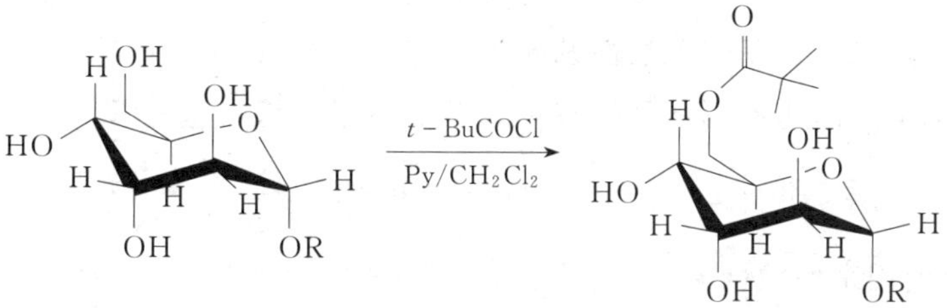

(2)酯类保护基的除去

酯类保护基均可在碱性条件下除去，但各种酰基的水解速率不同，立体位阻大的酰基水解较慢，这些保护基的水解能力次序大致为：*t*-BuCO— < PhCO— < CH_3CO— < $ClCH_2CO$— < F_3CCO—，其中 F_3CCO—在 pH=7 时就能水解。

位阻较大的 *t*-BuCO—需要较强的碱性体系如 KOH/MeOH 才能水解，但此时 TBDMS(叔丁基二甲基硅基)醚却不能水解；除去 *t*-BuCO—的另一种方法就是用金属氢化物还原，如 $LiAlH_4$、DIBAL(二异丁基氢化铝)和 $KBHEt_3$ 等，反应条件相对也较强烈。

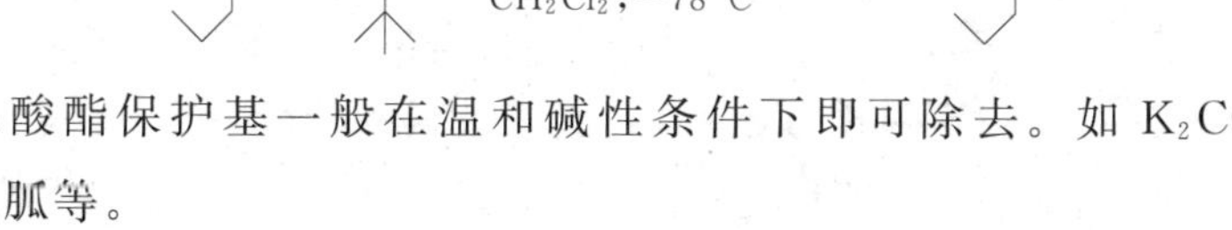

而常用的乙酸酯保护基一般在温和碱性条件下即可除去。如 K_2CO_3、NH_3、KCN、Et_3N、NH_2NH_2、胍等。

如果酰基的 α-碳上有吸电子基团的影响，则水解速度大大加快，如 F_3CCO— 等。

10.2.2 醚类保护基

(1)烷基醚类保护基

烷基醚类作为醇类常规的保护基使用较多的有甲醚、叔丁醚、烯丙醚、苯甲醚及其衍生物如三苯甲基醚等。

糖类化合物和其他醇类中的羟基经常通过甲基化加以保护。甲基化反应可采用碘甲烷、硫酸二甲酯、二甲基甲酰胺和二甲基亚砜在碱性条件下完成。简单的烷基醚可以用 BCl_3 处理而裂开，糖类的某些甲醚当用 CrO_3/CH_3COOH 处理时可以氧化成相应的甲酸酯，但甲基作为醇类的常规保护基由于不易除去而难于应用。

叔丁基保护基已成功地在多肽中用来保护具有羟基的氨基酸中的醇羟基，如丝氨酸、苏氨酸等。制备叔丁醚时，可以将相应的醇的二氯甲烷溶液在酸催化、室温下与过量异丁烯反应制得：

$$ROH + (CH_3)_2C{=}CH_2 \overset{H^+}{\rightleftharpoons} ROC(CH_3)_3$$

由于除去保护基时所用的酸性条件比较激烈，分子中其他的官能团是否稳定限制了叔丁基的应用范围。

烯丙基醚容易制成，且在中等酸性和碱性条件下稳定。但在强碱条件下易异构成丙烯醚，后者易被酸水解。因此烯丙基只能与对碱稳定的保护基一起应用。

$$ROH + CH_2{=}CHCH_2Br \xrightarrow{NaOH} ROCH_2CH{=}CH_2 \xrightarrow[DMSO]{KOBu\text{-}t} ROCH{=}CHCH_3$$

苄基醚广泛地用来保护糖分子中的羟基，也用来保护核苷、环多醇、甘油和氨基酸中的羟基。苯甲醚在碱性条件下通常是稳定的，对氧化剂（过碘酸、四乙酸铅）、还原剂（$LiAlH_4$）和弱酸也是稳定的。在中性溶液中室温下它们很快被催化氢解而去保护。

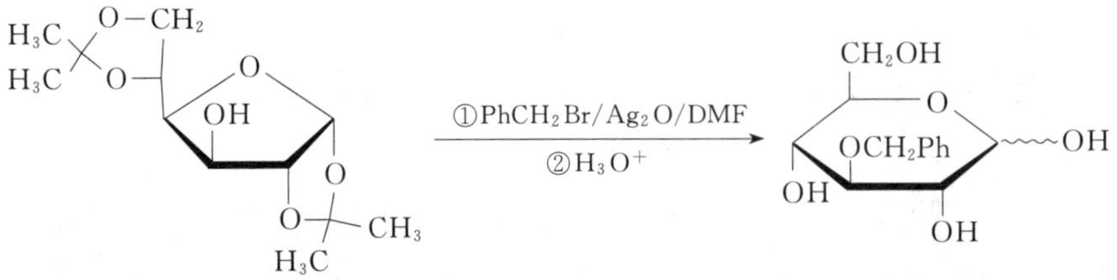

三苯甲基醚则多用于选择性地保护多羟基化合物中的伯醇羟基。

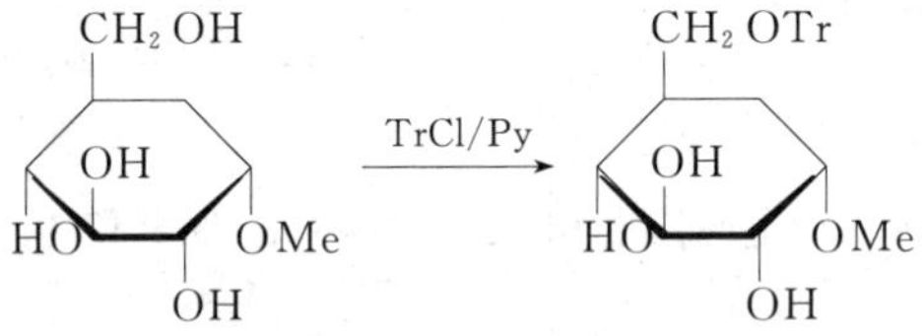

三苯甲基醚易形成结晶，可溶于多种非羟基的有机溶剂，对碱和其他亲核试剂稳定，在酸性介质中不稳定，常在80%乙酸溶液中回流的条件下脱去三苯甲基保护基。

(2)硅醚类保护基

硅醚保护基主要有 Me_3Si(TMS)、Et_3Si(TES)、t-$BuMe_2Si$(TBS)、t-Pr_3Si(TIPS)、t-$BuPh_2Si$(TBDPS)等。

醇类三甲基硅醚可以用相应的醇与三甲基氯硅在碱存在下反应制得；也可以与六甲基硅氨烷反应制备。三甲硅基一般是在含水醇溶液中加热回流除去。

$$ROH + Me_3SiCl(Me_3SiNHSiMe_3) \longrightarrow ROSiMe_3$$

由于三甲硅基的不稳定性，作为醇羟基的保护基它并不经常用于合成。

叔丁基二甲基硅醚较为稳定，能耐受氢氧化钾的酯水解条件和温和的还原条件（如 $Zn-CH_3OH$）。可用下面方法引进该保护基：

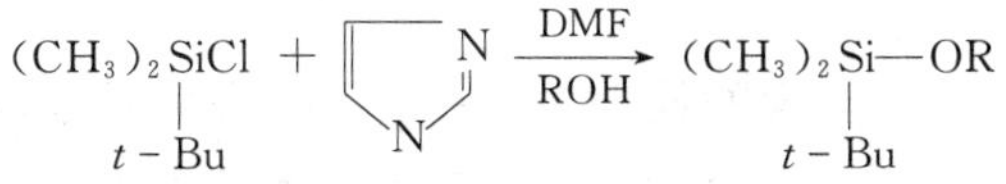

在 $Bu_4N^+F^-$ 的四氢呋喃中室温下 40 min 即可脱去该保护基。叔丁基二甲基硅和三异丙基硅的氯化物可选择性的保护一级醇羟基。

（3）苄基醚保护基

一般烷基上的羟基在用苄基醚保护时需要用强碱，但酚羟基的苄基醚保护一般只要用碳酸钾在乙腈或丙酮中回流即可，回流情况下，这类烷基化在乙腈中的反应速度比丙酮中要快四倍左右，因此一般用乙腈做溶剂居多。若反应速度慢可用 DMF 做溶剂，提高反应温度，或加 NaI、KI 催化反应。

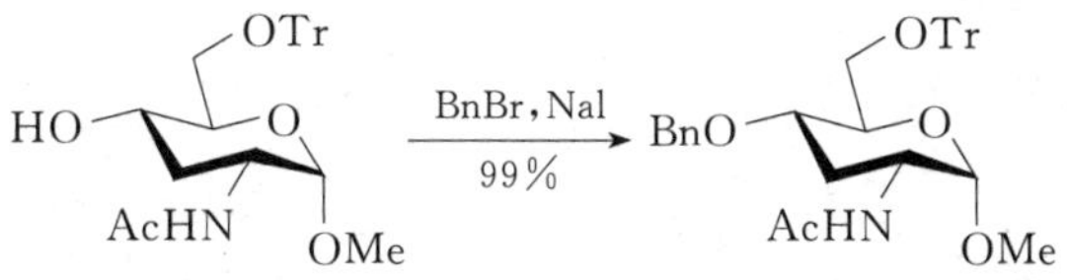

苄基醚在中性溶液中很容易被催化氢解，常用钯催化氢解或者金属钠在液氨或醇中脱保护。

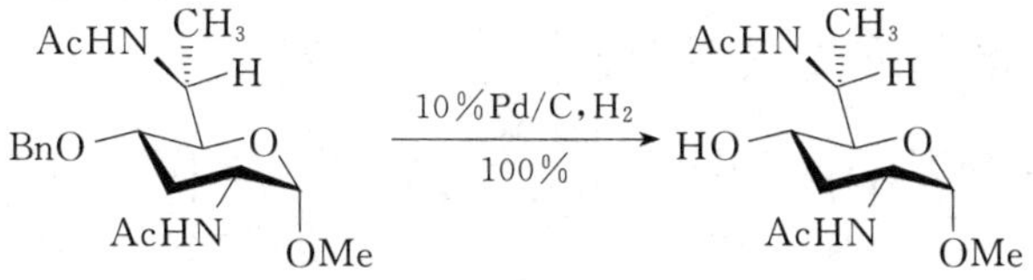

（4）四氢吡喃醚

四氢吡喃醚是一种缩醛型混合醚，对碱、Grignard 试剂、RLi、$LiAlH_4$、烃化剂和酰化剂均稳定，广泛地用于炔醇类、甾体类、核苷酸以及糖、甘油酯、环多醇和肽类分子中羟基的保护，但不能用于在酸性介质中进行的反应。3，4-二氢-2H-吡喃能对醇类进行酸催化加成，生成四氢吡喃醚，酸性条件下水解即可解除该保护基。

该方法已经用于昆虫信息素的全合成，保护过程如下：

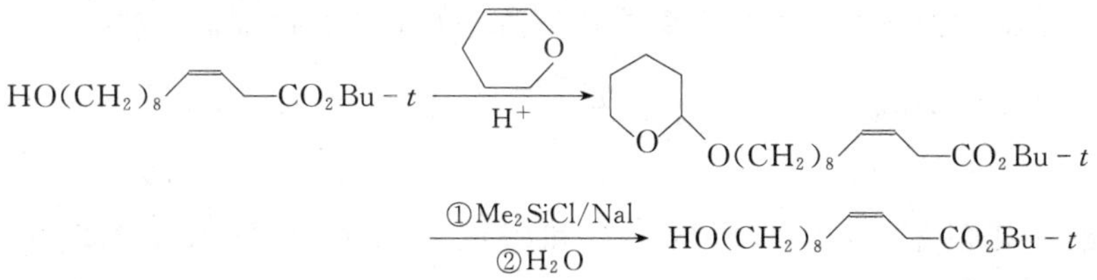

10.3 羧基的保护

肽的合成给予羧基保护以极大的推动力,保护的目的主要是阻止碱性试剂与羧酸质子的反应,少数情况下是为了阻止亲核试剂的进攻或金属氢化物的还原。羧酸的保护基大多以酯的形式来完成,也可用原酸酯类化合物进行保护。

10.3.1 酯类保护基

酯类的合成可以采取以下几种方法:

①酸和醇直接反应;

②酰卤或酸酐与醇反应;

③羧酸盐与卤代烃反应;

④羧酸与烯烃反应;

⑤羧酸与重氮烷烃反应。

(1)甲酯保护基

甲酯的优点是简单、位阻小、易制备。一般甲酯可采用传统方法制备,对于氨基酸,则可利用$(CH_3)_3SiCl$或$SOCl_2$活化的酯化反应。

$$HOCH_2\underset{\substack{|\\ NH_2}}{C}HCOOH \xrightarrow[\text{MeOH, rt, 20h}]{Me_3SiCl} HOCH_2\underset{\substack{|\\ NH_2}}{C}HCOOCH_3$$

比较温和的条件还有使用$KHCO_3/CH_3I$进行甲酯化。

甲酯的脱除通常在CH_3OH或THF与水的混合溶剂中,使用KOH等无机碱来完成:

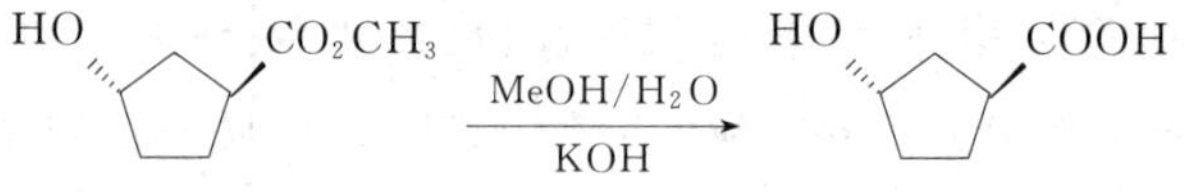

(2)叔丁基酯保护基

生成叔丁基酯的经典的方法是在酸催化下羧酸对异丁烯的加成反应:

$$BnOOCCH_2CH_2\underset{\substack{|\\ NH_2}}{C}HCOOH \xrightarrow[H_2SO_4\text{,二噁烷}]{(CH_3)_2C{=}CH_2} BnOOCCH_2CH_2\underset{\substack{|\\ NH_2}}{C}HCOO{-}Bu\text{-}t$$

叔丁基酯不能氢解,通常也不被氨解和碱催化水解,脱除叔丁基酯最常用的是在F_3CCOOH中进行。温和一些的条件是在异丙醇中与乙酸回流,效率也很高:

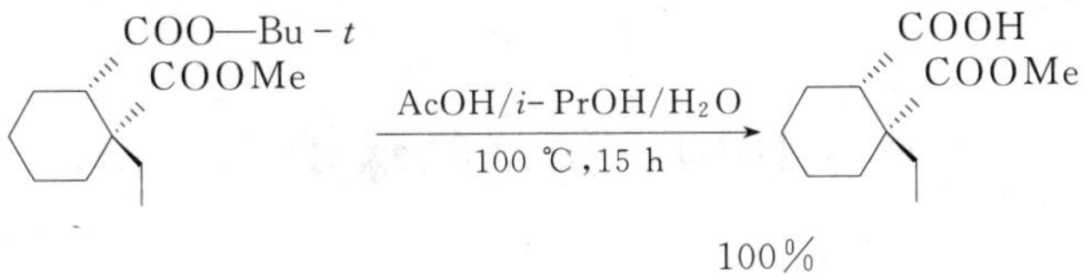

(3)β-取代的乙酯保护基

这类保护基的主要代表有 2,2,2-三氯乙基酯(TCE)、2-(三甲硅基)乙基酯(TMSE)和 2-(对甲基苯磺酰基)乙基酯(TSE)等。可采用羧酸与相应的β-取代的乙醇生成β-取代的乙酯。TCE 的脱保护反应可用化学还原方法:

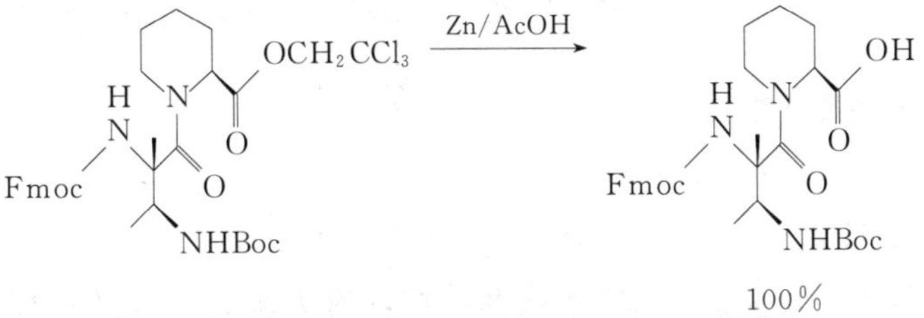

而 TMSE 和 TSE 则主要采用β-消除反应来脱保护基:

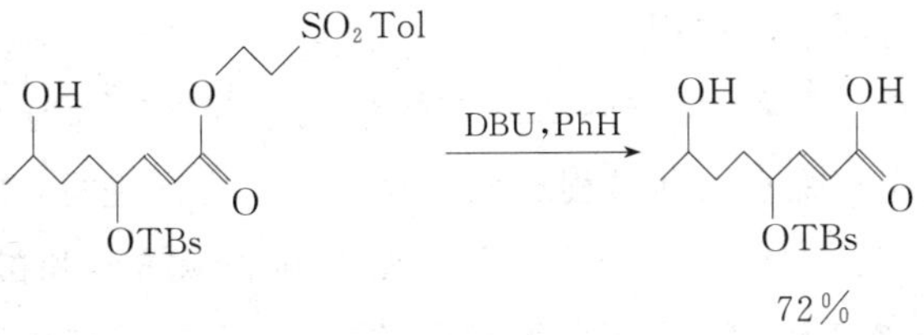

Tol:甲苯基　　DBU:1,8-二氮杂环[5,4,0]十一烯-7

(4)苄基、取代苄基和二苯甲基酯类保护基

这类保护基的最大特点是可以催化氢解除去,条件中性而温和,具体与相应的苄基醚类保护基类似。

(5)烯丙基酯保护基

烯丙基酯保护的特色是脱保护基的反应与众不同,多数使用 Pd 催化的烯丙基异构化—水解反应。

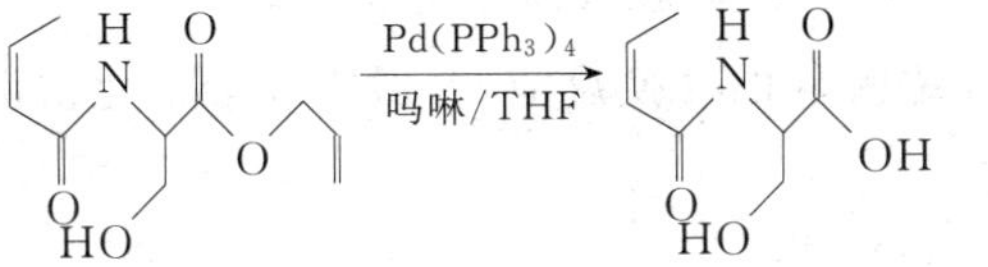

(6)硅基酯保护基

硅基酯由相应氯硅烷、羧酸在碱存在下制备。脱保护也较为方便,简单的 K_2CO_3/CH_3OH 体系,$CH_3COOH/H_2O/THF(3:1:1)$等均非常有效;1% HF/CH_3CN 溶液也是很好的去除保护基的方法。

10.4 羰基的保护

醛、酮中的羰基可能是有机化学中最具多种功能的基团，因此可以理解为什么在保护醛、酮方面进行了大量的工作。醛、酮的保护基相对种类较少，常见的有 O,O -缩醛(酮)、S,S -缩醛(酮)，以及 O,S -缩醛(酮)等。这些保护基可以经受较宽的反应条件，能够满足大多数需要保护的情况。

10.4.1 O,O -缩醛(酮)

(1)1,3 -二氧戊环和 1,3 -二氧己环

最常见的醛、酮保护基是二氧戊环，这种保护基对大多数碱性及中性反应条件稳定，但可被有机锂、格氏试剂裂解，芳香羰基的二氧戊环缩合物在某些非酸性条件下可被氢解，如催化还原，或在液氨中与碱金属作用。

通常分别由 1,2 -乙二醇和 1,3 -丙二醇在酸催化下与醛酮反应而制备 1,3 -二氧戊环和 1,3 -二氧己环。反应中脱水处理过程有利于反应的正方向进行，常用的酸有 *p* - TsOH、CSA(对二甲氨基苯甲酸甲酯)、PPTs(对甲苯吡啶磺酸嗡盐)和酸性离子交换树脂等。TMSCl(2,4,6 -三甲基苯磺酰氯)是一个很有用的试剂，它在反应中既是催化剂，又是脱水剂，如：

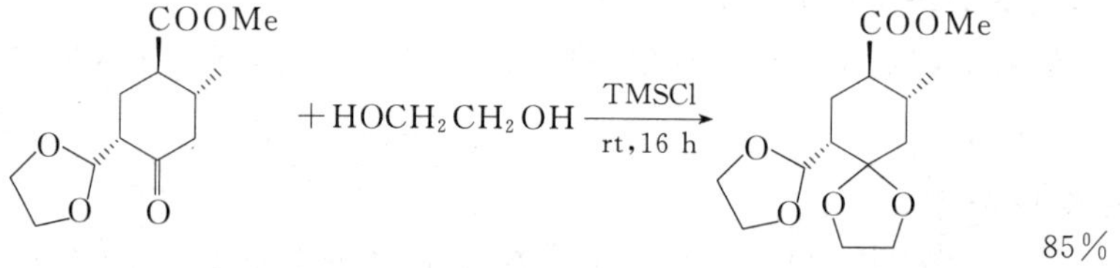

形成二氧戊环及其他缩醛、缩酮的难易顺序大致如下：醛＞开链酮及环己酮＞环戊酮＞α,β -不饱和酮＞α -单取代酮及 α -双取代酮≫芳香酮。

另一种制备方法就是缩醛酮的交换反应，一般需要酸催化协助完成：

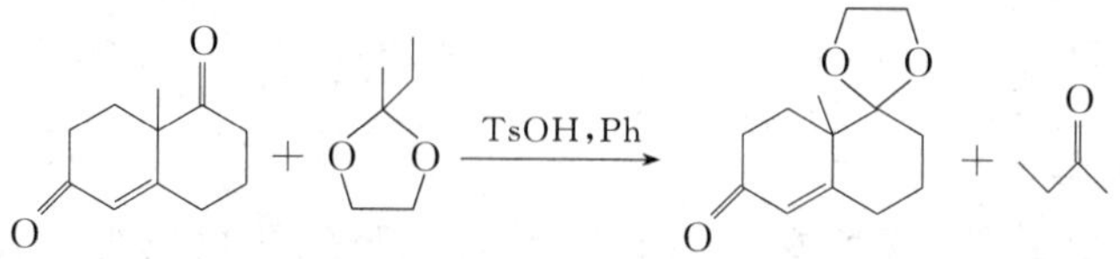

一般缩醛、缩酮用酸水解可以恢复羰基化合物，但不同类型的缩醛、缩酮对水解条件的敏感性很不相同，其难易程度与形成缩醛、缩酮的难易程度是平行的。位阻很高的酮一旦形成缩酮，就需要用很剧烈的条件才能水解(与无机酸煮沸)。小心地选择不同 pH 条件可导致多缩醛(酮)的选择性水解。

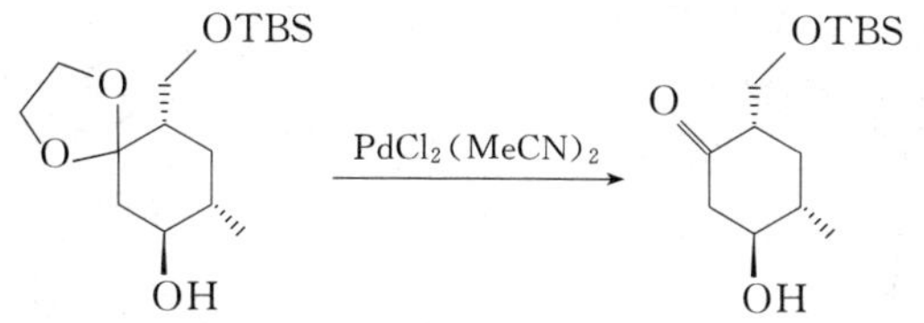

TBS:叔丁基二甲基硅基

上例中的产物为 β-羟基酮,使用酸性条件极易发生消除反应生成 α,β-不饱和酮,此时可使用 Lewis 酸在温和的条件下除去保护基。

(2)二烷基缩醛(酮)

二烷基缩醛及缩酮一般只有醛和活泼酮才能形成。在酸催化下,醛、酮与醇或原甲酸酯或低沸点的缩酮(如 2,2-二甲氧基丙烷)反应即得。

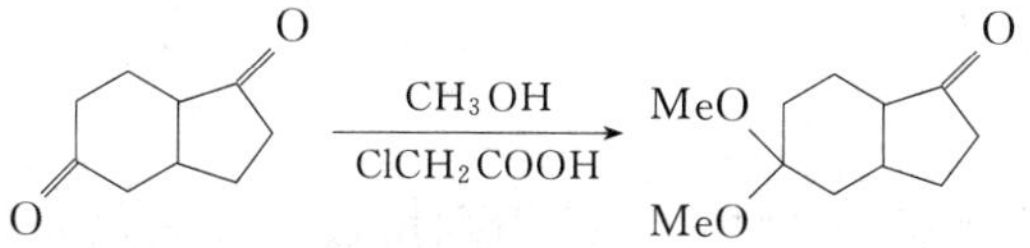

二烷基缩醛和缩酮对中性及碱性条件的稳定性与二氧戊环衍生物相平行,不同的是在高温(如 Wolff-Kischner 还原反应)条件下能分解成烯醇醚。

10.4.2 S,S-缩醛(酮)

使用 S,S-缩醛(酮)保护羰基化合物的缺点是大多数含硫化合物具有难闻的气味,而且水解反应常常会用到重金属盐,另外对 Pd 和 Pt 催化剂具有毒性。尽管如此,由于该类化合物对水解反应的稳定性和除去保护时条件温和,且高度专一,使之在复杂分子合成中有广泛的应用。

由于二硫醇的沸点较高,而甲硫醇的沸点只有 34 ℃,所以在合成实践中,环状 S,S-缩醛(酮)的应用较为普遍。

S,S-缩醛(酮)可由硫醇及二硫醇与羰基化合物经酸催化反应而制备,Lewis 酸和质子酸均可以催化缩合反应。

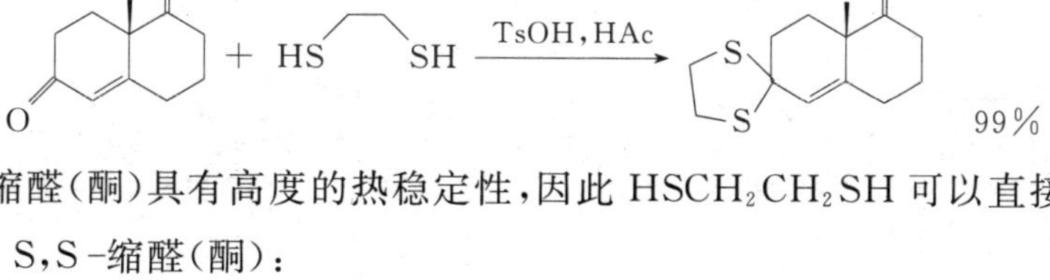

由于 S,S-缩醛(酮)具有高度的热稳定性,因此 $HSCH_2CH_2SH$ 可以直接将一些 O,O-缩醛(酮)置换为 S,S-缩醛(酮):

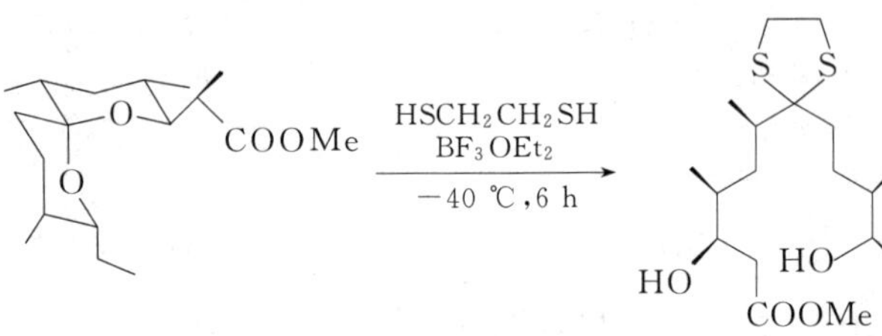

S,S-缩醛(酮)对于O,O-缩醛(酮)的水解条件都是非常稳定的,据此可以区分两者,并先后选择性脱除。比较常见的脱除S,S-缩醛(酮)的条件都是使用重金属盐,如Hg^{2+}、Ag^{+}、Cu^{2+}、Tl^{3+}等。

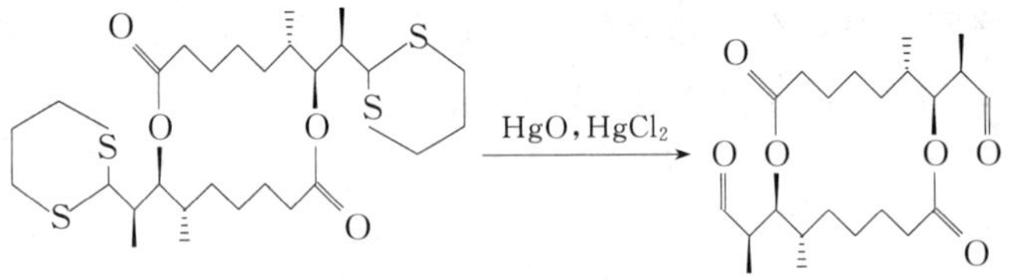

氧化反应也是一种去保护的方法。二硫缩酮用过氧酸氧化成双砜,在氧存在下用碱作用分解产生原来的酮:

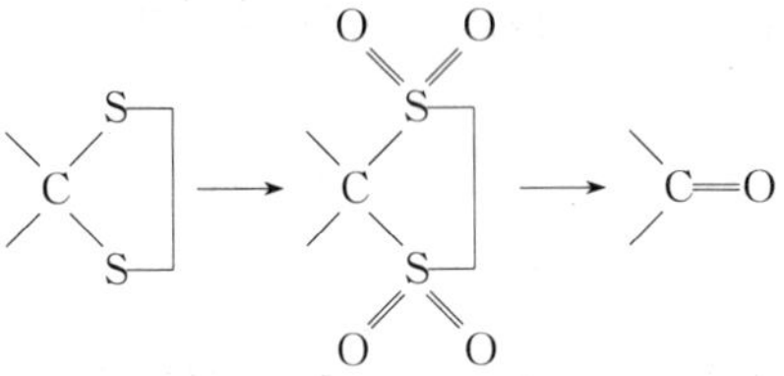

10.4.3 O,S-缩醛(酮)

1,3-氧硫杂环己烷是替代1,3-二噻烷的好方法,因为前者的金属化条件与后者类似,但水解速度约为后者的10^4倍。在类似的条件下,O,S-缩醛(酮)能够被选择性的除去。O,S-缩醛(酮)的不足之处在于其锂化产物稳定性有限,缺乏对称性而引入新的立体化学问题。

O,S-缩醛(酮)的砜加热至其熔点以上时分解出原来的酮;也可以采用重金属盐去除保护基。

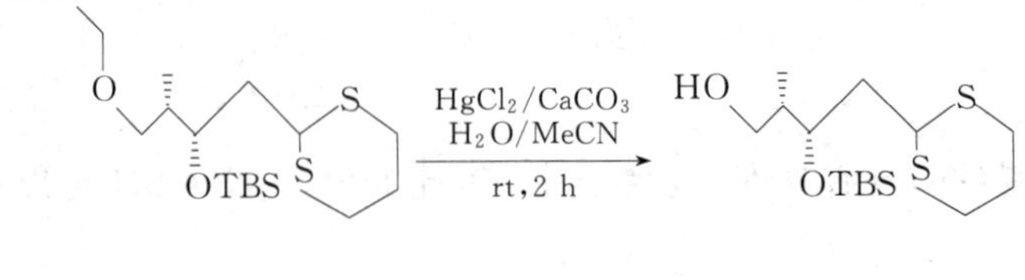

10.4.4 烯醇醚和烯胺

本节讨论的保护基几乎仅限在甾体化合物中使用,且多数用于α,β-不饱和酮衍生物。

(1)烯醇醚和硫代烯醇醚

烯醇醚和硫代烯醇醚是合成天然产物中保护羰基的常用的方法。α,β-不饱和酮转化为它的双烯醇醚一般是与原甲酸酯或 2,2-二甲氧基丙烷在酸催化下,用醇或二氧六环做溶剂进行反应,双烯硫醇醚只需与硫醇反应而不必加催化剂。饱和酮在此条件下难以反应,故可利用这一差异选择性地保护 α,β-不饱和酮。

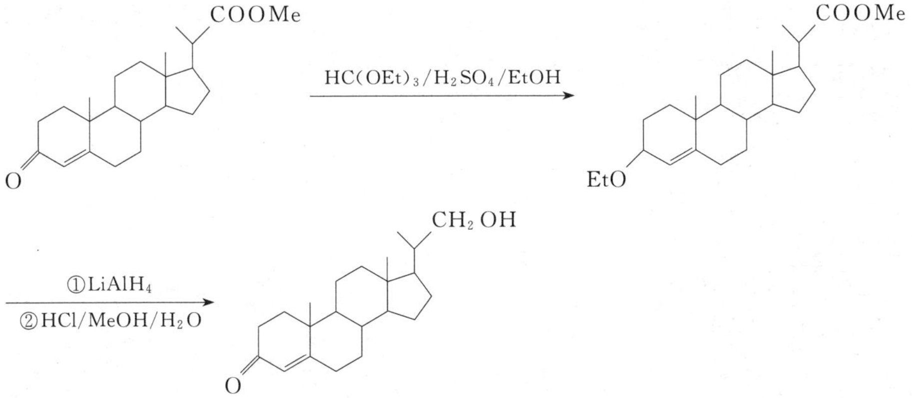

(2)烯胺

羰基化合物与环状仲胺在苯中加热回流,蒸出生成的水和苯,即可得相应的烯胺。

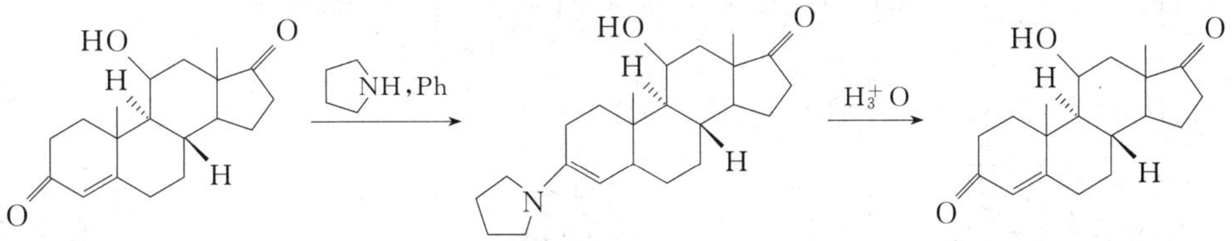

烯胺对碱、$LiAlH_4$、Grignard 试剂以及其他有机金属试剂稳定,对酸敏感,可通过酸性水解脱保护。当反应需要在酸性条件下进行时,则选择目前唯一对酸稳定、对碱敏感的羰基保护基——丙二腈,与羰基缩合生成二腈乙烯基衍生物。

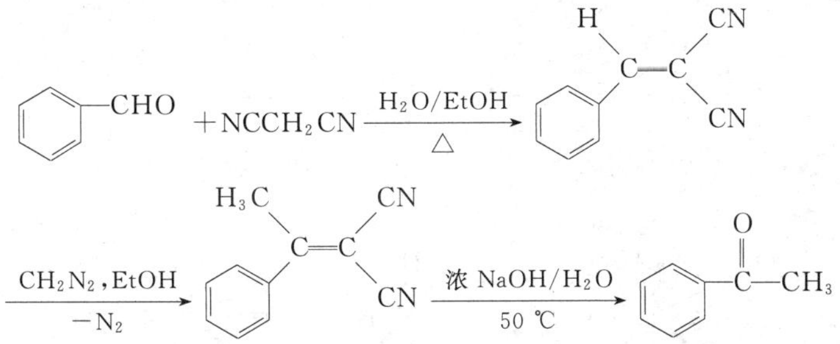

此外,保护羰基还可以采取缩氨脲、肟及取代腙的形式,其应用的主要困难在于它们裂解成原来的羰基方面存在问题,在此不作详述。

习　题

1. 完成下列转化。

(1) 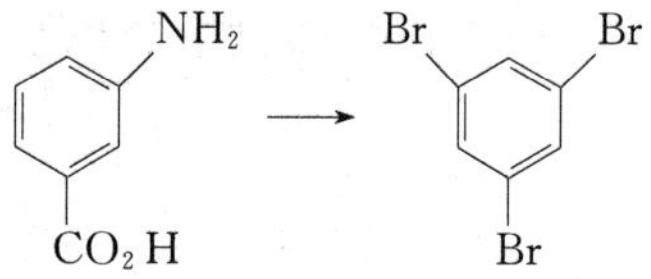

(2) 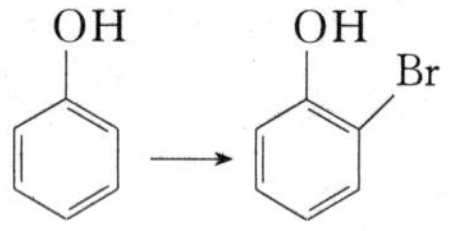

(3) 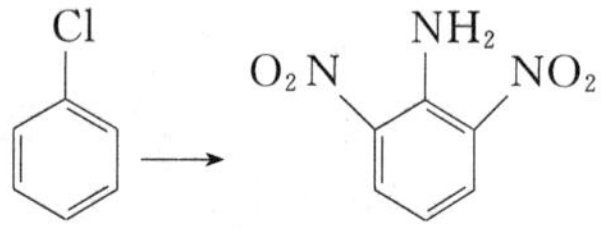

(4) 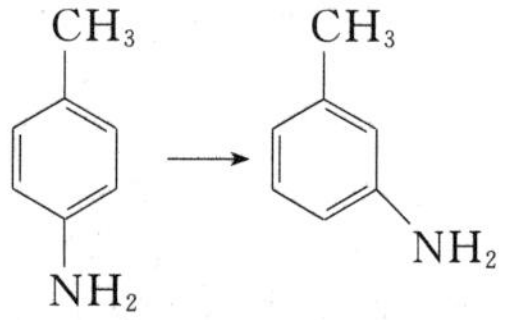

(5) 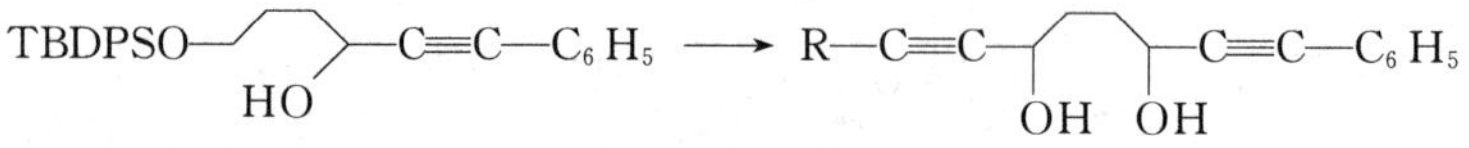

(6) $NH_2CH_2CH_2CHO \longrightarrow NH_2CH_2CH_2COOH$

(7) $RNH_2 \longrightarrow RNHR'$

(8) $HOCH_2—C\equiv CH \longrightarrow HOCH_2—C\equiv C—COOH$

(9) 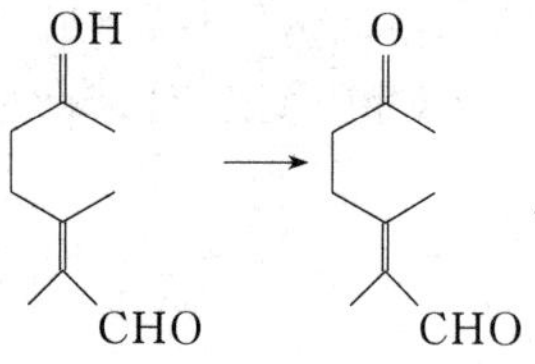

(10) 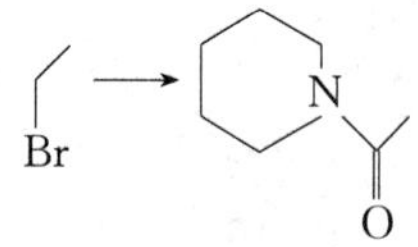

(11) 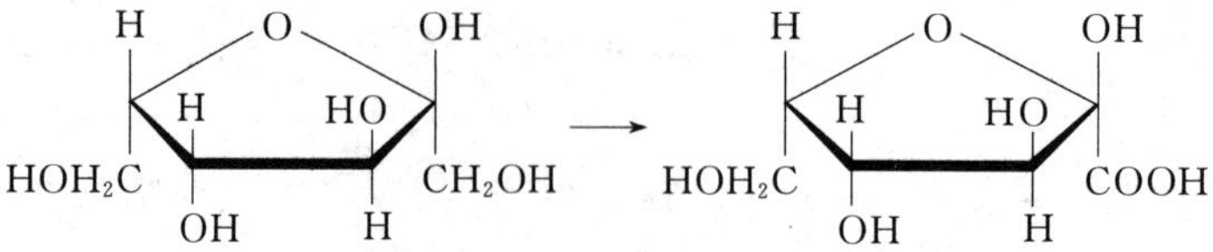

(12) 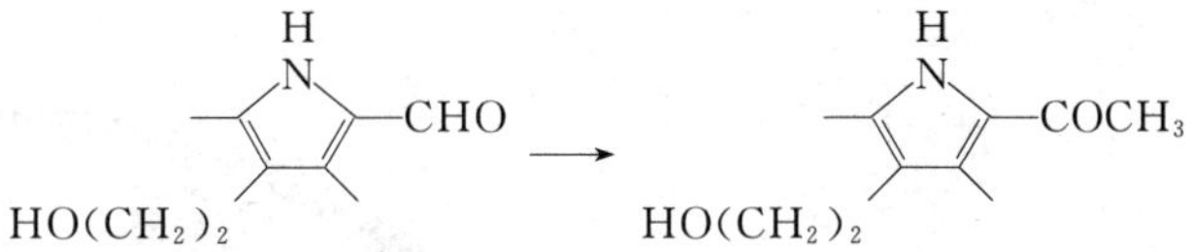

2. 由指定原料合成下列化合物。

(1) 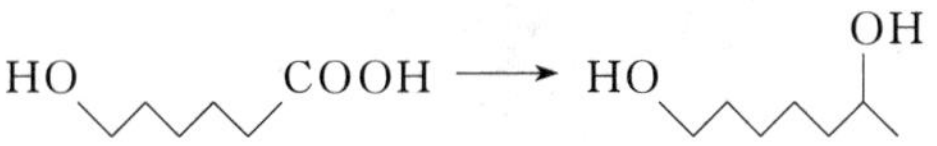

(2) 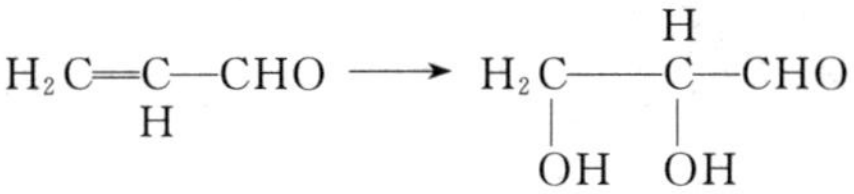

(3) 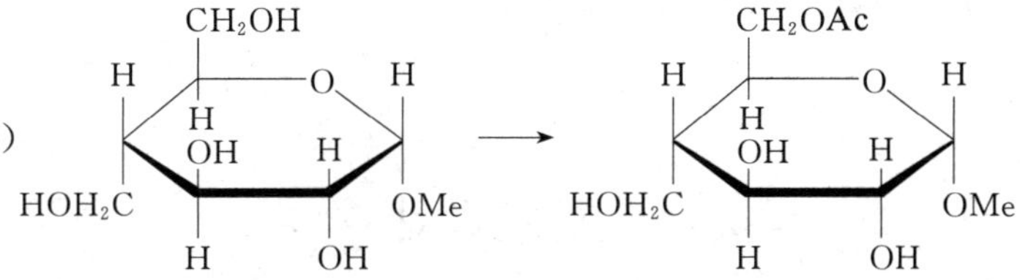

(4) 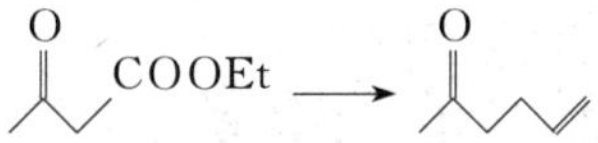

(5) 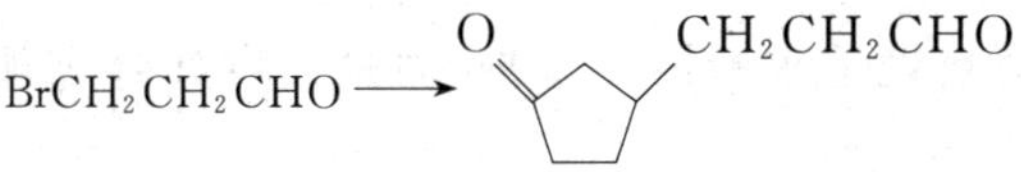

(6) 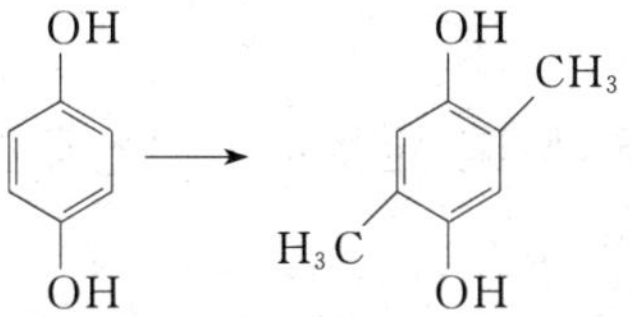

(7) 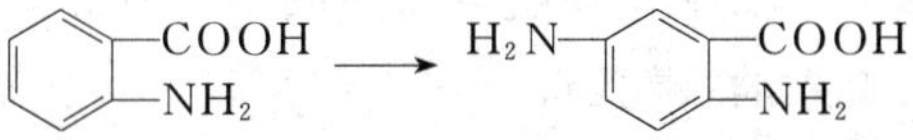

(8) p-$BrC_6H_4C{\equiv}CH$ ⟶ p-$HOOCC_6H_4C{\equiv}CH$

(9) 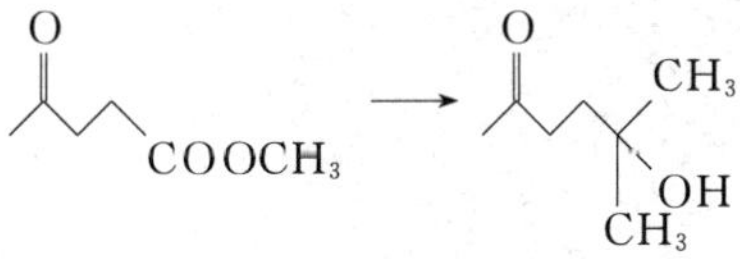

(10) 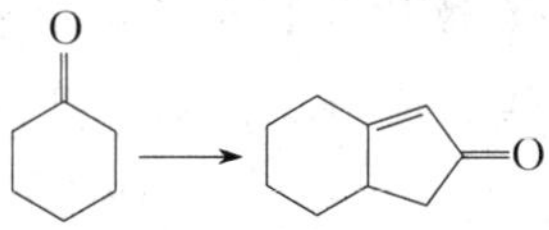

第11章

逆合成分析与合成路线设计

11.1 有机合成路线设计

有机合成是以有机反应为工具，通过合理设计的合成路线，从一个简单分子合成复杂分子的全过程。有机合成的发展趋势不是盲目地追求新的化合物，而是去设计合成预期有优良性能的或具有重大意义的化合物。

(1)有机合成的基本要求

用简单、安全、环境友好的资源，通过有效的合成步骤，快速、定量地把起始原料转化为目标分子。一般遵循以下原则：

①所选用的反应要合理可行，要按一定的反应顺序和规律引入官能团，不能臆造不存在的反应事实，必要时应采取一定的措施保护已引入的官能团；

②所选用的合成原料要简单易得、经济廉价；

③反应步骤尽可能少而简单，且尽可能绿色环保；

④反应条件要适宜，安全系数要高；

⑤所选择的每个反应的主产物的产率尽可能高，且易于分离。

有机合成没有固定的模式，它与化学家的智慧、经验、实验技巧和装置密切相关，是一项极富挑战性和创造性的工作。理想的合成路线应该具有路线简捷、原料易得、产率高、成本低、环境友好等特点。

(2)有机合成面临的挑战

当前有机合成面临两大挑战：一是如何应用或创造各种反应以应付合成中随时会遇到的化学、区域以及立体选择性问题，从而搭建目标分子特定的构型和构造；二是如何采用最恰当的策略制定出最合理可行的合成路线。

(3)有机合成的路线设计

有机合成是一门实验科学，但是在开展合成工作之前，尤其是对复杂有机分子的合成，必须要有一个合理的计划，这就是合成设计工作，它是有机合成的灵魂。

早期合成化学家像建筑师一样从事着被他们看作艺术的"分子建筑"的精细工作，一些复杂天然产物的合成中所显示出的巧妙的合成路线确实使人赏心悦目，这样的合成似乎只能是艺术大师的作品，因为每一个目标分子的合成都没有可以采用的通用原则和步骤。

20 世纪 60 年代以后，在大量天然产物分子成功全合成的基础上，有机合成化学家开始总结其中的规律，用逻辑推理的方法探讨合成计划中的战略、战术。其中最著名、影响最大的是由 E. J. Corey 提出并发展的逆合成分析等概念，由此形成了当今有机合成中最为普遍接受的设计方法论。

11.2　逆合成分析法

Corey 将有机合成路线设计技巧艺术的变成了严格的思维逻辑科学，提出"逆合成分析法(retrosynthetic analysis)"，因而获得 1990 年诺贝尔化学奖。该方法现在已成为合成有机化合物特别是对复杂分子的合成具有独特体系的有效方法。

11.2.1　逆合成分析法概念

有机合成是利用一种或数种结构较简单的原料经一步或数步有机化学反应得到既定目标产物的过程。这一过程可用如下表示：

$$\text{原料} \xrightarrow{\text{反应}} \text{中间物} \xrightarrow{\text{反应}} \text{目标分子(target molecule,TM)}$$

逆合成分析法是将合成目标经过多种逆合成操作转变成结构简单的前体，再将前体按同样方法进行简化，反复进行直到得出与市售原料相同结构为止。其整个过程可表示如下：

$$\text{目标分子} \xRightarrow{\text{官能团转换}} \text{另外的目标分子} \xRightarrow{\text{逆合成转变}} \text{前体(合成子)}$$

$$\xRightarrow{\text{逆合成转变}} \text{前体的前体} \cdots\cdots \Longrightarrow \text{原料(starting material,SM)}$$

对于结构复杂的化合物，可能有多个前体及多个前体的前体，因此产生多条逆合成路线(图 11－1)。

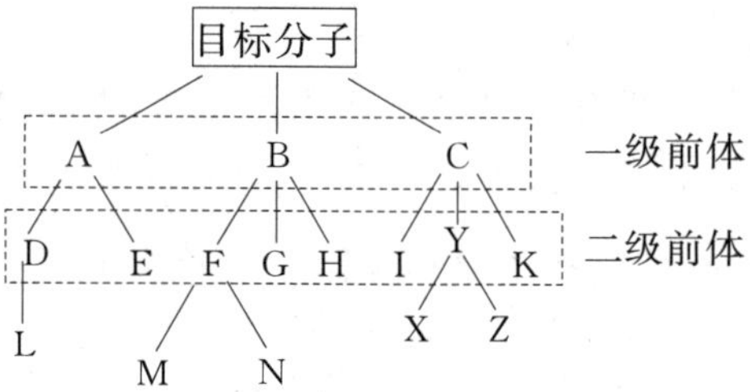

图 11-1 多路线逆合成分析示意图

图中 A、B、C 可以是目标分子的一级前体或另外的目标结构，E、F、G 等为二级前体，其余类推。

11.2.2 逆合成分析法概念

(1)逆合成分析中常用操作及符号

在有机合成专著和文献中，运用逆合成分析法对复杂分子进行有机合成设计的过程中，常常采用切断、官能团转换、官能团添加等操作对目标分子分解或简化，从而使路线设计更直观和合理。逆合成分析中常用操作及符号见表 11-1 所示。

表 11-1 逆合成分析中常用操作及符号

操作类型	符号	例 题	备 注
逆合成	⟹	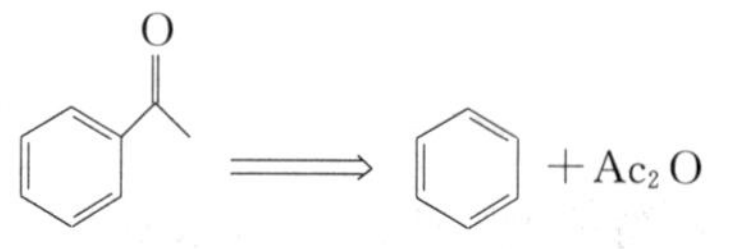	
切断 (disconnection)	∿	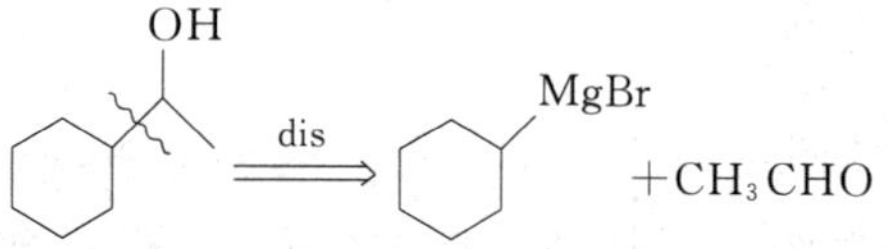	
官能团转换 (functional group interconversion)	FGI	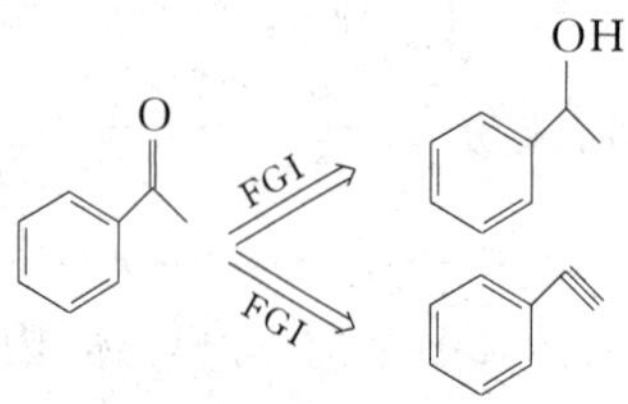	逆合成分析中，把一个官能团转换成另一种官能团的操作—— 通过取代、加成、消除、氧化和还原等反应
官能团添加 (functional group addition)	FGA	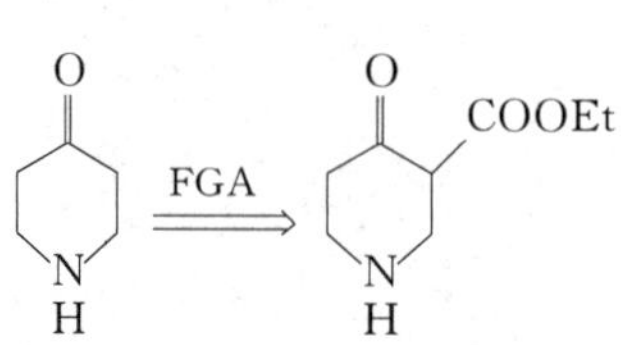	分子内不含任何官能团，直接合成非常困难。若根据骨架的特征，在适当位置引入官能团，可导向不同的切断

续表

操作类型	符号	例　题	备　注
官能团除去(functional group removal)	FGR	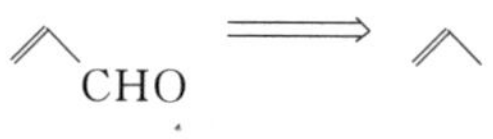	特殊情况下也可以将官能团除去,以简化分子结构
重接(reconnection)	recon.		在逆合成分析中,为了达到成键、选择性控制等目的而在分子内进行键的连接(而非切断)的操作
重排(rearrangement)	rearr.	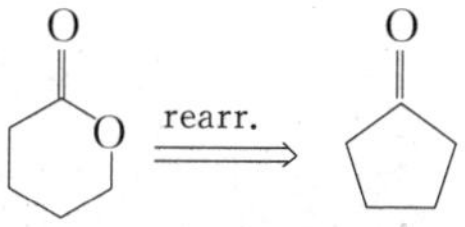	在逆合成分析中,为了达到成键、选择性控制等目的而在分子内进行键的重排的操作

(2)合成子(synthon)

合成子是指分子中可由相应的操作生成该分子或用反向操作使其降解的结构单元。

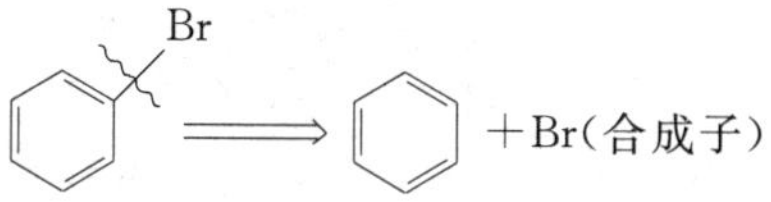

通俗地说,合成子是目标分子化学键切断后产生的假想的分子碎片,可以是正离子、负离子或自由基,也可以是相应的反应中的一个中间体,也可能是一种潜在的反应性,这些都有助于确定合成路线该用的试剂。

(3)合成等效体(synthetic equivalent)

由于合成子是想象中的分子碎片,+/− 所表示只是其反应性,在书写反应路线时,须用与合成子对应的且具有同等功能的稳定化合物代替,即合成等效体。

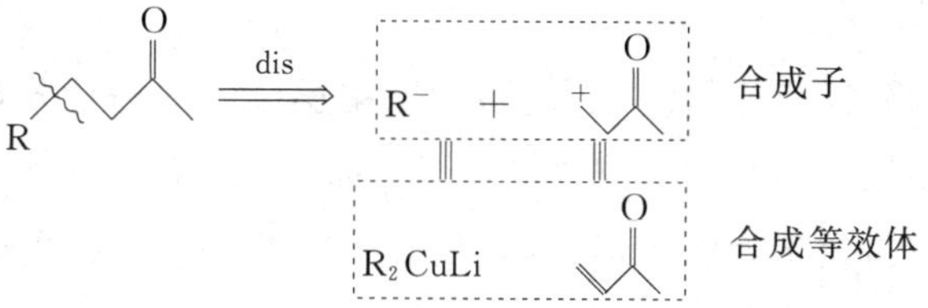

11.2.3　逆合成分析的一般步骤

逆合成分析的合理性直接决定了合成路线的合理性。一般分三步走:

(1)根据分子的结构特点确定对某一化学键进行切断。这需要明确目标分子结构中含有什么官能团，其碳架结构属链式还是环式，是否有对称性。

(2)找出对应于合成子的试剂或合成等效体。

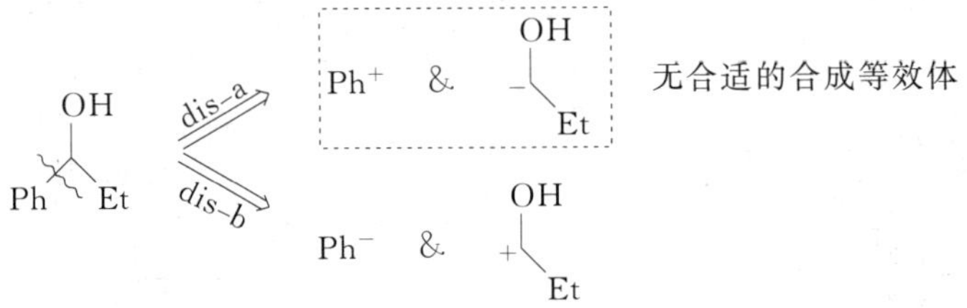

路线 b 中可以找到合适的试剂($PhMgX+CH_3CH_2CHO$)但路线 a 难以找到合适的试剂或合成等效体，因此路线 a 的设计不可取。

(3)按照逆合成分析写出合成路线及各步的合成反应条件，若多条路线可行时，根据合理性进行取舍。

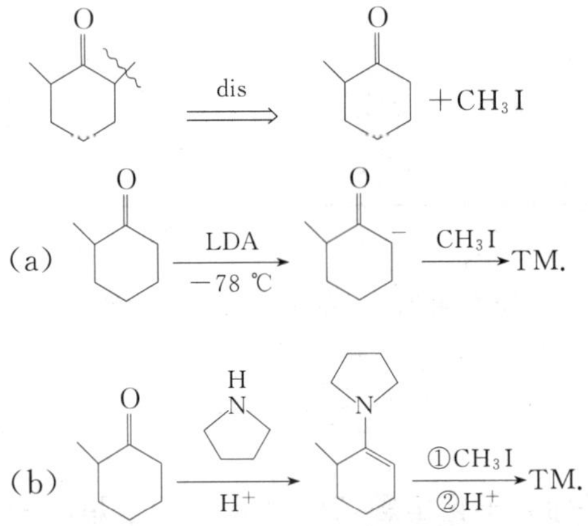

(a)和(b)两种方法都可以合成目标产物 2,6-二甲基环己酮，但(a)的反应条件苛刻，须在无水无氧，且低温环境下完成。相比较下，(b)采用烯胺的方法则更为易于实现。因此，在合理设计合成路线基础上，还需要对化学反应条件熟谙于心，从而选择最佳的合成路线。

11.2.4 逆合成分析中合理切断的技巧

结构不同的化合物，其合成路线也有差别，采用逆合成法进行分析时，可以结合以下的技巧进行，以期更简便地提供合理的路线设计。下面的技巧都给出了相应的实例，但限于篇幅未做详细的解释，需要初学者深入理解，体会出这些技巧的真正涵义。

(1)导向最大程度的简化和更简单、更易得的前体。

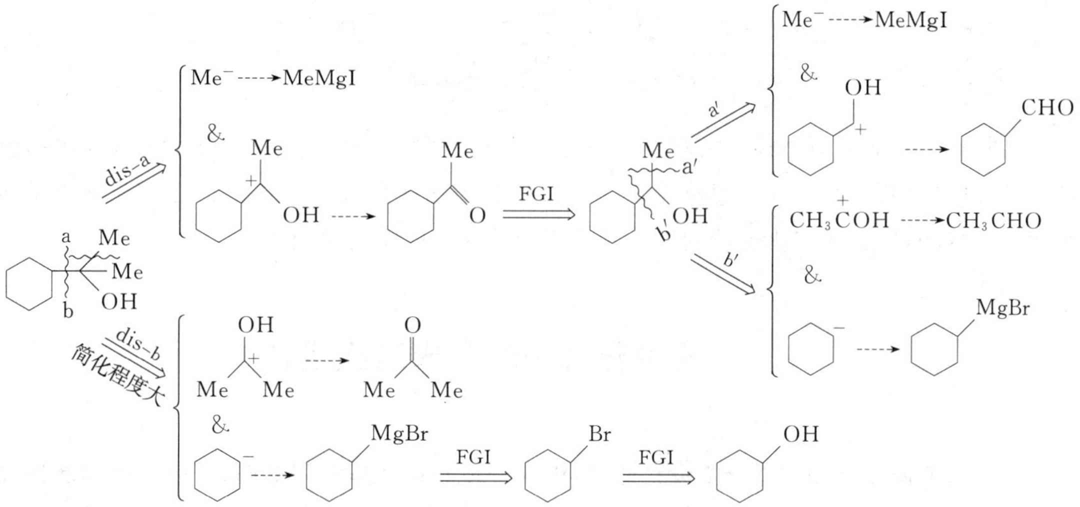

(2)导向具有合理(常规)反应性的合成子,以便找到相应的试剂或合成等效体。

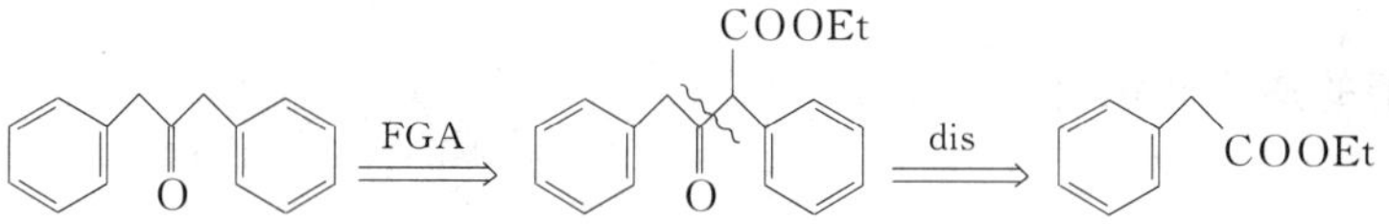

(3) 对应于已知的合成反应,充分利用官能团的特征,以便利用特殊反应。

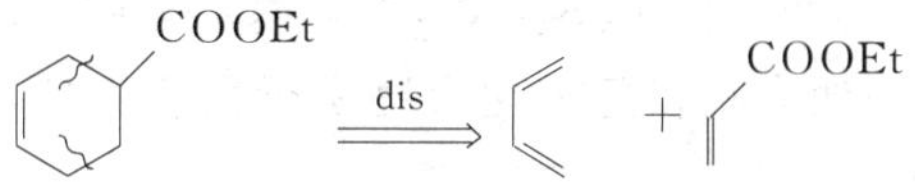

(4)合理利用分子的内在对称性或潜在对称性导向有效地切断。

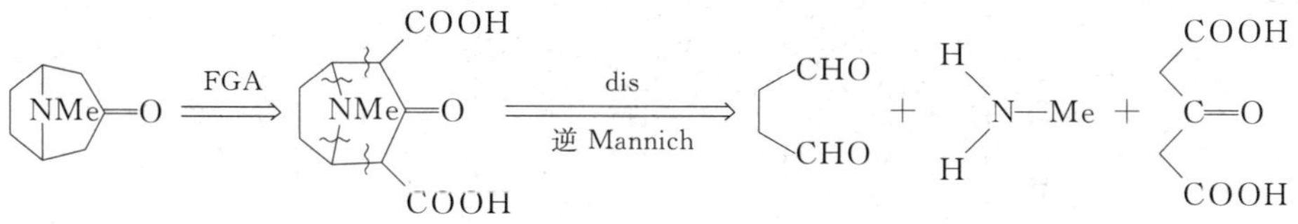

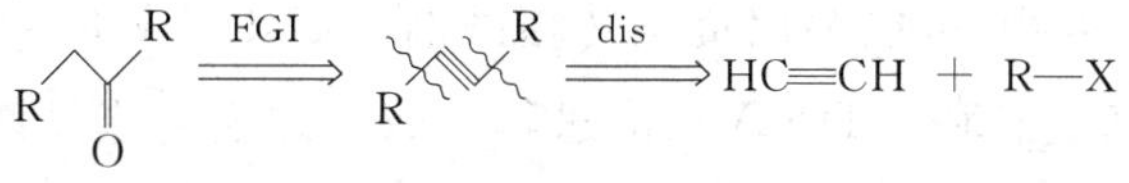

(5)合理利用碳一杂原子键易于形成的特点,对其进行切断。

连接杂原子(如 O、N、S 等原子)的化学键往往是不稳定的,而且合成过程中易于再连接,所以切断碳杂键对合成路线的设计是有利的。

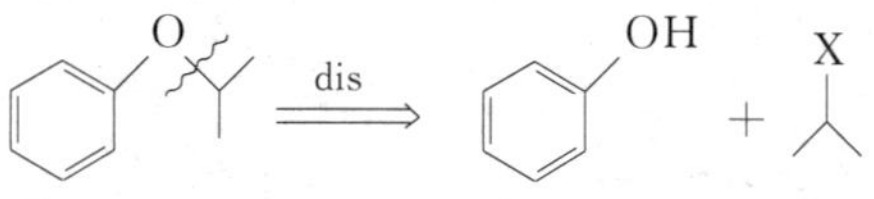

(6) 通过共用原子法及在支链处切断,可指导多环分子的切断。

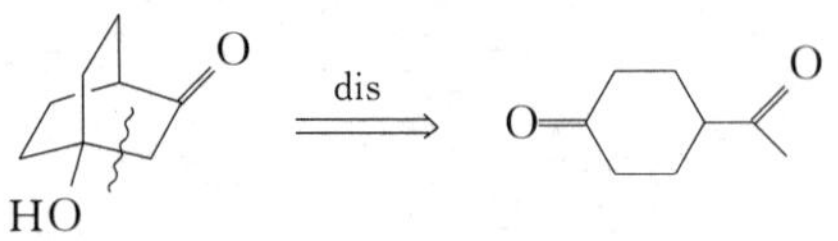

实际的逆合成分析所涉及的技巧不局限于上述数种，另外每一种技巧在其适合的物质结构环境中作用甚大，但并不意味着每一个目标分子的逆合成分析过程都必须严格遵循或采用某一技巧，毕竟任何化合物的微小差异都会导致合成路线大相径庭。

11.3 简单化合物的合成路线设计

单一官能团化合物的逆合成设计时，官能团变换和切断是常用的两种操作，而切断操作首先应该考虑从官能团的 α 或 β 碳处进行。

11.3.1 醇的逆合成设计

醇可以作为其他有机物相互转化的桥梁，在基础有机化学中的地位十分重要，在有机合成化学中更加重要。醇可以通过卤代烃水解、烯烃加成、羰基还原、羰基加成等方式来制备，其中 Grignard 试剂与羰基的加成制备醇类化合物是行之有效的首选方法。

【例 11-1】

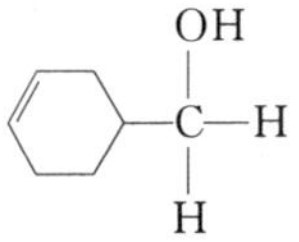

【逆合成分析】

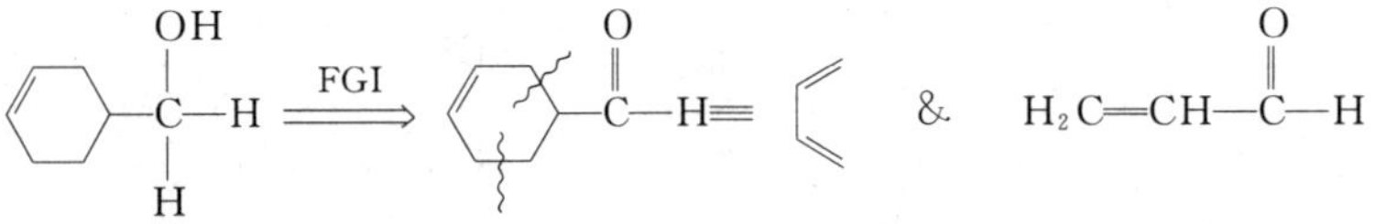

目标分子为环己烯衍生物，可以利用负氢转移试剂（$NaBH_4$ 或 $LiAlH_4$）将羰基还原成羟基，另外烯烃上连有羰基也有利于 D-A 反应进行。故上述逆合成设计合理可行。当然，若逆合成将羟基转化为酯基，也是可行的。

【例 11-2】

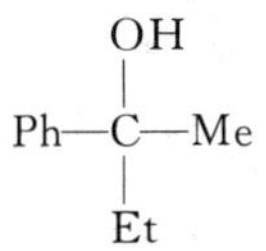

【逆合成分析】

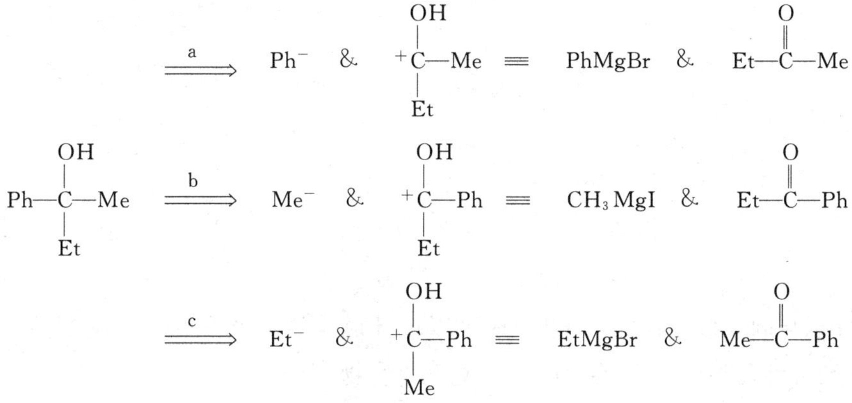

目标分子为叔醇，如前所述 Grignard 试剂与羰基加成为首选。然而，羟基碳连有三个不同的烃基。因此可以分解成 a、b、c 三种路线，从理论上讲，这三种切断法都是合理的。但考虑到所用试剂的来源和价格，路线 c 较为合理。

【例 11-3】

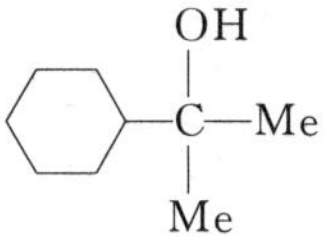

【逆合成分析】

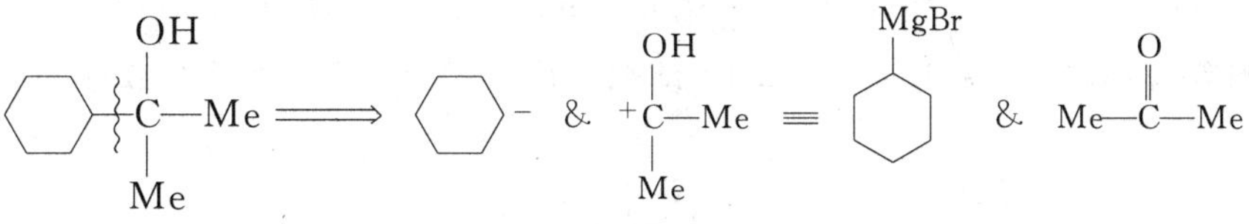

目标分子依旧为叔醇，但羟基碳连有两种不同的烃基，因此可以分解成两种合成路线。但观察到给出的设计中可以分解成丙酮和环己基 Grignard 试剂，合理可行。

Grignard 试剂中 R— 的亲核能力较强，除了能转化醛酮羰基外，还能将酯羰基转化成羟基。相应方程式如下：

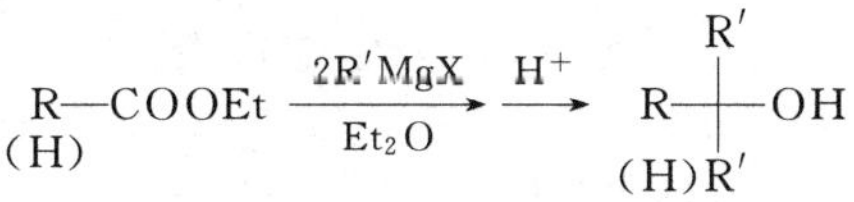

通过该反应，可以制备两相同烃基（R′）的叔醇或仲醇。当然，如果原料推广到碳酸酯，则可以制备出 3 个相同烃基的叔醇。

【例 11-4】

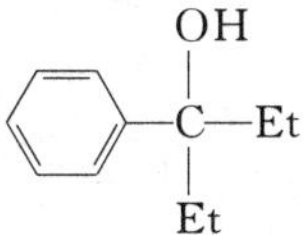

【逆合成分析】

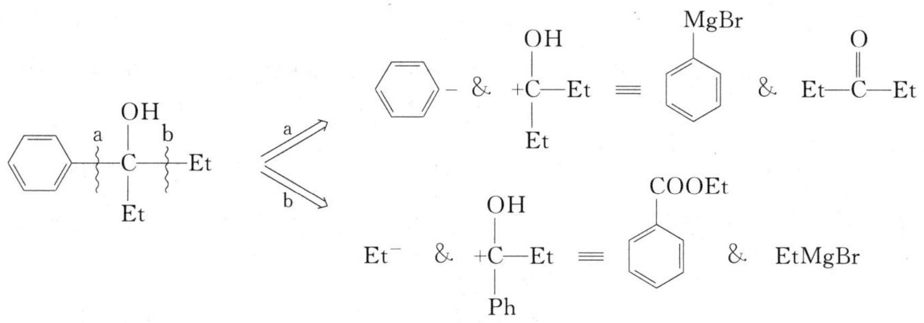

目标分子与例 3 极为相似，其逆合成可以设计成路线 a，但其中 3－戊酮并非易得的原料，稍显不足。反观路线 b，最终原料均为常见化合物，合理可行。

【例 11 - 5】

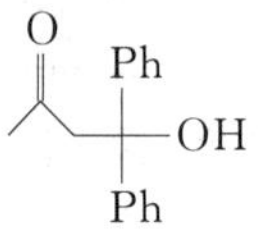

【逆合成分析】

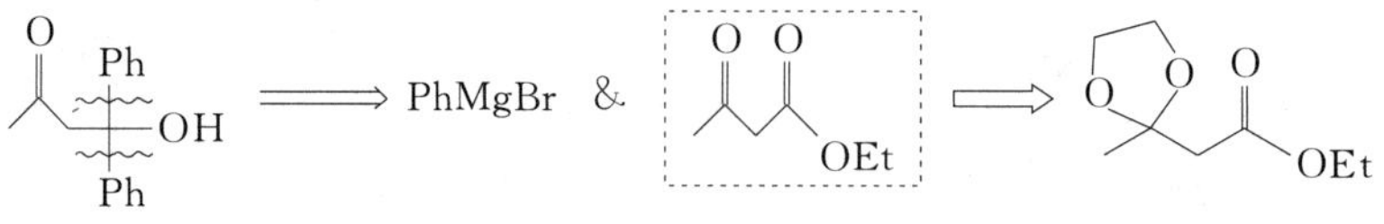

目标分子右侧叔醇与两苯基相连，可以采用 Grignard 试剂与酯羰基反应制取。但目标分子中还存在酮羰基，由于酮羰基与 Grignard 试剂反应较酯基活泼，所以合成时需要保护酮羰基。

【例 11 - 6】

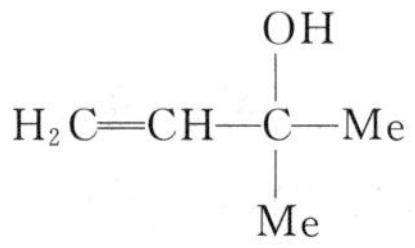

【逆合成分析】

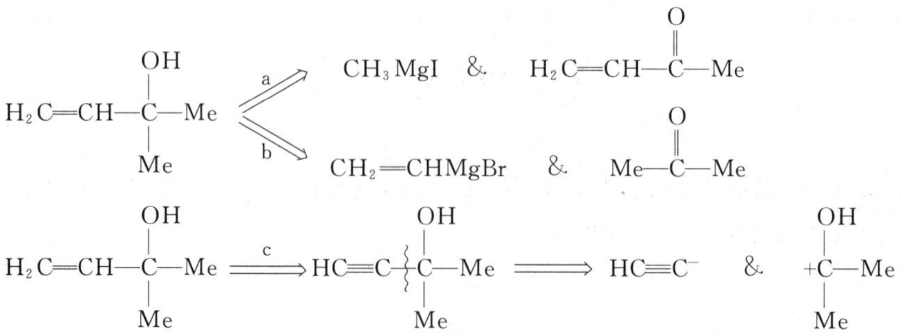

目标分子若按路线 a 分解，甲基乙烯基酮稳定性太差，不理想；若按路线 b 分解成乙烯基 Grignard 试剂与丙酮，理论上可行，但乙烯基 Grignard 试剂不易制取；考虑到目标分子具有潜在的炔醇结构，可按路线 c 设计，用乙炔负离子来替代 Grignard 试剂与羰基反应，制备该类叔醇。

【例 11－7】　$PhCH_2CH_2—OH$

【逆合成分析】

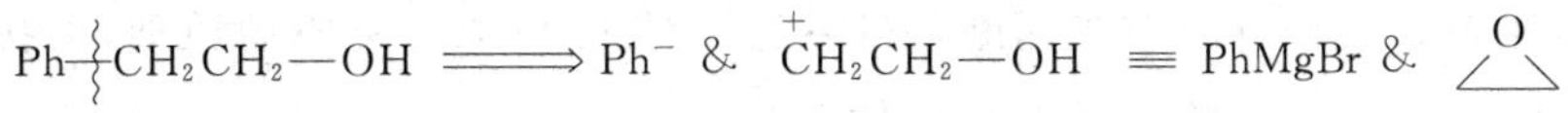

当然，有机化学中除羰基之外，环氧乙烷及其衍生物也可以与亲核试剂反应制备醇，但主要是伯醇或仲醇。

11.3.2　简单烯烃的逆合成设计

烯烃逆合成主要表现形式为：醇（或卤代烃）消去；Wittig 反应（控制双键位置）；炔烃的还原（控制双键构型）；烯烃复分解。

【例 11－8】 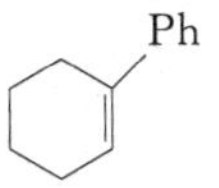

【逆合成分析】

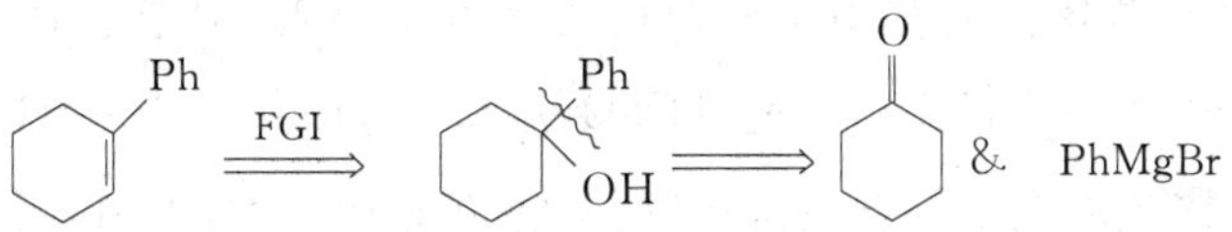

目标化合物为环己烯衍生物，但不宜采用 D－A 反应；而通过烯键转变成醇，将难题简化成熟悉的内容，以寻找出对应的方法。但必须注意，采用该策略时，醇消去的方向应与目标产物一致。

【例 11－9】 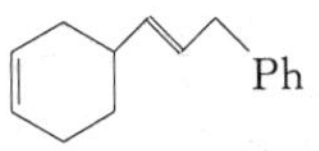

【逆合成分析】

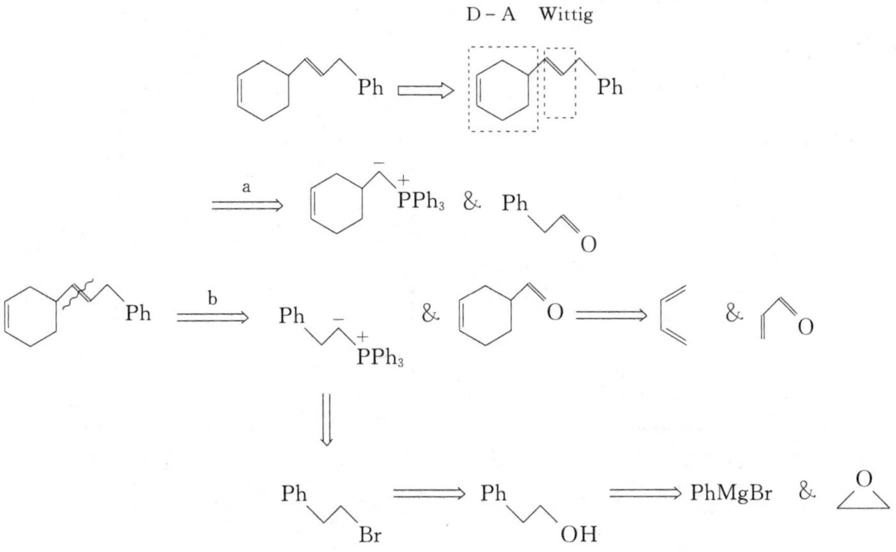

目标分子中含有两个双键，均不易转换成醇(醇消去形成的双键位置不定)；观察到含有环己烯结构，可尝试 D－A 反应；而环外双键可归属于 Wittig 反应。由于合成时，D－A 反应必须先进行，则逆合成设计时首先切断环外双键。依照 Wittig 反应的原理，可按路线 a 和 b 两种方式分解，其路线中 b 推出的两种前体更易合成。

【例 11－10】 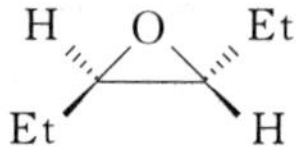

【逆合成分析】

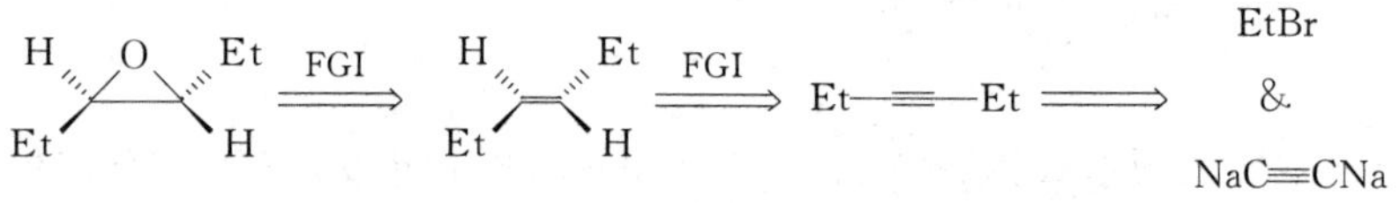

目标化合物的一级前体具有明显的反式构型，须通过炔烃还原获取。

11.3.3 芳香族化合物的逆合成设计

基础有机化学中，苯环上的基团主要通过三种方式引入：①亲电取代，可直接引入—X、—NO_2、—R、—CHO 和—CH_2Cl 等，也可间接引入—NH_2、—COOH 和—OH；②亲核取代，连有强吸电子基团的卤代苯可发生亲核取代；③重氮盐技术，可引入常规的—X、—OH 和—CN。

对于单取代苯的芳香族化合物的逆合成设计一般切断侧链；而对于多取代苯，由于苯环上引入多个基团时必须遵循“定位规则”，在相应的逆合成设计时也应先切断被定位的基团；若已有的基团定位效应相矛盾，对其逆合成时可能要添加导向基团。另外，要牢记 Friedel－Crafts 反应的限制条件(无强吸电子基团)以及烷基化的重排问题。

【例 11－11】 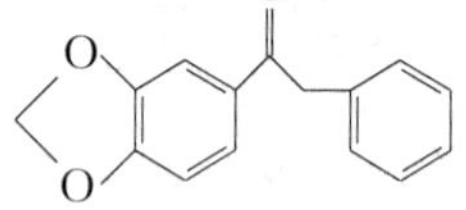

【逆合成分析】

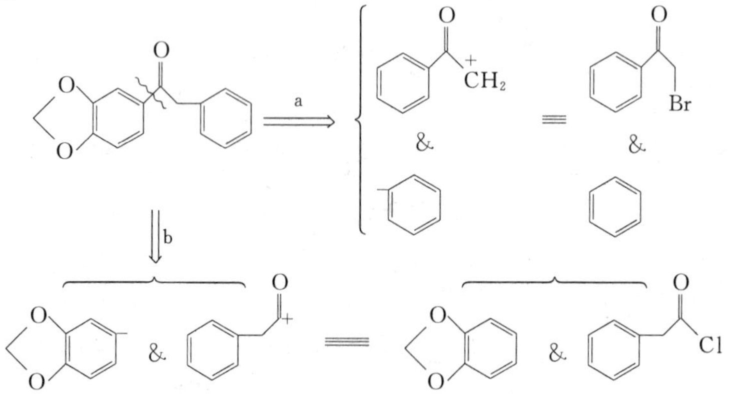

显然路线(b)优于路线(a)。

【例 11-12】 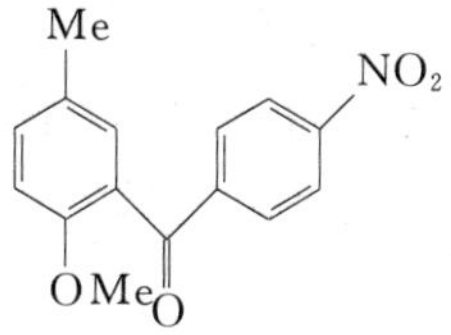

【逆合成分析】

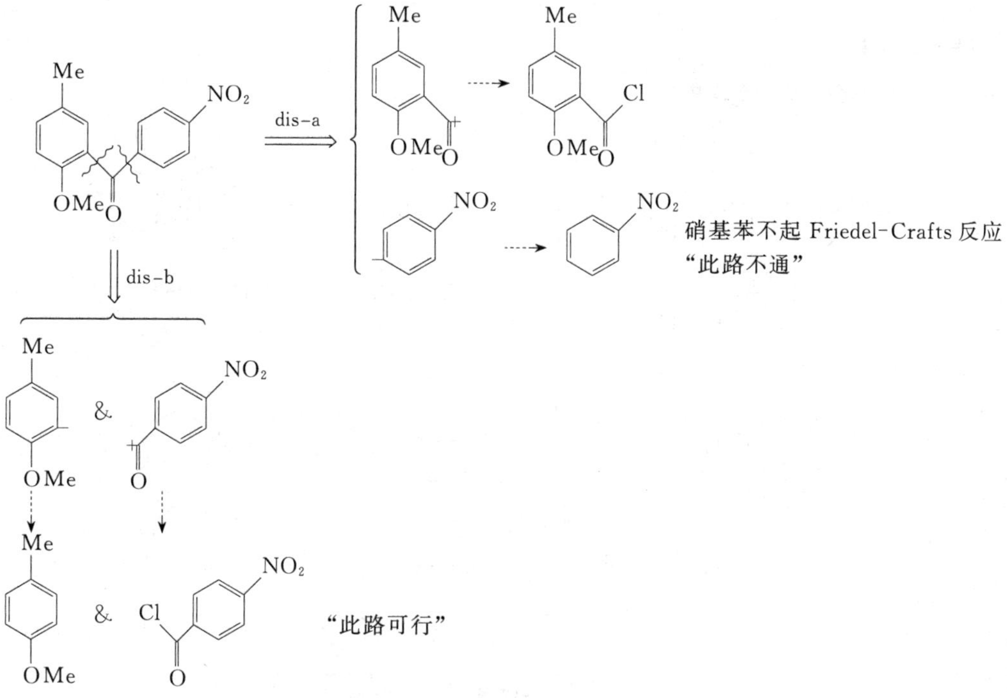

【例 11-13】 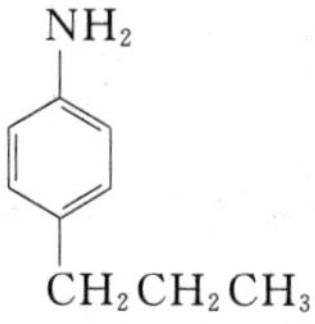

【逆合成分析】

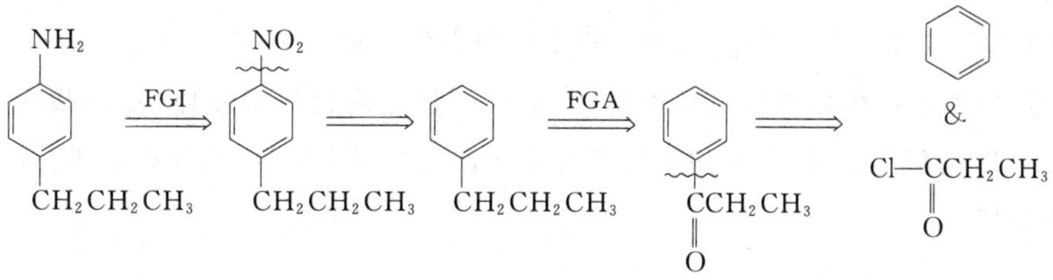

11.3.4 简单酮的逆合成设计

对醛酮进行逆合成分析，有两种方式：①将羰基转换成醇、炔烃等基团；②分子中碳链的切断。

【例 11-14】

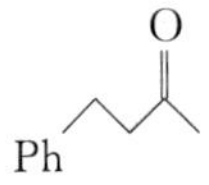

【逆合成分析】

方法一：将羰基转换成羟基或炔基。

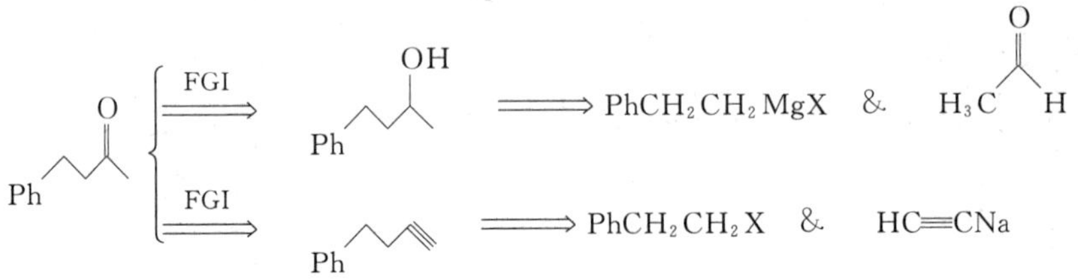

方法二：α-切断。

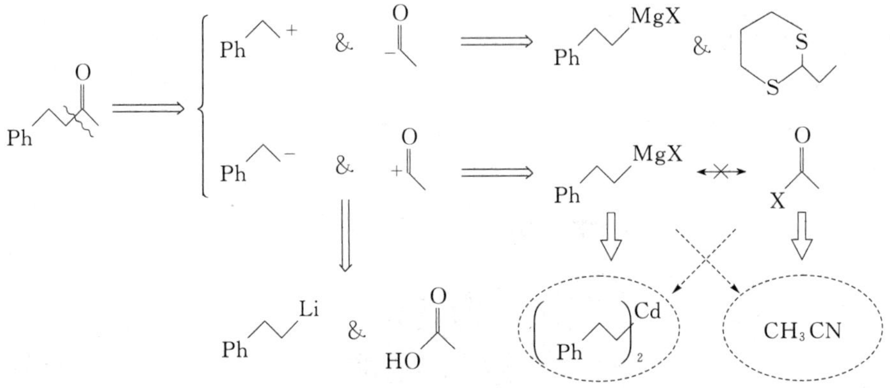

羰基负离子的合成等效体涉及极性转换，因此该 α-切断常将羰基分解成正离子，其合成等效体可以是羧酸、酰氯或氰化物。羧酸衍生物制备酮类化合物需要选择与其匹配的有机金属试剂，如羧酸与有机锂试剂；酰卤与有机镉试剂。若酰卤直接与格氏试剂，因其活性较强，生成的酮羰基会继续与格氏试剂反应生成醇类化合物。

当然，β-切断可以构建烯醇式负离子，容易找到稳定的合成等效体；依据共轭加成的原理，γ-切断可以构建出 α,β-不饱和酮与二烃基铜锂的合成等效体，从而顺利进行路线设计。

方法三：β-切断。

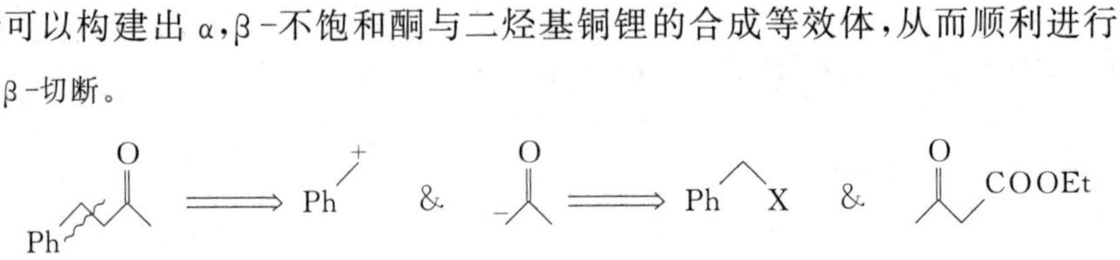

方法四：γ-切断。

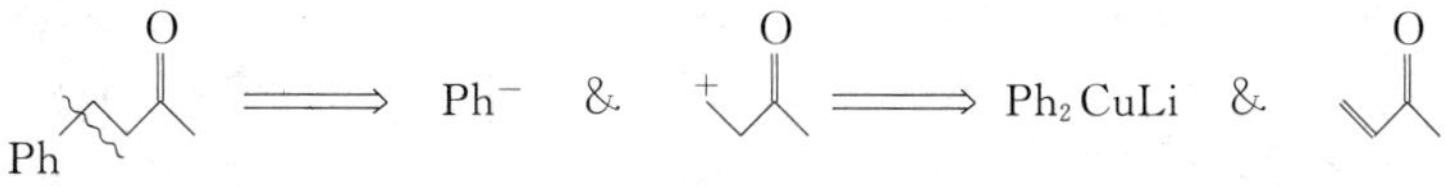

【例 11－15】 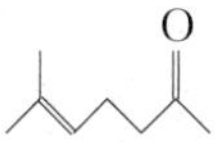

【逆合成分析】

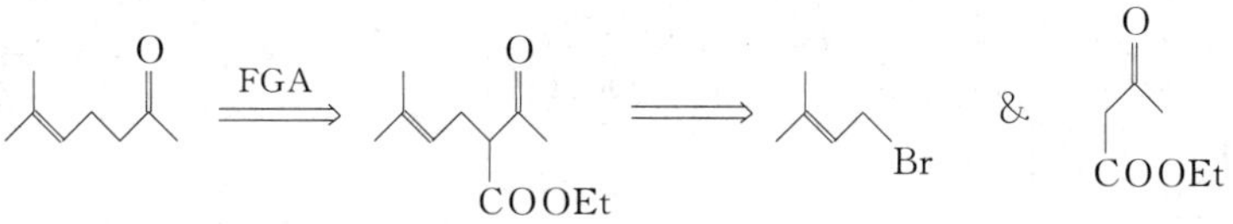

目标分子可以视作为烯烃 α－碳与羰基 α－碳相连，所以采用上述案例中的方法三进行逆合成设计，路线简洁合理。

11.3.5　简单羧酸及其衍生物的逆合成设计

与醛酮相似，羧酸的逆合成分析可以通过转换和切断两种方式进行设计，其中醇、烯基和氰基是普遍的转换对象。若目标化合物是羧酸衍生物，则将其转变成羧酸是常用的策略，当然，酯类和酰胺也可以通过重排反应获得。

【例 11－16】 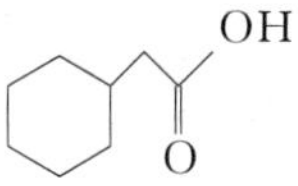

【逆合成分析】

方法一：

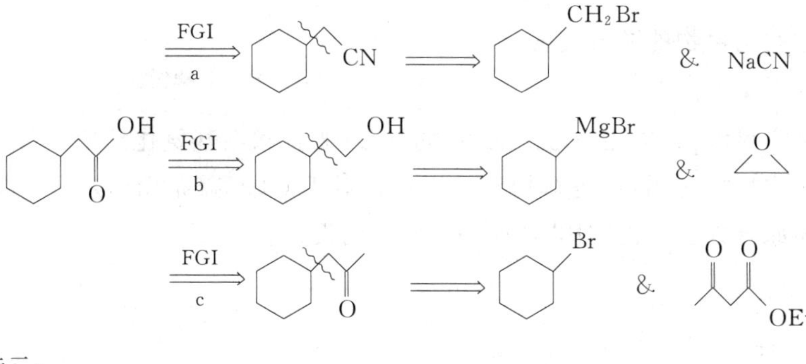

方法二：

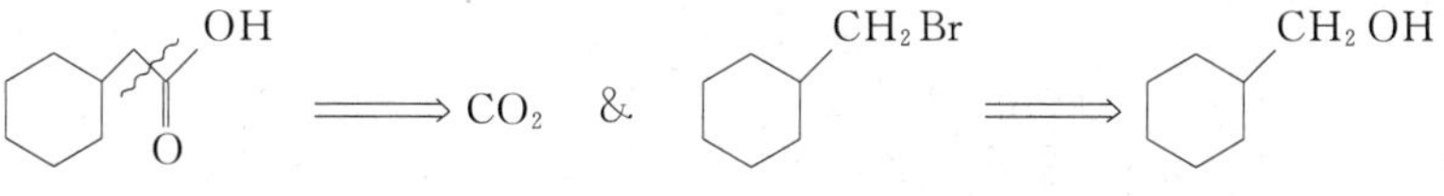

方法三：

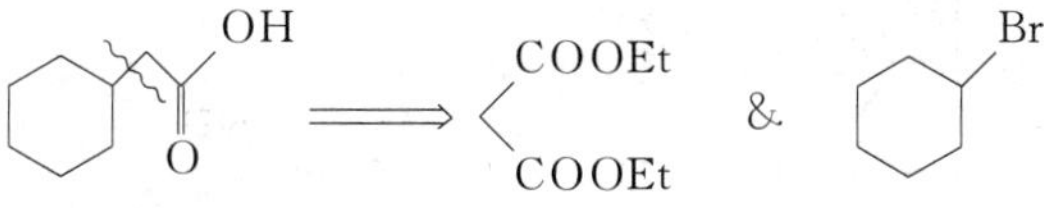

方法四：

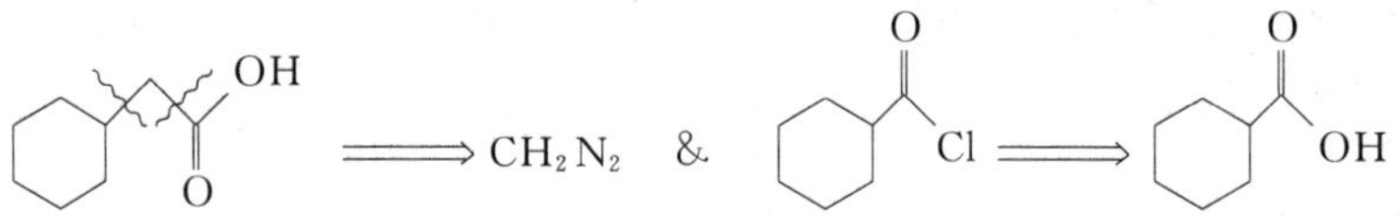

【例 11-17】

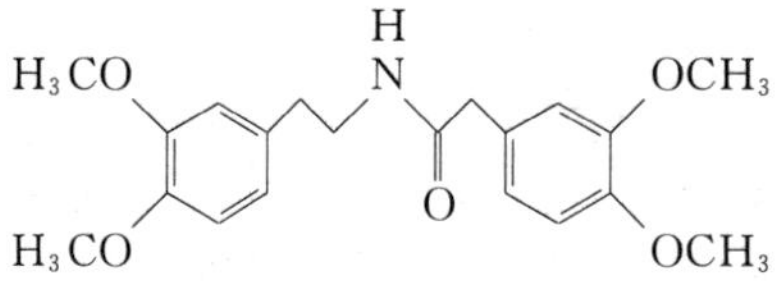

【逆合成分析】

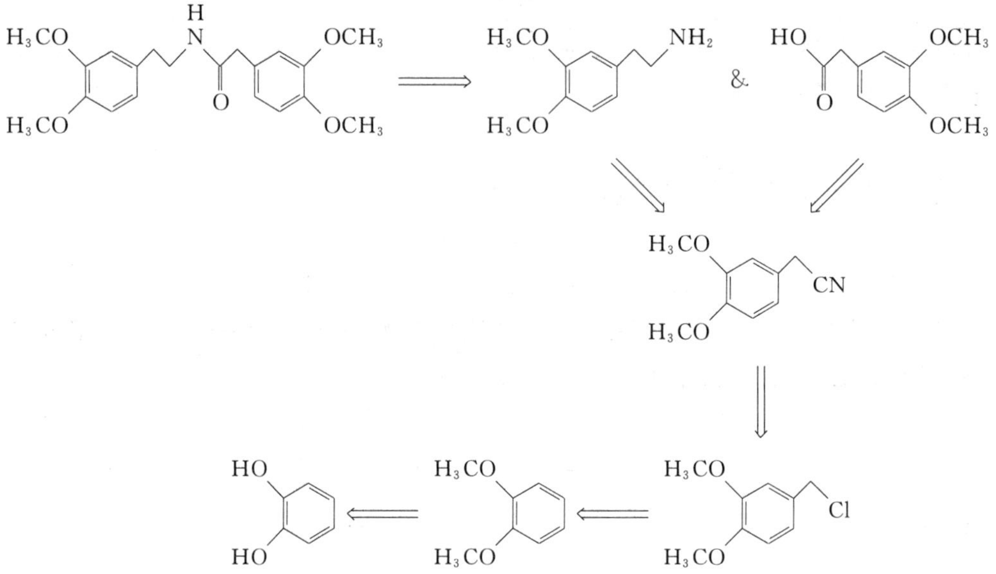

11.3.6　简单胺类化合物的逆合成设计

胺类合成的方法有很多，其中还原方法居多，如酰胺、亚胺和羰基氨化还原。所以，胺类化合的逆合成一般先添加官能团，再进行切断的操作。对于伯胺（盖布瑞尔）法、（霍夫曼降解）法、硝基或氰基还原等方法更为实用，从而进行相应的设计。

【例 11-18】

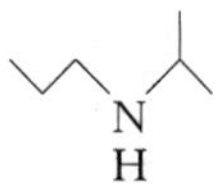

【逆合成分析】

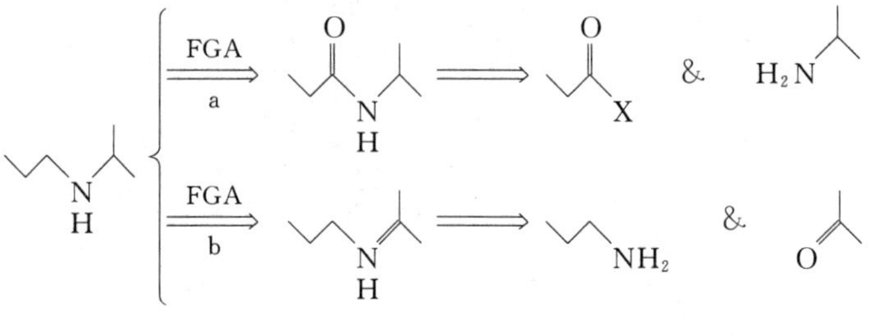

【例 11-19】 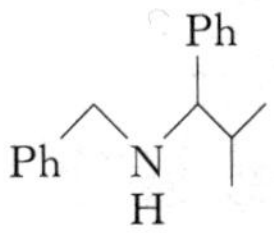

【逆合成分析】

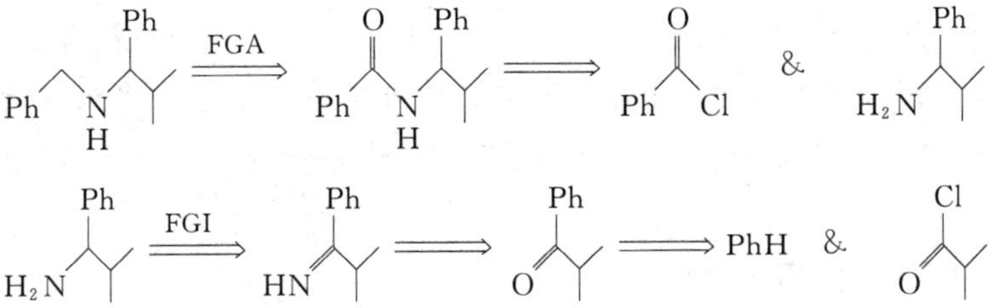

11.3.7　饱和烃基的逆合成设计

有机化学反应总是依赖于活泼的官能团，而对于无官能团的饱和烃类化合物的逆合成设计，常用的方法就是添加官能团。若目标分子为长链烷基，为了缩短碳链（切断操作），往往可以添加羰基或双键。

【例 11-20】 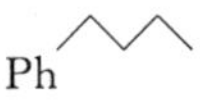

【逆合成分析】

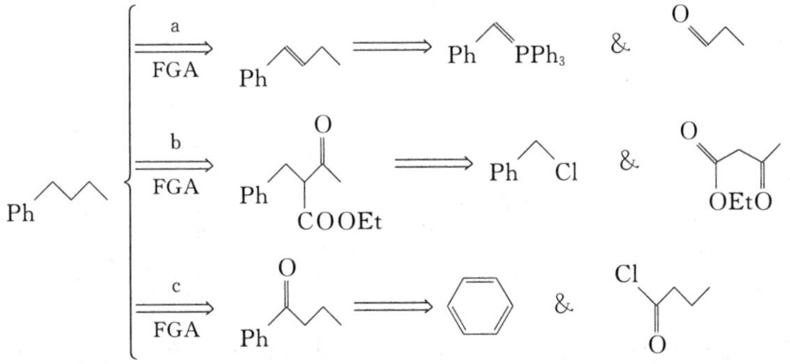

【例 11-21】 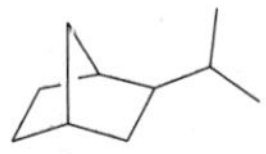

【逆合成分析】

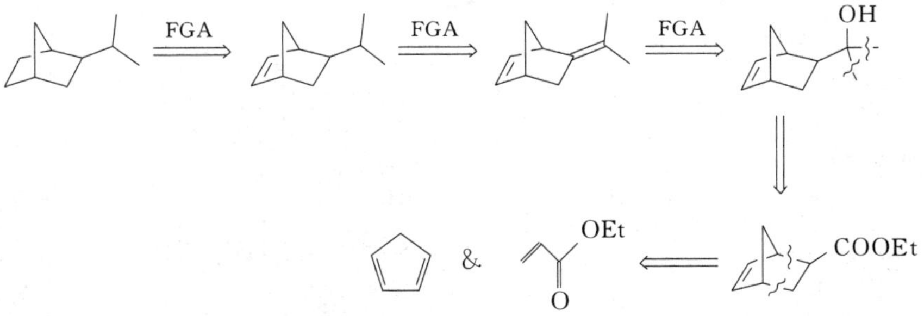

11.4 双官能团化合物的合成路线设计

双官能团化合物主要包括1,1-、1,2-、1,3-、1,4-、1,5-、1,6-双官能团等化合物,其中1,3-和1,5-双官能团化合物为难点。其逆合成分析总体策略是将双官能团化合物分解成简单的单官能团前体,进而依据单官能团所学知识进一步分析。

11.4.1 1,1-双官能团化合物

为了便于类比,本书将α-氰醇、炔醇和缩酮等化合物划分为1,1-双官能团化合物。

(1)α-氰醇

氰基视作官能团,逆合成分析可推知由酮和氰负离子反应获得。α-氰醇在酸或碱催化下水解生成α-羟基酸,或还原成β-氨基醇。

【切断通式】

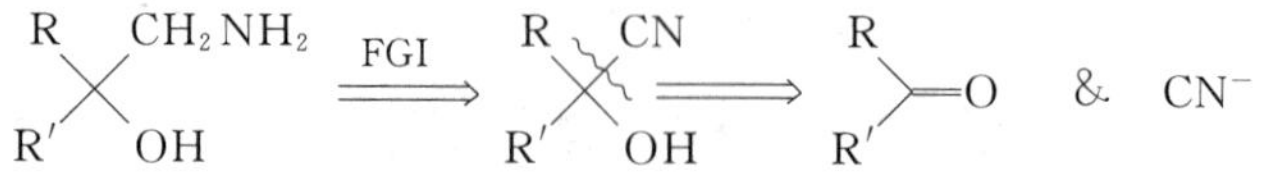

【例题 11-22】

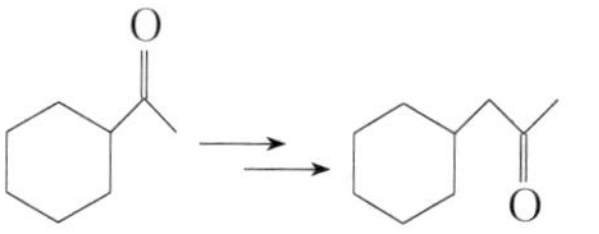

【逆合成分析】

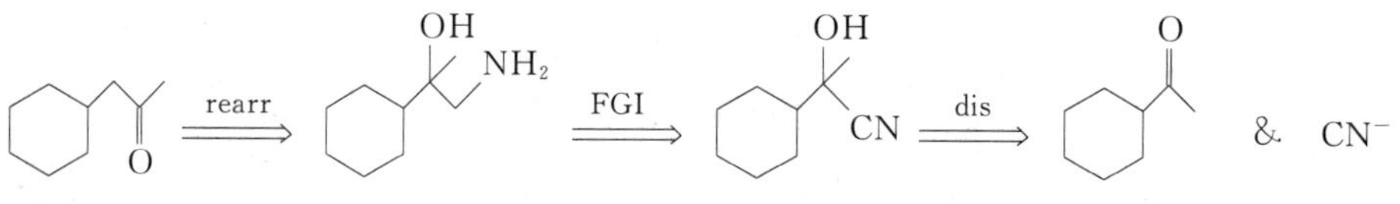

(2)炔醇

炔基可为亲核性官能团,逆合成分析可推知由醛酮和炔负离子反应获得。

【切断通式】

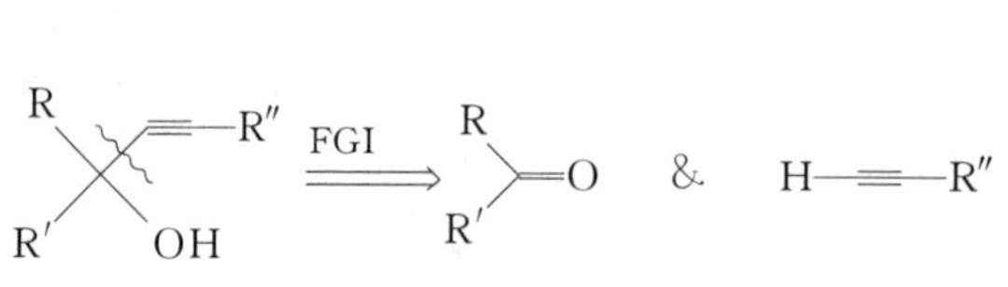

【例 11-23】

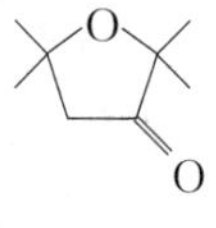

【逆合成分析】

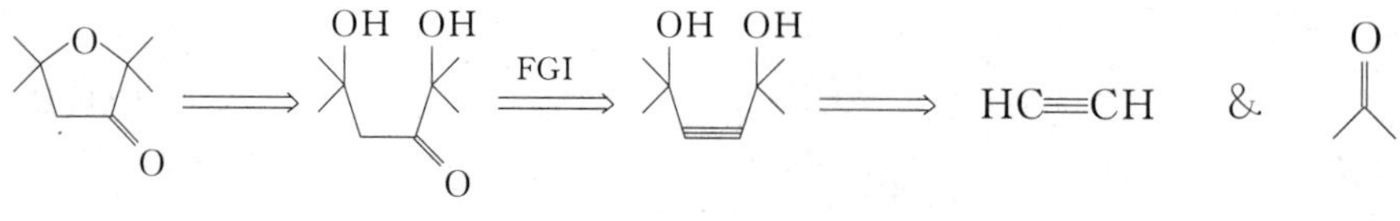

(3)缩酮

缩酮可以视作单官能团多键，逆合成分析可以被分拆为酮和二醇，相当直观。

【切断通式】

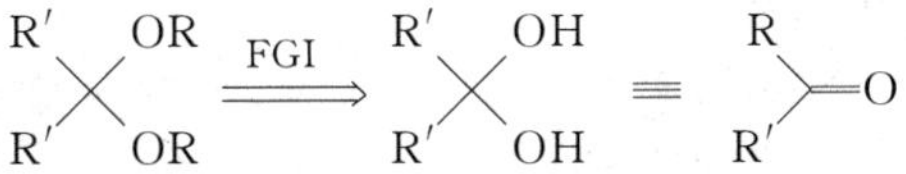

【例 11－24】

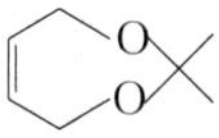

【逆合成分析】

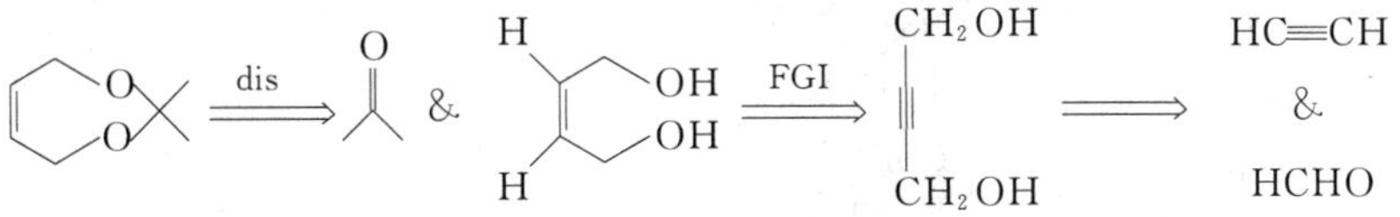

11.4.2　1,2－双官能团化合物

(1)邻二醇

1,2－二醇类化合物可由烯烃氧化、环氧乙烷加成来制备。所以切断 1,2－二醇，一般先将官能团转化为烯烃再进行切断。另外，对称的邻二醇也可以切断成酮。

【切断通式】

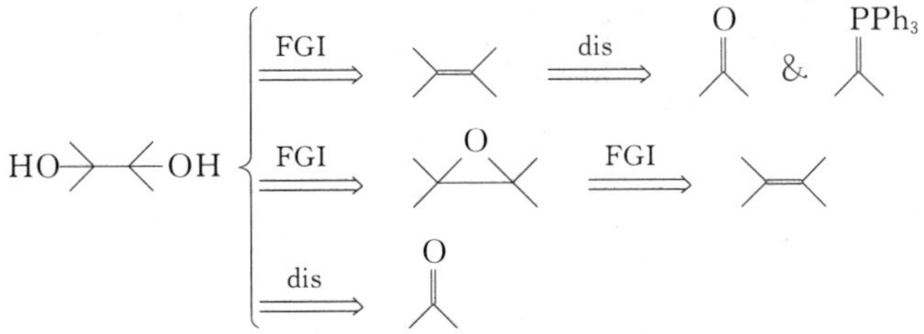

【例 11－25】

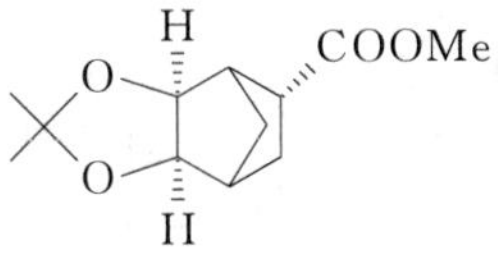

【逆合成分析】

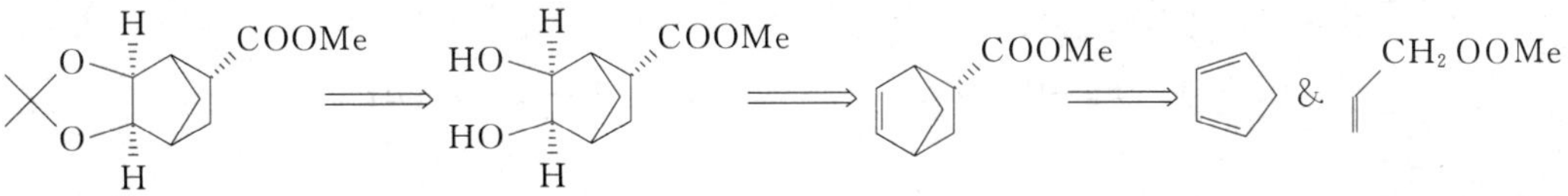

【例 11－26】

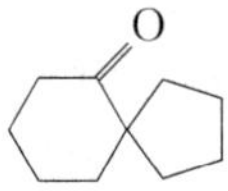

【逆合成分析】

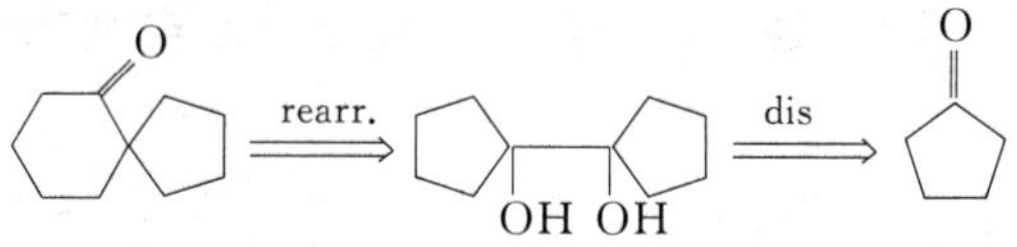

【例 11-27】 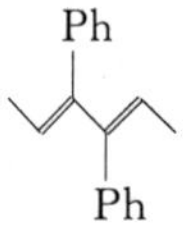

【逆合成分析】

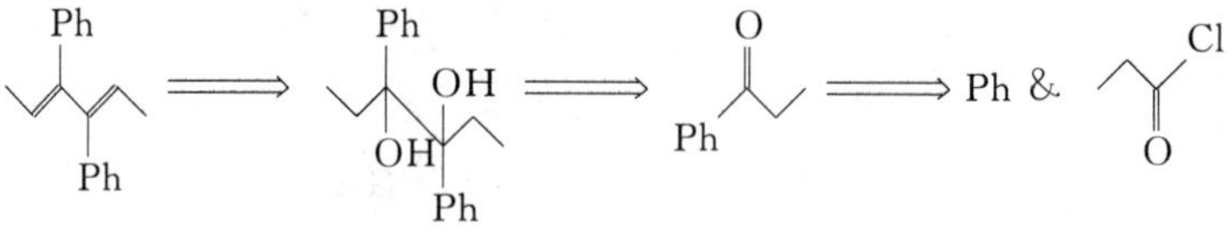

(2)α-羟基酮

根据目标化合物的结构有无对称性,可进行不同方式的路线设计。

【切断通式】

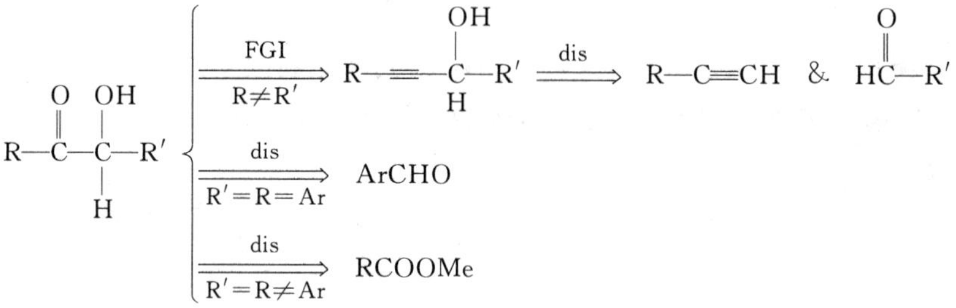

【例 11-28】 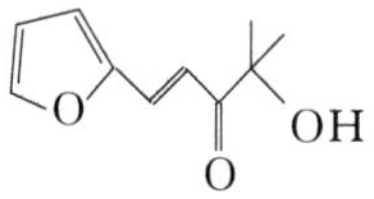

【逆合成分析】

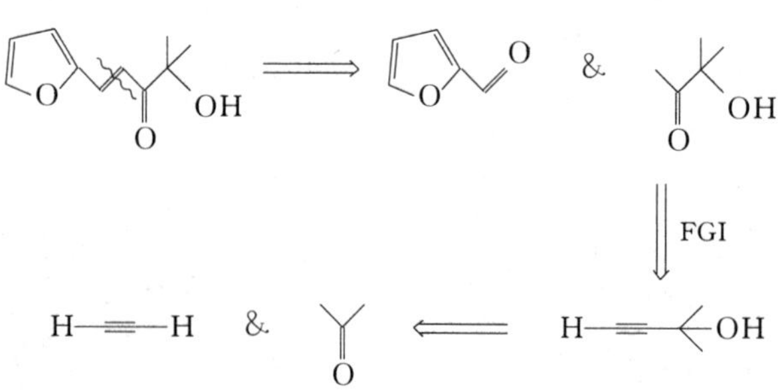

(3)邻二酮(α-二酮)

邻二酮一般先转换成α-羟基酮,然后进一步切断。

【切断通式】

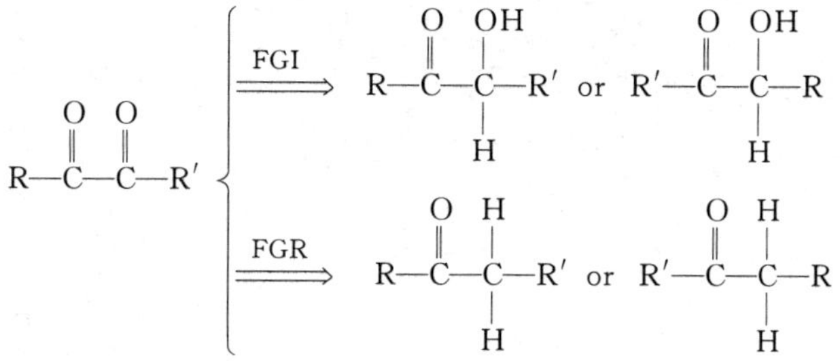

【例 11-29】 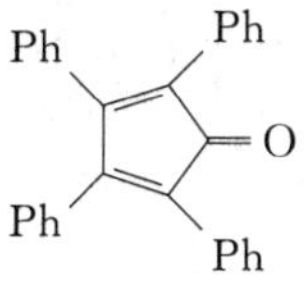

【逆合成分析】

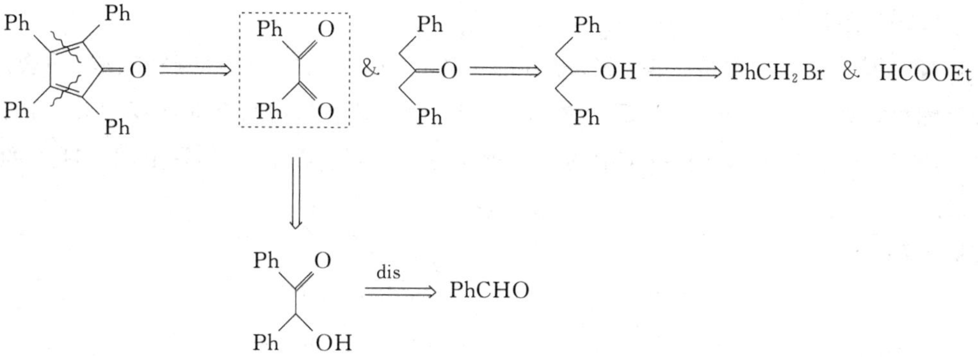

(4) α-羟基酸

α-羟基酸同时含有羟基和羧基两种官能团，可以分别将其转换，继而进行切断。

【切断通式】

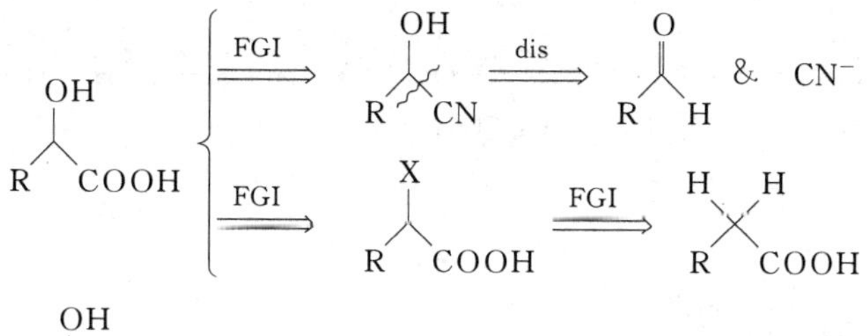

【例 11-30】 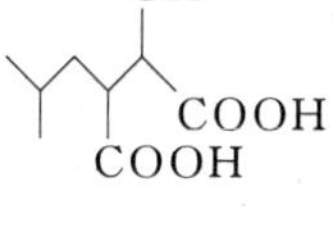

【逆合成分析】

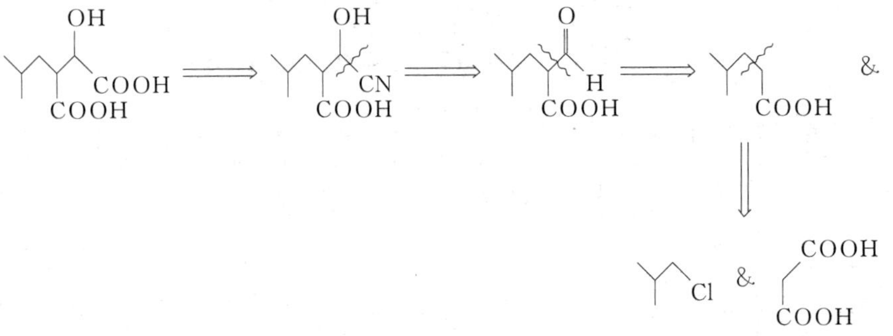

11.4.3 1,3-双官能团化合物

(1)3-羟基羰基化合物

β-羟基醛(酮)化合物是羟醛(酮)缩合的产物,所以切断的依据是羟醛(酮)缩合反应;β-羟基酯可以通过 Reformatsky 反应来构建。凡 β-羟基羰基切断有如下规律:①切断 α,β 键;②切断 β-C 上的氧-氢键,OH 中的氢变为 α-C 上的氢;③β-C 和它上的 OH 中的氧变为羰基。

【切断通式】

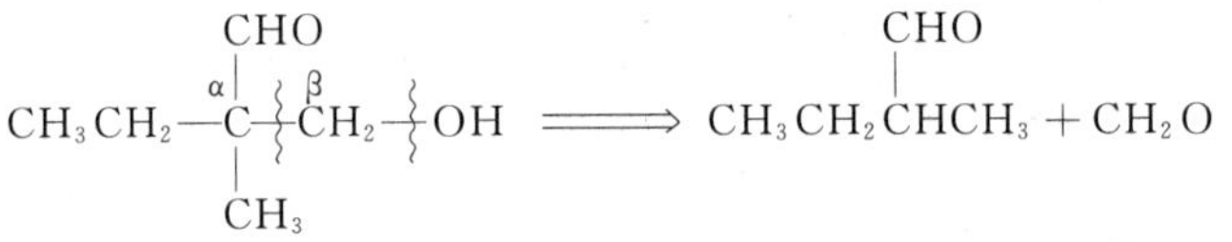

【例 11-31】 $(HOCH_2)_3CCHO$

【逆合成分析】

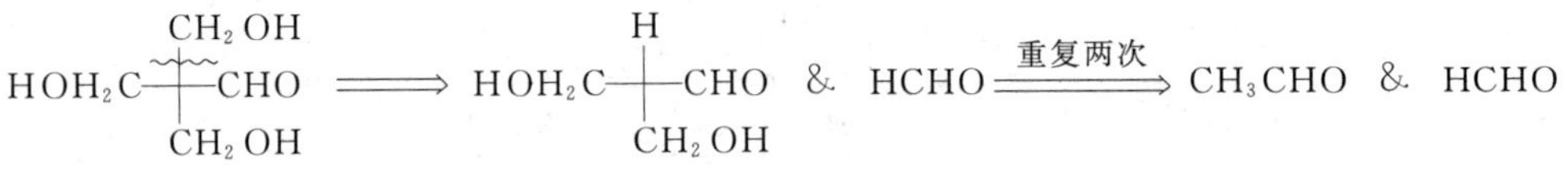

【例 11-32】

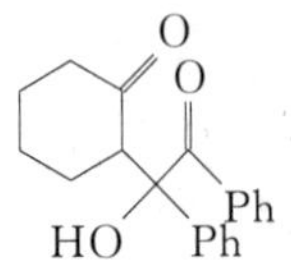

【逆合成分析】

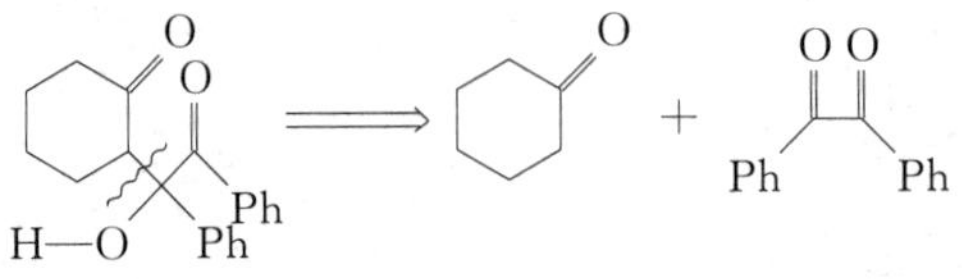

【例 11-33】

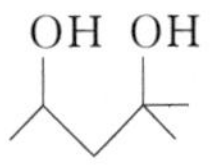

【逆合成分析】

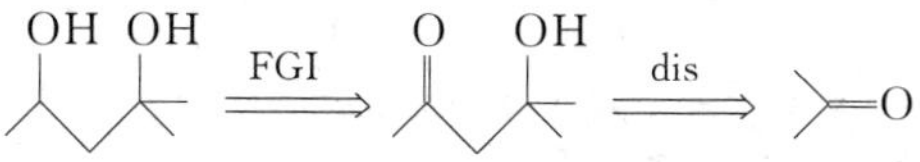

(2)α,β-不饱和羰基化合物

β-羟基羰基化合物脱水形成 α,β-不饱和羰基化合物，切断的依据是它的合成反应——aldol 缩合；个别情况也可以依据 Perkin 和 Knoevenagel 等缩合反应来设计。既然该类化合物源自于缩合反应，其逆合成设计应考虑首先将碳碳双键进行切断。

【切断通式】

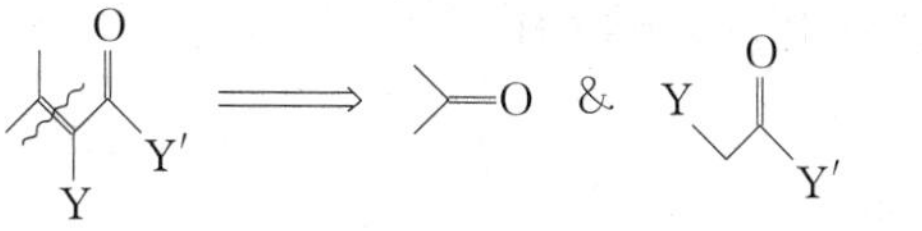

Y′=−H、−R、−OH、−OR′

Y=−H、−R、$-NO_2$、−CN、−COOR′、−COOH

【例 11-34】

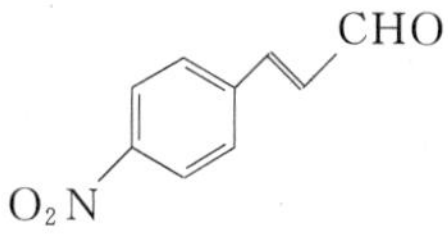

【逆合成分析】

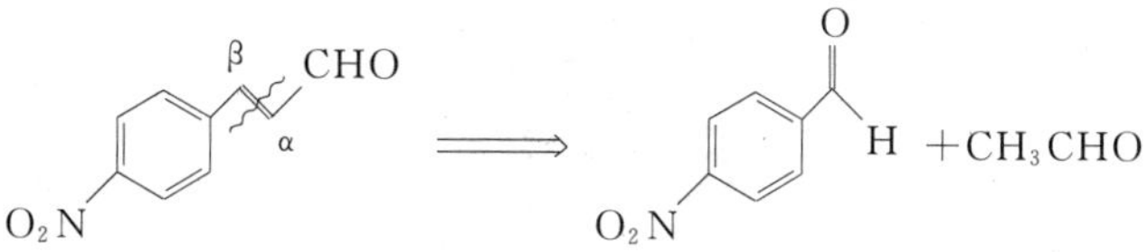

【例 11-35】

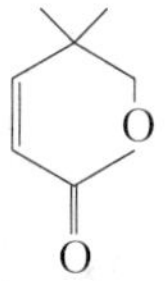

【逆合成分析】

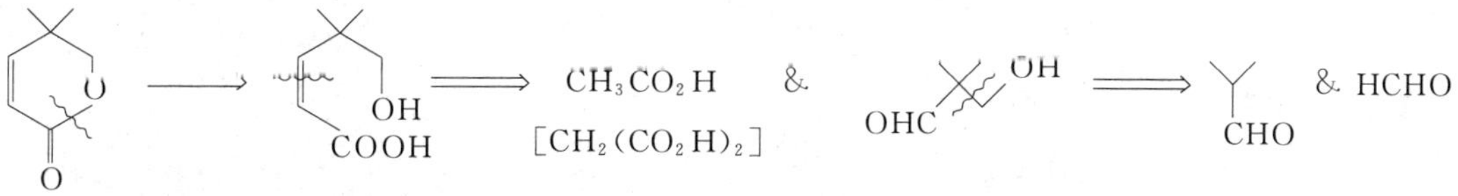

(3)1,3-二羰基化合物

1,3-二羰基化合物的制备，通常是用克莱森(Claisen)缩合反应。根据该缩合反应的特点，可以做如下切断。

【切断通式】

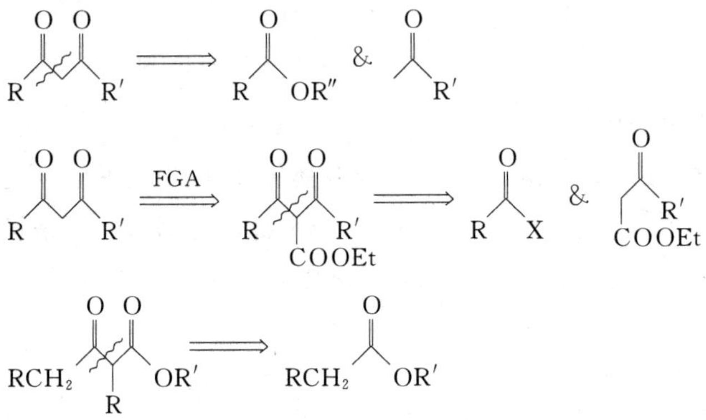

【例 11－36】 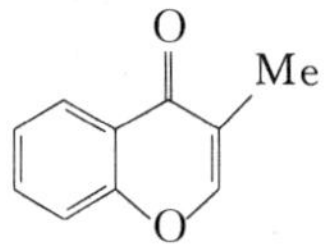

【逆合成分析】

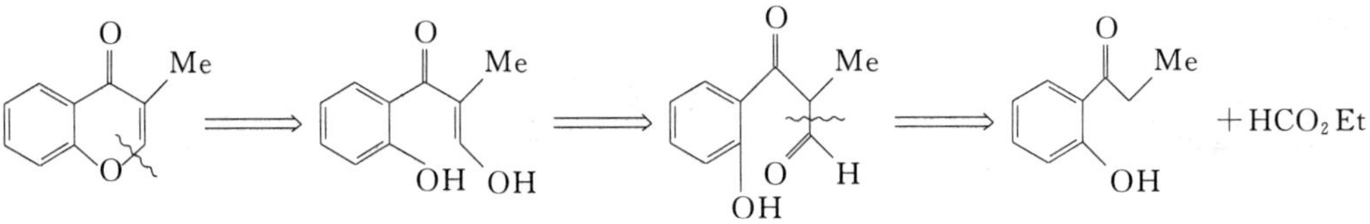

【例 11－37】 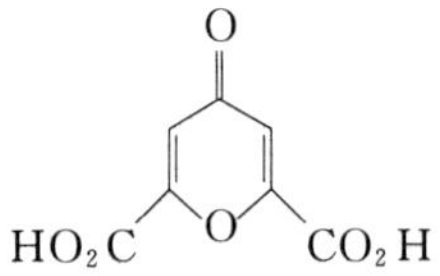

【逆合成分析】

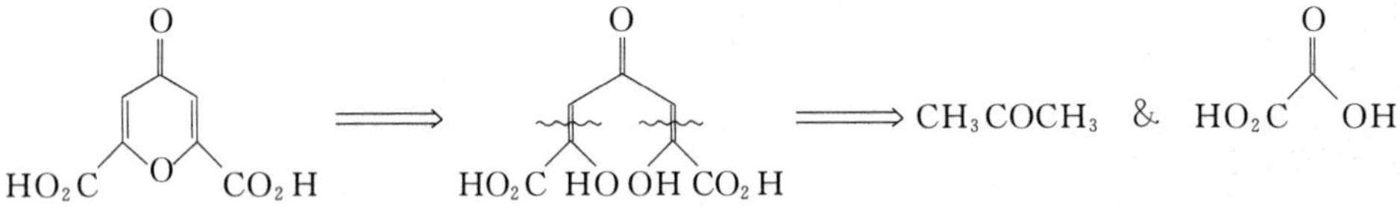

【例 11－38】 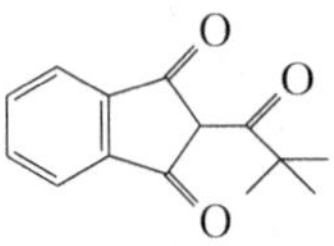

【逆合成分析】

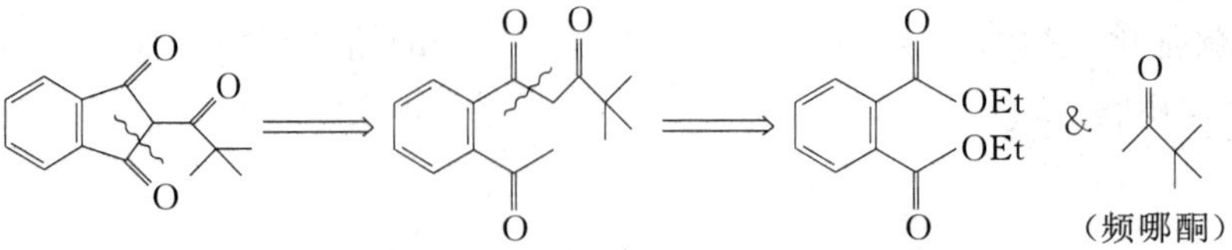

【例 11 - 39】 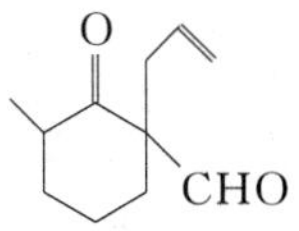

【逆合成分析】

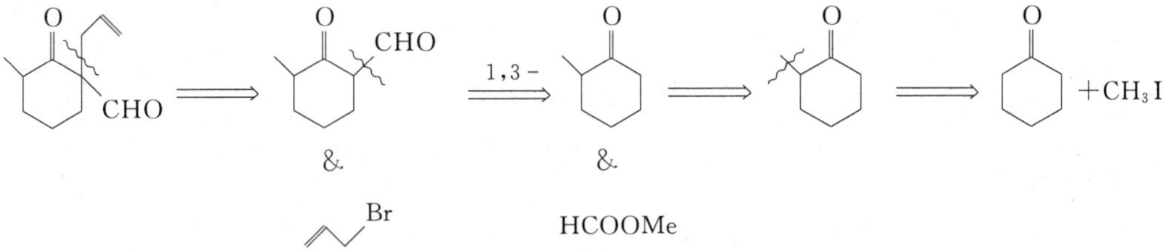

11.4.4　1,4 -双官能团化合物

1,4 -双官能团化合物主要包括 1,4 -二羰基化合物和 4 -羟基羰基化合物等。

(1)1,4 -二羰基化合物

【切断通式】

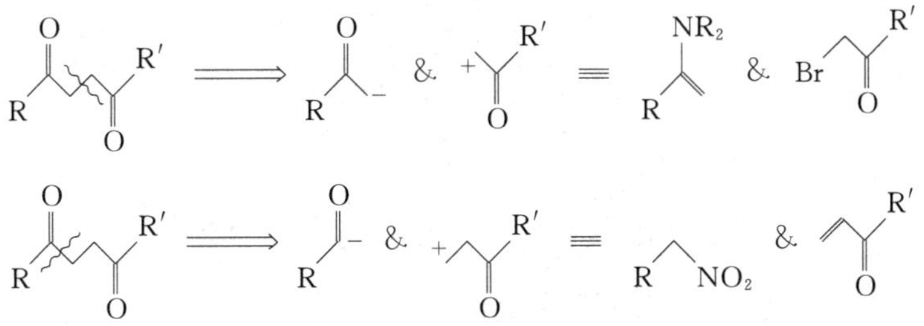

采用烯醇负离子亲核反应时，为避免其他副反应，一般采用烯胺作为其等效试剂，如下面例题。

【例 11 - 40】 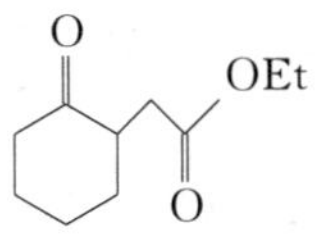

【逆合成分析】

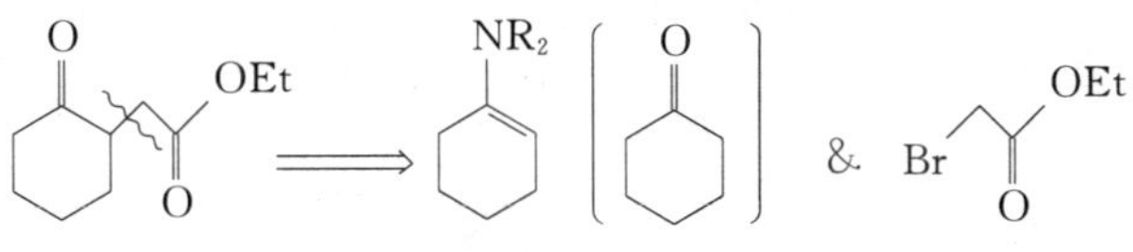

若直接以环己酮反应，其 α -碳难以形成烯醇负离子。这是因为在醇钠的作用下，溴乙酸乙酯的 α -氢酸性更强，优先形成烯醇负离子，反过来进攻环己酮上的羰基发生 Darzen 反应，形成 α,β -环氧酸酯。因此，需要将环己酮变为烯胺，进而合成所需的目标化合物。

(2)γ -羟基羰基化合物

该类化合物一般难以通过 FGI 来处理。

【切断通式】

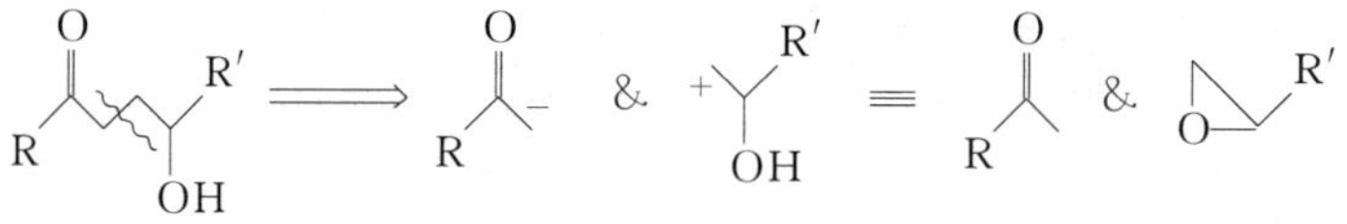

【例 11－41】 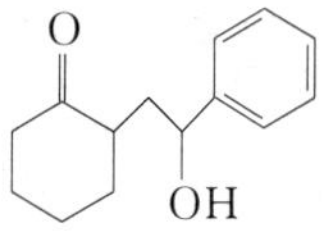

【逆合成分析】

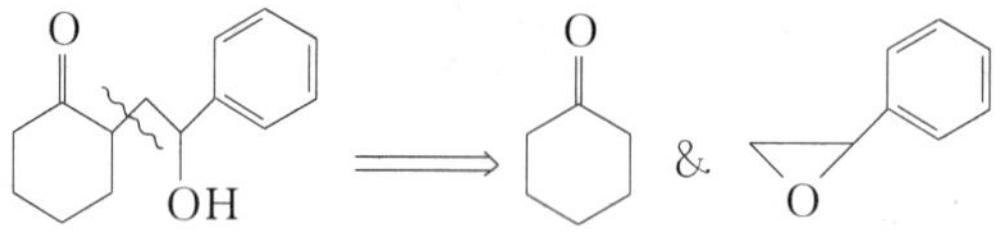

【例 11－42】 

【逆合成分析】

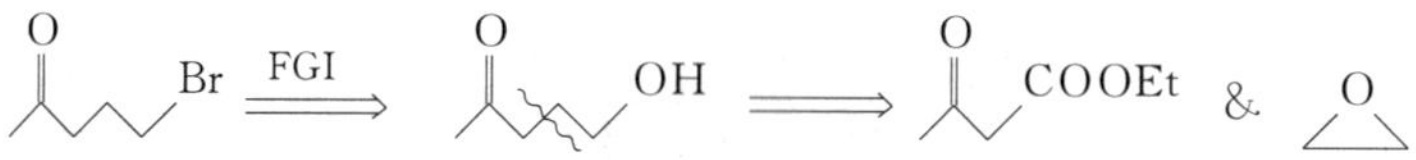

(3)γ-羰基酸化合物

【切断通式】

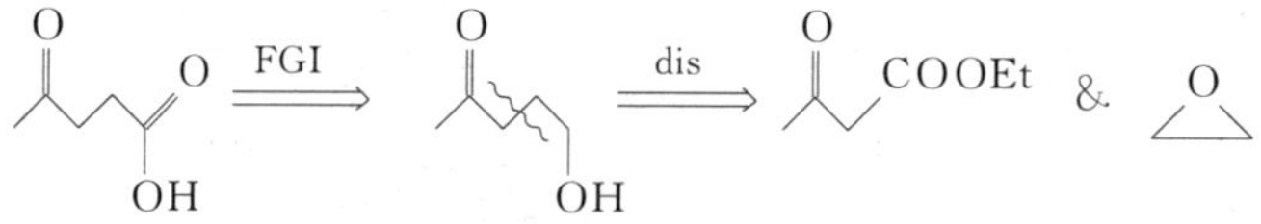

除了这种常规的切断方式，对于特定结构的物质，也可以采用特殊的切断方法，如下面例题。

【例 11－43】 

【逆合成分析】

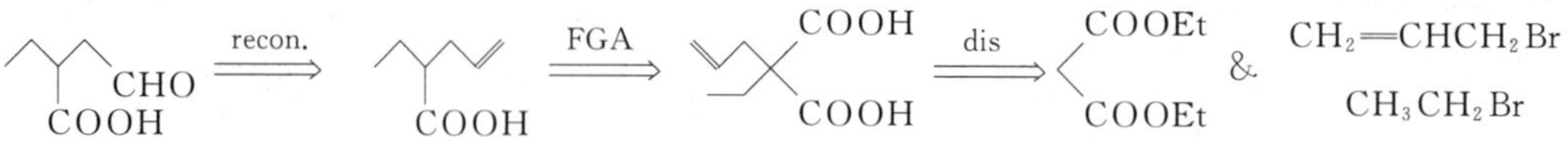

【例 11－44】 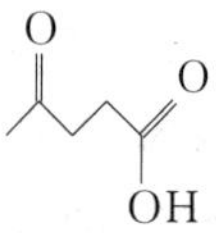

【逆合成分析】

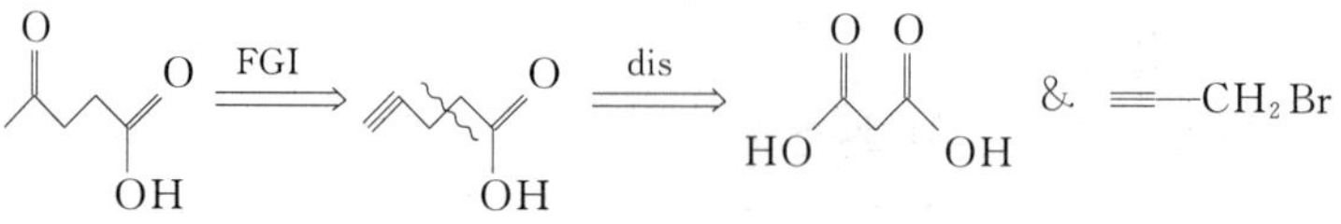

【例 11 - 45】 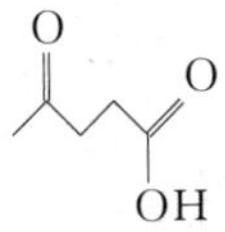

【逆合成分析】

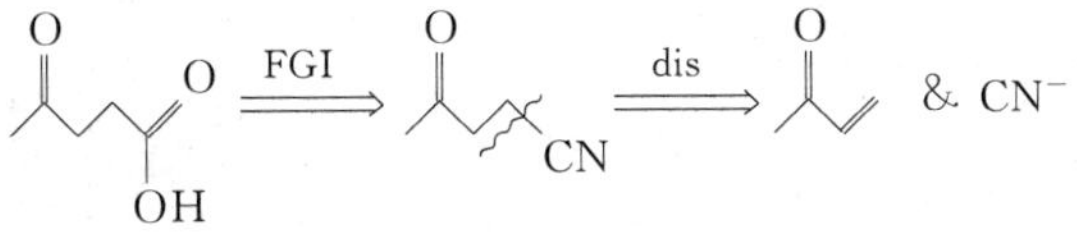

11.4.5　1,5 -双官能团化合物

1,5 -双官能团化合物主要讨论 1,5 -二羰基化合物。稳定的烯醇负离子与 α，β -不饱和羰基化合物发生共轭加成反应，生成 1,5 -二羰基化合物，此反应称为 Michael 加成。其逆合成分析可用如下通式表示：

【切断通式】

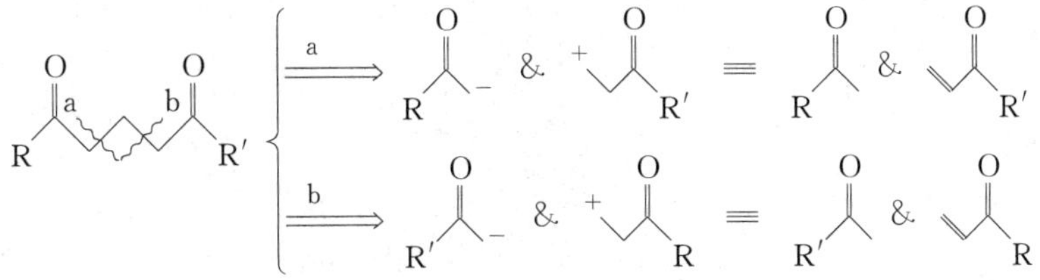

从缩合前后分子结构的变化可以看出，1,5 — 二羰基化合物可以在两个不同的部位切断：

【例 11 - 46】 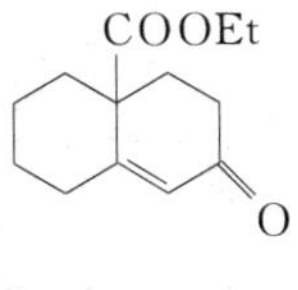

【逆合成分析】

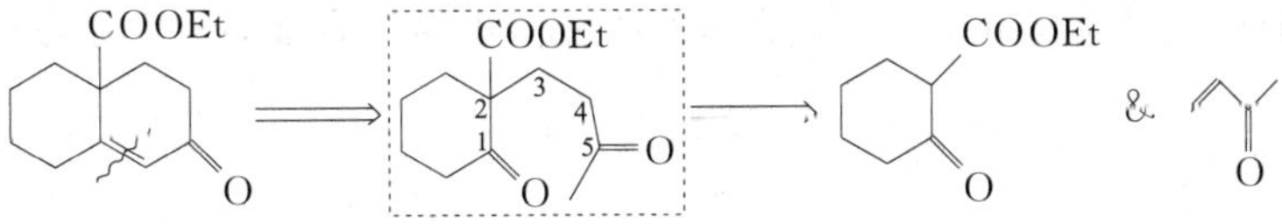

目标分子切断双键之后就呈现了 1,5 -二酮结构，按切断通式可在 2、3 号碳之间切断或 3、4 号碳之间切断，但哪一个合理可行呢？由于 2 号碳上还有一个吸电子酯基(—COOEt)，因此 2 号烯醇负离子更稳定，即在 2、3 之间切断更为合理。再如下例：

【例 11 - 47】 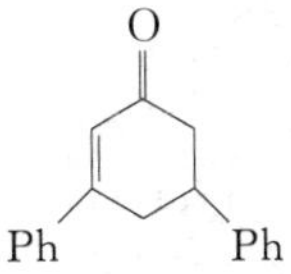

【逆合成分析】

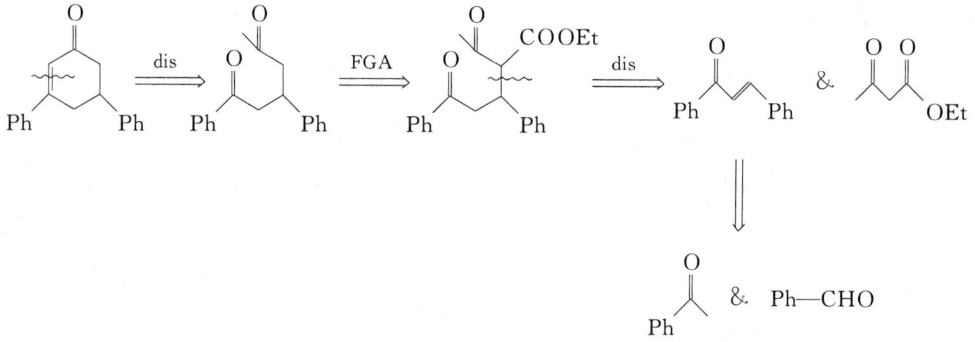

目标分子切断双键之后也呈现了1,5-二酮结构，但无法判断如何继续切断。关注到目标分子包含了“取代丙酮”的结构，所以添加一个吸电子酯基（—COOEt），构建出乙酰乙酸乙酯（烯醇负离子稳定），这样就可以合理切断了。因此，添加一个吸电子酯基有助于合理切断，是1,5-二羰基化合物的逆合成分析常用的一种技巧。

【例11-48】 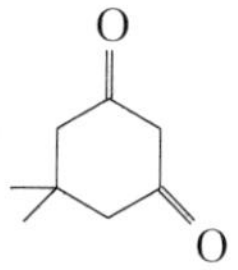

【逆合成分析】

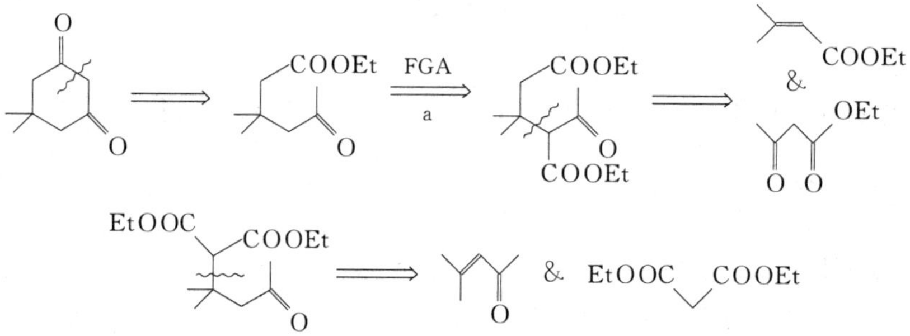

本案例中，路线a和b均添加了酯基进行活化，分别构建成了乙酰乙酸乙酯和丙二酸二乙酯两种常见的稳定性烯醇化合物，其他相关的前体也易于合成，所以两条逆合成设计路线都可行。

【例11-49】 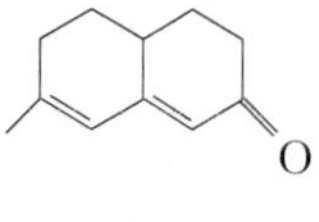

【逆合成分析】

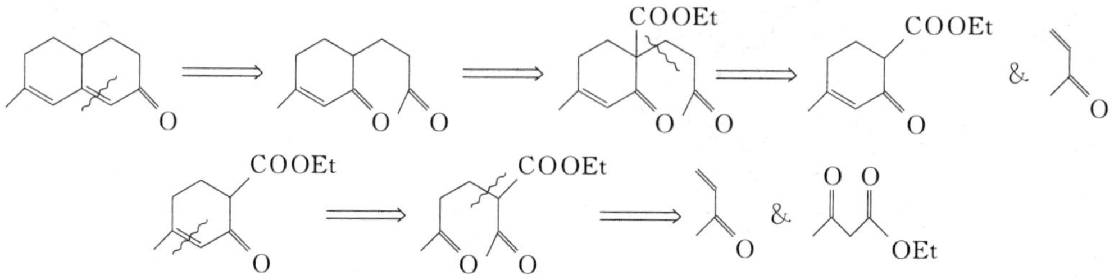

【例 11 - 50】 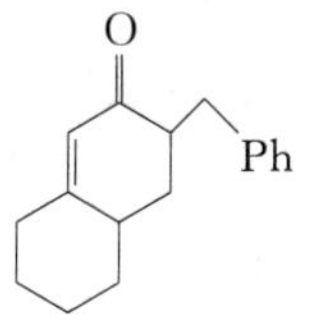

【逆合成分析】

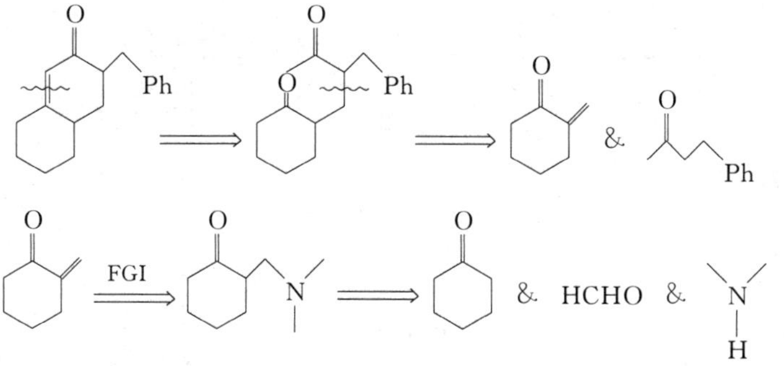

【例 11 - 51】 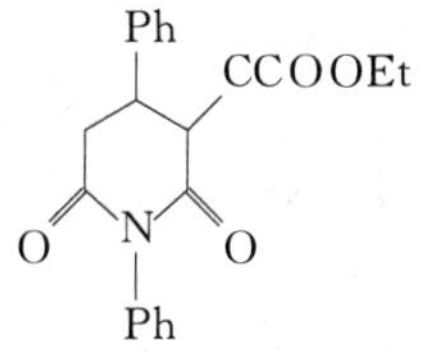

【逆合成分析】

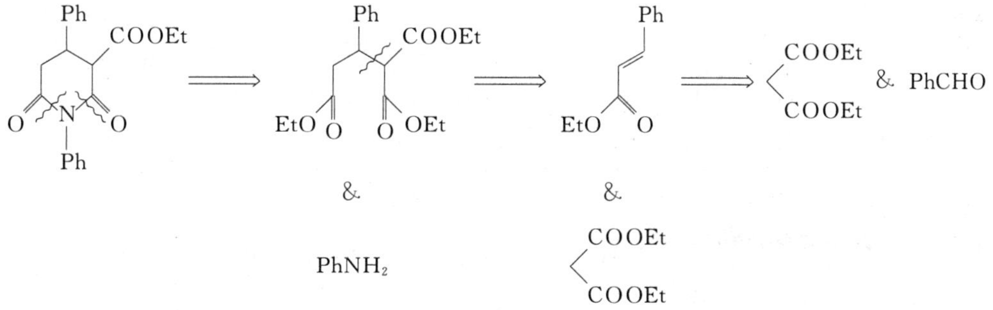

11.4.6　1,6 -双官能团化合物

1,6 -双官能团化合物主要讨论 1,6 -二羰基化合物。通常采用连接的操作，将其结合成环己烯。然后依据环己烯结构特点，选择 Diels - Alder 反应、Robinson 环合、Birch 还原或环己醇的方式进行逆合成切断。

【切断通式】

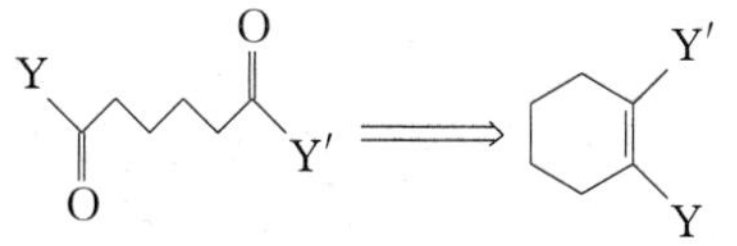

Y, Y′ = H、R、OH

【例 11－52】 

【逆合成分析】

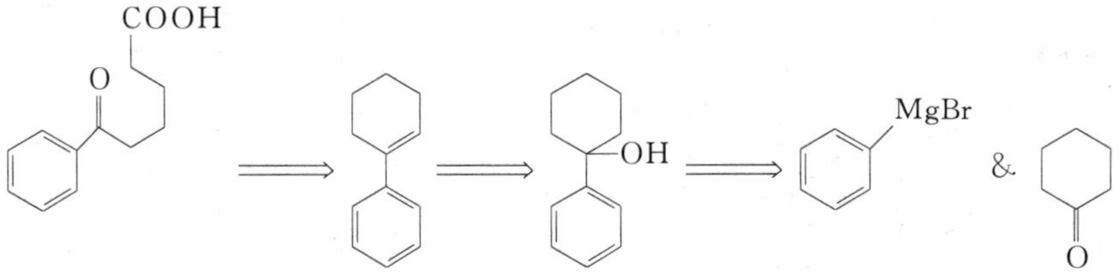

【例 11－53】 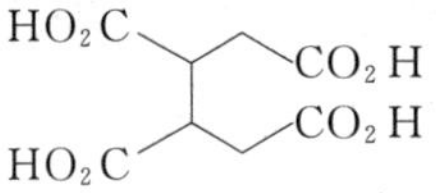

【逆合成分析】

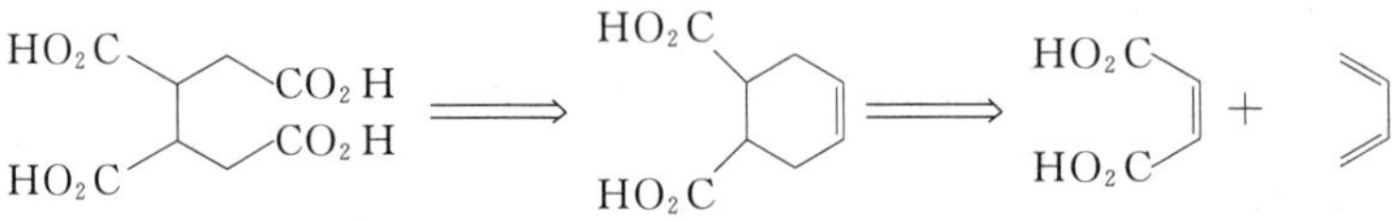

在 Diels－Alder 反应中，顺丁烯酸酐是最好的亲双烯体试剂。

【例 11－54】 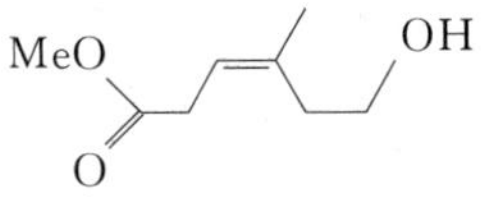

【逆合成分析】

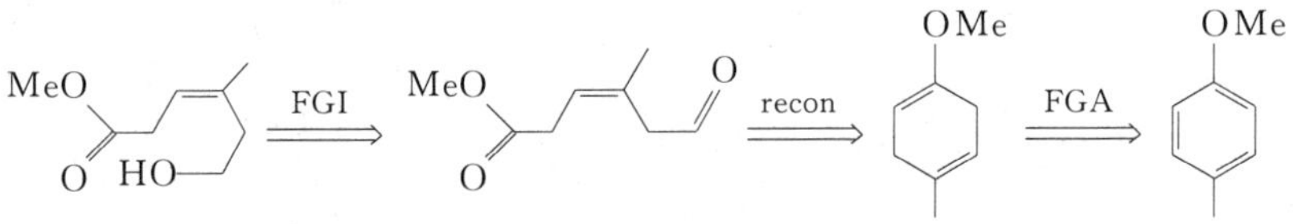

【例 11－55】 合成化合物 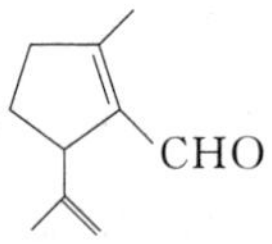

【逆合成分析】

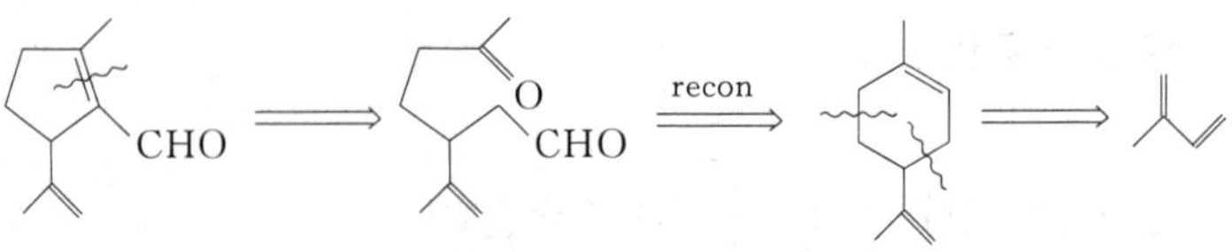

11.5 简单环状化合物的合成路线设计

11.5.1 六元环状化合物

切断与官能团转换通法：六元环－Diels－Alder 反应。

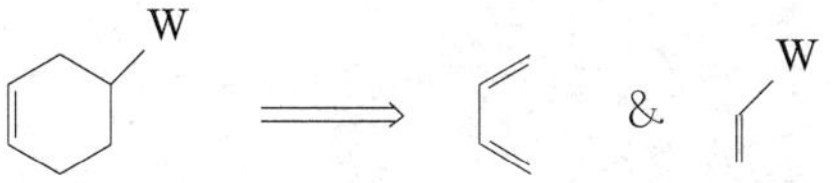

W＝NO_2、CN、COR、COOR′

【例 11－56】 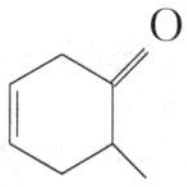

【逆合成分析】

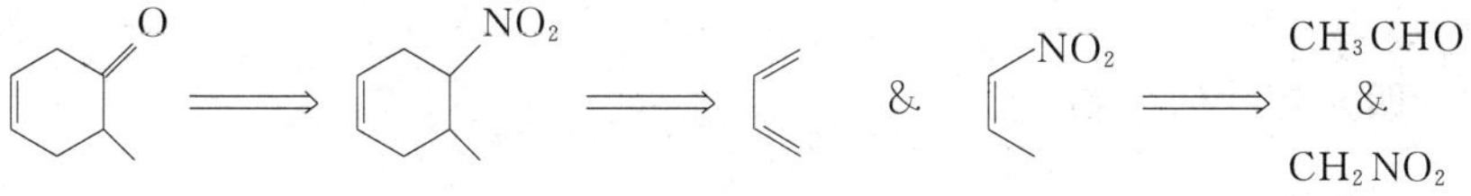

【例 11－57】 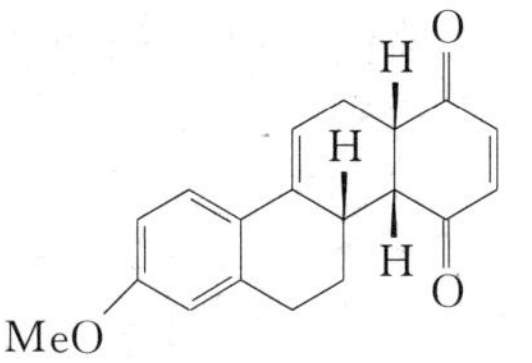

【逆合成分析】

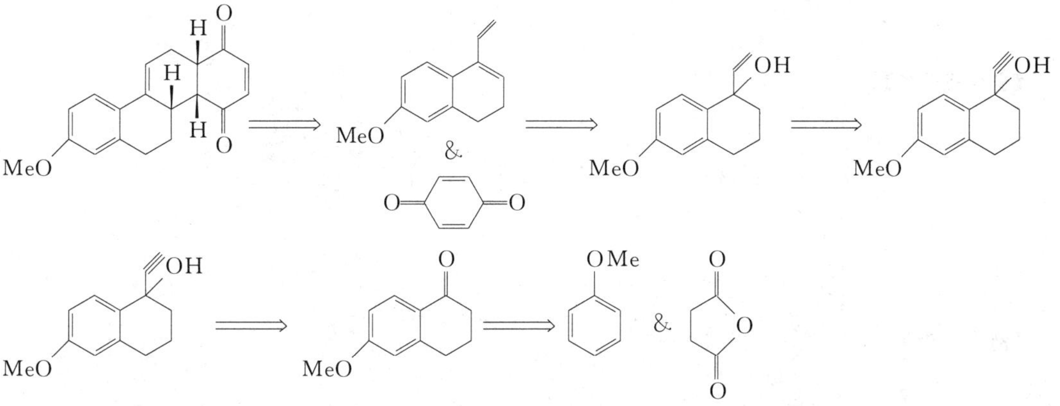

Diels－Alder 反应在六元环的合成中具有特别重要的意义，该反应在加热条件下进行。若亲双烯体双键上带有吸电子基团，反应可以温和条件下进行。反应具有顺式加成、内侧加成和生成邻对位产物的特点，具有很好的区域选择性和立体选择性。因此，在进行逆合成分析时，需要注意结构的合理性。

【例 11－58】

(1) 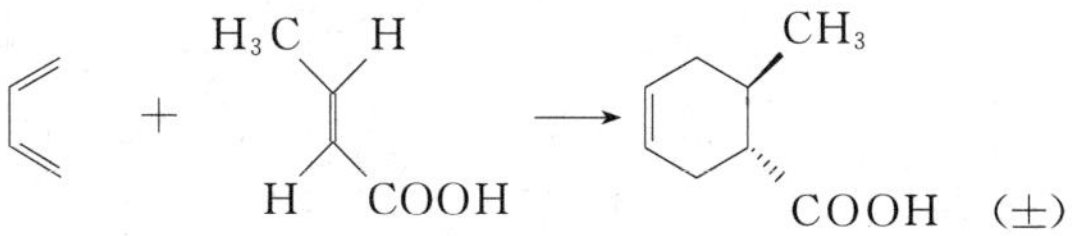

(2) 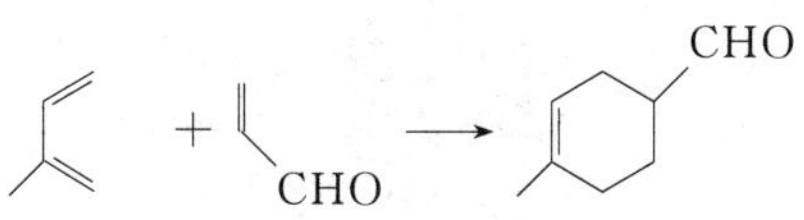

(3) 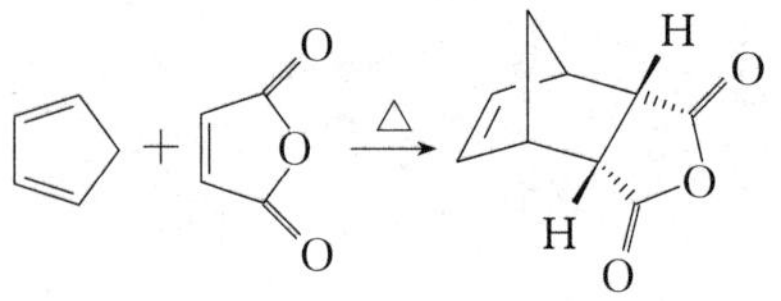

当然，Robinson annulation 也是构建六元环的一个好方法。因此，若目标化合物为α，β-环己烯酮结构，则其逆合成路线往往利用逆 Robinson annulation 的方法去设计，如上一节的例 11-49 和例 11-50。

11.5.2 四元环状化合物

切断与官能团转换通法：四元环-电环化反应，但有时也可以利用丙二酸二乙酯的方法构建。

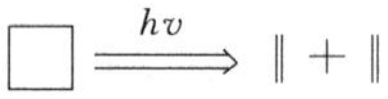

【例 11-59】 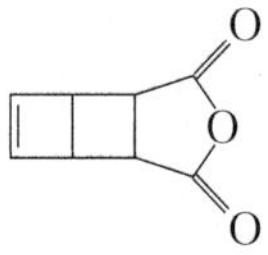

【逆合成分析】

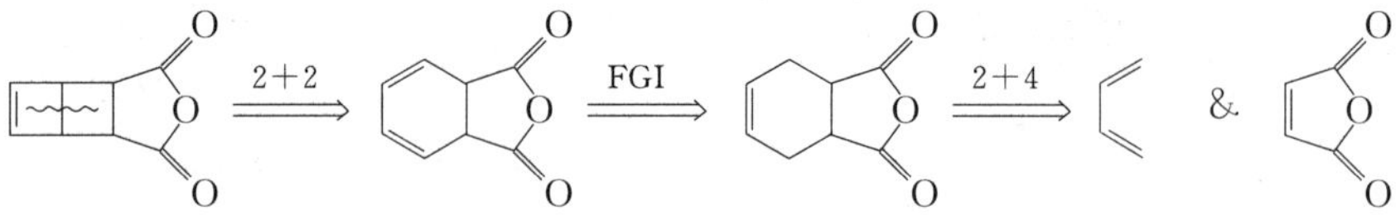

【例 11-60】 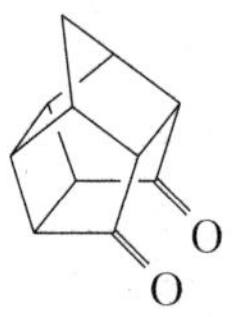

【逆合成分析】

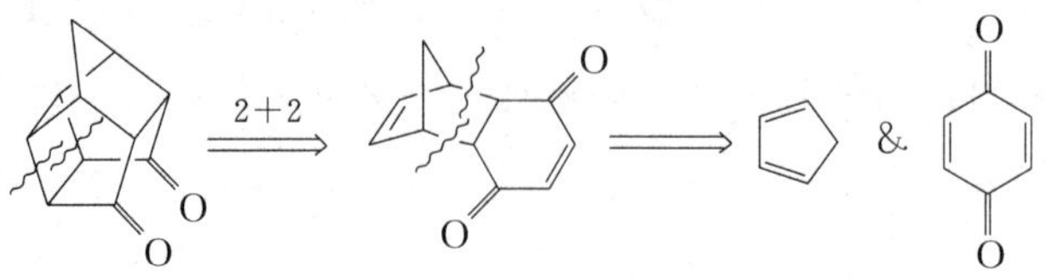

【例 11-61】 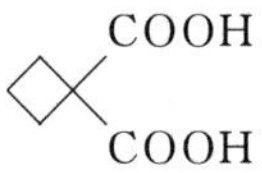

【逆合成分析】

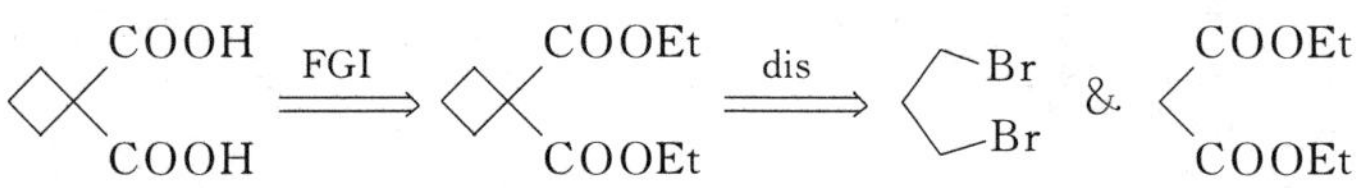

11.5.3　三元环状化合物

三元环化合物主要讨论环丙烷,其切断与官能团转换通法 :三元环-“卡宾＋烯烃”。

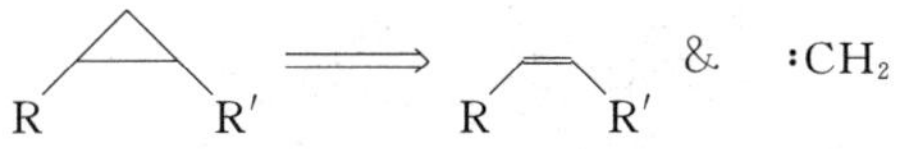

【例 11－62】

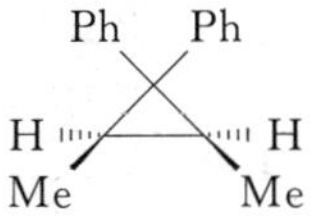

【逆合成分析】

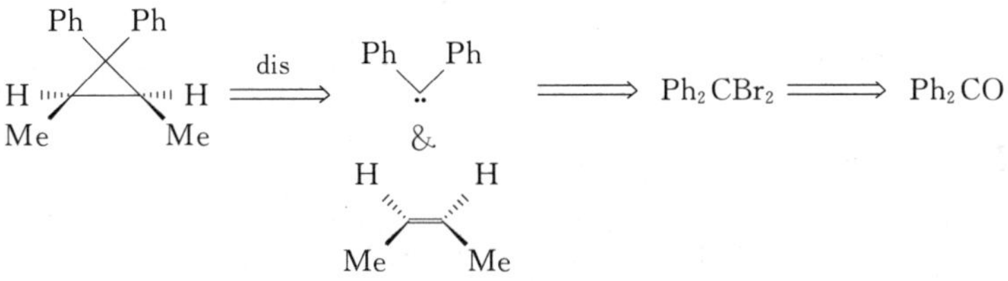

【例 11－63】

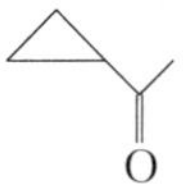

【逆合成分析】

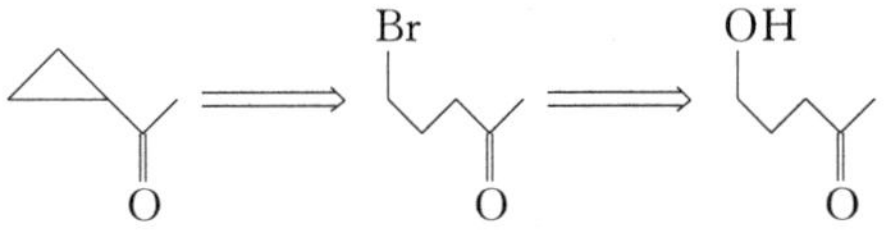

【例 11－64】

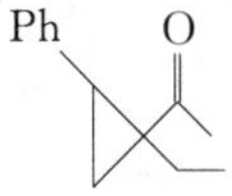

【逆合成分析】

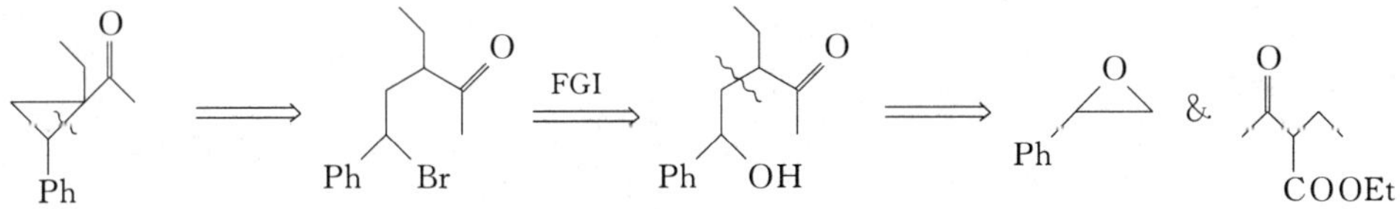

11.6　有机化合物合成实例

11.6.1　简单化合物的合成实例

本节以部分名校的研究生入学考试题为例,进行逆合成分析和相应的合成,以加深对各种逆合成操作技巧的理解。

【例 11-65】 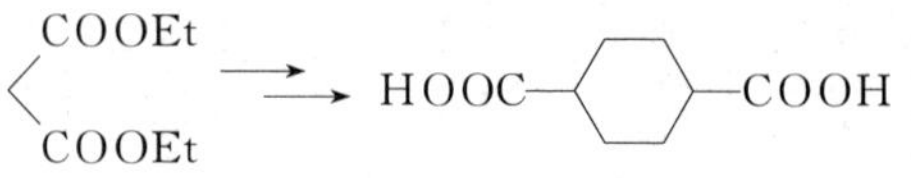 [华中师范大学,2011]

【逆合成分析】

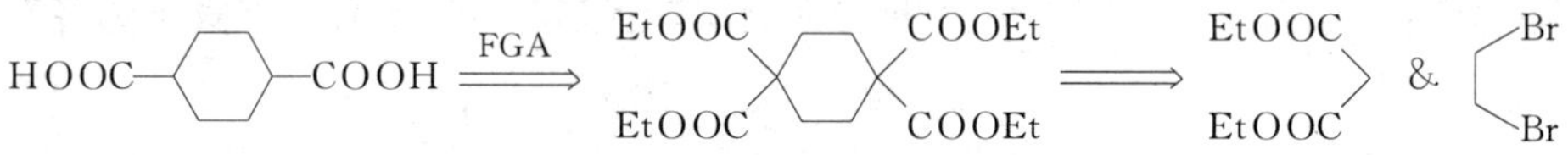

【合成】

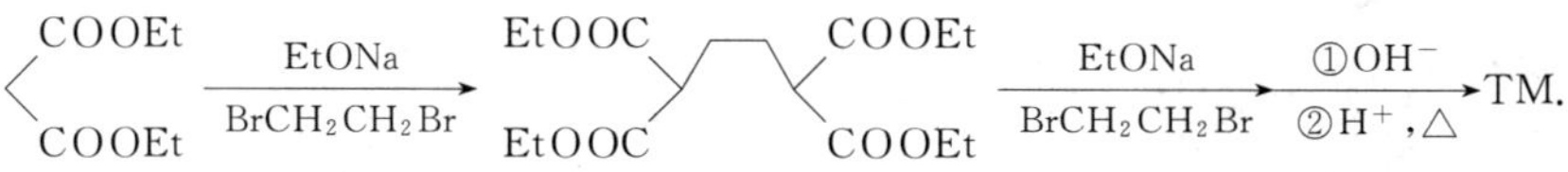

【例 11-66】 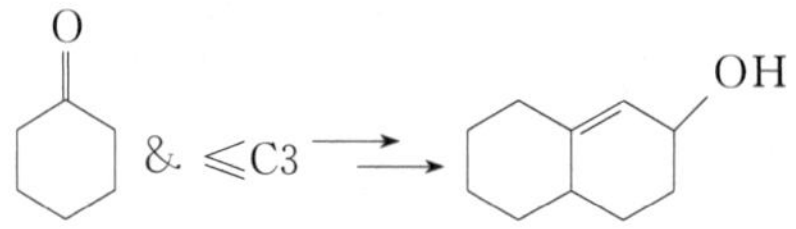 [吉林大学,2007]

【逆合成分析】

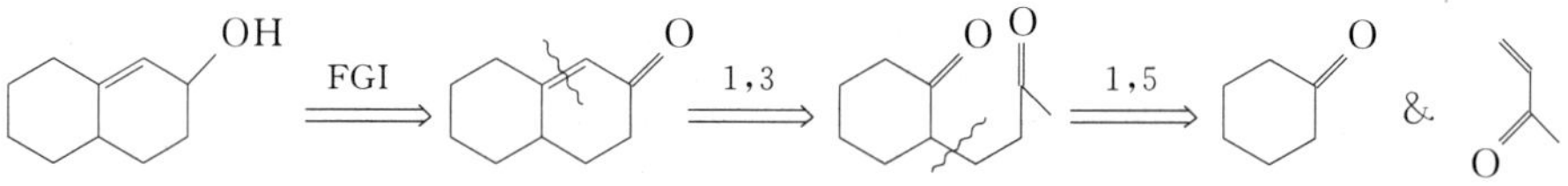

【合成】

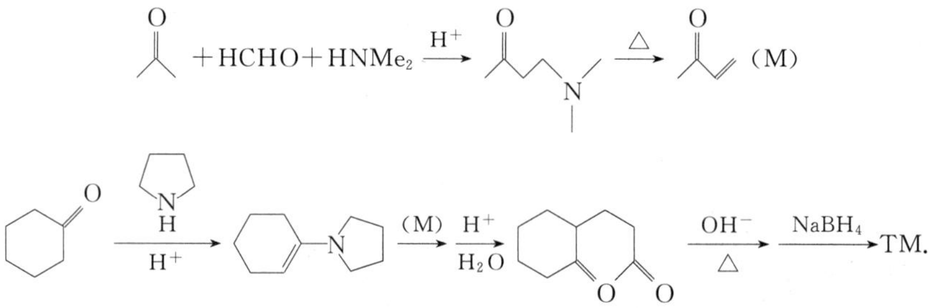

【例 11-67】 ≤C4  [中国科学技术大学,2008]

【逆合成分析】

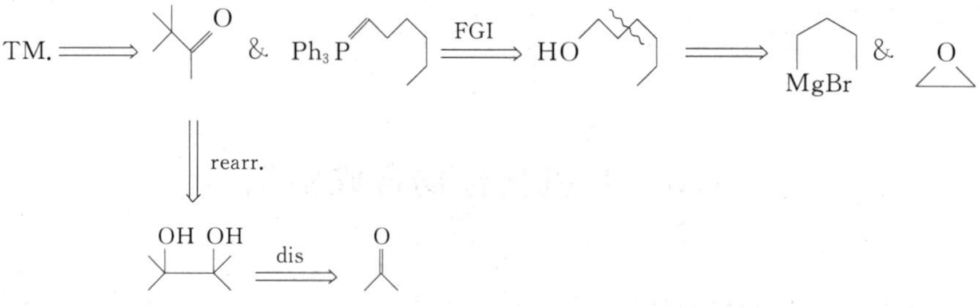

【合成】

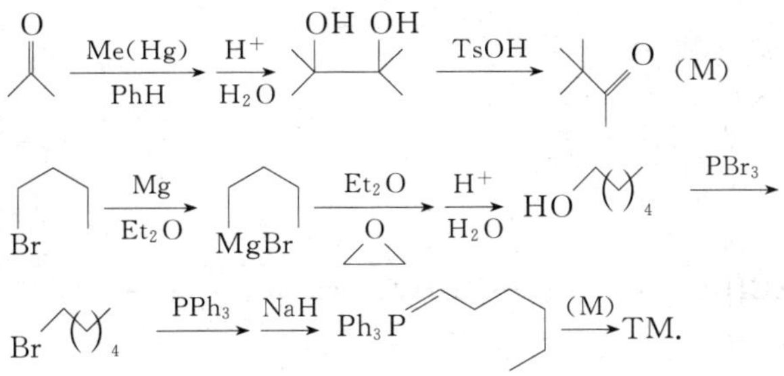

【例 11－68】

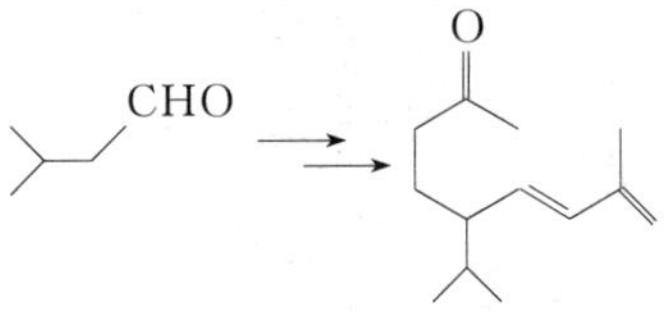

［中国科学技术大学，2009］

【逆合成分析】

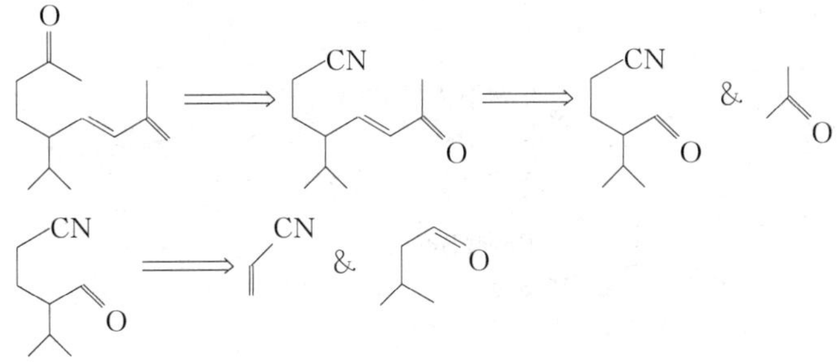

【合成】

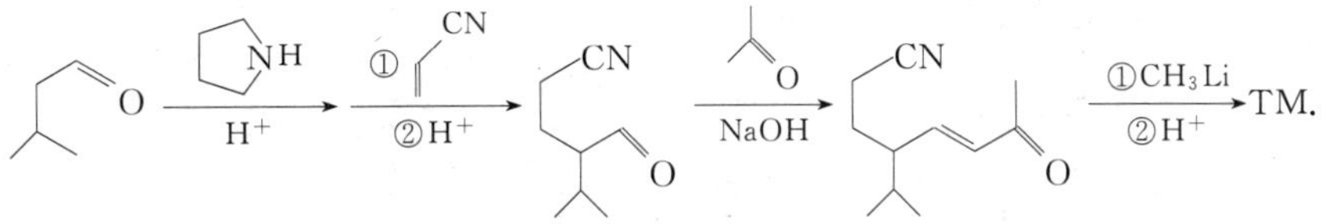

【例 11－69】 由≤C3 有机物合成：

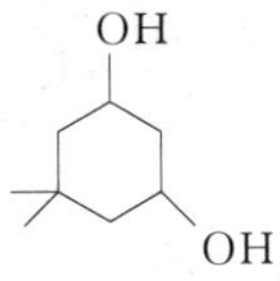

［中国科学院，2012］

【逆合成分析】

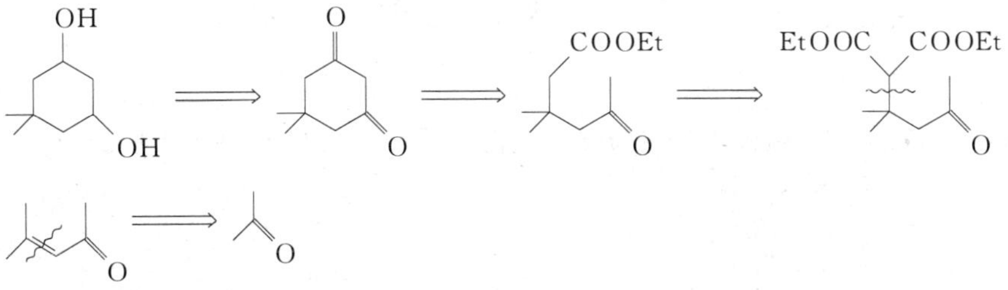

【合成】

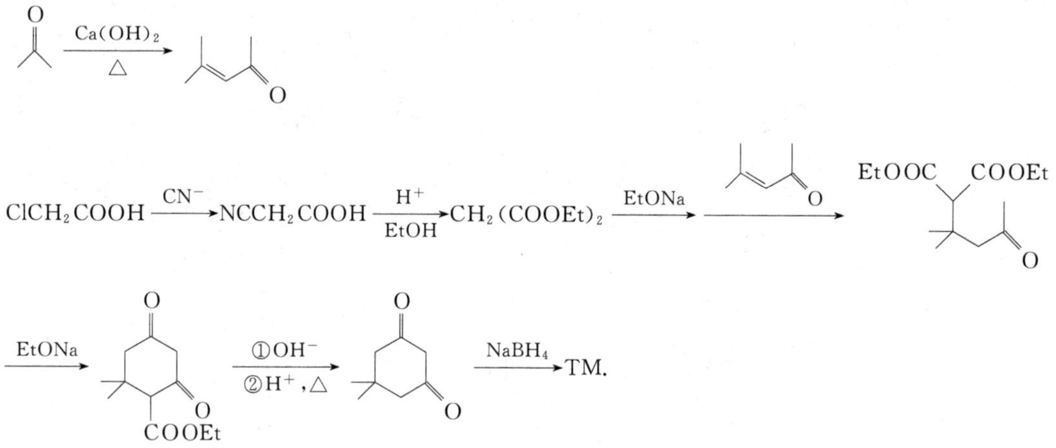

【例 11-70】 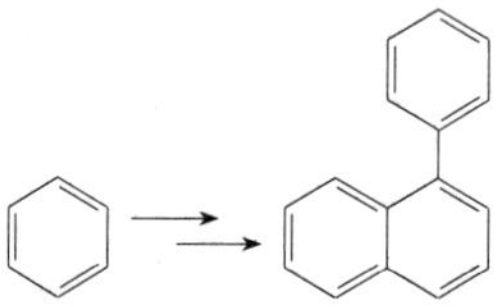 [湖南大学,2010]

【逆合成分析】

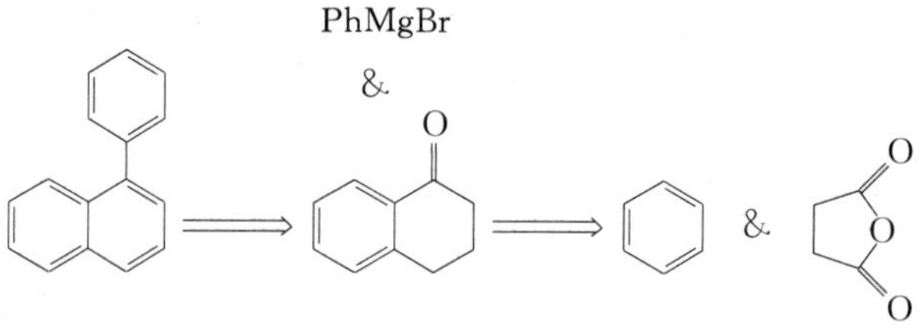

【合成】

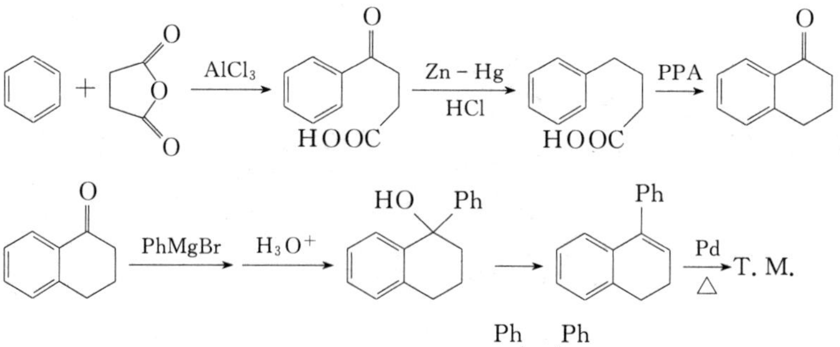

【例 11-71】 以丁二烯和必要有机原料合成化合物 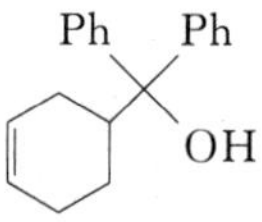 [湖南大学,2011]

【逆合成分析】

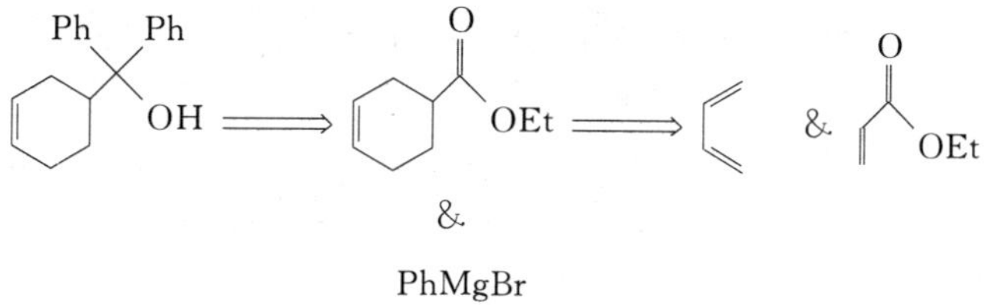

【合成】

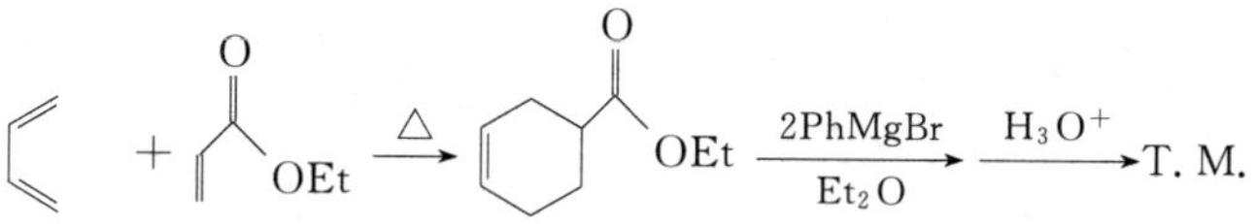

【例 11－72】 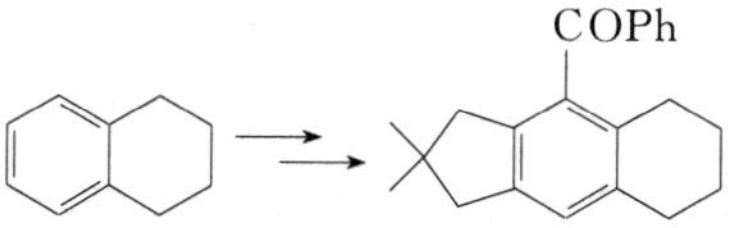 [湖南大学,2014]

【逆合成分析】

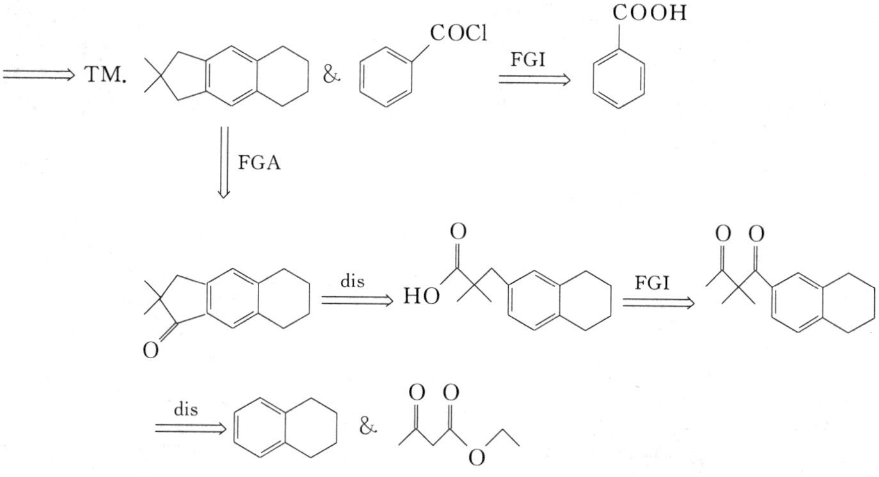

【合成】

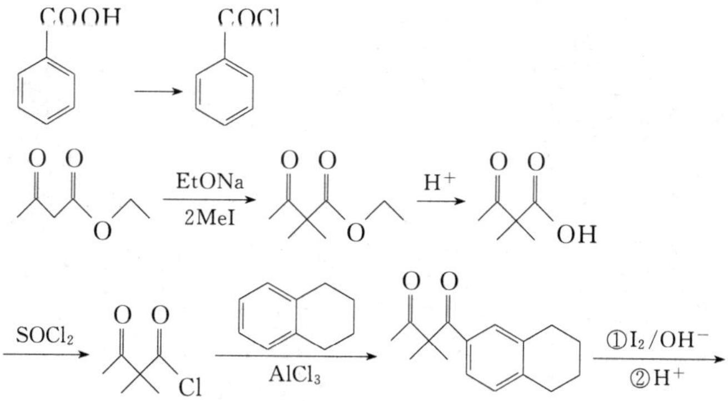

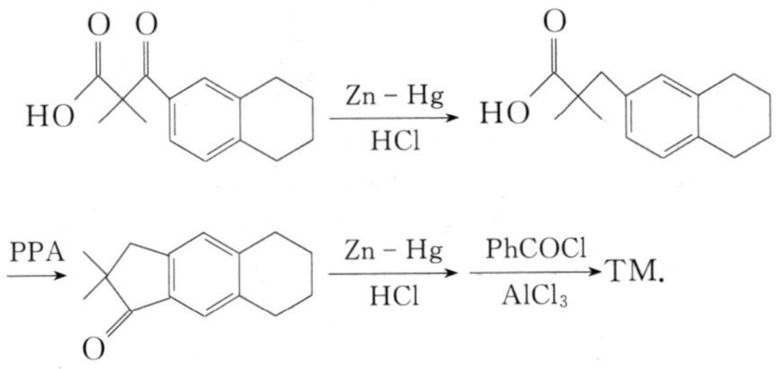

【例 11 - 73】 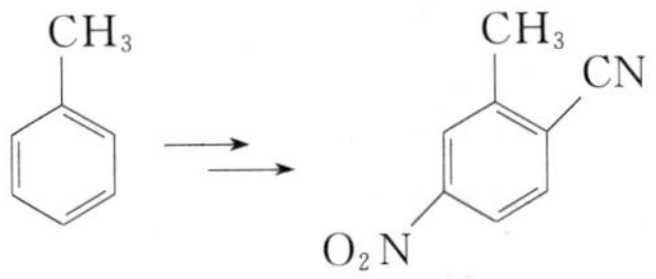 [华南理工大学,2014]

【逆合成分析】

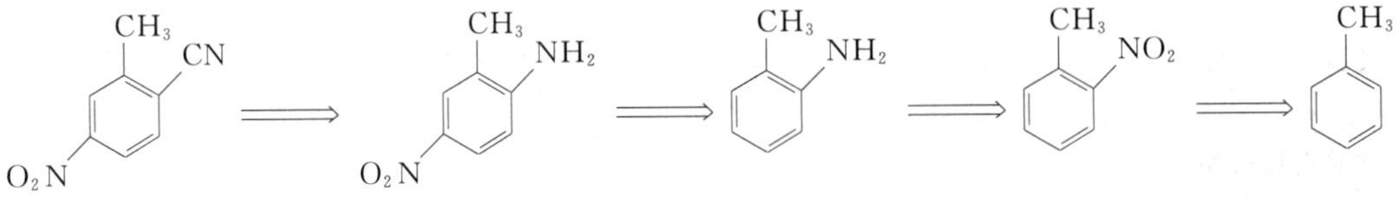

【合成】

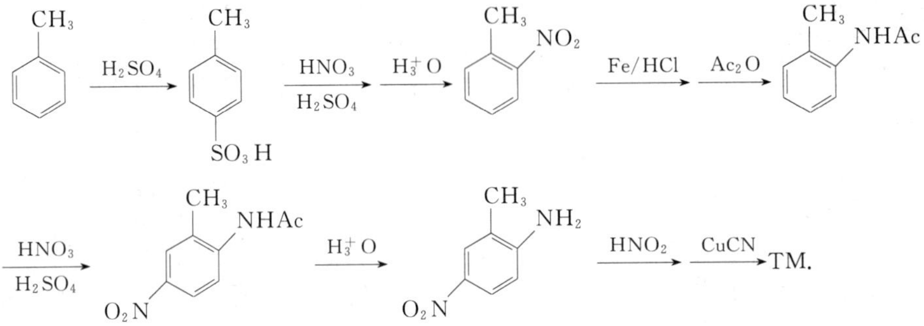

【例 11 - 74】 用≤C4 有机物和必要的无机试剂合成 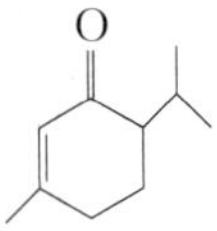 [华南理工大学,2015]

【逆合成分析】

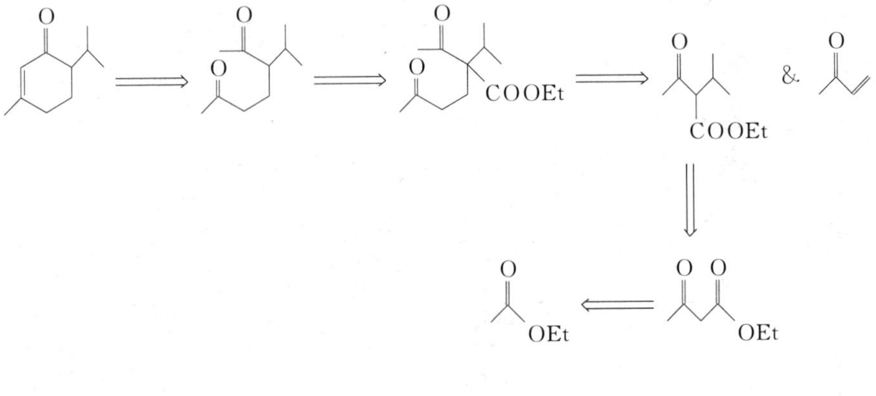

【合成】

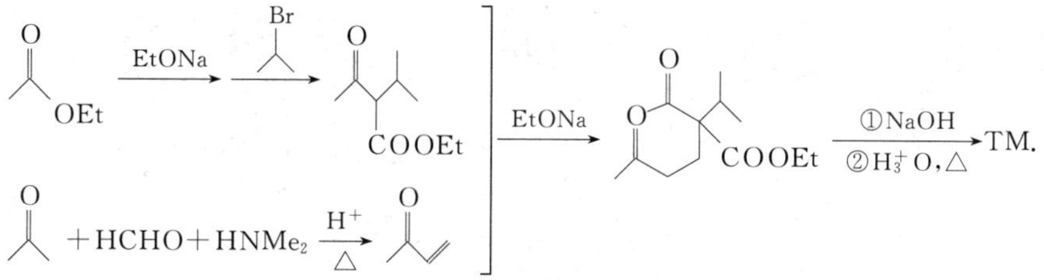

【例 11-75】 由苯酚为原料合成 5-叔丁基-2-甲氧基苯乙醛 [武汉大学,2012]

【逆合成分析】

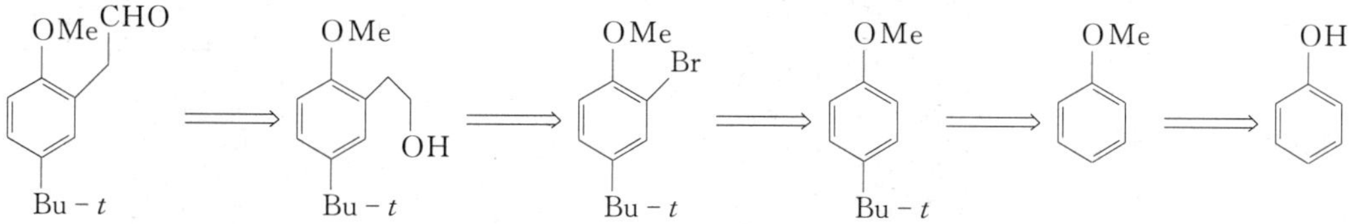

【合成】

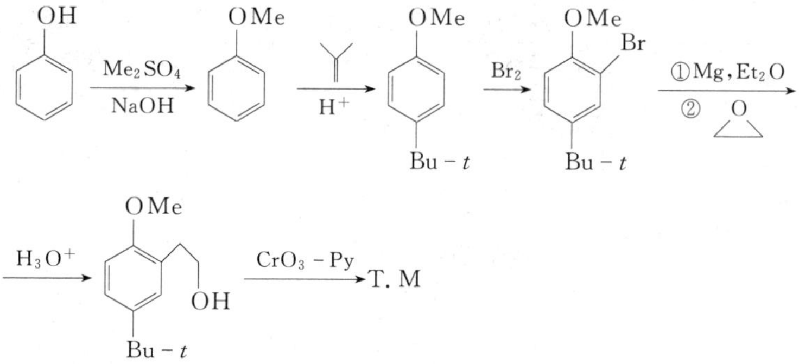

【例 11-76】 由苯和 C4 以下有机试剂合成 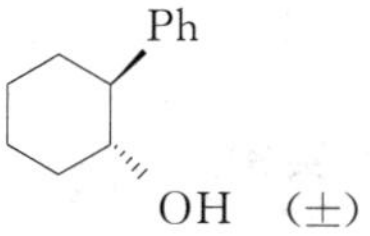 [南开大学,2012]

【逆合成分析】

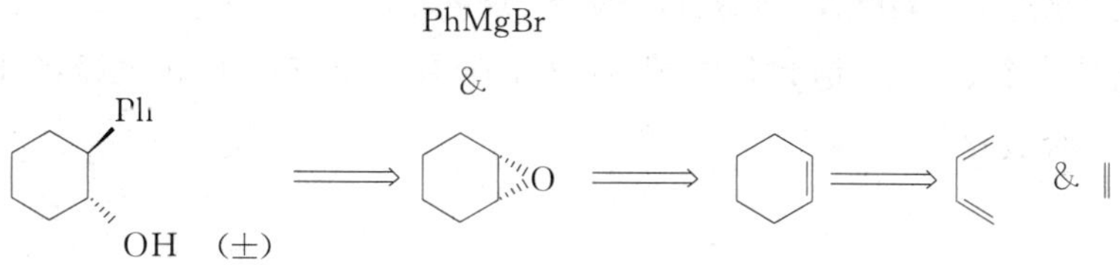

【合成】

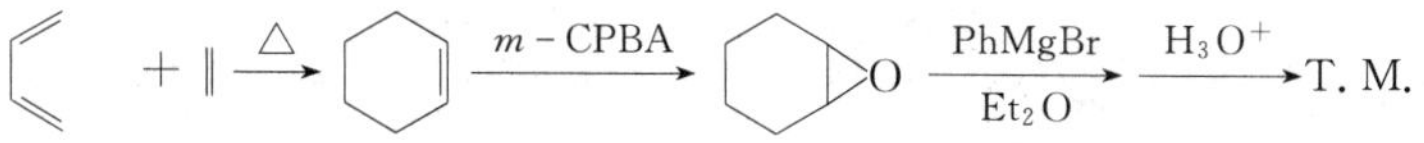

【例 11-77】 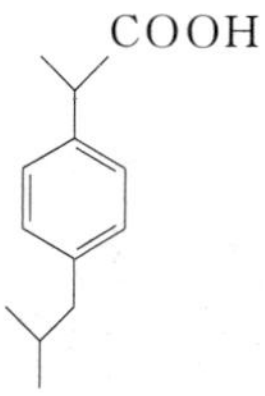 [南开大学,2008]

【逆合成分析】

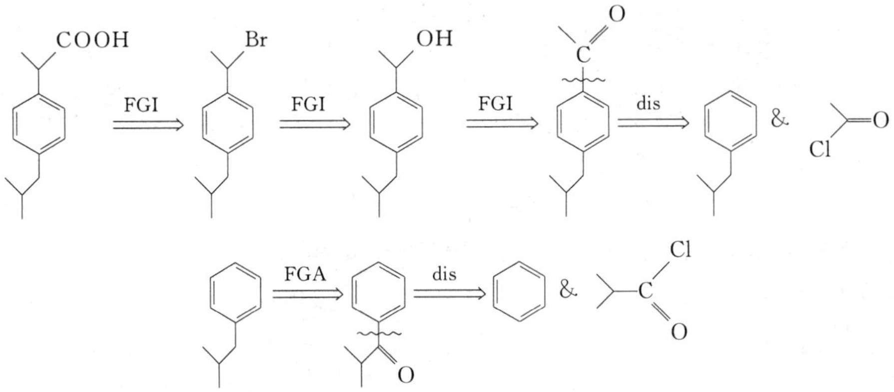

【合成】

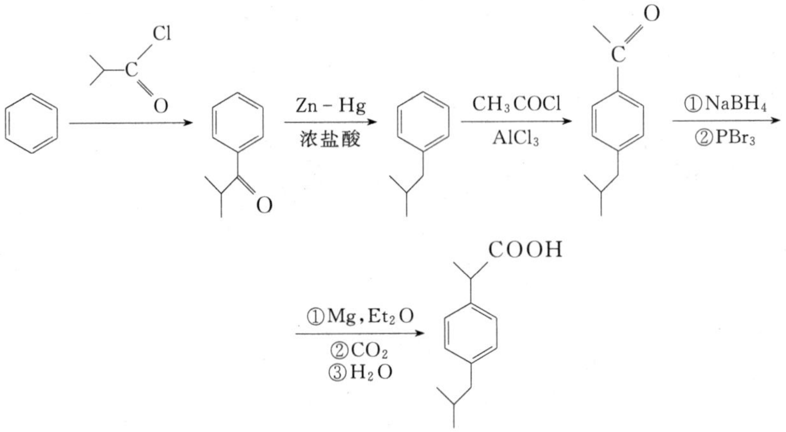

11.6.2 复杂化合物合成设计实例

【例 11-78】 试对 2-茉莉酮做切断分析，并设计合成路线。

2-茉莉酮是一个 α,β-不饱和环戊酮，侧链上带有一个五碳的顺式烯烃和一个甲基，有多种切断和多种合成路线。

【切断一】

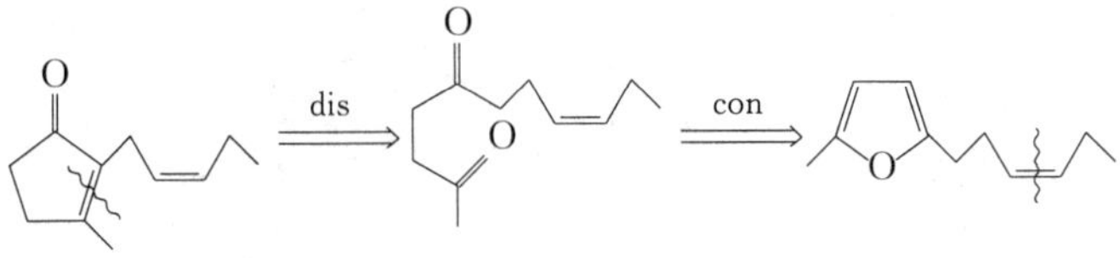

【合成一】

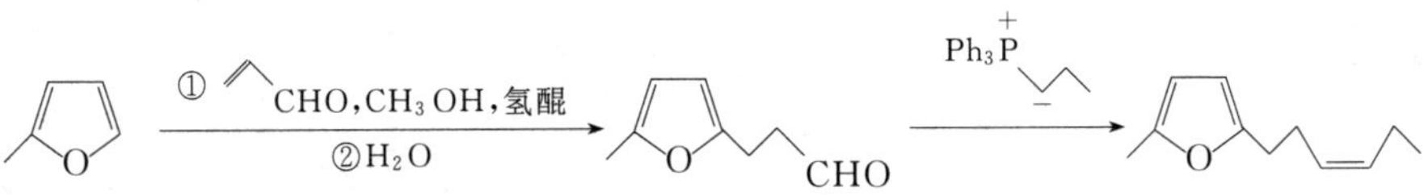

【切断二】

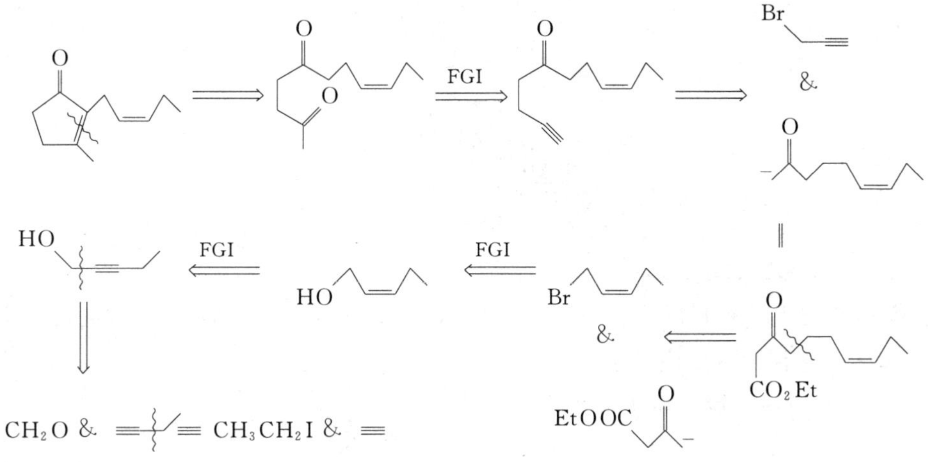

【合成二】

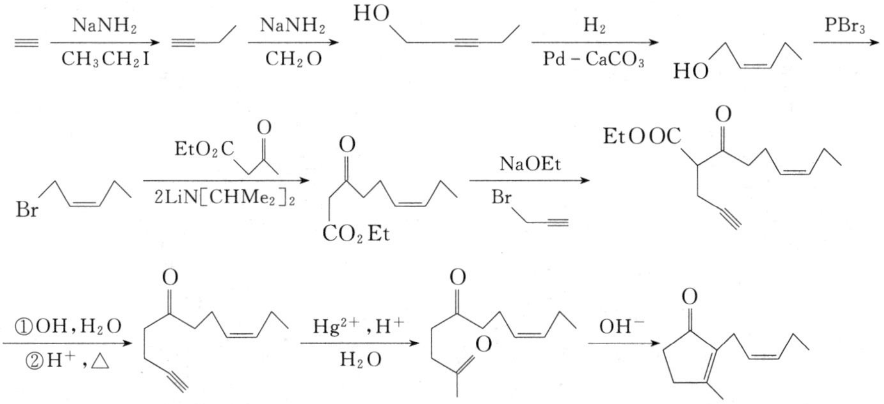

【切断三】

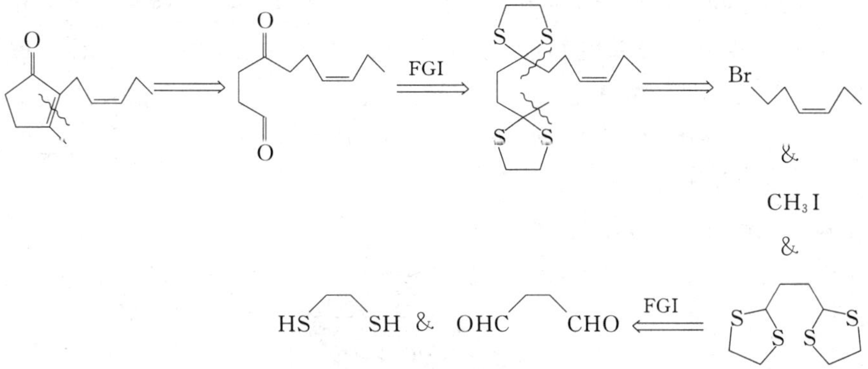

在目标物简化中，对 1，4 -二酮羰基采用硫代缩酮保护以改变其极性。

【合成三】

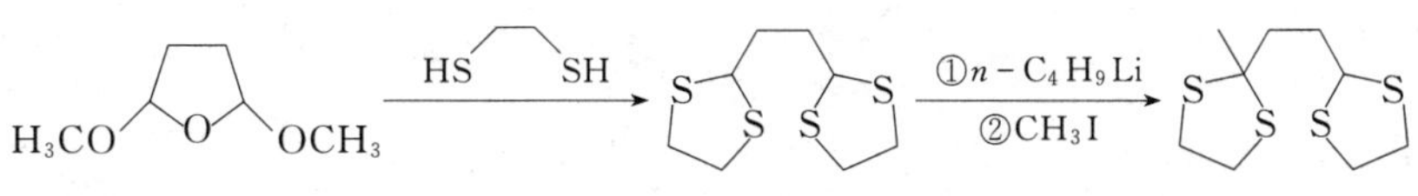

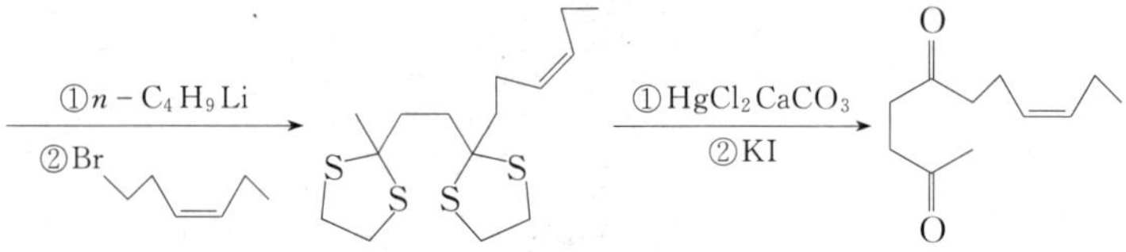

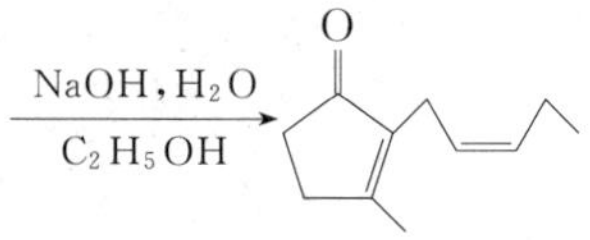

【例 11－79】 β-紫罗酮的合成。

紫罗酮是一类天然香料的总称，可从指甲花属、广木香等植物提取液中分离得到。β-紫罗酮($\Delta^{5,6}$-双键)是其中主要成分之一。

对β-紫罗酮的逆合成分析主要有两条路线：

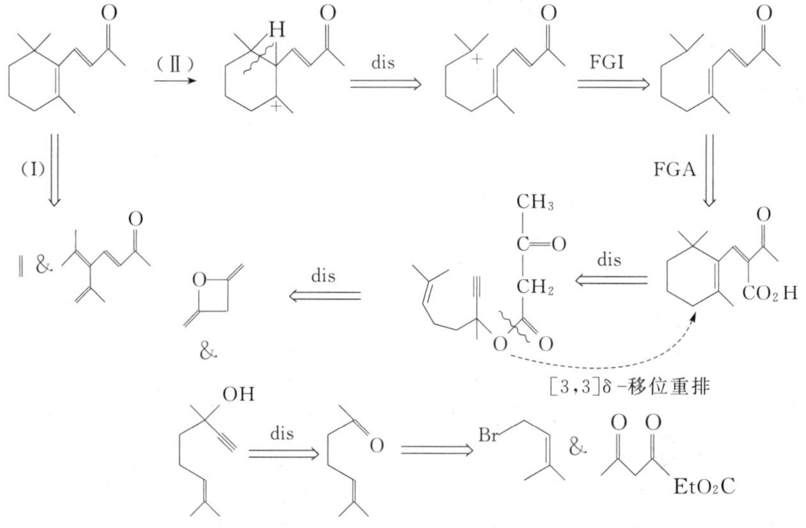

路线(Ⅰ)是通过逆 Diels－Alder 转变将目标分子中的六玩环切断为双烯体和亲双烯体而进行简化的路线；路线(Ⅱ)采用了分子内亲电加成成环及分子内[3,3]δ移位重排的逆向转化最终简化为普通原料。虽然路线(Ⅰ)简短，但由于本例的双烯合成反应收率很低而无实用价值，路线(Ⅱ)尽管较长也较复杂，但由于采用了分子内反应，使收率明显提高而具有实用性。其合成主要步骤如下：

①6-甲基-5-庚烯-2-酮的合成

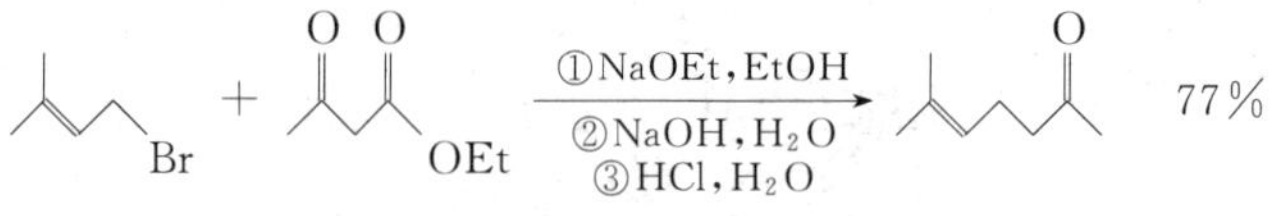

此化合物也可以通过逆醇醛缩合反应自 α,β-不饱和醛制备。

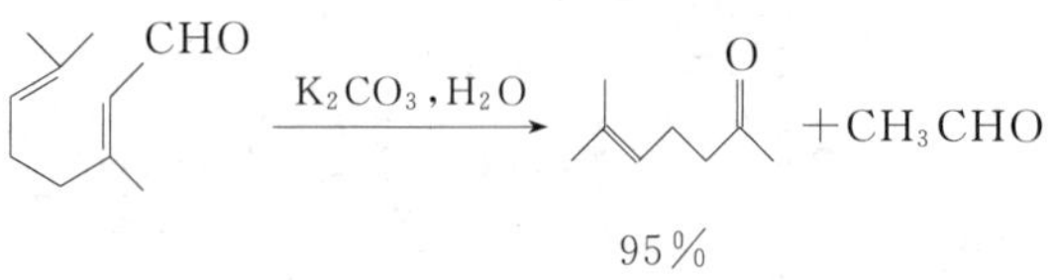

②3,7-二甲基-6-辛烯-1-炔-3-醇(芳樟醇)的合成

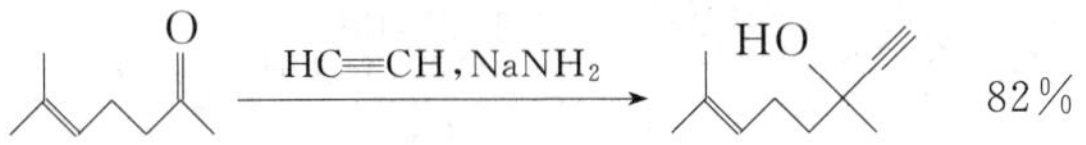

③芳樟醇乙酰乙酸酯的合成

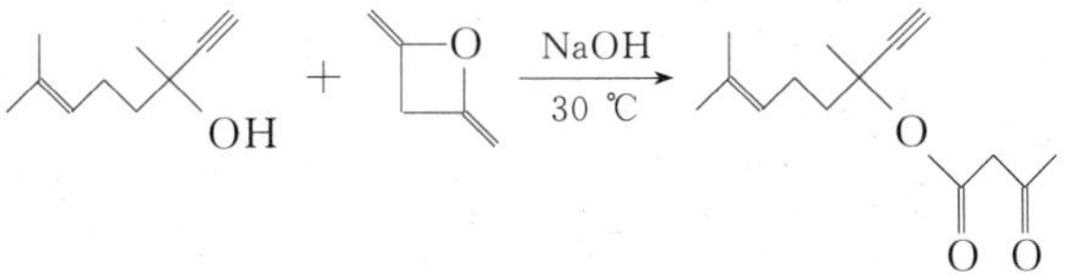

④拟-紫罗酮的合成

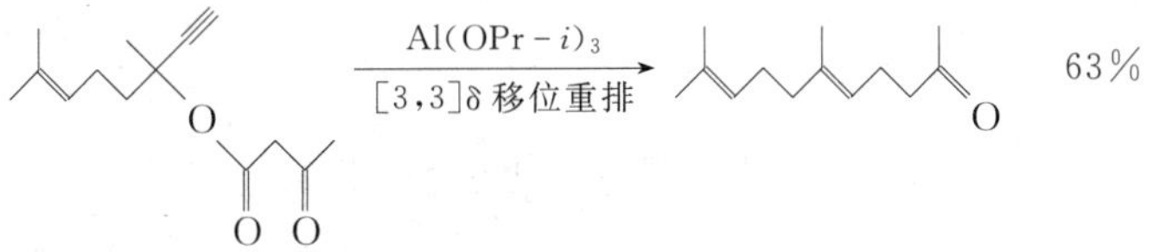

⑤β-紫罗酮的合成

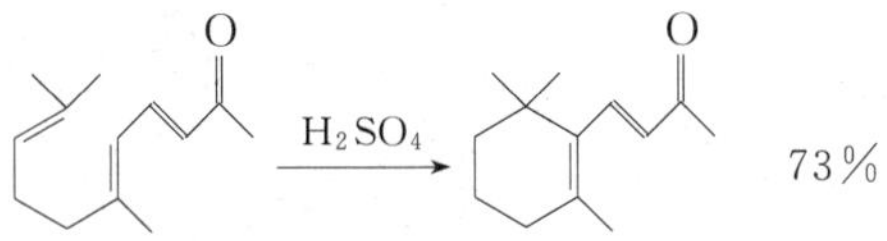

【例 11-80】 达菲(tamiflu)的合成。

达菲,化学名奥司他韦(oseltamivir),是一种作用于神经氨酸酶的特异性抑制剂,可以抑制成熟的流感病毒脱离宿主细胞,从而抑制流感病毒在人体内的传播以起到治疗流行性感冒的作用。目前,以罗氏公司合成路线为代表已经有近 20 条合成路线报道。国内,中科院上海有机化学研究所生命有机化学国家重点实验室马大为小组发现容易制备的乙酰胺基硝基烯可以在有机小分子催化下与醛发生 Michael 加成反应。在此基础上他们发展出了从简单原料出发,经过 7 步反应合成达菲的路线。这代表着目前从简单原料出发合成达菲的最简短路线。以下是罗氏公司的合成路线。

【达菲的合成】

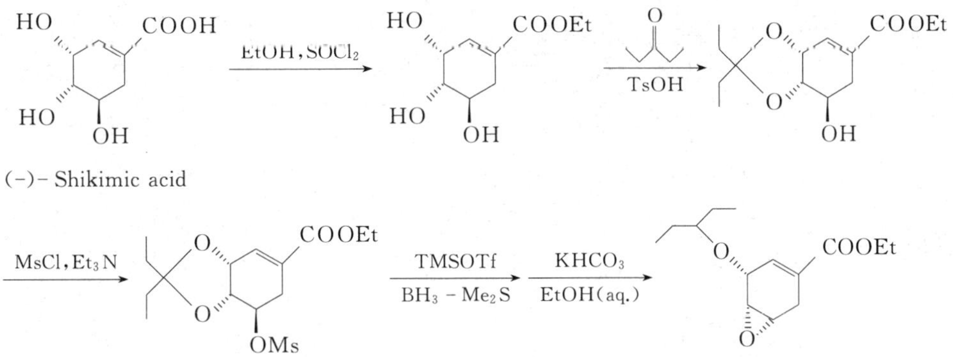

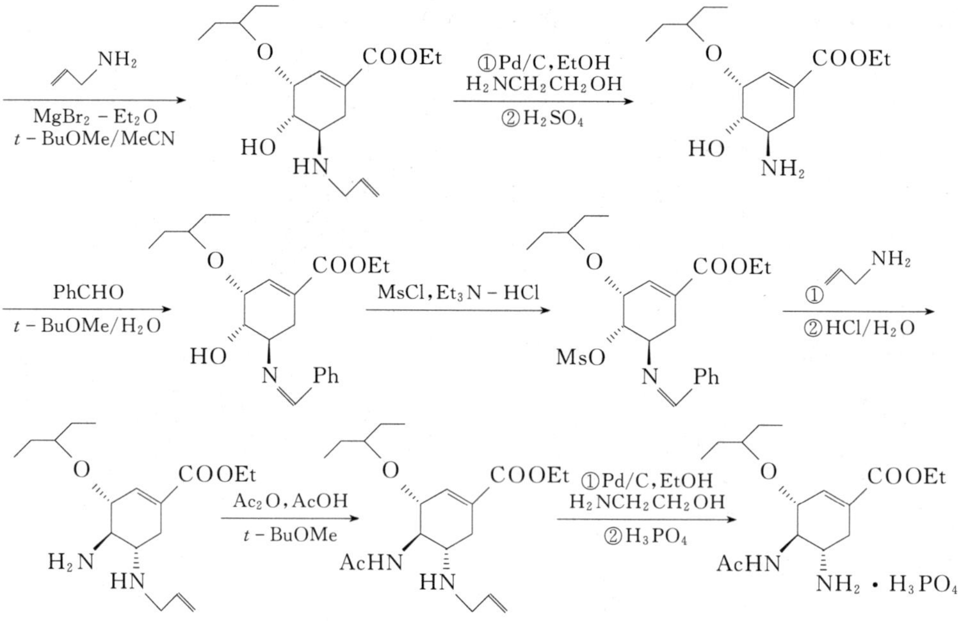

Tamiflu(达菲)

习　　题

1. 对下列化合物进行逆合成分析。

(1) 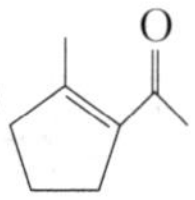　(2) 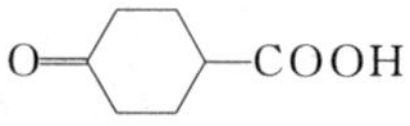　(3) 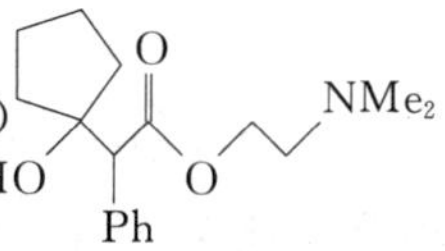

(4) 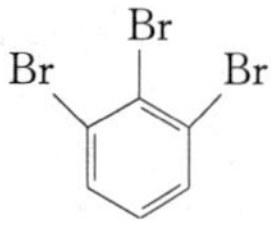　(5) 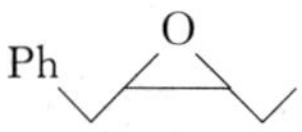　(6) 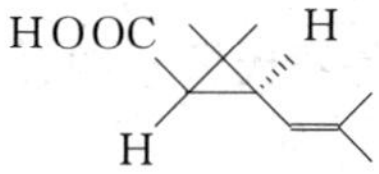

2. 合成下列化合物。

(1)≤C4 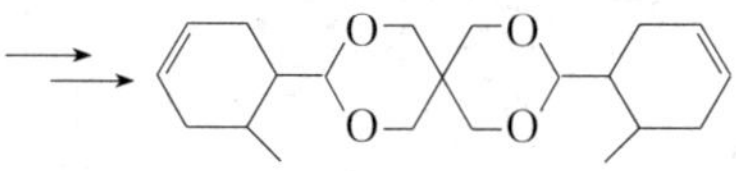

(2) 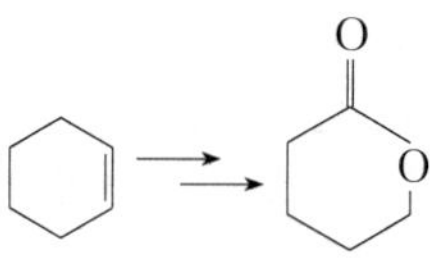

(3) 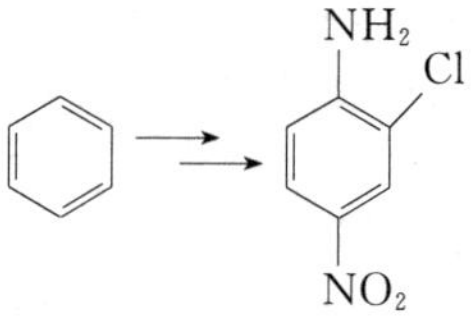

(4) 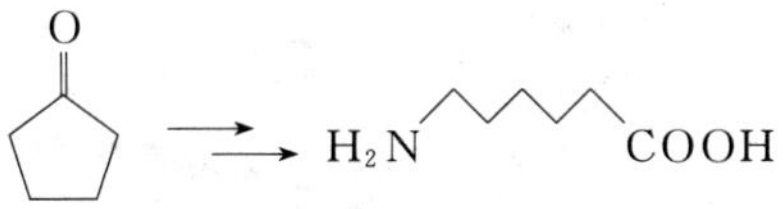

(5)≤C3 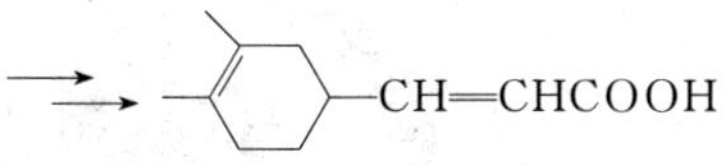

(6) 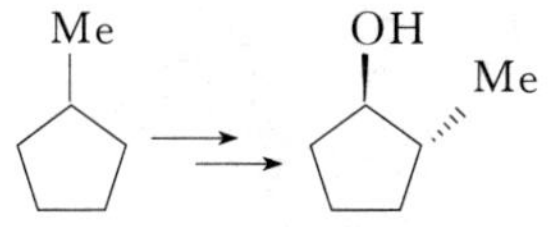

(7)≤C3 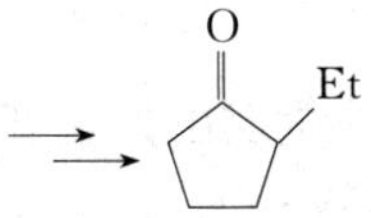

(8)CH_3COOH 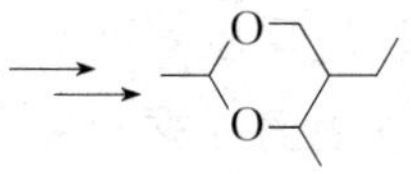

(9) 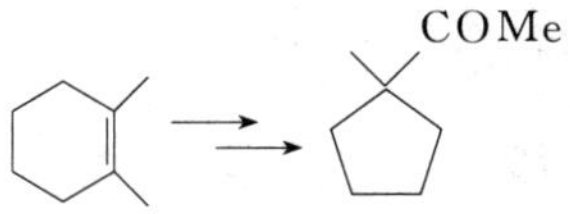

(10) 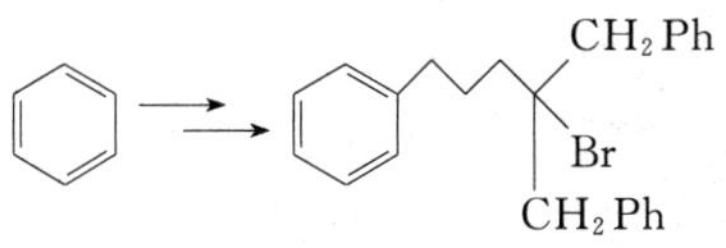

第12章

有机合成新方法

随着有机合成向着高效、环保、选择性高的方向发展，近年来涌现出许多新的有机合成方法，如微波辅助有机合成、相转移催化反应、固相有机合成、无溶剂合成、离子液体等。与传统方法相比，这些有机合成新方法具有许多显著的优点，如反应效率高，节约能源，反应选择性高，副反应少，环境友好，更具实用性等，是相应经典方法的补充和发展。

12.1 微波辅助有机合成

微波(microwave,MW)是指波长 0.1～100 cm 的电磁波，其频率为 300 MHz～300 GHz。它位于电磁波谱的红外光谱和无线电波之间，因而只能激发分子的转动能级跃迁。

微波应用于合成化学始于 1986 年加拿大化学家 Gedye 等在微波炉内进行酯化、水解、氧化和亲核取代反应的研究以及 Giguere 等对蒽和马来酸二甲酯的 Diels - Alder 环加成反应的研究。很快微波促进的有机合成反应引起化学界的极大兴趣。在短短的二十几年里，微波促进反应的研究已经成为一门引人注目的全新领域——MORE 化学(microwave -induced organic reaction enhancement chemistry)。

特别是近年来，随着人们环保意识的增强和可持续发展战略的实施，倡导发展高效、环保、节能、高选择性、高收率的合成方法，利用微波促进有机合成反应显得具有现实意义。与一般的有机反应不同，微波反应需要特定的反应技术并在微波炉中进行。与常规加热方法不同，微波辐射是表面和内部同时进行的一种体系加热，不需热传导和对流，没有温度梯度，体系受热均匀，升温迅速。与经典的有机反应相比，微波辐射可缩短反应时间，提高反应的选择性和收率，减少溶剂用量甚至可无溶剂进行，同时还能简化后处理，减少三废，保护环境，故被称为绿色化学。微波有机合成反应技术一般分为密闭合成反应技术和常压合成反应技术等。随着对微波反应的不断深入研究，微波连续合成反应新技术逐渐形成并得到发展。

微波作用下的反应速率比传统的加热方法快数倍甚至上千倍，具有操作方便、产率高及产品易纯化等优点。微波有机合成涉及有机化学的方方面面，已成功地应用于多种有机反应。目前，微波有机合成化学的研究主要集中在三个方面：一是微波有机合成反应技术的进一步完善和新技术的建立；二是微波在有机合成中的应用及反应规律；三是微波化学理论的系统研究。

12.1.1　微波辐射在有机合成中的应用

(1)酯化反应

在微波辐射条件下，羧酸和醇脱水生成酯，可免去分水器来除去生成的水。1996 年，Loupy 报道了合成对苯二甲酸二正辛基酯的反应，反应 6 min 完成，产率 84%。而传统的加热方法用同样的时间，产率仅为 22%。

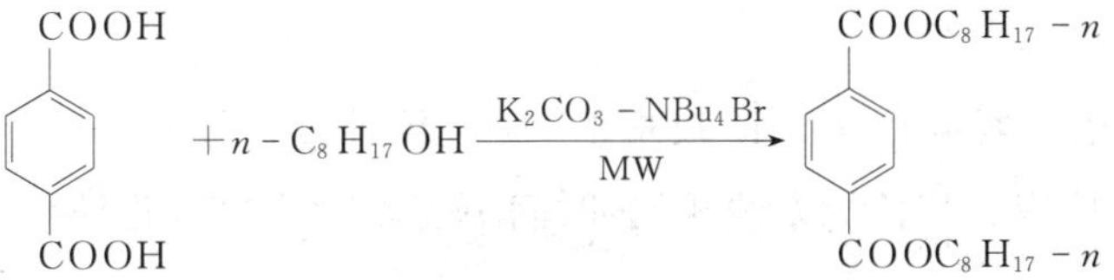

我国学者报道了微波常压条件下由 L-噻唑烷-4-甲酸和甲醇合成 L-噻唑烷-4-甲酸酯的实验结果。微波作用下反应 10 min 产率达 90%以上，比传统的加热方法快 20 倍，反应式如下：

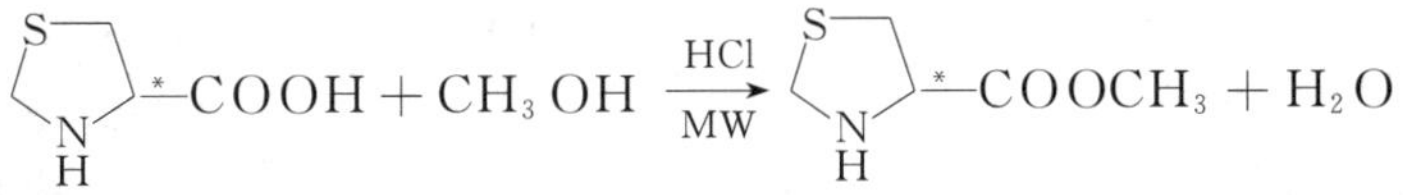

(2)缩合反应

羟醛缩合反应是醛、酮的重要反应之一，也是有机合成中增长碳链的一个重要方法。在常规条件下，芳醛和丙酮的缩合反应是在稀碱溶液中进行的，其特点是反应时间长，且产率不高，仅为 50%左右，尤其是在进行后处理时，因中和分离过程产生大量中性盐等废弃物而较难处理。但在微波辐射作用下，芳醛和丙酮在碱性中快速完成缩合反应，产品收率较高。反应式如下：

$$2ArCHO+CH_3\overset{\overset{\displaystyle O}{\|}}{C}CH_3\xrightarrow[MW]{NaOH(S)}ArCH{=}CH{-}\overset{\overset{\displaystyle O}{\|}}{C}{-}CH{=}CHAr$$

2-萘甲醛与丙二酸二乙酯之间的缩合是典型的 Knoevenagel 反应。在无溶剂微波作用下 5 min 产率达 78%以上，而传统方法加热 24 h 产率仅 44%，反应式如下：

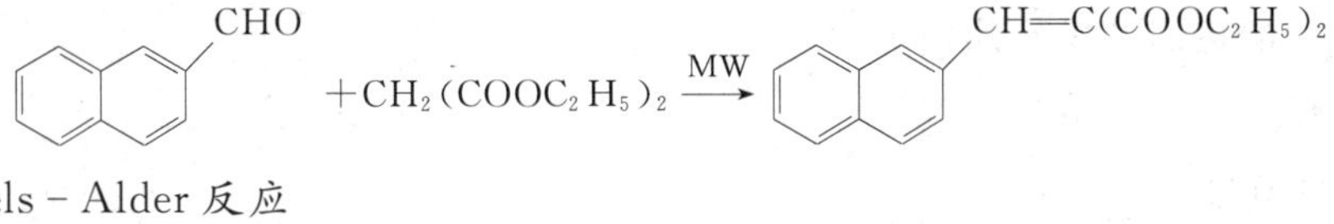

(3)Diels-Alder 反应

在微波辐射下，Diels-Alder 反应可以明显地减少反应时间和提高反应产率。例如，蒽和顺丁烯二酸酯在微波辐射下进行反应，10 min 即可得到产率 87%的环加成产物，而传统方法需要回流 72 h 才能达到相近的产率。反应式如下：

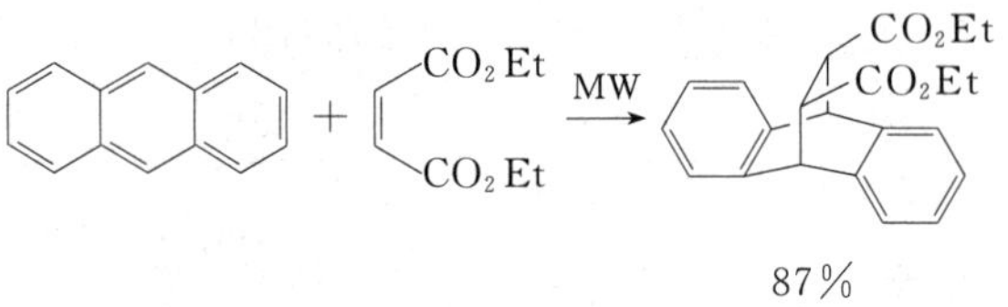

87%

(4)Perkin 反应

在 500 W 微波辐射 4～12 min 和乙酸钠的催化条件下，芳醛和乙(丙)酸酐通过缩合反应得到肉桂酸衍生物，收率为 20%～83%。反应式如下：

$$ArCHO+(RCH_2CO)_2O \xrightarrow{MW} ArCH{=}\underset{\underset{R}{|}}{C}COOH + RCH_2CO_2H$$

(5)Wittig 反应

稳定的磷叶立德与酮进行 Wittig 反应时，反应较难进行。Spinella 等发现微波照射可以促进这类 Wittig 反应。与传统方法相比，时间更短，产率更高，并且不需溶剂。

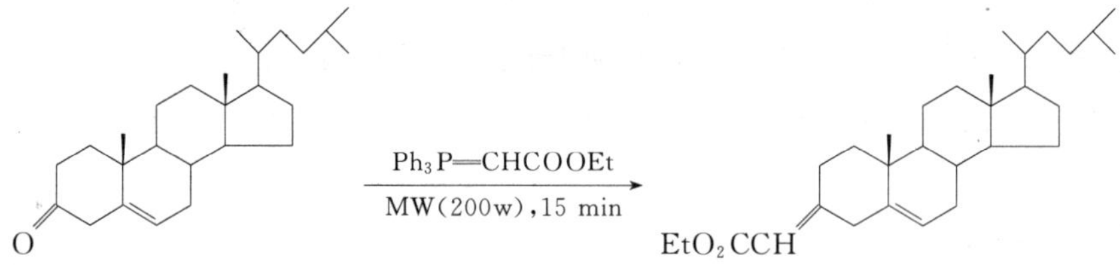

85%

(6)Michael 加成反应

Michael 加成反应是一类用途很广的反应，它是形成C—C键的方便的方法，不仅用于增长碳链，而且在成环和增环反应中也有应用，亦可通过受体与各种胺的 Michael 加成反应提供形成C—N键的有效途径。

用 α,β-烯酮与硝基甲烷、丙二酸二乙酯、乙腈、乙酰丙酮在无溶剂条件下，以 Al_2O_3 做催化剂，在 15～25 min 内，以 90%的收率制得加成产物；而常规条件下该类反应往往需要十几个小时甚至十几天，且产率普遍低于微波加热所得产率。

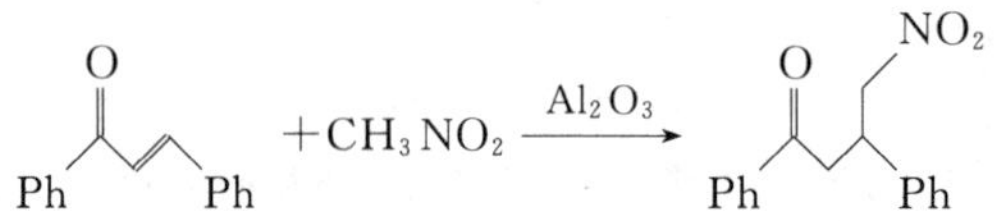

这一类反应体现了微波方法所具有的显著优点：环境安全性和廉价试剂的使用、反应速率的提高、产率的提高及操作简便等。

(7)重排反应

①Claisen 重排

Claisen 重排反应是重要的周环反应之一，微波辐射可以有效地促进这类反应的发生。

在 DMF 溶剂中，微波辐射苯基烯丙基醚 6 min，即可获得 2 -烯丙基苯酚，产率达 92%，而传统的加热方法需要 6 h 且产率仅 85%，反应式如下：

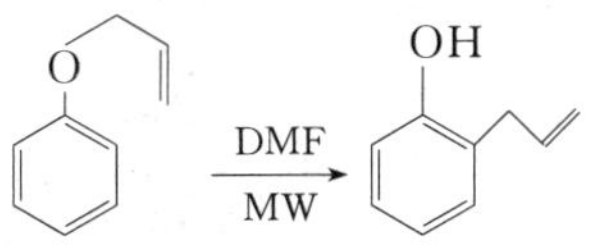

②pinacol 重排

Gutierrez 等发现，在金属离子存在下，由频哪醇受微波辐射仅 15 min 就可重排成频哪酮。反应式如下：

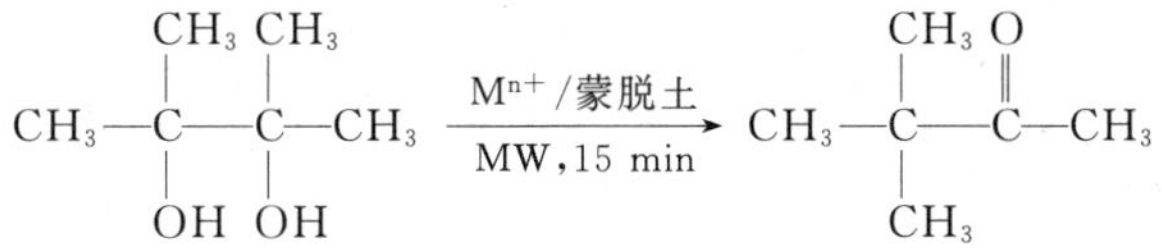

③Fries 重排

乙酸- 2 -萘酯经 Fries 重排成 1 -乙酰基- 2 -萘酚的反应，微波辐射 2 min，产率可达 70%。反应式如下：

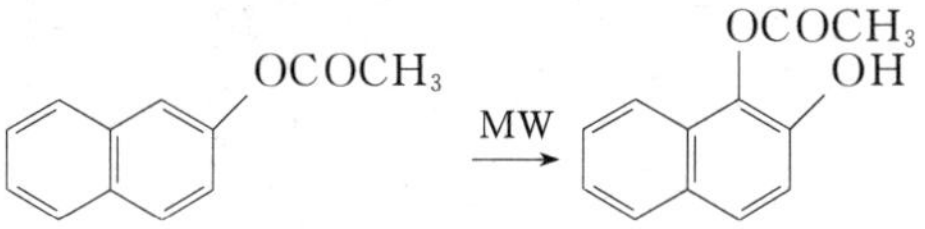

(8)烷基化反应

①C -烷基化反应

活泼的亚甲基化合物与卤代烃反应是形成碳碳键的重要方法。例如，α -苯磺酰基乙酸酯在微波辐射条件下，与卤代烃反应 2 min 可得到 α -取代产物，产率为 80%。反应式如下：

$$PhSO_2CH_2COOEt \xrightarrow[MW]{RX,K_2CO_3,PTC} PhSO_2\underset{}{\overset{R}{\overset{|}{C}}}HCOOEt$$

以 K_2CO_3 或 KF/Al_2O_3 作为碱，以四丁基溴化铵(TBAB)作为相转移催化剂，在无溶剂条件下，将苯乙腈和卤代烷微波辐射 1.5 min，得到 79%～85%产率的烷基化产物。

$$C_6H_5CH_2CN+RX \xrightarrow[MW,1.5\ min]{B^-,TBAB} C_6H_5\overset{R}{\overset{|}{C}}HCN$$

②O -烷基化反应

1986 年，Gedye 首次成功地使用微波实现了有 4 -氰基酚钠与苄基氯合成 4 -氰基苄基醚，反应 4 min，产率达 93%，而通常条件下反应 12 h 产率仅为 72%，反应式如下：

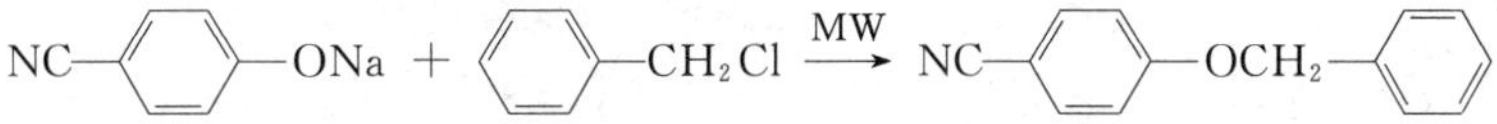

将氯代烷、醇和碱在相转移催化剂作用下，于 125 ℃下微波辐射加热，发生 O -烷基化反应，反应 5 min 得到 98%的醚。

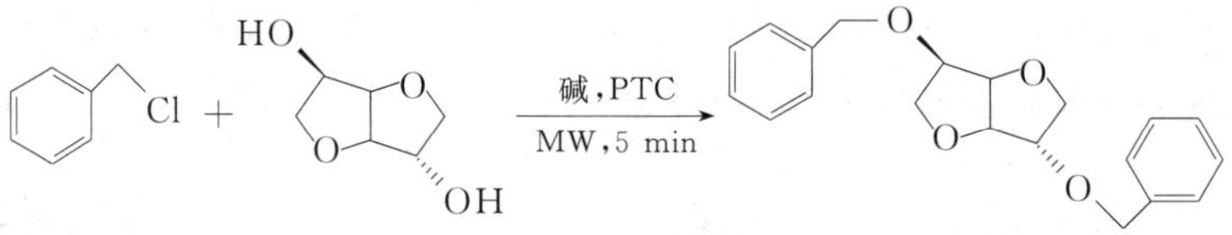

③N-烷基化反应

巴比妥与卤代烷发的N,N-二烷基化反应1～16 min,产率为74%～99%,比传统加热方法的反应速率提高了15～300倍,反应式如下：

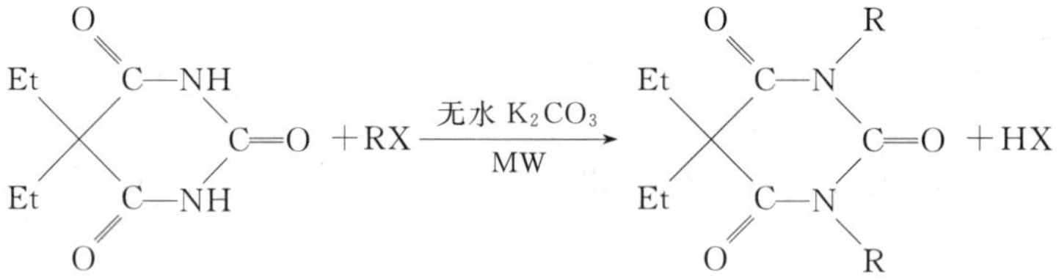

$R=PhCH_2$、$CH_2CO_2C_2H_5$；X=Cl、Br

(9)水解反应

微波技术用于羧酸酯、酰胺以及蛋白质的水解,可以取得满意的结果。例如,在密闭反应容器中,苯甲酸甲酯的皂化在微波辐射下,反应仅需2.5 min,产率为84%,比传统加热水解快25倍,反应式如下：

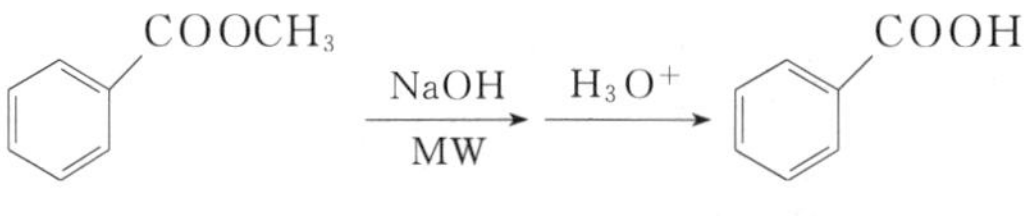

在该反应中加入四丁基溴化铵,时间缩短到1 min,产率提高到96%。

(10)消去反应

卤代烷在微波作用下比在碱催化下发现消去反应,速率快10 ～ 1200倍。例如：

$$CH_3(CH_2)_5CH_2CH_2Br \xrightarrow[MW]{t\text{-}BuOK/t\text{-}BuOH} CH_3(CH_2)_5CH{=}CH_2$$

(11)加成反应

微波技术用于对取代芳胺、芳肼与异氰酸酯或异硫氰酸酯的亲核加成反应,得到满意的结果。它比在溶液中反应具有时间短、操作简便、产率高等优点。例如：

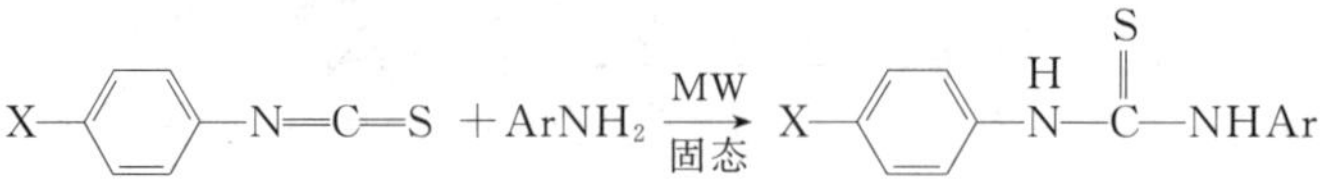

X=Cl、Br、EtO等　　82%～95%

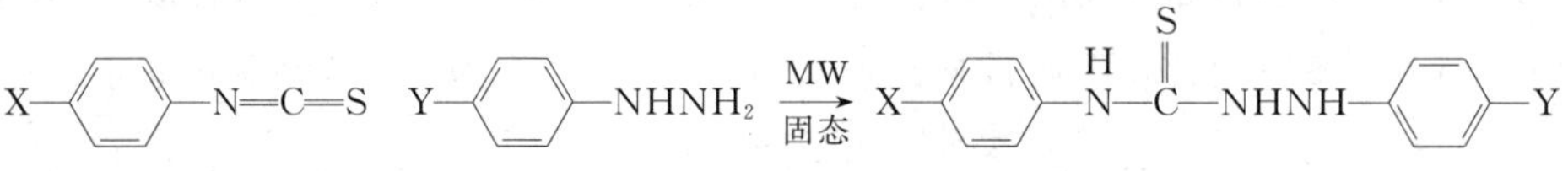

X=Me、Cl、Br、I等　　89%～96%

芳酰肼类化合物在微波下也能与芳基异硫氰酸酯进行加成反应,得到相应的产物,产率达86%～94%。

（12）取代反应

微波作用下，芳环的亲电取代反应已有报道。例如，萘的磺化反应和取代苯的酰化反应，反应式如下：

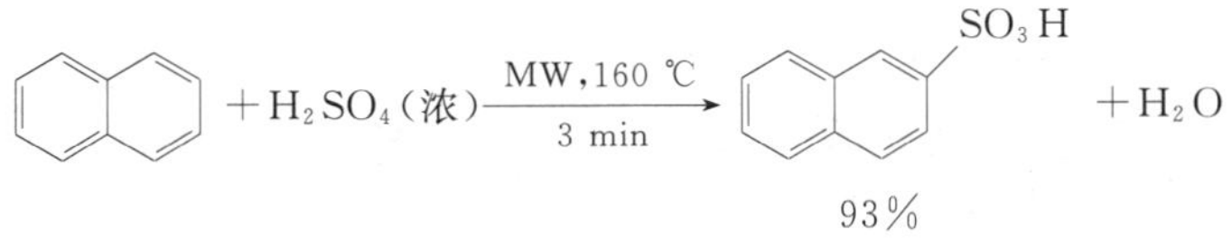

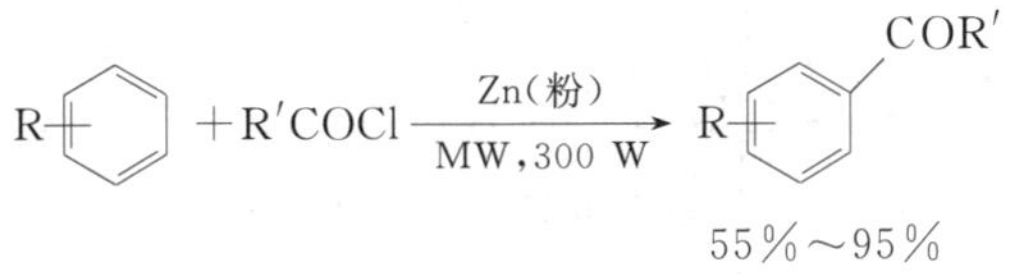

12.1.2　微波辅助有机合成技术面临的困难与挑战

大量的工作已经证实在很多有机合成反应中，微波加热能大大加快反应速度，因而有关微波对化学反应促进作用的研究工作迅速开展，并显示出了广阔的前景。但是，当要把微波辅助有机合成研究成果推广到化学工业中时却发现实际情况远比所预料的要复杂，主要的问题有：

（1）在大功率微波作用下，化学反应系统通常产生强烈的非线性响应，这些非线性响应对于微波系统和反应体系来说常常是有害的。例如，当用微波加快橄榄油皂化反应过程时，随着反应的进行，系统的等效介电系数突然变化，导致系统对微波的吸收突然增加，往往由于温度过高而将反应物烧毁。

（2）大容量的化学反应器都很难获得均匀的微波加热。反应系统的均匀加热问题直接关系到反应产物的质量和生产的效率。由于电磁场与反应系统的相互作用不同于传统加热情况，如何设计高效、对反应物加热均匀的微波化学反应器成为当今微波化学工业目前所亟待解决的难题。

（3）在一定的条件下微波能促进反应进行，也能抑制反应的进行。在微波加快化学反应过程中产生的一些“特殊效应”难以解释。这在科学界至今仍是有争议的问题。这主要是因为目前所用的微波反应器在设计上不够严谨、在制造上不够精密，从而导致许多有关微波加速机理的研究工作由于设备上的缺陷而缺乏足够的说服力。要解决这个问题，就需要有设计完善、制造精密的微波实验设备。

这些急需解决的问题极大地限制了微波化学的进一步深入发展及其在工业上的广泛应用。对某一具体的化学反应是否适合于用微波加热、加热效果如何，这完全取决于反应物分子与微波发生相互作用的能力。微波对反应的作用程度除了与反应类型有关外，还与微波的强度、频率、调制方式及环境条件有关。此外，重要的是由于化学反应是一个非平衡系统，旧的物质在不断消耗，新的物质在不断生成，各相界面可能发生随机的变化，与此同时，系统的宏观电磁场特性也在发生变化，而且在微波辐射下，这种变化还与所用的微波紧密相关。

所有这些因素都将导致反应系统对微波的非线性响应。要解决这些问题都必须首先搞清楚微波同化学反应系统之间的相互作用，才能通过计算预测反应系统对微波的非线性响应过程，同时对这些相互作用过程中所产生的非线性现象和“特殊效应”做出较为合理解释。

12.2 相转移催化反应

相转移催化反应是近年来发展起来的一种有机反应新方法。相转移催化反应是指加入“相转移催化剂”(phase transfer catalysis，简称 PTC)使处于不同相的两种反应物易于进行的一种方法。该反应广泛用于有机合成、高分子聚合、造纸、制药、制革等领域。优点是反应条件温和，操作简便，反应时间短，选择性高，副反应少，可避免使用价格昂贵的试剂和溶剂。

12.2.1 相转移催化剂

相转移催化剂是能够使一些负离子(还有正离子或中性分子)从一相转移到另一相的催化剂。大多数相转移催化反应要求将负离子转移到有机相，常用的相转移催化剂有鎓盐、聚醚和高分子载体三大类。鎓盐包括季铵盐、季鏻盐、季钾盐、叔锍盐；聚醚类包括冠醚、穴醚和开链聚醚。

季铵盐具有价格便宜、毒性小等优点，因而得到了广泛的应用。一般情况下，为了使相转移催化剂在有机相中有一定的溶解度，季铵盐中应该含足够的碳数(一般碳数为 12～25 为宜)。同时，含有一定碳数的季铵盐溶剂化作用不明显，具有较高的催化活性。常用的季铵盐有：$Me_4N^+X^-$、$Et_4N^+X^-$、$Bu_4N^+X^-$、$PhCH_2N^+Me_3X^-$、$PhCH_2N^+Et_3X^-$ ($X=Cl$、Br、I)、$(n-C_8H_{17})_3N^+MeCl^-$(简称 TOMAC，商品名为 Aliquat 336)、$Bu_4N^+HSO_4^-$(简称TBAB)等等。

季鏻盐催化剂应用比较少，主要是由于其制备难、价格高且毒性大。但它本身比较稳定，且比相似的季铵盐效果好，目前只用于实验室研究。常用的季鏻盐相转移催化剂有：$Ph_4P^+Br^-$、$Ph_3P^+Me_3Br^-$、$Ph_3P^+EtBr^-$、$n-C_{16}H_{33}P^+Et_3Br^-$等。

聚醚中冠醚(又称穴醚)用于相转移催化剂开发较早，但它毒性大、价格高，应用受到限制。常用的冠醚催化剂有：15-冠-5、18-冠-6、二苯并 18-冠-6、二氮 18-冠-6 等。结构式如下：

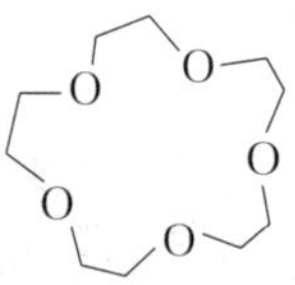

15-冠-5

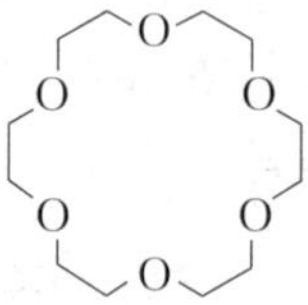

18-冠-6

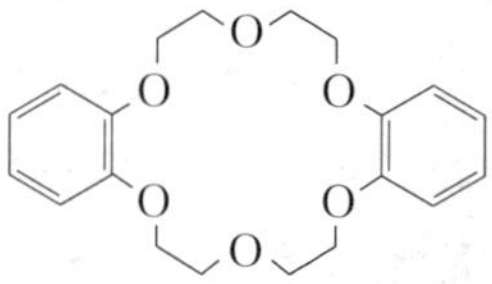

二苯并 18-冠-6

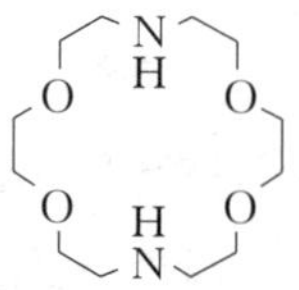

二氮 18-冠-6

开链聚醚克服了冠醚的一些缺点，它容易得到、无毒、蒸气压力小、价廉，在使用过程中不受孔穴大小的限制，并具有反应条件温和、操作简单及产率较高等，是理想的冠醚替代物。在实际操作中常用的开链有：聚乙二醇类 $HO(CH_2CH_2O)_nH$、聚氧乙烯脂肪醇类 $C_{12}H_{25}O(CH_2CH_2O)_nH$、聚氧乙烯烷基酚类 $C_8H_{17}PhO(CH_2CH_2O)_nH$。最常用的开链聚醚是聚乙二醇 400、600、800、1000、4000 等。

为了克服均相相转移催化剂价格高、不易回收、易在产物中残留等问题，近年来发展出高分子载体催化剂。这类催化剂是一种不溶性的固载型相转移催化剂（也称三相催化剂），是将均相相转移催化剂（季铵盐、季鏻盐、开链聚醚或冠醚等）通过化学键负载在无机或有机高分子载体上形成既不溶于水也不溶于有机溶剂的固载型相转移催化剂。典型的固载型相转移催化剂如下：

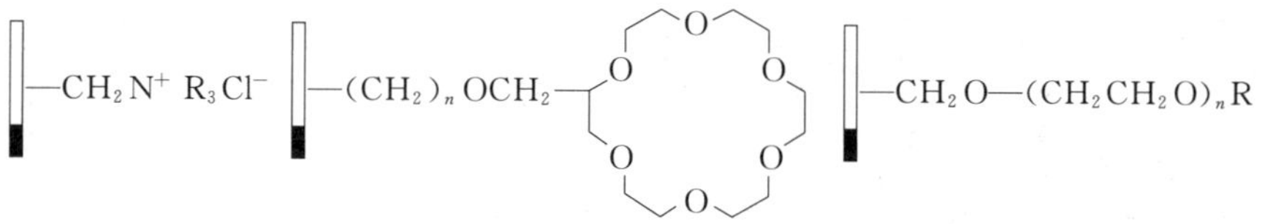

$n=1,3,6$　　　　R＝H、CH_3

由于协同作用，高分子载体催化剂的活性比单体活性有所提高，反应后它又容易从反应体系中除去，不污染产品，且可以再生，多次反复使用，这样就大大降低了成本，有利于工业化生产。目前对它的研究引起了人们的重视，且发展很快。

12.2.2　相转移催化反应原理

相转移催化主要用于液液体系，也可用于液固体系及液固液体系。以季铵盐四甲基溴化铵催化溴代烃与氰化钠的亲核加成反应为例，此反应是只溶于水相的氰化钠与只溶于有机相的溴代烃作用，由于二者分别在不同的相中而不能互相接近，反应很难进行。加入季铵盐四甲基溴化铵相转移催化剂，由于季铵盐既溶于水又溶于有机溶剂，在水相中氰化钠与四甲基溴化铵相接触时，可发生氰根负离子与溴负离子的交换反应，生成离子对 $(CH_3)_4N^+CN^-$，这个离子对能够转移到有机相中，由于有机相的极性一般较小，氰根负离子不与有机溶剂发生溶剂化效应，成为活性很高的“裸露的负离子”，很快与溴代烃 RBr 发生亲核取代反应，生成目的产物 RCN，同时生成季铵盐 $(CH_3)_4NBr$，$(CH_3)_4NBr$ 再转移到水相，完成了相转移催化循环。其相转移催化反应机理如下：

$$\underset{\text{有机相}}{RBr} + \underset{\text{无机相}}{NaCN} \xrightarrow{\text{难反应}} \underset{\text{有机相}}{RCN} + \underset{\text{无机相}}{NaBr}$$

$$(CH_3)_4NBr + RCN \rightleftharpoons (CH_3)_4NCN + RBr \quad \text{有机相}$$

〰〰〰〰〰〰〰〰〰〰〰〰〰〰〰〰　界面

$$(CH_3)_4NBr + NaCN \rightleftharpoons (CH_3)_4NCN + NaBr \quad \text{水相}$$

12.2.3 相转移催化剂在有机合成中的应用

相转移催化最初用于亲核取代反应，如在反应物中引入—CN和—F，二氯卡宾的生成反应等。后来迅速发展到取代、消去、氧化、还原、加成以及催化聚合等反应。

(1)卤代反应

1-溴代十二烷在有机合成领域应用很广泛，可以合成杀菌消毒药物新洁尔灭和度米芬。传统多采用浓硫酸催化法，因为正十二醇不溶于水，所以正十二醇与氢溴酸的接触率较低，反应进行较慢而且产率较低(为89.2%)。若向反应中加入相转移催化剂十二烷基二甲基苄基氯化铵，则能加速反应并提高产率。反应式如下：

$$C_{12}H_{25}OH + HBr \xrightarrow[PTC]{H_2SO_4} C_{12}H_{25}Br + H_2O$$

98.8%

(2)氧化-还原反应

常用的氧化剂、还原剂多为无机物，如$KMnO_4$、$K_2Cr_2O_7$、$NaBH_4$等，它们易溶于水不易溶于有机溶剂，加入易溶于有机溶剂的反应物后形成两相体系，产率低，速度慢。加入相转移催化剂后具有反应加速、选择性增加、产品纯、产率高等优点。例如，在癸烯、高锰酸钾水溶液中加入催化量的季铵盐，反应立即进行，癸烯定量地被氧化成壬酸，反应式如下：

$$CH_3(CH_2)_7CH{=}CH_2 \xrightarrow[R_4N^+Cl^-]{KMnO_4} CH_3(CH_2)_7COOH$$

100%

查尔酮类化合物分别以N-苄基奎宁和奎尼丁氯化季铵盐为催化剂，用30%的H_2O_2氧化双键，可得到不同光学活性的环氧化合物。例如：

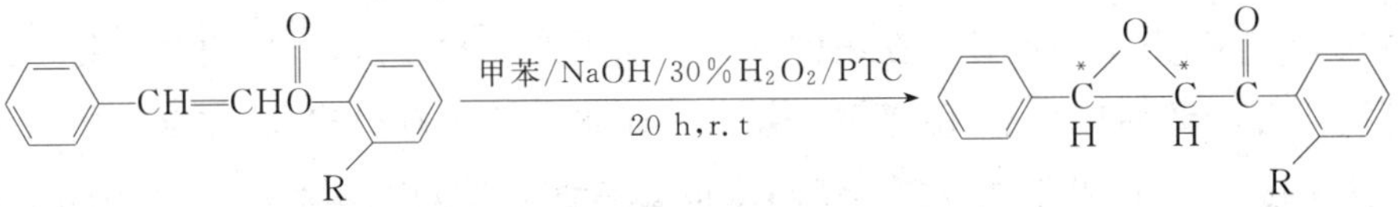

硼氢化钠是一种的还原剂，在季铵盐的存在下能以$R_4N^+BH_4^-$离子形式溶于有机溶剂，经干燥后加入卤代烃剂生成乙硼烷，因而可以进行硼氢化反应。在相转移催化下，$NaBH_4$可以使羰基化合物还原成醇，腈类化合物还原成胺类化合物等。例如：

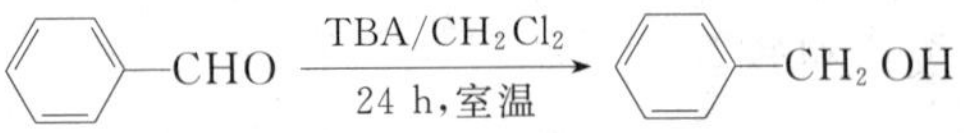

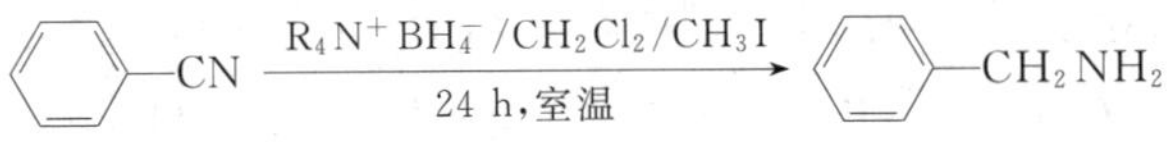

95%

(3)烷基化反应

烷基化反应是指在C、O、N等原子上引入烷基的反应，常称为C-烷基化、O-烷基化、

N-烷基化等，下面分别介绍相转移催化剂对这些反应的改善和促进作用。

①C-烷基化反应

对于含有活泼氢的碳的烷基化反应，经典合成方法是用强碱夺去活泼氢形成碳负离子，再在非质子溶剂中和氯代烃反应。采用相转移催化剂，碳的烷基化反应可以在温和条件下实现，如芳基乙腈的烷基化反应。例如：

$$PhCH_2CN + C_2H_5Br \xrightarrow[TEBA]{NaOH/H_2O} PhCH(CN)C_2H_5$$

88%

②O-烷基化反应

氧的烷基化反应主要产物是醚和酯两大类。混醚的传统合成常用 Williamson 合成法，也就是使用卤代烃和醇钠或酚钠反应来合成，但在碱的作用下，仲或叔卤代烃易发生消除反应生成烯烃副产物。若使用相转移催化法，则可在温和的条件下生成，并且产率较高。

$$n\text{-}C_5H_{11}OH + (CH_3)_2SO_4 \xrightarrow[\text{醚},45\ ℃]{50\%NaOH/Bu_4N^+X^-} n\text{-}C_5H_{11}OCH_3$$

90%

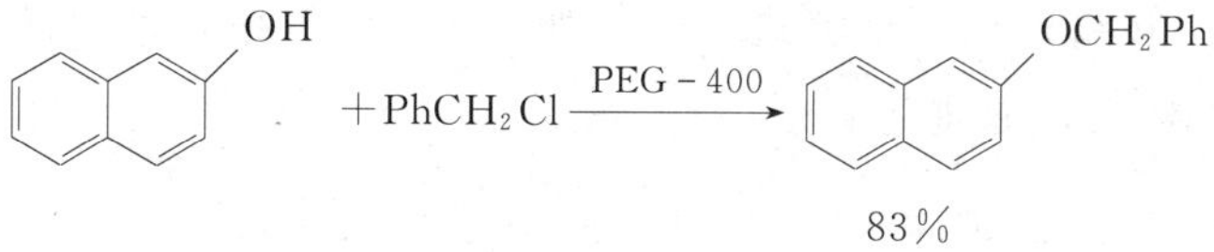

83%

羧酸盐不易与卤代烃发生氧的烃基化生成酯，因为在水溶液中羧酸负离子发生很强的水合作用，无法与卤代烃接近而发生反应。若加入相转移催化剂，羧酸盐与卤代烃则很容易发生氧的烃基化发应生成酯，并且产率很高。例如：

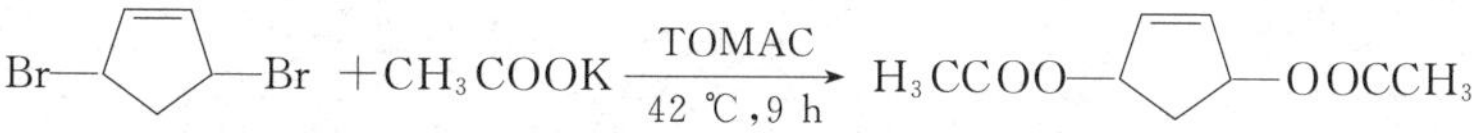

72%

③N-烷基化反应

N，N-二乙基苯胺是制备优秀染料、药物和彩色显影剂的重要中间体，用途广泛，传统合成方法是将定量的苯胺和氯乙烷于高温、高压下在碱性条件下进行 N-烃基化反应得到，收率约为 85%。使用相转移催化剂可在常压、稍高的温度及碱性条件下合成。例如：

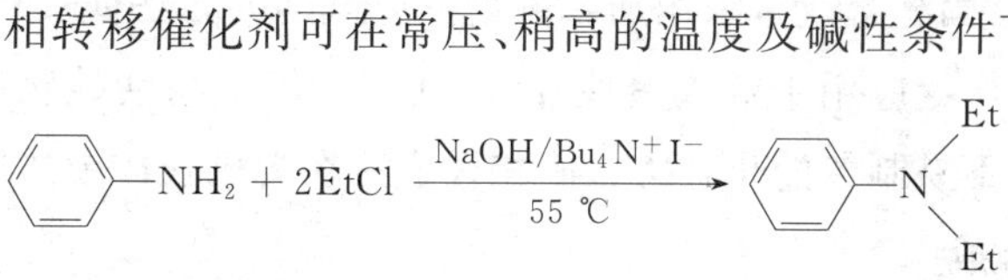

95.6%

(4)消去反应

常见的消去反应有两类：α-消去反应和 β-消去反应。α-消去反应常可以得到卡宾(carbene，又称碳烯)、二氯卡宾或二溴卡宾；通常二氯卡宾是由氯仿在叔丁醇钾的作用下产生。β-消去反应可以合成各种烯烃和炔烃。γ-消去反应可以合成环丙烷的衍生物。

扁桃酸具有很强的抑菌作用，也可作为某些药物的中间体。在相转移催化下，二氯卡宾与碳-氧双键作用，经水解可得到氯代酸或 α-羟基羧酸(扁桃酸)。该方法不仅操作简单，产率较高，而且避免了使用剧毒的氰化物。例如：

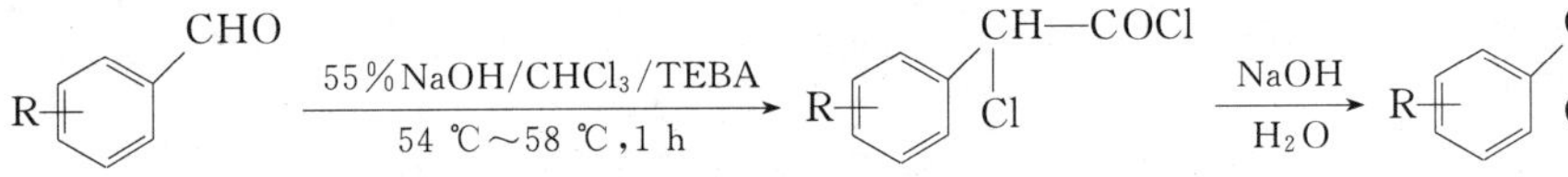

TEBA：苄基三乙基氯化铵

β-消去反应在相转移催化下可以得到加速。例如，β-溴代乙苯在 NaOH 溶液中加热 2 h，产率仅为 1%。若加入相转移催化剂四叔丁基溴化铵，在 90 ℃下加热 2 h 反应即可完全消除，生成苯乙烯，反应式如下：

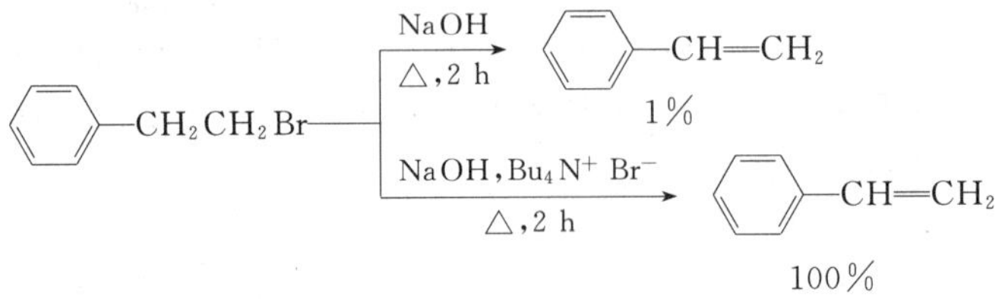

γ-消去反应在相转移催化下也能进行。例如，γ-卤代氰在碱性溶液中，相转移催化可得 γ-消去产物环丙腈，反应式如下：

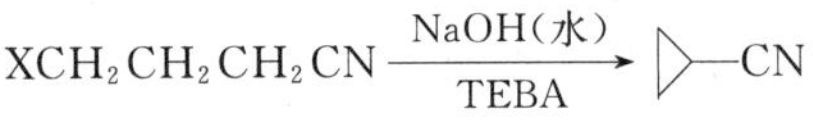

12.3 固相合成法

固相合成法(solid-phase synthesis)就是将底物或催化剂通过化学键锚合在某种固相载体上，然后与其他试剂反应，反应后生成的化合物通过过滤、淋洗等操作将生成物与试剂、副产物等分离，这一过程可以重复多次，以合成具有多个重复单元或不同单元的复杂目标产物，最后将目标产物从载体上解脱下来。固相合成常用的载体通常是含有活性官能团氯甲基、氨基、羟基等的聚苯乙烯树脂。固相合成常采用加入过量反应试剂的方法使反应完全。固相合成最初用于多肽的合成，后来广泛应用于合成聚核苷酸、低聚糖等生物活性物质及有机小分子、杂环分子、天然产物分子等不易制备的化合物。固相合成法在有机合成中的应用如下：

(1)多肽的固相合成

多肽合成在研究生命过程和制造药物方面具有十分重要的意义。传统的多肽合成产物与反应物不易分离、操作繁琐、产率较低，使用固相合成法则可以克服这些缺点。以二肽的合成为例，传统的二肽的合成方法一般需要三个步骤：

①将一个氨基酸的 N-端氨基保护，再将另一个氨基酸的 C-端羧基保护：

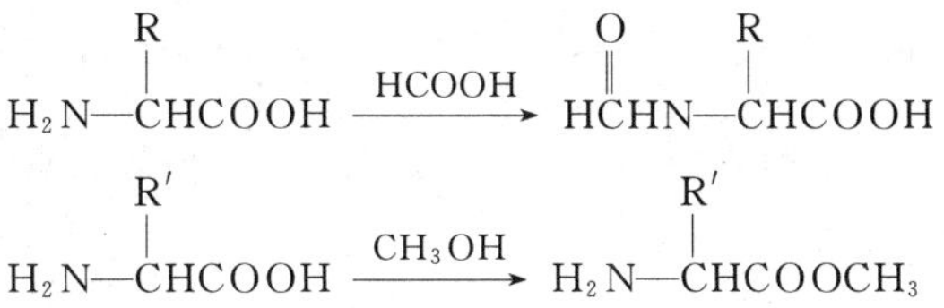

②将两个已被保护的氨基酸脱水形成酰胺肽键：

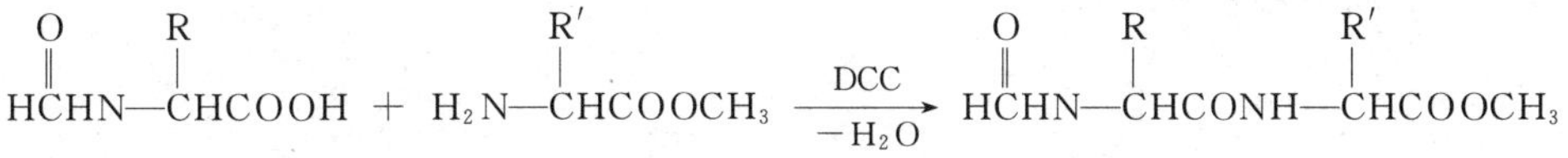

③去保护将 N -端氨基和 C -端羧基恢复，形成二肽：

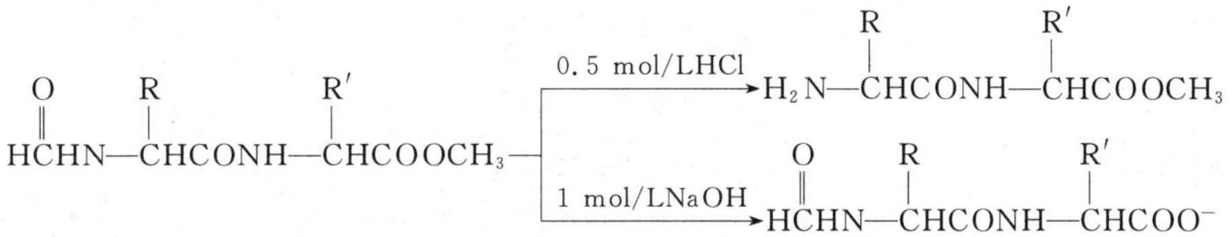

二肽的固相合成方法是先将 N -端氨基被叔丁氧羰基保护的氨基酸的 C -端羧酸负离子连接到载体树脂上，然后用酸将保护基脱去再用三乙胺进行中和除去与氨基相连的酸，再与另一个 N -端氨基被叔丁氧羰基保护的氨基酸脱水形成肽键，最后在强酸三氟乙酸的作用下将二肽从树脂上解脱下来，并用碱中和氨基上的酸，得到二肽。若想得到多肽则将第(2)步重复多次即可。

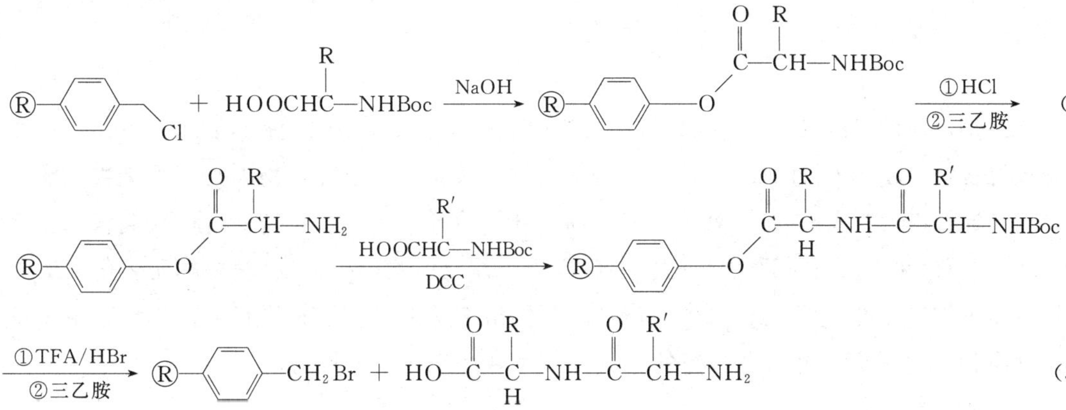

(1)
(2)
(3)

(2)简单化合物的固相合成

一些溶液中不易制备的简单化合物若采用固相合成法则可得到理想的结果。11 -十四烯酸乙酯是一种鳞翅目昆虫性诱剂，合成该物质的原料 11 -十四炔- 1 -醇用普通方法难以合成，用固相法则可以合成。

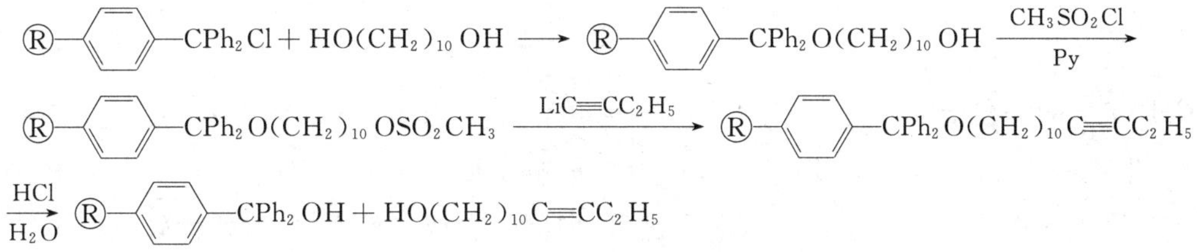

$$HO(CH_2)_{10}C{\equiv}CC_2H_5 \xrightarrow[\text{②}Ac_2O]{\text{①}H_2/Pd-CaCO_3} CH_3COO(CH_2)_{10}C{\equiv}CC_2H_5$$

双取代的环己烯可用于香料或香料中间体，最经典的合成方法是液相法，即使用丙烯酸酯与取代的1,3-丁二烯进行环加成得到3,4-双取代及3,5-双取代两种加成产物，且3,4-双取代为主要产物，选择性大于80%。若使用固相合成法，则由于载体的巨大位阻，产物以3,5-双取代为主，选择性大于90%。

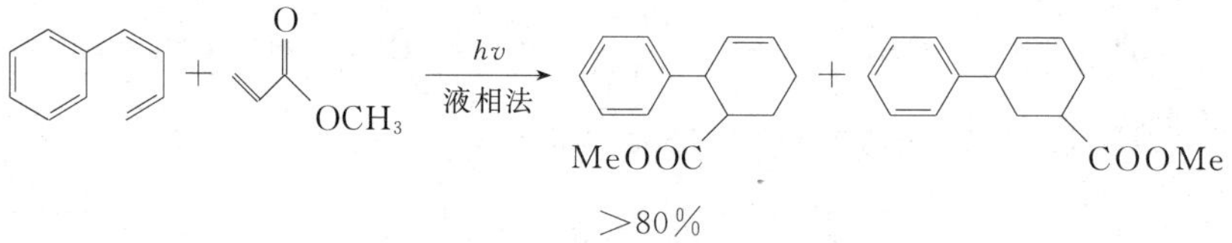

>80%

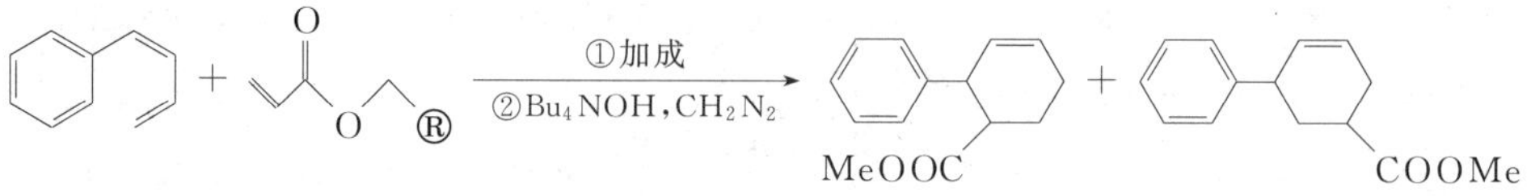

>90%

12.4　其他合成法

12.4.1　溶剂反应

无溶剂反应(又称干反应)是在无溶剂的条件下进行的反应，常见的有两种，一种是反应物在负载混合物寻在下进行的反应；另一种是反应物不需要在负载混合物参与下直接进行的反应。前者通常以无机固体(如三氧化二铝、硅胶、分子筛等)为介质，只需要将负载混合物于适当温度下放置，间或振动即可，操作简便。后者将固体反应物(固-液反应物)在研钵中研磨或在反应瓶中加热即可，操作也很方便。产物均可用溶剂萃取或柱层析进行分离提纯。由于反应条件温和，一些在溶液中无法进行的反应可以利用无溶剂反应获得满意的效果。

(1)烷基化反应

将甲醇钠吸附在氧化铝或硅胶上可使丙二酸酯发生选择性干法烷基化。例如：

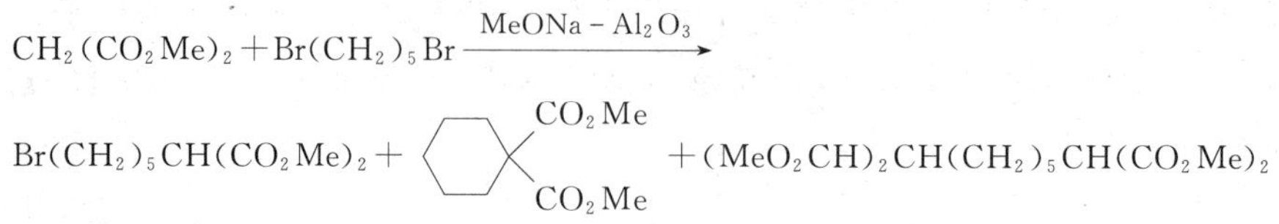

(1)　　(2)　　(3)

CH_3ONa的负载量不一样时产物的选择性也不一样，如当CH_3ONa/Al_2O_3为1 mol/kg时，主要生成物为(1)；当CH_3ONa/Al_2O_3为1.7 mol/kg时，主要生成物为(2)。而传统的丙二酸二甲酯与卤代烃的烷基化在溶液中进行，但同时生成三种产物，选择性较差。

(2)酯化反应

N,N-二乙氨基乙醇己酸酯是一种高效植物生长调节剂,在无溶剂条件下,以固体超强酸 ZrO_2/SO_4^{2-} 为催化剂,在高于 130 ℃的条件下,将己酸和二乙氨基乙醇进行酯化反应,使反应产生的水直接蒸出,从而使酯化反应得以进行,该法工艺安全简单,不存在溶剂损耗及污染等问题。而传统的合成方法均采用有机溶剂为带水剂,存在溶剂消耗、溶剂污染等问题。

$$CH_3(CH_2)_4COOH + HOCH_2CH_2N(C_2H_5)_2 \xrightarrow[-H_2O]{ZrO_2/SO_4^{2-}} CH_3(CH_2)_4COOCH_2CH_2N(C_2H_5)_2$$

(3)缩合反应

7-羟基-4-甲基香豆素是一种重要的医药化工中间体,传统的合成方法是用酚和β-酮酸或酮酸酯在浓硫酸的催化下来合成香豆素类化合物。但缺点是产物不易处理、设备腐蚀严重、环境易被污染等。采用无溶剂且在强酸性离子交换树脂的催化下缩合可克服上述缺点。

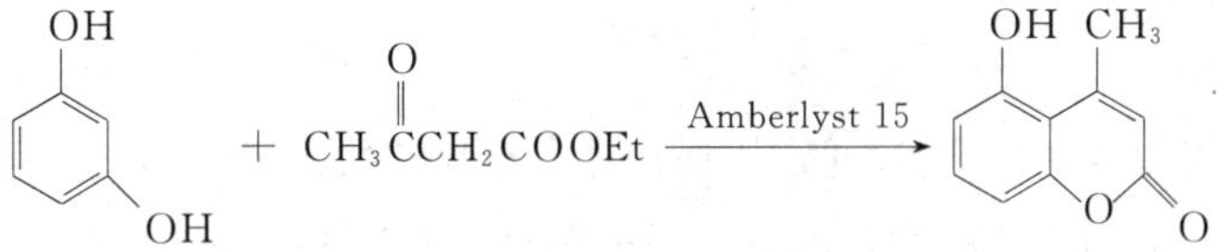

芳香醛和丙二腈在无催化剂无溶剂条件下,微波辐射或加热可发生 Knoevenagel 缩合反应,产率良好。例如:

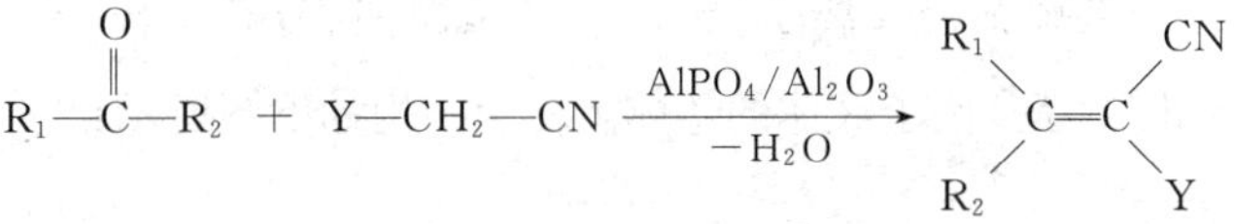

(4)加成反应

许多加成反应可以使用无溶剂反应来进行合成,如 Michael 加成、羰基加成等。

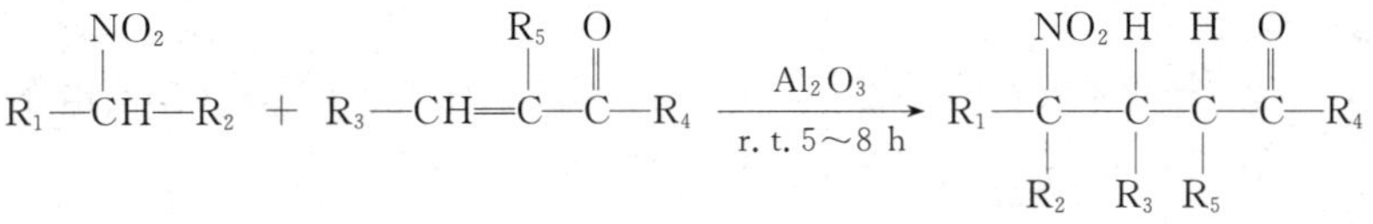

52%~88%

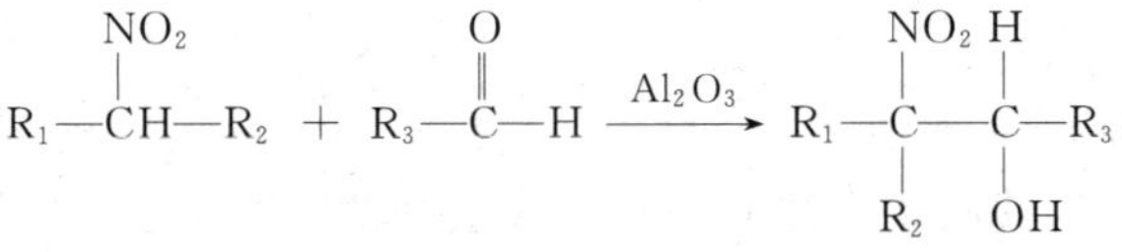

71%~86%

12.4.2 离子液体

离子液体是指在室温或接近室温下呈现液态的、完全由阴阳离子所组成的盐，也称室温熔融盐。早在 1914 年就首次报道了离子液体$(EtNH_3)NO_3$(熔点 12 ℃)的合成。20 世纪 80 年代，Magnuson 等研究了$(EtNH_3)NO_3$作为反应溶剂的性质。其后，人们合成了更多的离子液体并考察了它们作为有机溶剂替代品在有机反应中的应用，开拓了绿色合成的新领域。与传统的有机溶剂和电解质相比，离子液体具有使用温度范围大、无蒸汽压、无可燃性、不污染环境、能溶解大部分物质、易与产物分离、能循环使用等优点。

离子液体作为离子化合物，其熔点较低的主要原因是因其结构中某些取代基的不对称性使离子不能规则地堆积成晶体所致。它一般由有机阳离子和无机阴离子组成，常见的阳离子有季铵盐离子、季鏻盐离子、咪唑盐离子和吡咯盐离子等，阴离子有卤素离子、四氟硼酸根离子、六氟磷酸根离子等。

(1)离子液体的命名

离子液体的系统命名太长，所以通常用标记法。正离子的标记：1,3-取代的咪唑阳离子标记为$[R_1R_2im]^+$，R_1、R_2 分别为相应烷基的第一个英文字母表示，im 为咪唑英文字母的简写。如 1-乙基-3-甲基咪唑阳离子标记为$[emim]^+$。1,2,3-取代的咪唑阳离子标记为$[R_1R_2R_3im]^+$。取代的吡啶标记为$[RPy]^+$，Py 为吡啶英文字母的简写。季铵盐离子的标记为$[Nabcd]^+$，a、b、c、d 分别为相应烷基的碳原子数的多少，用阿拉伯数字由小到大表示，如二甲基乙基丁基铵标记为$[N1124]^+$。季鏻盐离子的标记为$[Pabcd]^+$，a、b、c、d 的表示同季铵盐。阴离子有卤素离子$[X]^-$、四氯化铝离子$[AlCl_4]^-$、四氟硼酸根离子$[BF_4]^-$、六氟磷酸根离子$[PF_6]^-$、三氟甲基磺酸离子$[CF_3SO_3]^-$标记为$[OTf]^-$等。离子液体的整体名称及结构如下图所示：

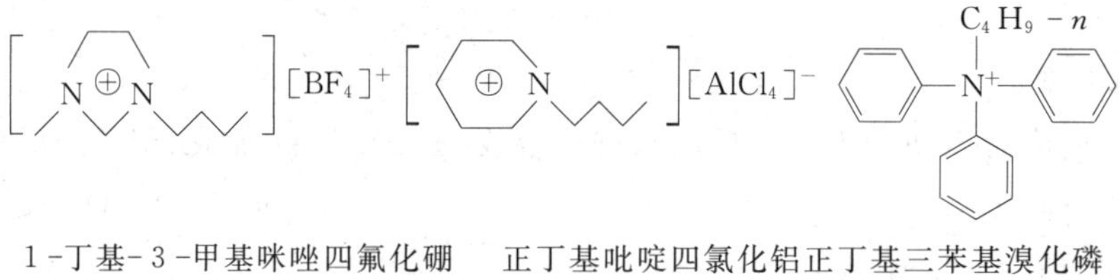

1-丁基-3-甲基咪唑四氟化硼　正丁基吡啶四氯化铝正丁基三苯基溴化磷

$[bmim]^+[BF_4]^-$　$[n-bPy]^+[AlCl_4]^-$　$[P_{4666}]^+Br^-$

在书写离子液体的结构式时，正负离子的正负号可以省略，如$[bmim]^+[BF_4]^-$可以写成$[bmim][BF_4]$。

(2)离子液体的制备

离子液体的种类很多，其制备方法有一步合成法和两步合成法，大多数离子液体的合成采用两步法。首先将叔胺类化合物与卤代烃反应生成季铵盐，然后负离子被交换成所需的负离子。例如 1-甲基-3-正丁基咪唑四氟化硼的合成，反应式如下：

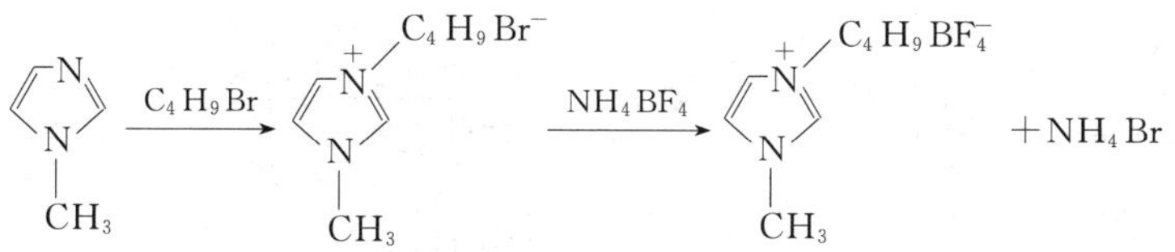

也有一些离子液体采用一步合成法，微波技术能改善这一反应的进行，如溴化乙基吡啶的合成。

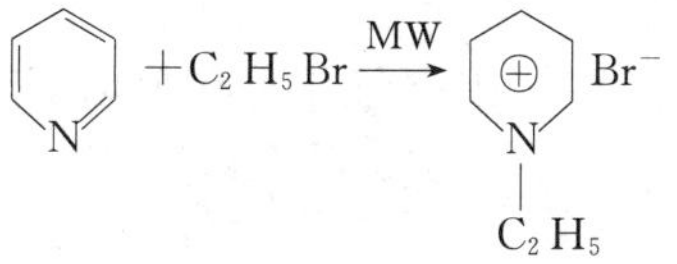

(3)离子液体在有机合成中的应用

由于离子液体所具有的独特性能，目前它被广泛应用于化学研究的各个领域中。离子液体作为反应的溶剂已被应用到多种类型反应中。

①取代反应

在离子液体[bbim][BF_4]的作用下，N-溴代丁二酰亚胺(NBS)为溴化剂，芳烃进行选择性单溴代反应，不用催化剂，在 28 ℃条件下反应 5 min 即可达到 80%～98%的产率。例如：

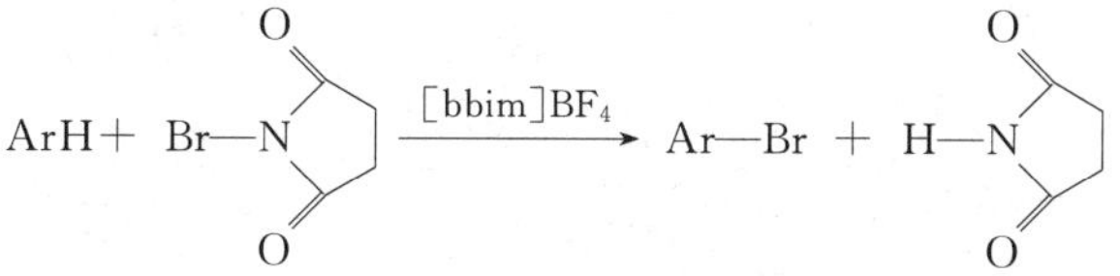

芳卤化合物与环状的仲胺作用是芳烃进行胺化的重要反应，该反应以离子液体[bmim][BF_6]为介质，室温下反应 6～10 h，用乙醚萃取，分离，产率可达 78%～98%。反应式如下：

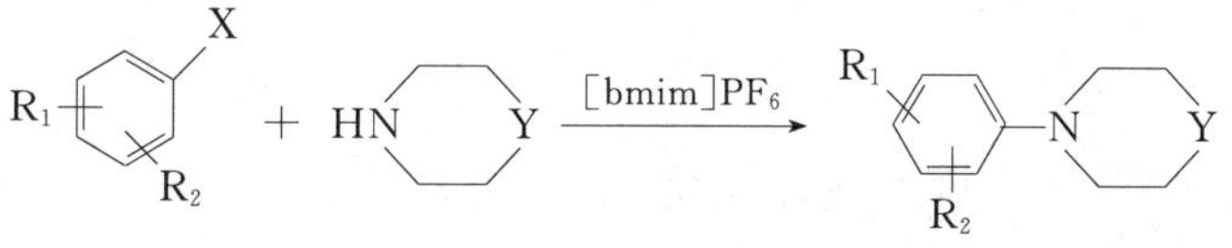

R_1:NO_2,CN;R_2:NO_2,F, 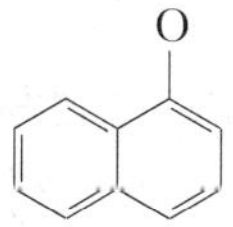 , 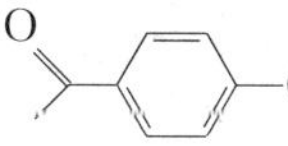 ,MeC(CO_2Et)$_2$;X:F,Cl,Br;Y:N,O

②缩合反应

取代苯甲醛和丙二酸二乙酯在离子液体[bmim]Cl-$AlCl_3$ 中发生 Knoevenagel 反应合成 α,β-不饱和酯，进一步与丙二酸二乙酯发生 Michael 加成反应。反应式如下：

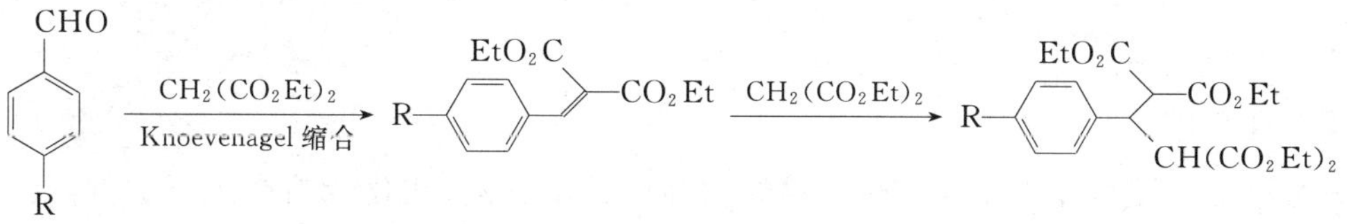

取代苯酚和乙酰乙酸乙酯在离子液体[bmim]Cl-$AlCl_3$ 中发生 Pechmann(佩奇曼)缩合反应生成各种香豆素衍生物。反应式如下：

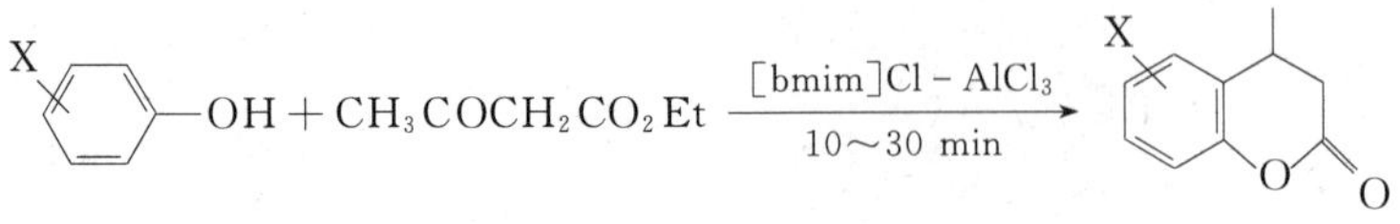

X：OH、Me、MeO、COMe

③氧化-还原反应

脂肪醇和芳香醇氧化为醛和酮的反应，采用[N_{1111}]OH·5H_2O 或[N_{1111}]Cl 离子液体为溶剂，$RuCl_2(PPh_3)_3$ 为催化剂，在氧气或空气下，80 ℃反应 5 h 左右得到产物，产物因底物不同而异，有的可达 99%，反应式如下：

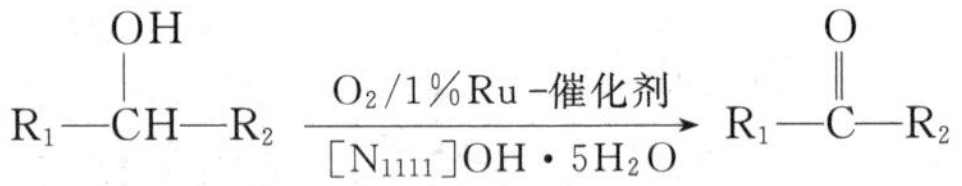

R_1：烷基、氢；R_2：烷基、苯基

苯乙酮是合成众多药物的重要原料，传统的苯乙酮合成路线不仅污染环境，而且存在副产物多和选择性低等缺点。采用羧基功能化离子液体代替污染环境的有机溶剂可以改善上述缺点。

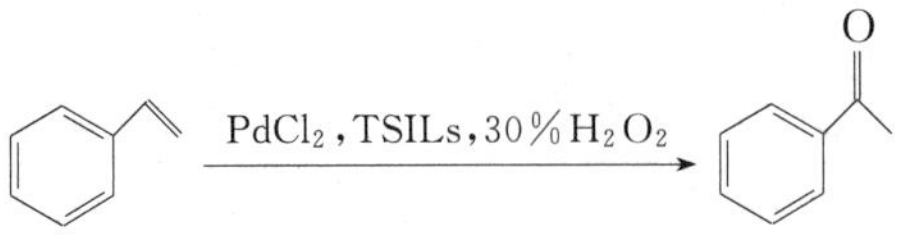

TSILs：羧基咪唑功能化离子液体

以离子液体[bmim]Br 和水的混合物为溶剂，使用硼氢化钠为还原剂，可有效促使醛酮还原成醇。

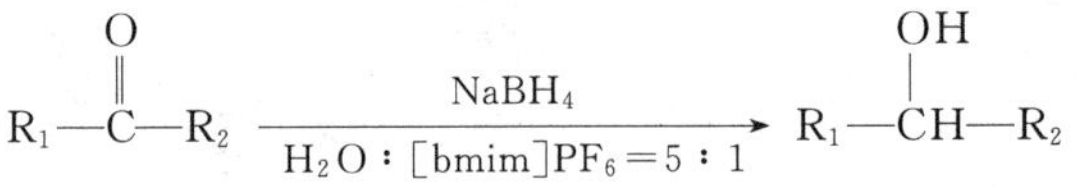

R_1：芳基；R_2：氢、烷基、苯基

采用 N-甲基咪唑四氟硼酸离子液体为溶剂，邻苯二胺与芳醛反应，催化氧化选择性合成了 2-芳基-1-芳甲基-1H-1,3-苯并咪唑化合物。反应式如下：

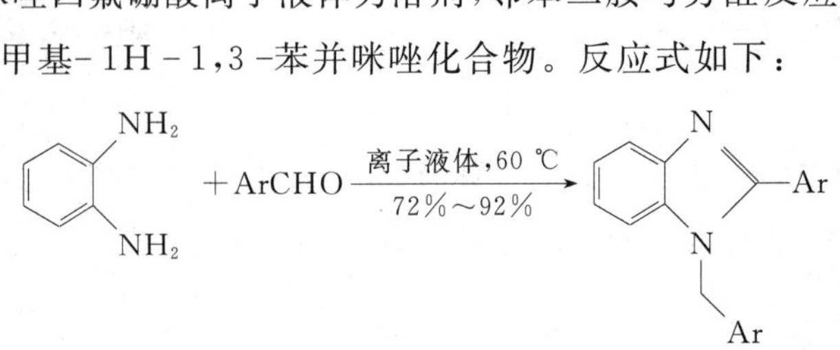

④酯化反应

柠檬酸三乙酯可作为冷饮、糖果、烘烤食品中的增香剂，或化妆品中的添加剂等。柠檬酸在酸性离子液体 N-(4-磺酸基丁基)吡啶硫酸氢盐[HSO_3-bPydin]$^+$[HSO_4]$^-$ 的催化下，脱水缩合即可得柠檬酸三乙酯。

$$HO-C(CH_2COOH)_2-COOH + 3C_2H_5OH \xrightleftharpoons{[HSO_3-bPydin][HSO_4]} HO-C(CH_2COOC_2H_5)_2-COOC_2H_5 + 3H_2O$$

12.4.3　超临界有机合成

当流体的温度和压力处于其临界温度和临界压力以上时，称该流体处于超临界状态，此时的流体称为超临界流体(supercritical fluid，缩写为 SCF)。超临界流体在萃取分离方面取得了极大成功，并广泛用于化工、煤炭、冶金、食品、香料、药物、环保等许多工业领域。超临界流体作为反应介质或作为反应物参与的化学反应称为超临界化学反应。目前关于超临界有机合成的研究处于初始阶段，不过已经取得了一些很有实用价值的成果。充分显示了超临界有机合成技术的巨大潜在优势。超临界化学反应不同于传统的热化学反应，具有以下特点：

(1)与液相反应相比，扩散系数大，黏度小，因此可以提高受扩散速度控制的均相液相反应的反应速率；

(2)可增大有机反应物的溶解度或有机反应物本身作为超临界流体而全部溶解，使一些多相反应变为均相反应，消除了相界面，减少了传质阻力，较大幅度地提高反应速率；

(3)具有较大压力，可使化学反应速率大幅度增加，并可通过改变超临界流体的压力来改变反应的选择性，使反应向着目标产物方向进行；

(4)可通过改变温度、压力来改变溶质的溶解度从而及时将反应产物从反应体系中除去，使反应不断正向进行；

(5)可溶解吸附在催化剂上的焦油状物质，避免或减少催化剂上的积碳，延长了催化剂的使用寿命；

(6)超临界流体(H_2O、CO_2 等)与传统的有机溶剂相比价廉且无污染，近年来该方法在有机合成中得到了广泛的应用。

由于以上特点，超临界有机合成受到世界各国化学界的高度重视。超临界有机合成反应有：

(1)Fischer－Tropsch 合成

Fischer－Tropsch 合成是用 H_2 和 CO 在固体催化剂上合成烃类($C_1 \sim C_{25}$)混合物的反应。

$$H_2 + CO \xrightarrow[\text{正己烷　SCF}]{\text{催化剂}} C_1 \sim C_{25}\text{的烃类}$$

这是煤炭间接液化过程中的重要反应，催化剂常是一些金属物质，超临界流体为正己烷。传统的反应过程中，产物中的高分子烃类化合物会吸附在催化剂表面造成催化剂失活，采用正己烷为超临界流体可有效去除催化剂上的积碳，并且增加了产物中烯烃的比例。

(2)烷基化反应

对于异丁烷与丁烯合成 C_8 烷烃(三甲基戊烷)的反应,生成的高相对分子质量烃可吸附在催化剂表面,造成催化剂失活、床层堵塞等问题。采用正己烷超临界流体可有效地除去催化剂表面上生成的蜡,并且产物中烯烃的比例有所提高。

(3)Diels - Alder 反应

在超临界 CO_2 介质条件下 Diels - Alder 反应,40 ℃时反应速率常数随压力增高而降低的反常现象;在 CO_2 临界点反应速率比传统液相反应(以乙腈和氯仿为溶剂)快,当升高压力使 CO_2 的密度接近传统溶剂时,反应速率比传统液相反应慢。

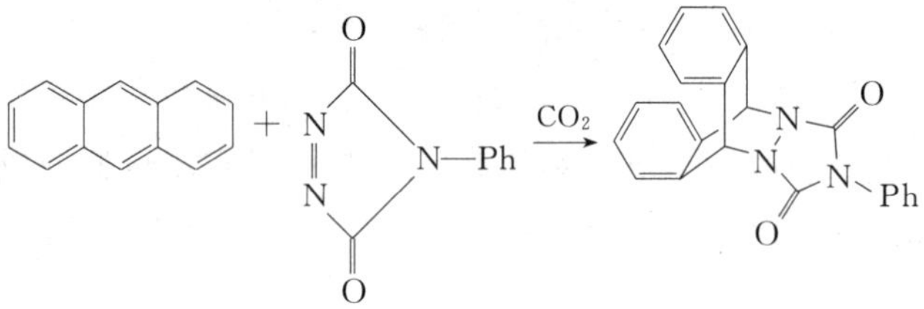

(4)还原反应

双键氢化还原的反应速率与氢气在反应体系中的浓度成正比,因超临界 CO_2 能与 H_2 完全互溶,大大增加了氢化反应的速率。例如:

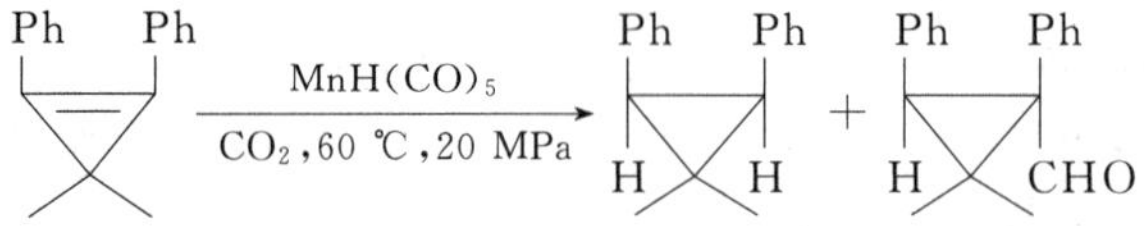

习　　题

1. 试述相转移反应的作用原理及类型。

2. 试介绍离子液体催化剂在缩合反应方面的应用进展。

附录　常见有机人名反应

常见有机人名反应索引(共 63 个)如下所示。

1. aldol 缩合

具有 α 氢原子的醛或酮在一定条件下形成烯醇负离子，再与另一分子羰基化合物发生加成反应，并形成 β-羟基羰基化合物的一类有机化学反应。

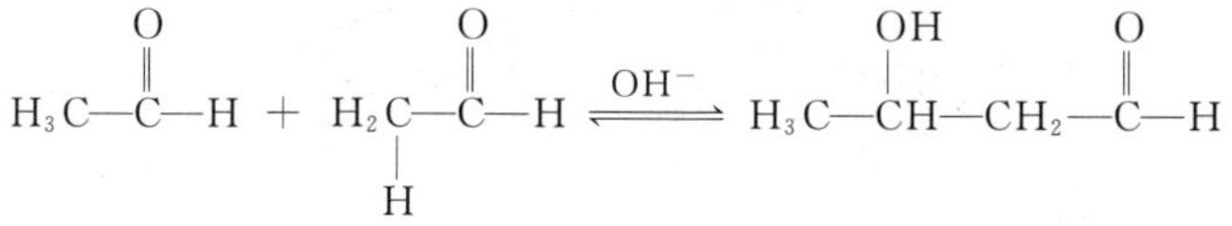

该反应可以采用酸催化，也可以在碱的催化下进行反应。一旦反应发生，羟醛产物有时可以失一分子水形成 α，β-不饱和羰基化合物。例如：

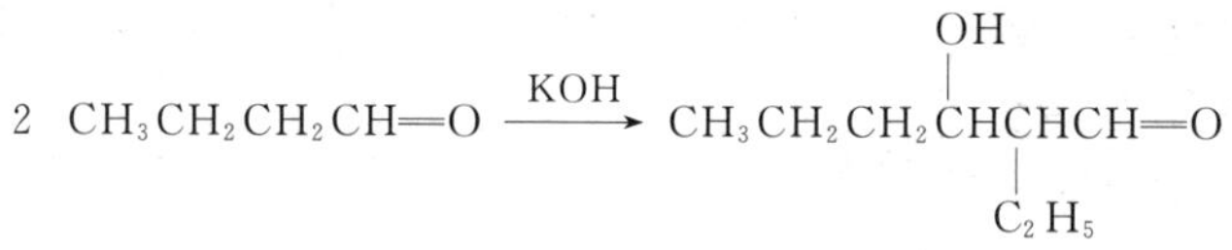

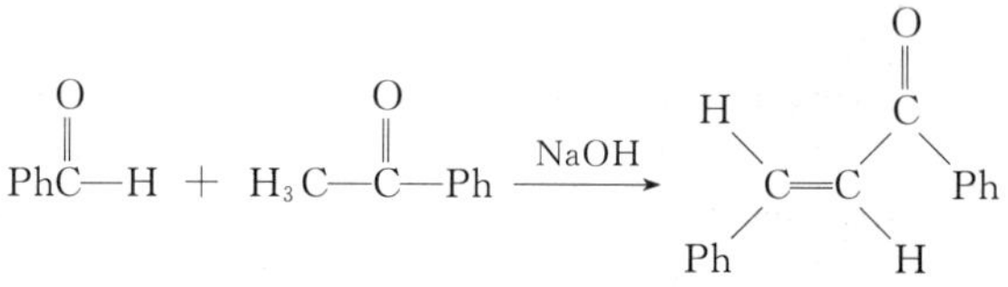

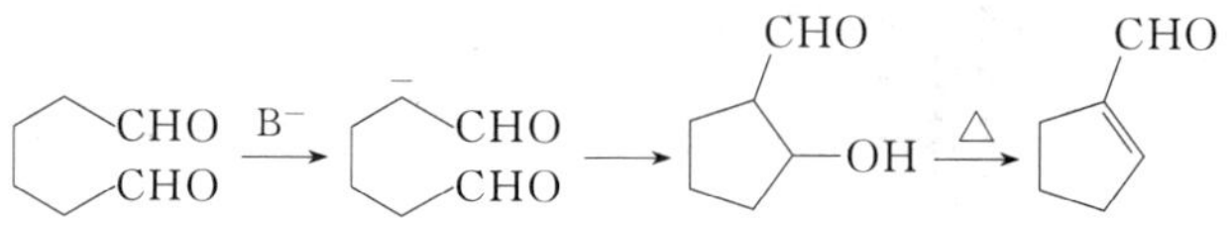

2. Baeyer - Villiger 氧化

酮类化合物在过氧酸如过氧乙酸、过氧苯甲酸、间氯过氧苯甲酸（*m* - CPBA）或过氧三氟乙酸等的作用下，进行氧化，可在羰基旁边插入一个氧原子生成相应的酯。这类反应的特点是在电子云密度大的基团与羰基之间插入一个氧原子，即电子云密度大的基团迁移，如果迁移基团有构型，保持构型不变。该反应的反应温度一般为 10 ℃～40 ℃，反应速率快，产率高。例如：

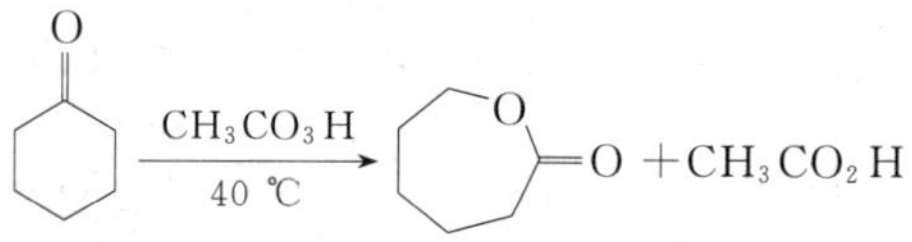

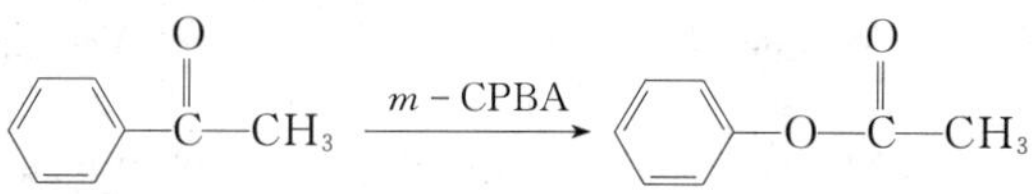

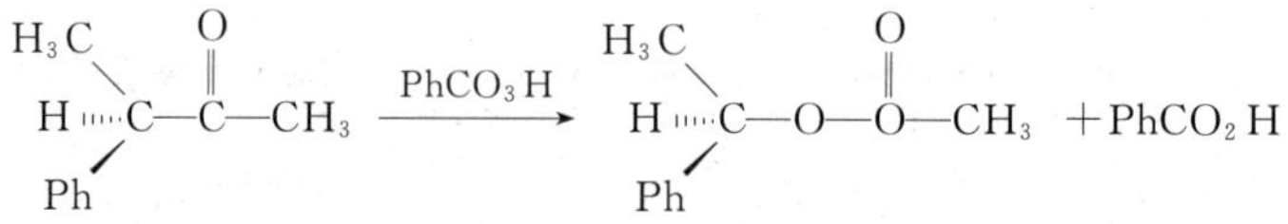

3. Beckmann 重排

肟在酸如硫酸、多聚磷酸（PPA）以及能产生强酸的五氯化磷、三氯化磷、苯磺酰氯、亚硫酰氯等作用下发生重排，生成相应的取代酰胺。该反应的特点是在酸作用下，肟首先发生质子化，然后脱去一分子水，同时与羟基处于反位的基团（如果该基团有构型，保持构型不变）迁移到缺电子的氮原子上，所形成的碳正离子与水反应得到酰胺。例如：

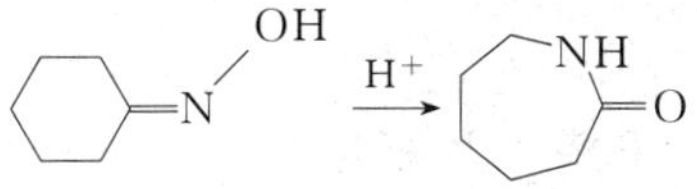

环己酮肟　　　己内酰胺

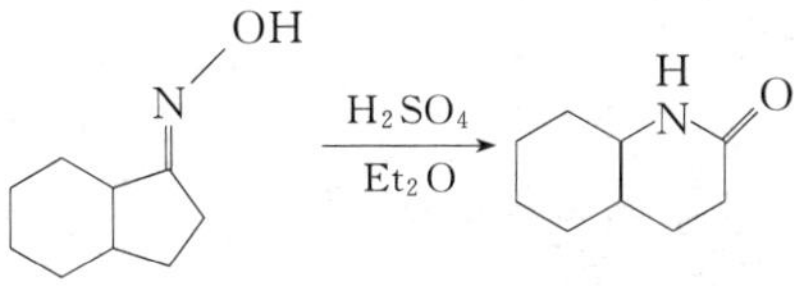

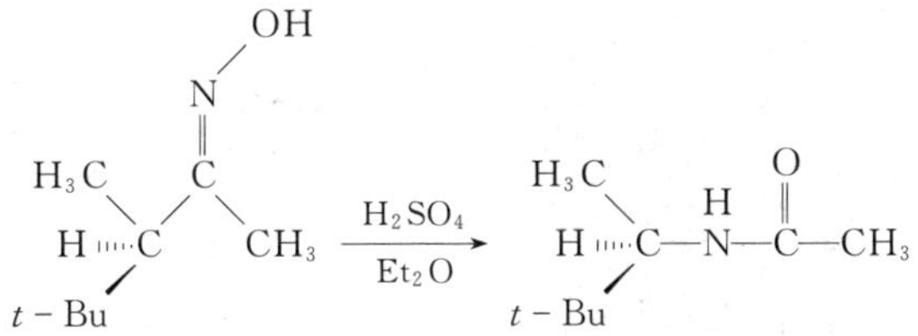

4. benzil 重排

α-二酮（邻二酮）在碱作用下，重排成羟基乙酸的反应，称为 benzil 重排。

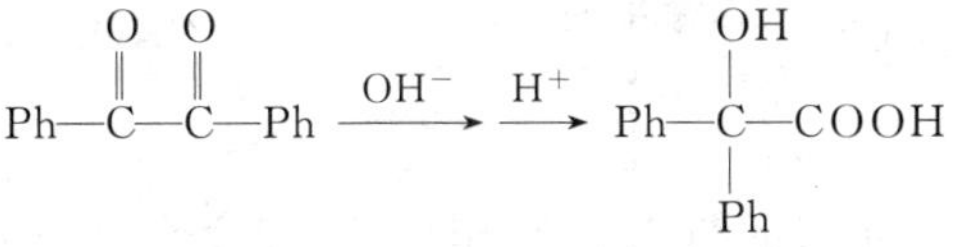

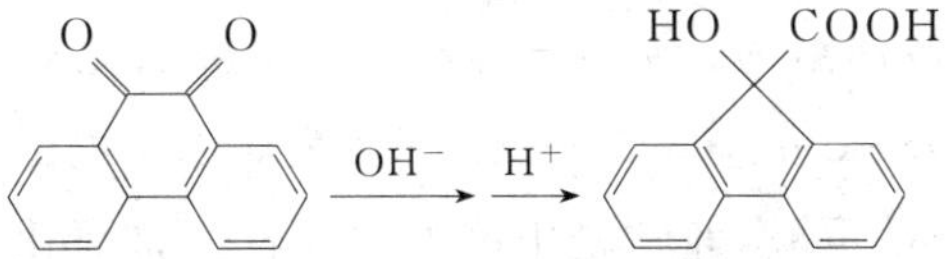

5. benzoin 缩合

在氰化物（常用氰化钾或氰化钠）的催化下，两分子苯甲醛缩合得到二苯羟乙酮的反应，称为 benzoin（安息香）缩合反应。由于氰化物剧毒，现常用生物辅酶维生素 B_1 催化该反应。例如：

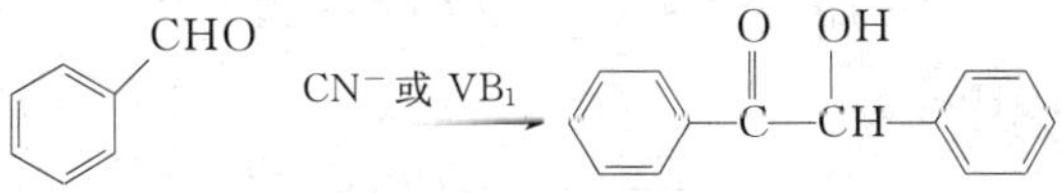

6. Birch 还原

芳香化合物用碱金属（锂、钠或钾）在液氨与醇（乙醇、异丙醇或仲丁醇）的混合液中还原，苯环可被还原形成非共轭的 1,4-环己二烯化合物。取代芳烃页能发生 Birch 还原，若苯环上连有供电子基团，则 2,5-位被还原，若苯环上连有吸电子基团，则 1,4-位被还原。例如：

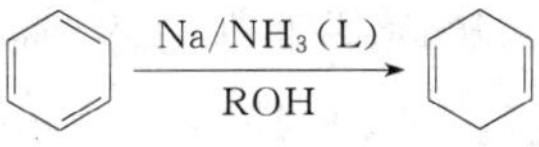

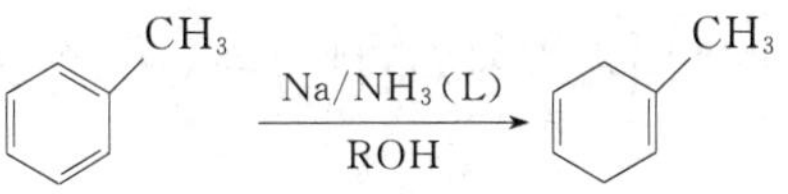

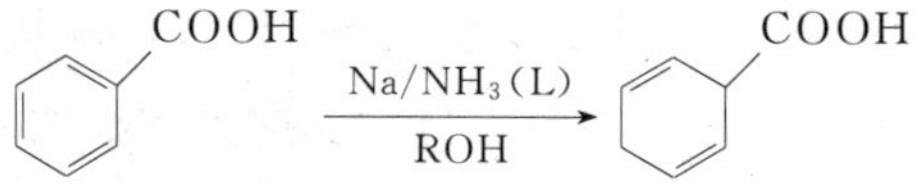

7. Blanc 反应

芳香烃化合物与甲醛或多聚甲醛等及氯化氢在 Lewis 酸（如 $ZnCl_2$、$SnCl_4$ 等）催化下，发生氯甲基化反应。该反应芳烃上连有供电子基对反应有利，但苯酚在该条件下易得到酚醛树脂导致该反应难进行。例如：

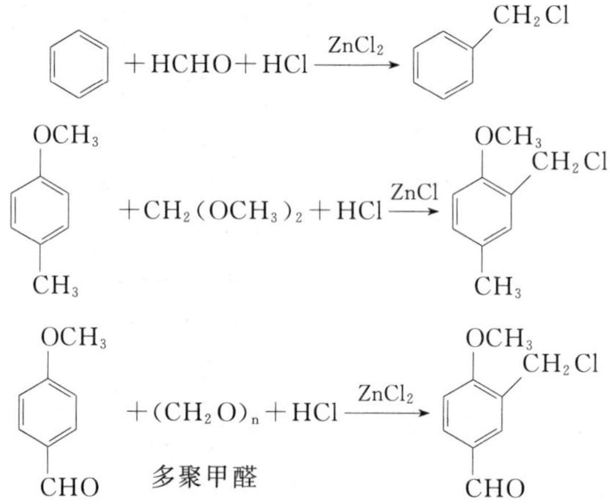

8. Cannizzaro 反应

无 α-活泼氢原子的醛，在浓的氢氧化钠作用下，发生分子间的氧化-还原，一个分子的醛基氢以氢负离子的形式转移给另一分子，结果一分子被氧化成酸，另一分子被还原成醇。这个歧化反应，称为 Cannizzaro 反应。两种无 α-活泼氢原子的醛，在浓碱作用下，能发生交叉歧化反应，如果其中一个是甲醛，通常是甲醛的还原性强被氧化。例如：

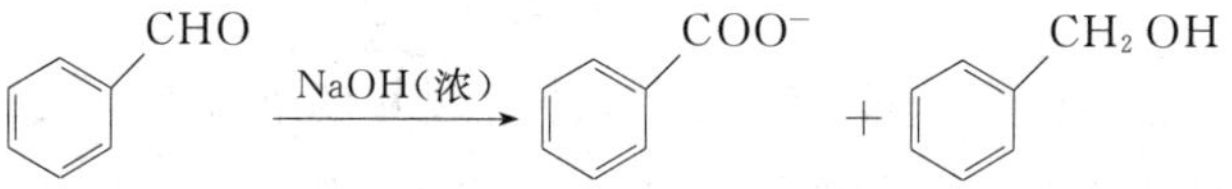

$$HCHO \xrightarrow{NaOH(浓)} HCOO^- + CH_3OH$$

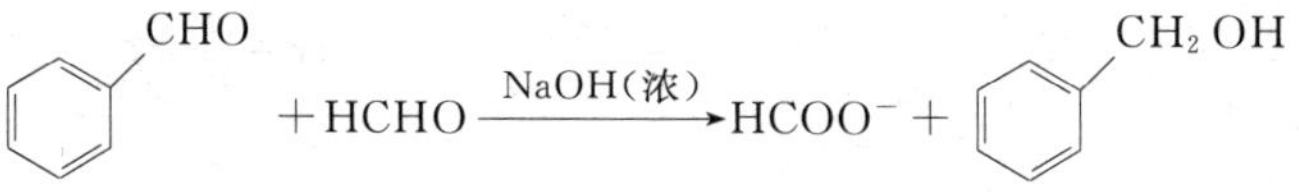

$$(HOCH_2)_3CHO + HCHO \xrightarrow{NaOH(浓)} HCOO^- + C(CH_2OH)_4$$

季戊四醇

9. Claisen 重排

烯丙基芳基醚在高温下，由 O-烯丙基重排为 C-烯丙基的重排反应，称为 Claisen 重排，该反应是经过六元环状过渡态进行的，当烯丙基芳基醚的两个邻位未占满时，重排主要得到邻位产物；当两个邻位均被基团占据时，重排得到对位产物；若邻对位均被占据，则不发生 Claisen 重排。例如：

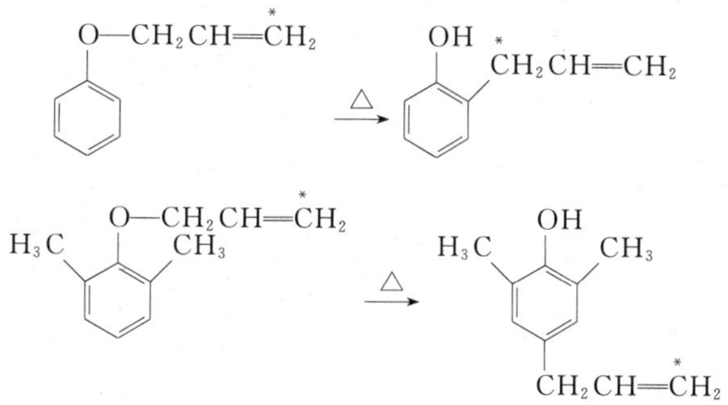

10. Claisen 酯缩合反应

含有 α-氢的酯在醇钠等碱性缩合剂作用下发生缩合作用，失去一分子醇，得到 β-酮酸酯的反应，称为 Claisen 缩合反应。常用的碱性缩合剂还有叔丁醇钠、叔丁醇钾、氢化钠、氢化钾、三苯基钠、二异丙胺锂(LDA)等。

两种含有 α-氢的酯也能进行缩合，通常可生产四种产物，在合成上没有意义。但如果一种酯不含 α-氢(如甲酸酯、苯甲酸酯、草酸酯、碳酸酯等)，可以和另一种含有 α-氢的酯发生交叉缩合，生成相应的缩合产物。例如：

$$CH_3COOC_2H_5 \xrightarrow{EtONa} CH_3COCH_2COOC_2H_5$$

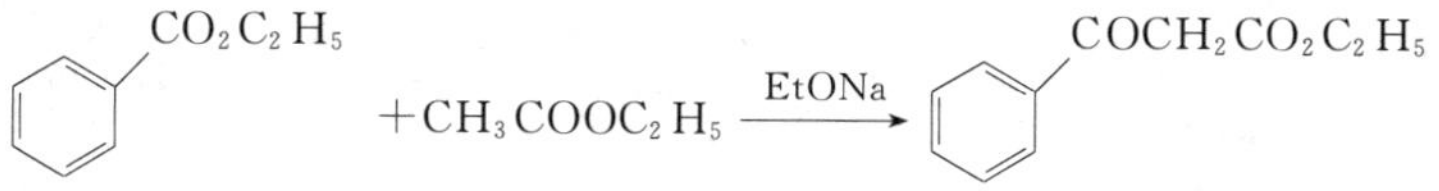

$$HCOOC_2H_5 + CH_3COOC_2H_5 \xrightarrow{EtONa} HCOCH_2COOC_2H_5$$

$$(COOC_2H_5)_2 + CH_3COOC_2H_5 \xrightarrow{EtONa} \begin{matrix} CH_2COOC_2H_5 \\ | \\ COCOOC_2H_5 \end{matrix} \xrightarrow[-CO]{\triangle} H_2C\begin{matrix} COOC_2H_5 \\ COOC_2H_5 \end{matrix}$$

$$C_2H_5O-\overset{\overset{\displaystyle O}{\|}}{C}-OC_2H_5 + CH_3COOC_2H_5 \xrightarrow{EtONa} C_2H_5O-\overset{\overset{\displaystyle O}{\|}}{C}-CH_2COC_2H_5$$

实际上，该反应不限于酯的缩合，凡是含有活泼亚甲基的化合物都可以与酯发生类似的缩合反应，得到相应的缩合产物。

11. Claisen - Schmidt 反应

一个无 α-氢原子的醛与一个带有 α-氢原子的脂肪族醛或酮在稀氢氧化钠水溶液或醇溶液存在下发生缩合反应，并失水得到 α,β-不饱和醛或酮。例如：

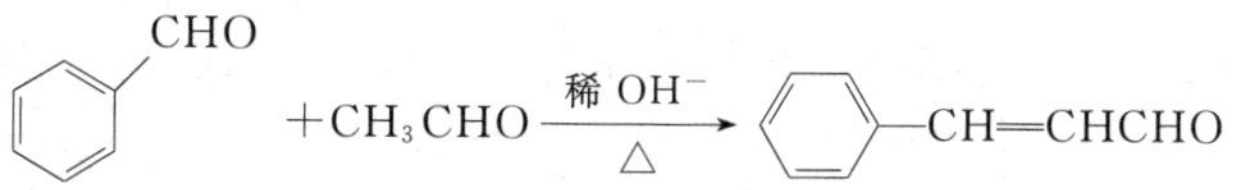

12. Clemmensen 还原

醛类或酮类分子中的羰基被锌汞齐和浓盐酸还原为亚甲基。此法只适用于对酸稳定的化合物。对酸不稳定而对碱稳定的化合物可用 Wolff - Kishner -黄鸣龙反应还原。

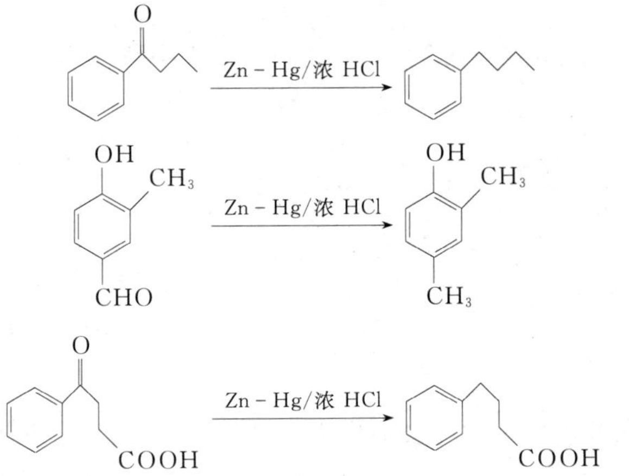

13. Combes 合成法

Combes 合成法是合成喹啉的另一种方法，是用芳胺与 1,3－二羰基化合物反应，首先得到高产率的 β－氨基烯酮，然后在浓硫酸作用下，羰基氧质子化后的羰基碳向氨基邻位的苯环碳原子进行亲电进攻，再脱水得到喹啉。在氨基的间位有强的邻、对位定位基团存在时，关环反应容易发生；但当强邻、对位定位基团存在于氨基的对位时，则不易发生关环反应。例如：

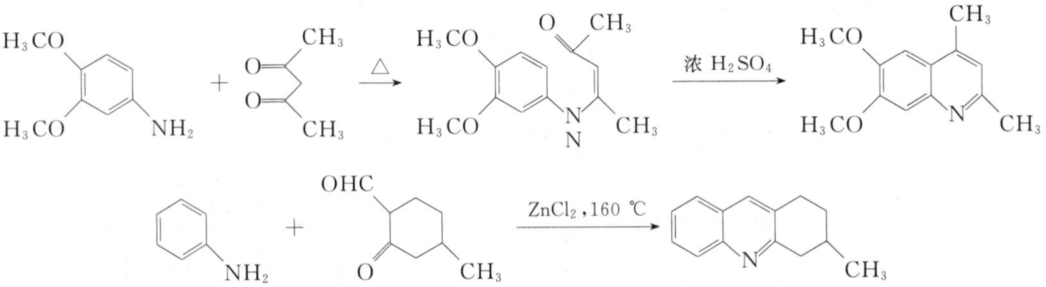

14. Cope 重排

1,5－二烯类化合物受热时发生类似于 O－烯丙基重排为 C－烯丙基的重排反应（Claisen 重排）反应称为 Cope 重排。

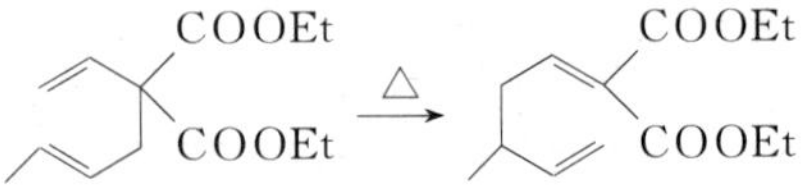

1,5－二烯在 150 ℃～200 ℃单独加热短时间就容易发生重排，并且产率非常好。Cope 重排属于周环反应，它和其他周环反应的特点一样，具有高度的立体选择性。例如：*meso*－3,4－二甲基－1,5－己二烯重排后，得到的产物几乎全部是（*Z*,*E*）－2,6－辛二烯：

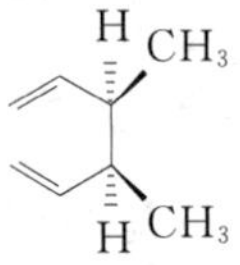

15. Cope 消除反应

叔胺的氮-氧化物(即氧化叔胺),在热解时生成烯烃和 N,N -二取代羟胺。此反应条件温和、副反应少,产率高,反应过程中不重排,可用于许多烯烃的制备。但当氧化叔胺有两种β-氢存在时,通常以 Hofmann 产物为主;如果得到产物有构型,以 *E* 型为主。例如:

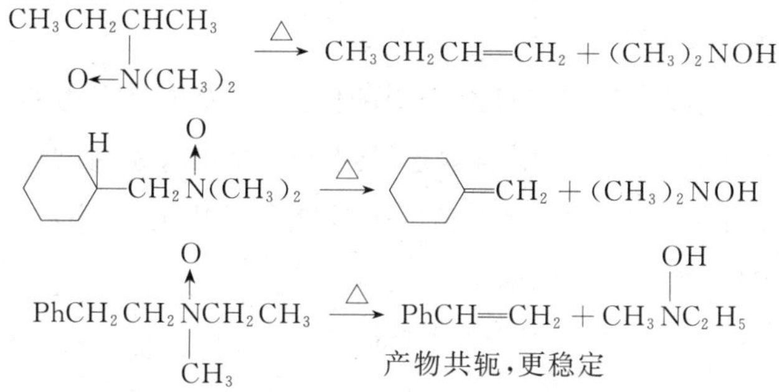

16. Curtius 重排

酰基叠氮化物在惰性溶剂中加热分解,失去氮气后,重排生成异氰酸酯,然后进一步水解得到一级胺,该反应中,如果迁移基团有构型,保持构型不变。例如:

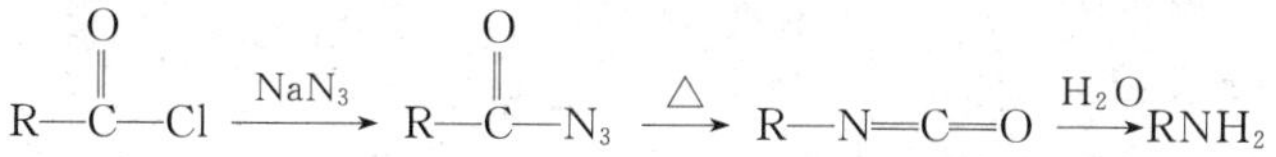

17. Dakin 反应

邻位或对位有羟基或氨基的芳醛或芳酮,在浓碱作用下,用过氧化氢或其他过氧化合物氧化,得到相应的多元酚的反应,称为 Dakin 反应。碱性溶液可以是氢氧化钠(钾)或季铵碱等。含有羧基、硝基、卤素、甲氧基、烷基等取代的羟基芳醛或芳酮,都能发生此反应。例如:

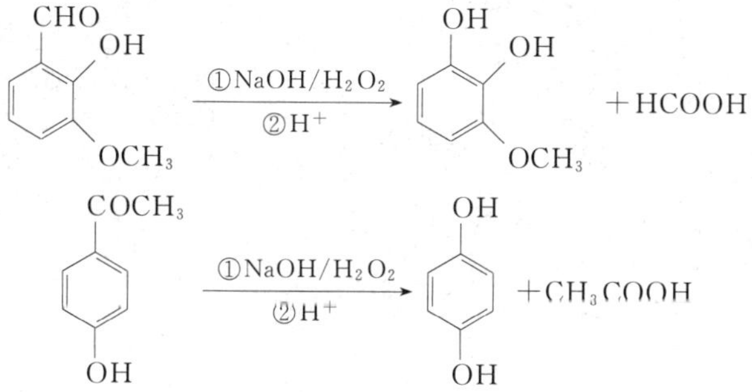

18. Darzens 反应

醛或酮在强碱作用下,与α-卤代羧酸酯发生的缩合反应,生成α,β-环氧羧酸酯。本反应适用于脂肪族、脂环族、芳香族杂环以及α,β-不饱和醛(酮)。但脂肪醛的反应产率较低。其他含α-活泼氢的化合物(如α-卤代醛或酮)也能发生类似反应。生成的α,β-环氧羧酸酯性质比较活泼,水解,加热脱羧可制得较原来多一个碳原子的醛或酮。例如:

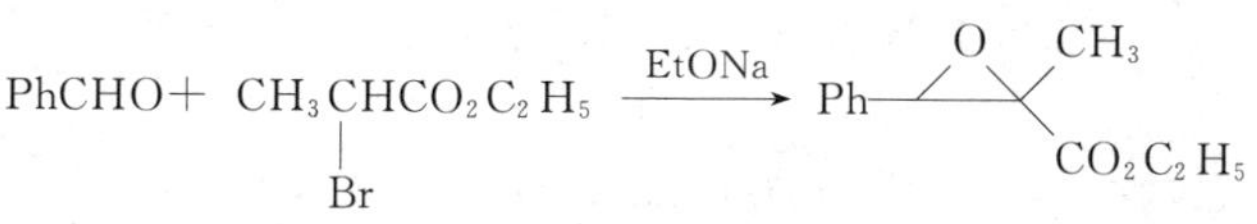

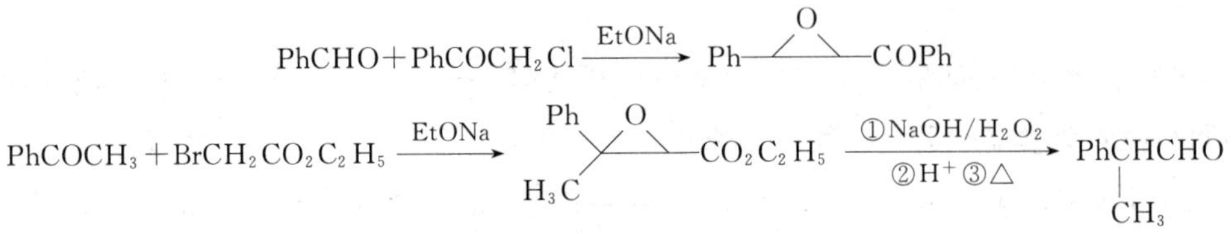

19. Dieckmann 缩合反应

二元羧酸酯类化合物在醇钠等碱性缩合剂的作用下，发生分子内的酯缩合反应，生成环状的 β-酮酸酯。不对称的二元羧酸酯通常是得到酸性较强的 α-碳原子与酯羰基进行缩合的产物，而且这个反应是可逆的。本反应实际上就是分子内的 Claisen 缩合反应，它是合成 5、6、7 元环状化合物的有效手段。例如：

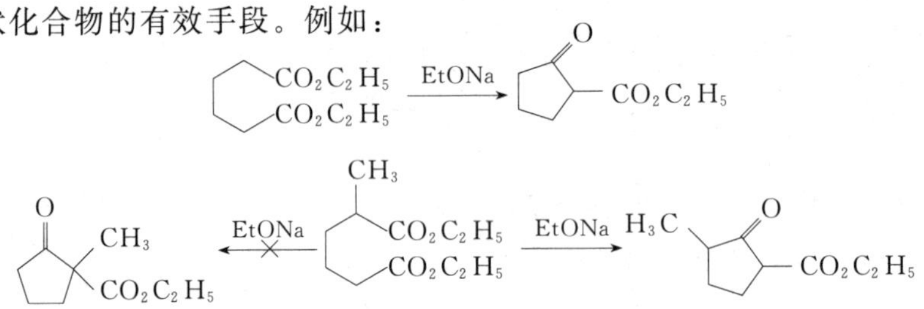

20. Diels - Alder 反应

共轭双烯与含有烯键或炔键的化合物相互作用，生成六元环状的环烯类化合物的反应，称为 Diels - Alder 反应(又叫双烯合成反应)。该反应中，一部分提供共轭双烯称为双烯体，另一部分提供不饱和键称为亲双烯体。此类反应特点是：(1)反应条件仅需加热，属协同反应；(2)双烯体上连供电子基或亲双烯体上连吸电子基对反应有利；(3)该反应属立体专一性反应，即保持原有烯烃的构型。如果产物有内、外型时，以内型产物为主。例如：

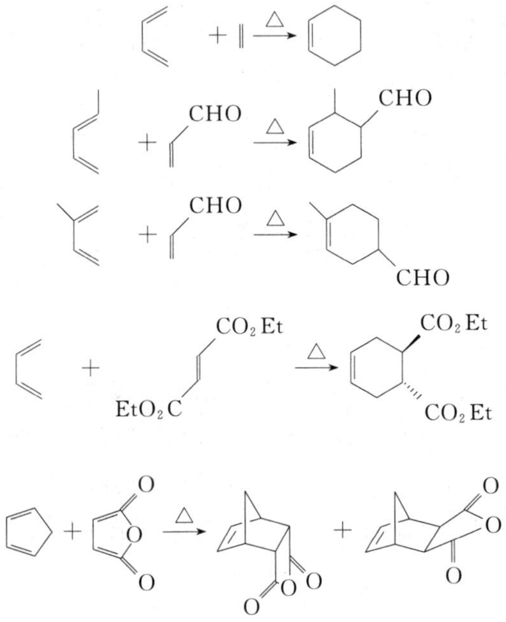

内型(*endo*-)为主　　外型(*exo*-)

21. Favorskii 重排

α-卤代酮在碱性溶液当中加热发生重排，生成含相同碳原子数的羧酸；如为环状α-卤代酮，则导致环缩小，此法可用于张力较大的四元环得合成。例如：

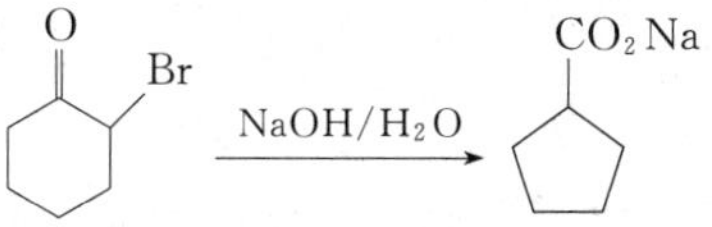

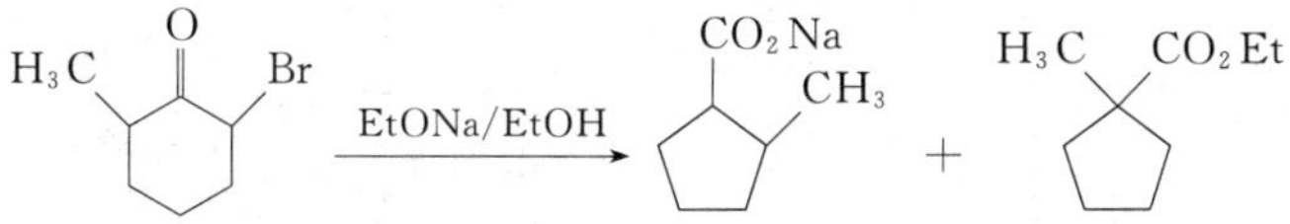

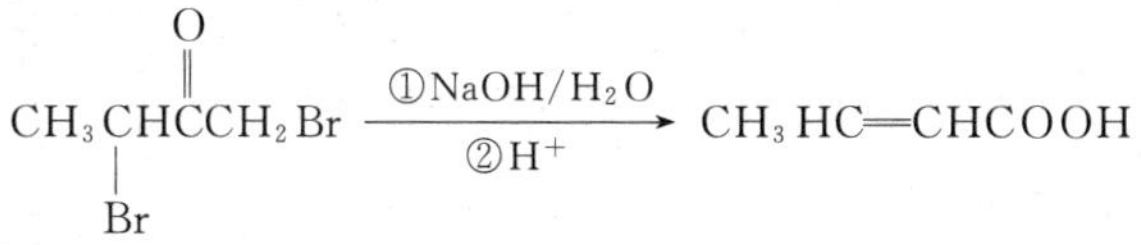

22. Friedel-Crafts 烷基化反应

芳烃与卤代烃、醇类或烯类化合物在 Lewis 催化剂（如 $AlCl_3$、$FeCl_3$、H_2SO_4、H_3PO_4、BF_3 等）存在下，发生芳环的烷基化反应。卤代烃反应的活泼性从高至低依次为：RF、RCl、RBr、RI；当烃基超过 3 个碳原子时，反应过程中易发生重排。例如：

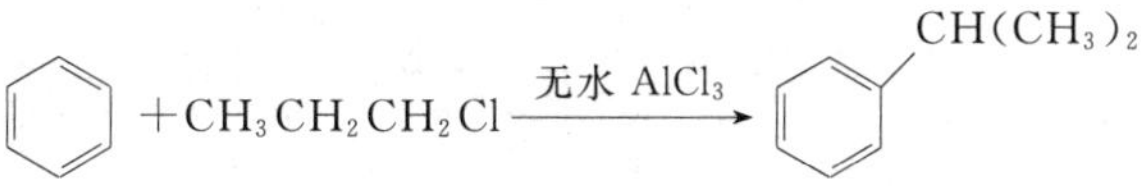

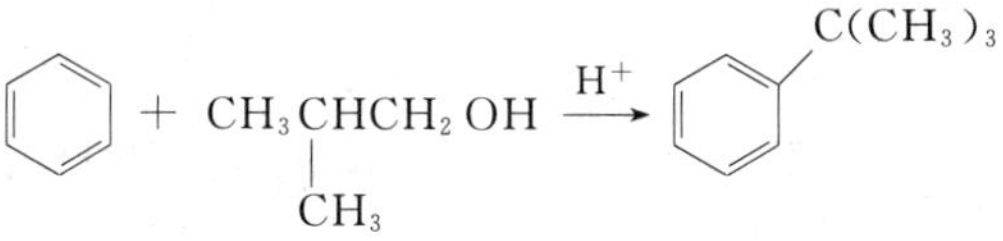

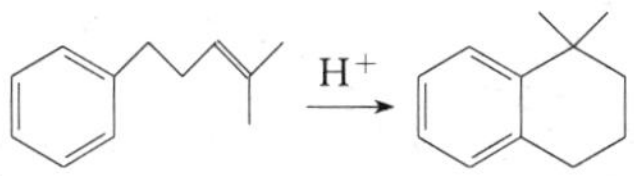

23. Friedel-Crafts 酰基化反应

芳烃与酰基化试剂如酰卤、酸酐、羧酸、烯酮等在 Lewis 酸（通常用无水三氯化铝）催化下发生酰基化反应，得到芳香酮。该反应制备芳香酮类最重要的方法之一，在酰基化中不发生烃基的重排。例如：

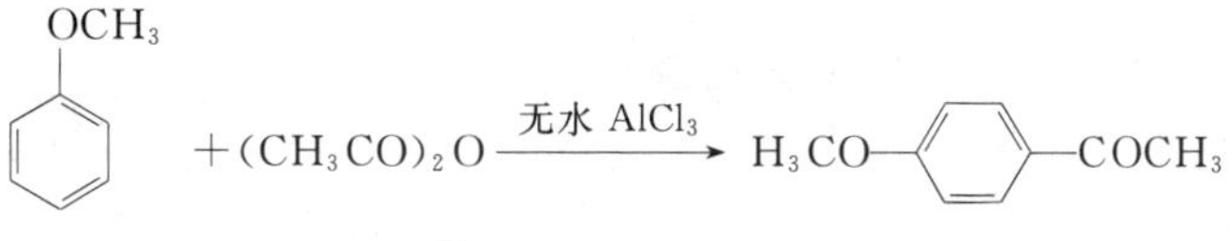

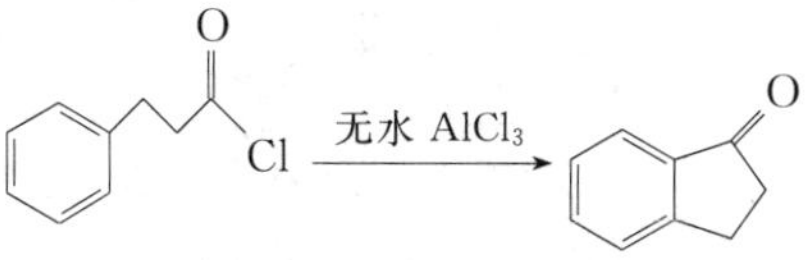

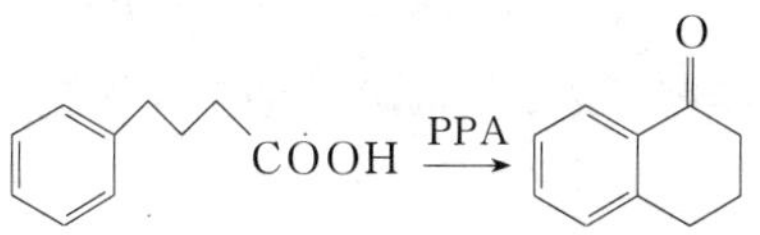

24. Fries 重排

酚酯在 Lewis 酸存在下加热，可发生酰基重排反应，生成邻羟基和对羟基芳酮的混合物。邻、对位产物的比例取决于酚酯的结构、反应条件和催化剂等。例如，用多聚磷酸催化时主要生成对位重排产物，而用四氯化钛催化时则主要生成邻位重排产物。反应温度对邻、对位产物比例的影响比较大，一般来讲，较低温度（如室温）下重排有利于形成对位异构产物（动力学控制），较高温度下重排有利于形成邻位异构产物（热力学控制）。例如：

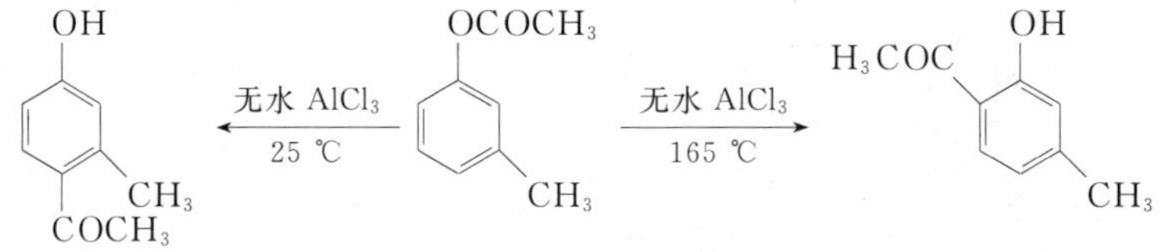

25. Gabriel 合成法

邻苯二甲酰亚胺与氢氧化钾的乙醇溶液作用转变为邻苯二甲酰亚胺盐，此盐和卤代烷反应生成 N-烷基邻苯二甲酰亚胺，然后在酸性或碱性条件下水解得到伯胺和邻苯二甲酸，这是合成的伯胺的重要方法，也可以利用此法来合成 α-氨基酸。有些情况下水解很困难，可以用肼解来代替。例如：

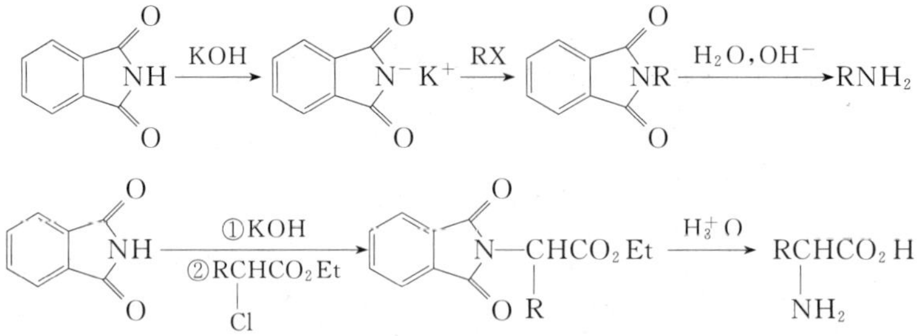

26. Gattermann-Koch 反应

芳香烃与等分子的一氧化碳及氯化氢气体在加压和催化剂（三氯化铝及氯化亚铜）存在下反应，生成芳香醛。若芳环上有—OH 或—NR_2 等基团时，进行芳环甲酰化则常用 Reimer-Tiemann 反应和 Vilsmeier 反应。例如：

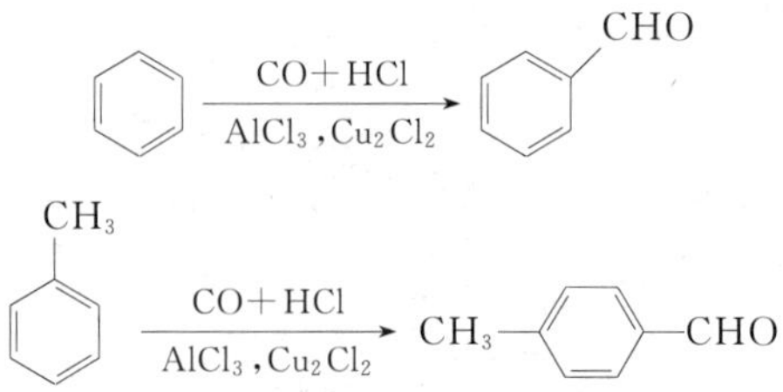

27. Grignard 反应

卤代烃在溶剂无水醚乙醚、四氢呋喃（THF）等存在下，与金属镁反应生成的有机镁化合物，称为 Grignard 试剂。它能与醛（酮）[如 α，β-不饱和醛（酮）]、酯等羰基化合物发生亲核加成。例如：

$$RX + Mg \xrightarrow{\text{无水 } Et_2O} RMgX$$

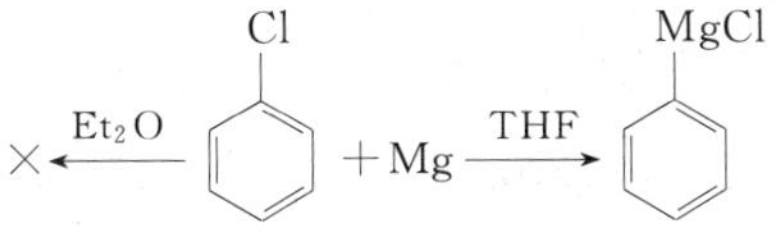

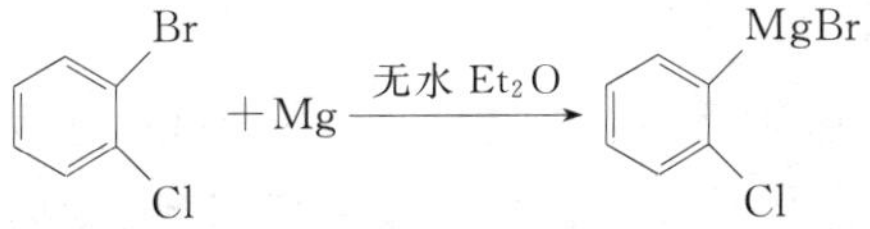

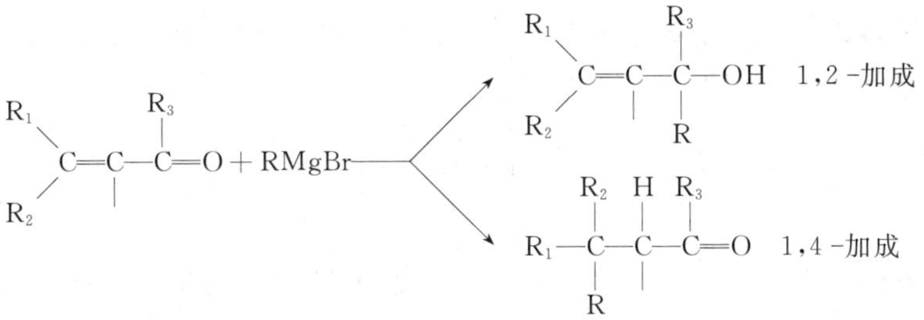

28. Haworth 反应

苯和丁二酸酐发生 Friedel - Crafts 酰化反应然后按标准的方法还原、关环、还原、脱氢得到多环芳香族化合物。例如：

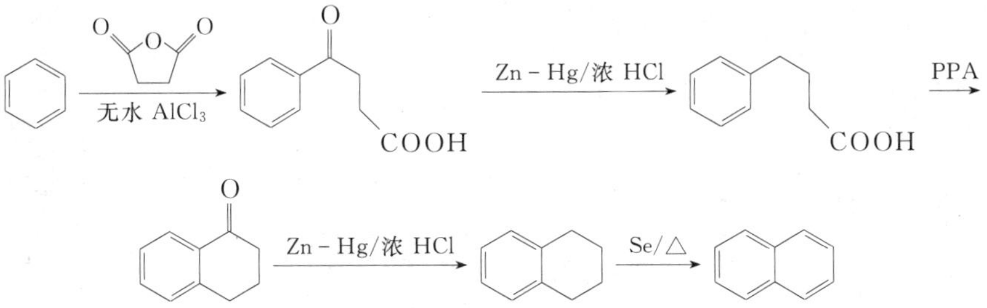

29. Hell - Volhard - Zelinski 反应

羧酸在催化量的三卤化磷或红磷作用下，与卤素发生 α -卤代反应生成 α -卤代酸，卤素过量可以进一步卤代得到 α -二卤代(甚至三卤代)酸。例如：

$$RCH_2COOH \xrightarrow[\text{红 P 或 } PX_3]{X_2} RCH(X)COOH \quad (X = Cl, Br)$$

30. Hinsberg 反应

伯胺、仲胺分别与对甲苯磺酰氯(TsCl)作用生成相应的对甲苯磺酰胺沉淀，其中伯胺生成的沉淀能溶于碱(如氢氧化钠)溶液，仲胺生成的沉淀则不溶，叔胺与对甲苯磺酰氯不反应。此反应可用于伯仲叔胺的分离与鉴定。

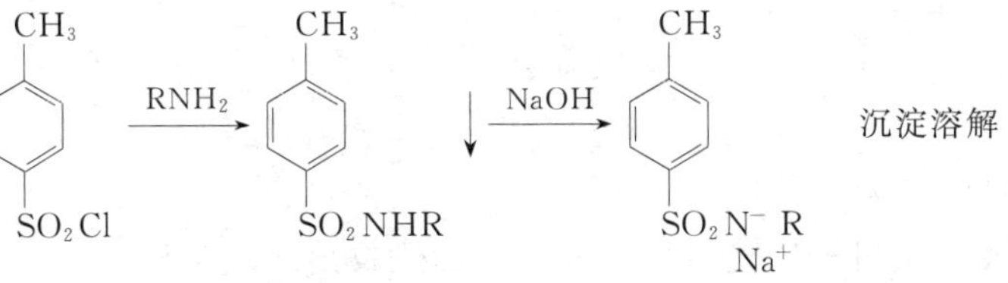

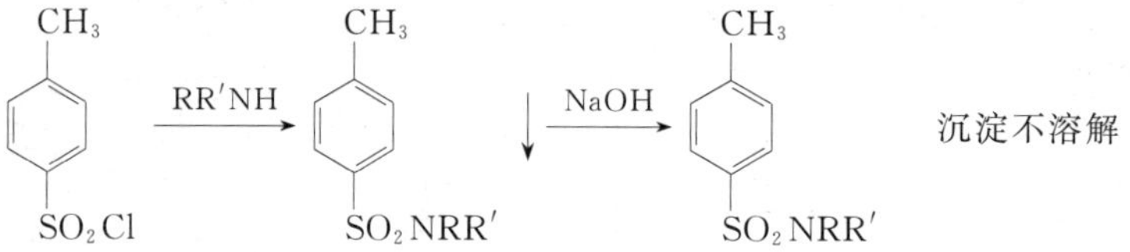

31. Hofmann 烷基化

卤代烷与氨或胺发生烷基化反应，生成脂肪族胺类，由于生成的伯胺亲核性通常比氨强，能继续与卤代烃反应，因此本反应不可避免地产生仲胺、叔胺和季铵盐，最后得到的往往是多种产物的混合物。用过量的氨可避免多取代反应的发生，从而可得到良好产率的伯胺。例如：

$$NH_3 \xrightarrow{RX} RNH_2 \xrightarrow{RX} R_2NH \xrightarrow{RX} R_3N \xrightarrow{RX} R_4N^+X^-$$

32. Hofmann 消除反应

季铵碱在加热条件下（100 ℃～200 ℃）发生热分解，当季铵碱的四个烃基都是甲基时，热分解得到甲醇和三甲胺。如果季铵碱的四个烃基不同，则热分解时总是得到含取代基最少的烯烃和叔胺。例如：

$$(CH_3)_4N^+OH^- \xrightarrow{\triangle} CH_3OH + (CH_3)_3N$$

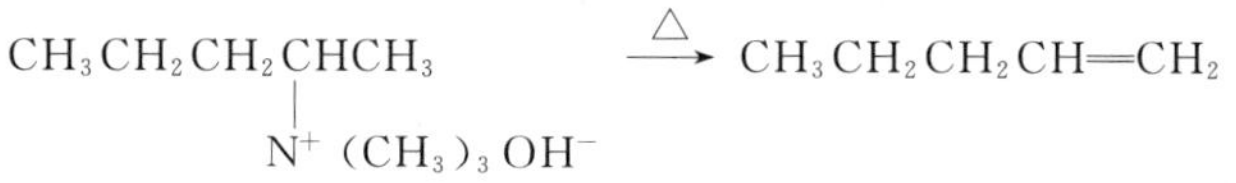

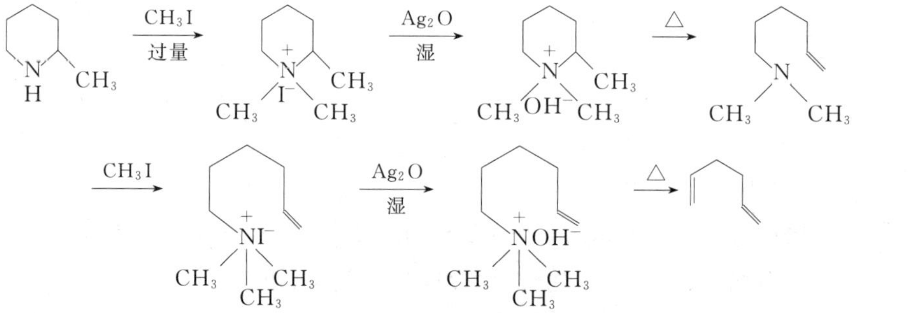

33. Hofmann 重排（降解）

酰胺用溴（或氯）在碱性条件下处理，首先得到异氰酸酯，然后水解转变为少一个碳原子的伯胺。例如：

$$R-\overset{\overset{\displaystyle O}{\|}}{C}-NH_2 \xrightarrow{Br_2/NaOH} R-N=C=O \xrightarrow{H_2O} RNH_2$$

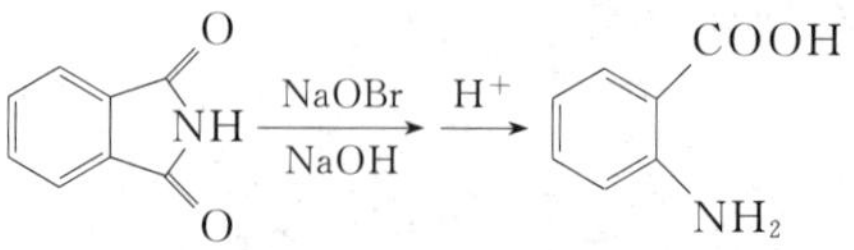

34. Hunsdiecker 反应

干燥的羧酸银盐在四氯化碳中与卤素一起加热放出二氧化碳，同时，生成比原羧酸少一个碳原子的卤代烃。例如：

$$R-\overset{\overset{O}{\|}}{C}-OAg \xrightarrow{X_2/CCl_4} RX + AgX + CO_2$$

X＝Cl、Br、I

$$BrCH_2CH_2CH_2COOAg \xrightarrow{Br_2/CCl_4} BrCH_2CH_2CH_2Br$$

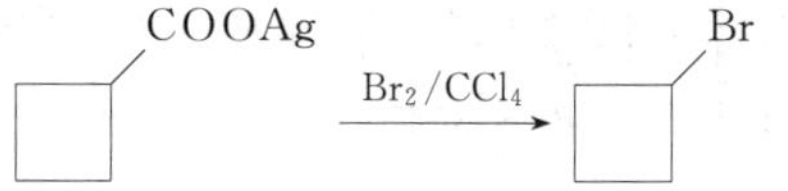

35. Knoevenagel 反应

含活泼亚甲基的化合物与醛或酮在弱碱性催化剂（氨、伯胺、仲胺、吡啶等有机碱）存在下缩合得到 α,β-不饱和化合物。例如：

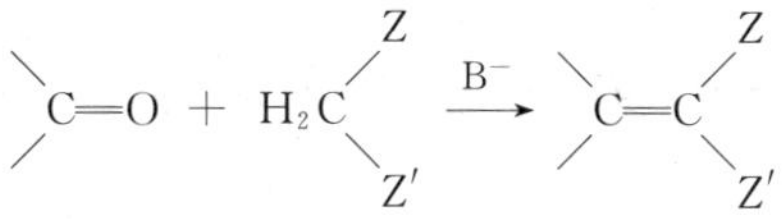

Z、Z′＝CHO、COR、COOR、CN、NO_2、SOR、SO_2OR

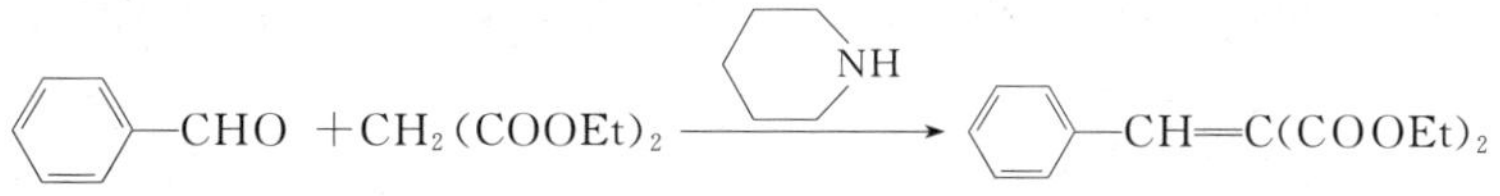

36. Lossen 重排

异羟肟酸或其酰基化物在单独加热或在碱、脱水剂（如五氧化二磷、乙酸酐、亚硫酰氯等）存在下加热发生重排生成异氰酸酯，再经水解、脱羧得伯胺。本重排反应的反应机理与 Hofmann 重排、Curtius 重排、Schmidt 重排反应机理相类似，在重排步骤中，由于该反应是协同进行的。因此，当迁移基团是有构型时，重排后其构型保持不变。例如：

$$R-\overset{\overset{O}{\|}}{C}-NH-OH \xrightarrow[\triangle]{-H_2O} R-N=C=O \xrightarrow{H_2O} RNH_2$$

$$R-\overset{\overset{O}{\|}}{C}-NH-OCOR' \xrightarrow[\triangle]{-R'CO_2H} R-N=C=O \xrightarrow{H_2O} RNH_2$$

37. Mannich 反应

含有 α-活泼氢的醛、酮与甲醛及胺（伯胺、仲胺或氨）反应，结果一个 α-活泼氢被胺甲基取代，此反应又称为胺甲基化反应，所得产物称为 Mannich 碱。例如：

$$R-\overset{\overset{O}{\|}}{C}-\overset{\overset{H}{|}}{C}HR + H-\overset{\overset{O}{\|}}{C}-H + R'-\overset{\overset{H}{|}}{N}-R' \xrightarrow{H^+} R-\overset{\overset{O}{\|}}{C}-\underset{\underset{R}{|}}{CH}-CH_2N(R')_2$$

Mannich base

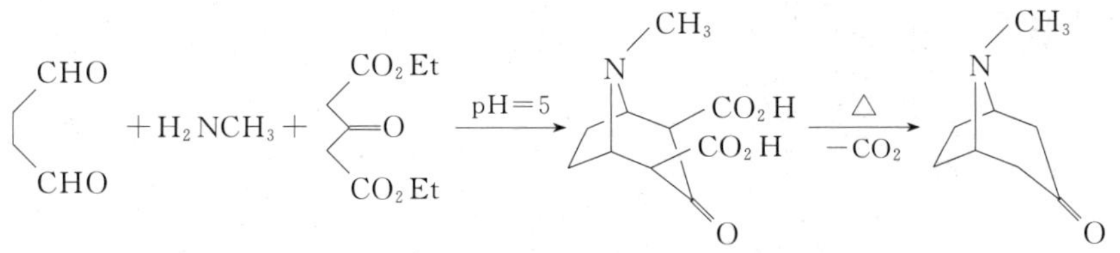

38. Meerwein - Ponndorf 反应

醛或酮与异丙醇铝在异丙醇溶液中加热，还原成相应的醇，而异丙醇则氧化为丙酮，将生成的丙酮由平衡物中慢慢蒸出来，使反应朝产物方向进行。这个反应相当于 Oppenauer 氧化的逆向反应。例如：

$$R-\overset{\overset{O}{\|}}{C}-R' + CH_3\overset{\overset{OH}{|}}{C}HCH_3 \xrightleftharpoons{Al[OCH(CH_3)_2]_3} R-\overset{\overset{OH}{|}}{C}H-R' + CH_3-\overset{\overset{O}{\|}}{C}-CH_3$$

39. Michael 加成反应

具有活泼 α-氢的化合物在碱作用下形成碳负离子，与 α，β-不饱和化合物能发生 1，4-加成，该反应称为 Michael 加成。例如：

$$CH_3COCH_2CO_2Et + H_2C=CH-\overset{\overset{O}{\|}}{C}-Ph \xrightarrow{EtONa} CH_3CO\overset{\overset{CO_2Et}{|}}{C}H-CH_2CH_2-\overset{\overset{O}{\|}}{C}-Ph$$

$$CH_2(CO_2Et)_2 + H_2C=CH-\overset{\overset{O}{\|}}{C}-CH_3 \xrightarrow{EtONa} \underset{\underset{CH(CO_2Et)_2}{|}}{H_2C}-CH_2-\overset{\overset{O}{\|}}{C}-CH_3$$

40. Moffatt 氧化

一级醇在二甲亚砜(DMSO)和二环己基碳二亚胺(DCC)组成的试剂作用下进行氧化，获得产率非常高的醛。例如：

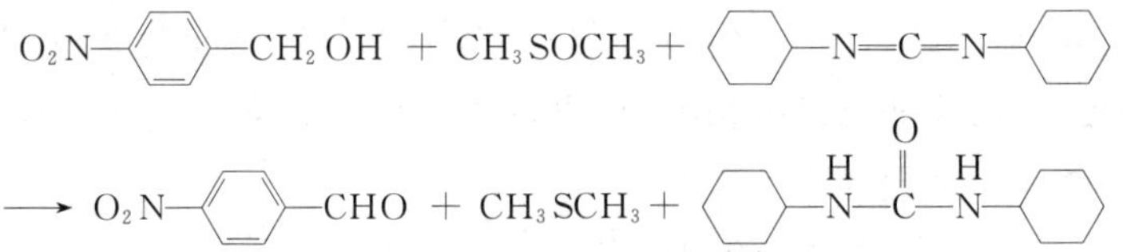

41. Oppenauer 氧化

仲醇在叔丁醇铝或异丙醇铝和丙酮作用下，氧化成为相应的酮，而丙酮则还原为异丙醇。这个反应相当于 Meerwein - Ponndorf 反应的逆向反应。

$$R-\overset{\overset{OH}{|}}{C}H-R' + CH_3-\overset{\overset{O}{\|}}{C}-CH_3 \xrightleftharpoons{Al[OCH(CH_3)_2]_3} R-\overset{\overset{O}{\|}}{C}-R' + CH_3\overset{\overset{OH}{|}}{C}HCH_3$$

42. Perkin 反应

芳香醛和酸酐在相应的羧酸钠盐(或钾盐)存在下，加热发生类似羟醛缩合的反应，最终获得 α，β-不饱和芳香酸。例如：

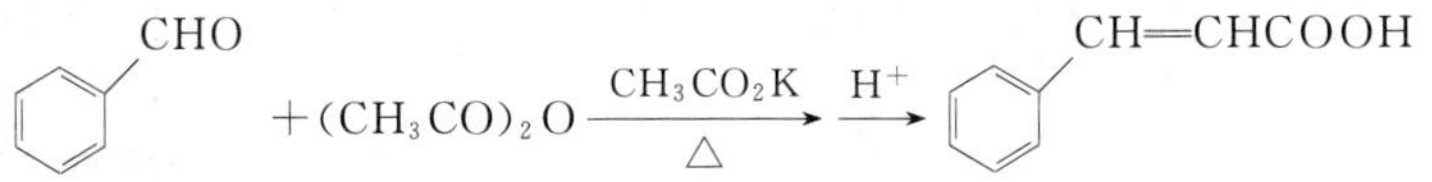

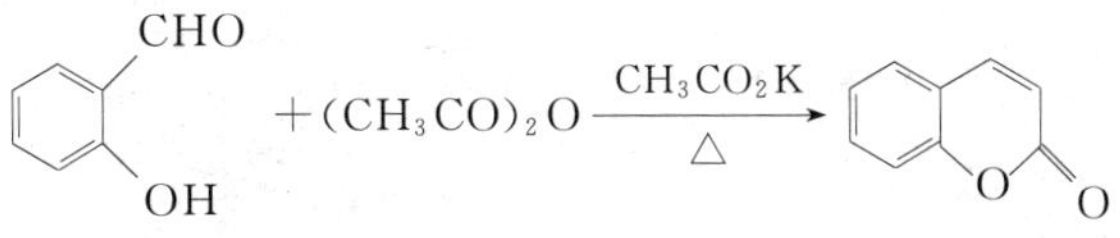

香豆素

43. pinacol 重排

α-二醇(邻二醇)在酸作用下发生的重排反应,称为 pinacol 重排。例如:

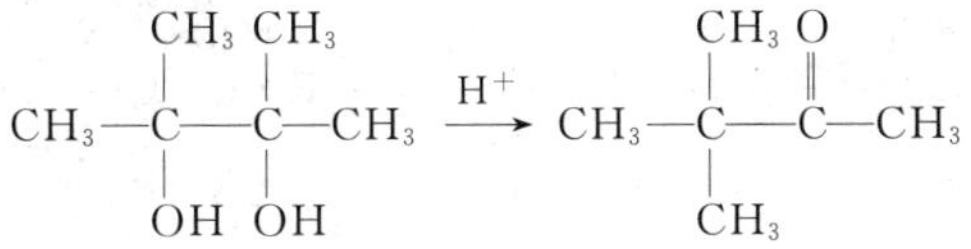

频哪醇　　频哪酮

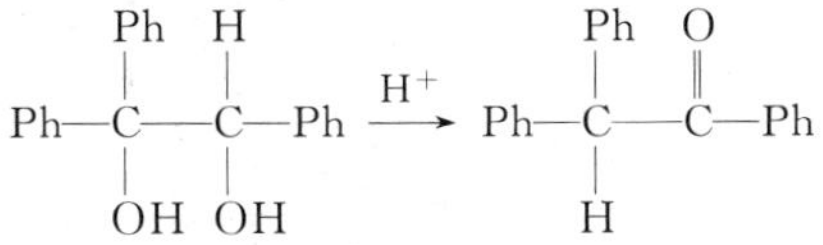

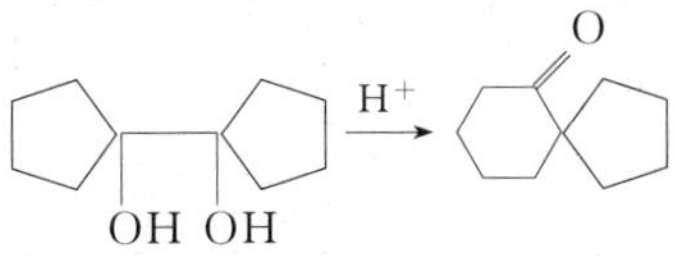

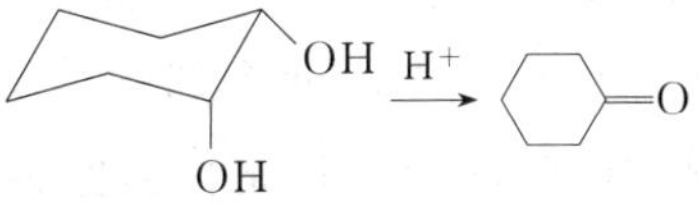

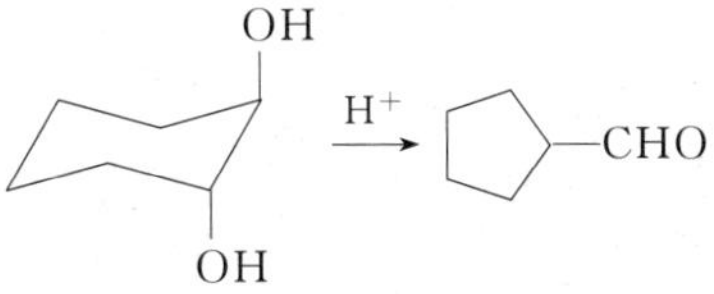

44. Prins 反应

烯烃与甲醛(或其他醛)在酸催化作用下,发生加成反应,得到 1,3-二醇或环状缩醛 1,3-二氧六环或羟甲基化产物的反应,称为 Prins 反应。例如:

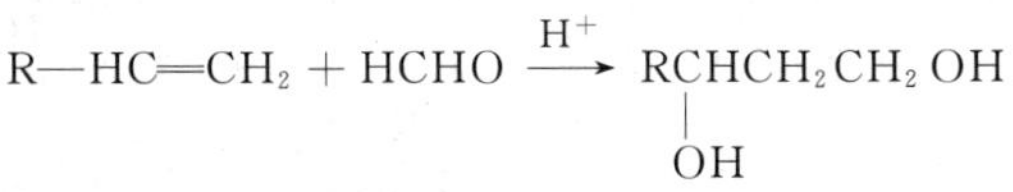

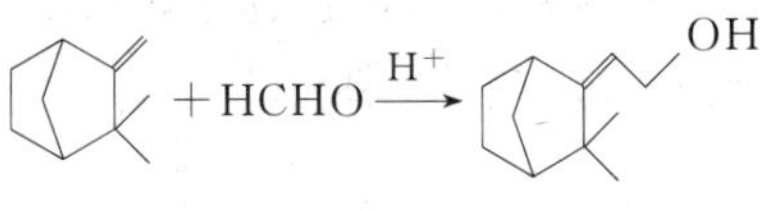

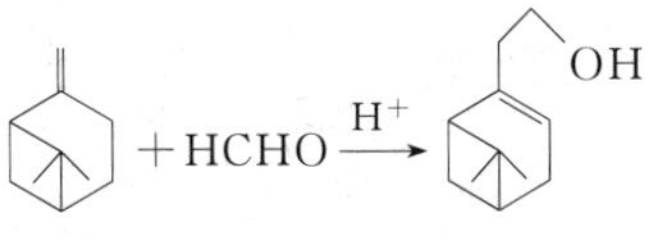

β-蒎烯　　诺卜醇(nopol)

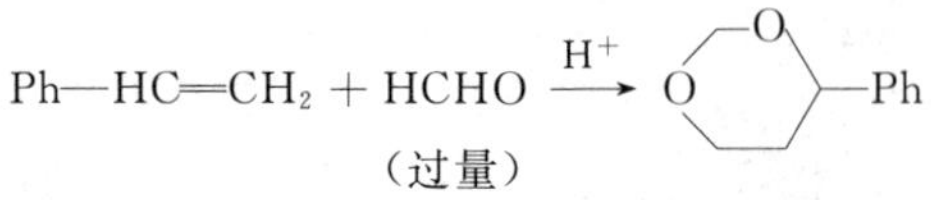

45. Reformatsky 反应

醛或酮与 α-卤代酸酯和锌在惰性溶剂中反应，经水解后得到 β-羟基酸酯。该化合物在碱性条件下进一步水解、酸化可获得 β-羟基酸，再加热可脱水得到 α，β-不饱和酸。例如：

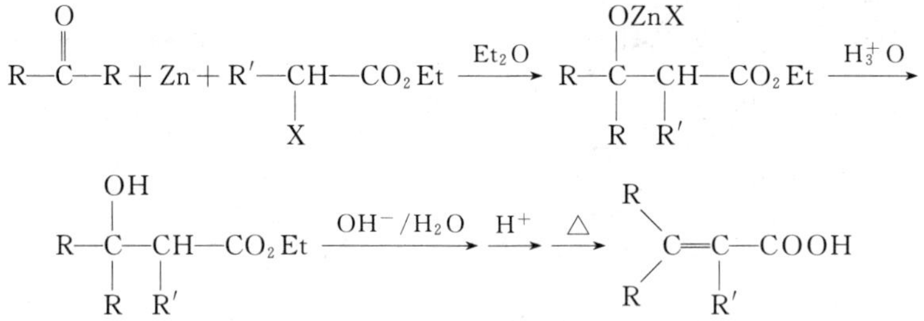

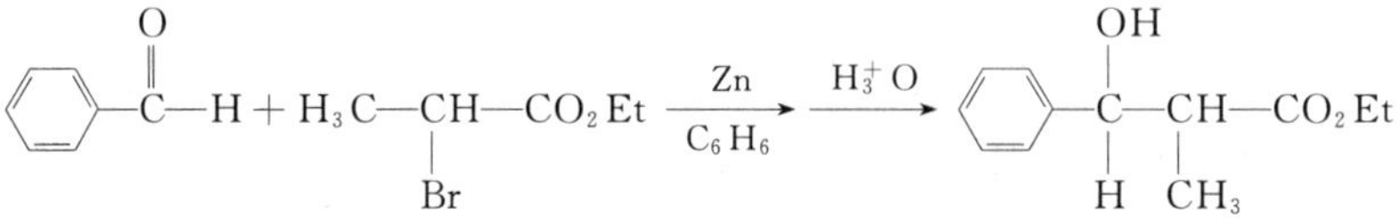

46. Reimer - Tiemann 反应

酚与氯仿在碱性(如氢氧化钠、碳酸钾、碳酸钠等)溶液中加热生成邻位及对位羟基苯甲醛。一般情况下以邻位产物为主。如果羟基的两个邻位被基团占据则生成对位产物，不可生成间位产物。含有羟基的喹啉、吡咯、茚等杂化化合物也能进行此反应。

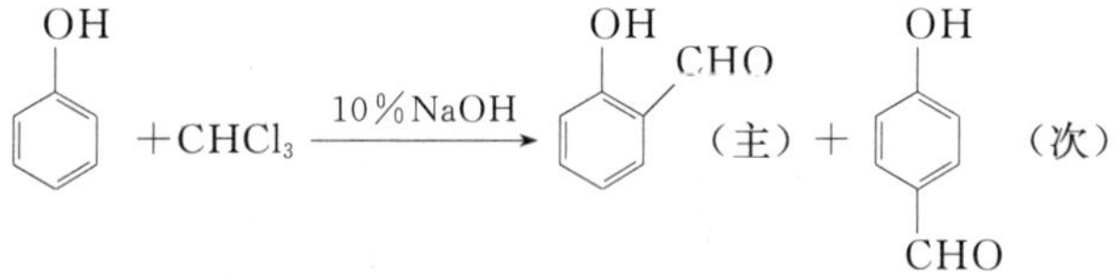

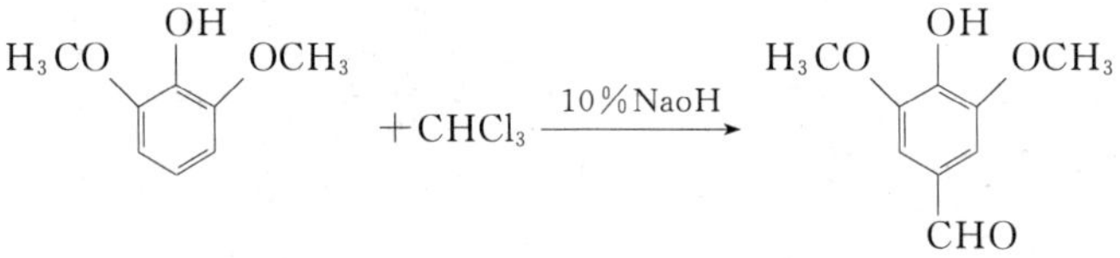

47. Robinson 环合反应

含活泼亚甲基的环酮与 α，β-不饱和羰基化合物在碱存在下，先进性 Michael 加成反应，进行关环缩合，形成一个二并六元环的环系。例如：

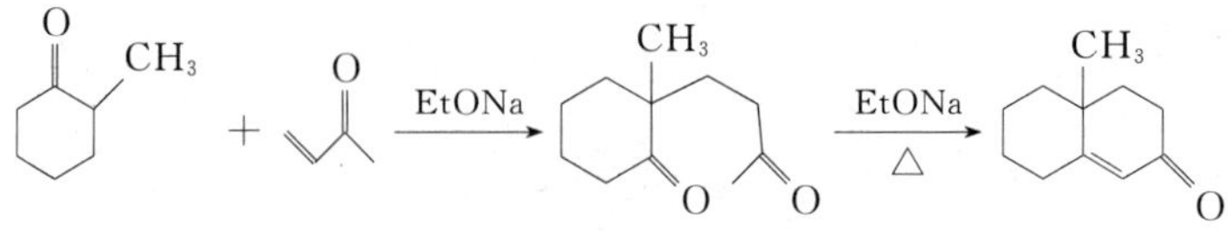

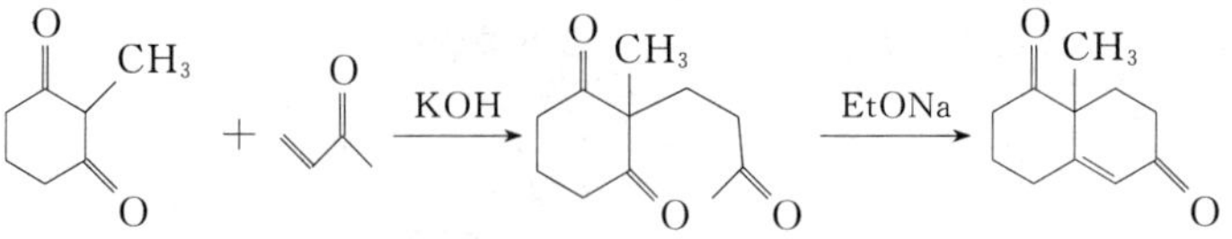

48. Rosenmund 还原

酰氯用受过硫-喹啉毒化的钯-碳(Pd－C)催化剂进行催化加氢，反应生成相应的醛。反应物分子中存在硝基、卤素、酯基等基团时，对反应不受影响。例如：

$$R-\overset{\overset{\displaystyle O}{\|}}{C}-Cl \xrightarrow[\text{硫-喹啉}]{H_2,Pd-C/BaSO_4} R-\overset{\overset{\displaystyle O}{\|}}{C}-H$$

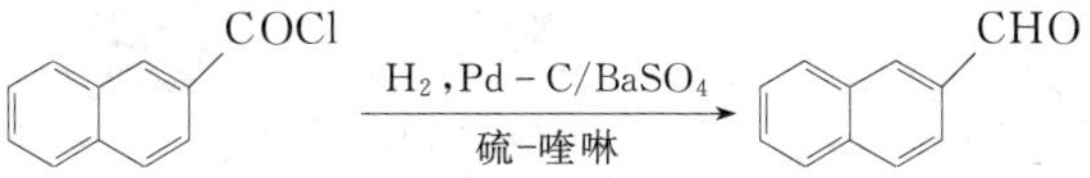

49. Sandmeyer 反应

重氮盐在卤化亚铜催化下，与卤化氢作用，得到氯代或溴代芳烃，并放出氮气。例如：

$$ArN_2Cl \xrightarrow{HX,Cu_2X_2} Ar-X\ (X=Cl、Br)$$

在氰化亚铜催化下，重氮盐也能与 HCN 反应，得到苯腈化合物。与之类似，重氮根还可被其他原子或基团取代，生成相应的取代产物。例如：

$$ArN_2Cl \xrightarrow{HCN,Cu_2CN_2} ArCN$$
$$ArN_2Cl \xrightarrow{H_2O} ArOH$$
$$ArN_2Cl \xrightarrow{H_3PO_2} ArH$$
$$ArN_2Cl \xrightarrow{KI} ArI$$
$$ArN_2Cl \xrightarrow[②\triangle]{①HBF_4} ArF$$

50. Schmidt 反应

羧酸、醛或酮分别与等摩尔的叠氮酸(HN_3)在强酸(硫酸、聚磷酸、三氯乙酸等)存在下发生分子内重排分别得到胺、腈及酰胺，如果迁移基团有构型，保持构型不变。其中以羧酸和叠氮酸作用直接得到胺的反应最为重要。羧酸可以是直链脂肪族的一元或二元羧酸、脂环酸、芳香酸等；该反应与 Hofmann 重排、Curtius 重排和 Lossen 重排反应机理相似，也是形成异氰酸酯中间体，但本反应胺的收率较高。例如：

$$R-\overset{\overset{\displaystyle O}{\|}}{C}-OH + HN_3 \xrightarrow{H^+} R-NH_2$$

$$R-\overset{\overset{\displaystyle O}{\|}}{C}-H + HN_3 \xrightarrow{H^+} R-CN$$

$$R-\overset{\overset{\displaystyle O}{\|}}{C}-R' + HN_3 \xrightarrow{H^+} R-\overset{\overset{\displaystyle O}{\|}}{C}-NHR'$$

51. Skraup 合成法

苯胺(或其他芳胺)、甘油、硫酸和硝基苯(相应于所用芳胺)等氧化剂一起反应，生成喹啉。本合成方法是合成喹啉及其衍生物最重要的合成法。苯胺环上间位有给电子取代基时，主要在给电子取代基的对位关环，得 7－取代喹啉；间位有吸电子取代基团时，主要在吸电子取代基的邻位关环，得 5 -取代喹啉。该反应也可用 α，β -不饱和醛(酮)来代替甘油，结果一样。例如：

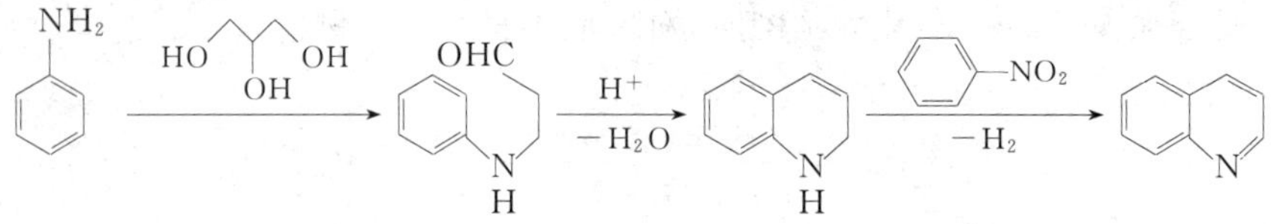

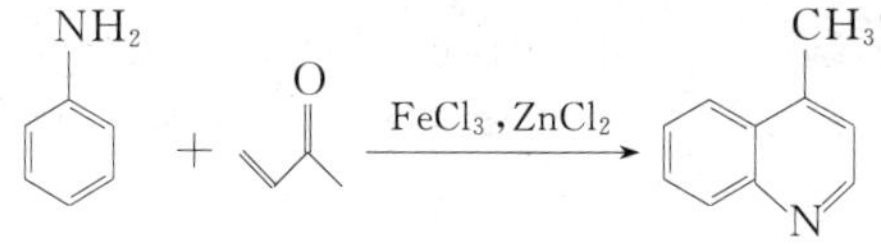

52. Stevens 重排

季铵盐分子中与氮原子相连的碳原子上具有吸电子的取代基 Y 时，在强碱作用下，得到一个重排的三级胺。

$$Y—CH_2—\overset{R}{\underset{R}{N^+}}—R \xrightarrow{NaNH_2} Y—\underset{R}{CH}—\overset{R}{N}—R \quad (Y=RCO、ROOC、Ph)$$

最常见的迁移基团为烯丙基、二苯甲基、3 -苯基丙炔基、苯甲酰甲基等。

$$PhCH_2—\overset{CH_3}{\underset{Ph}{N^+}}—CH_2CH=CH_2 \xrightarrow[DMSO]{t-BuOK} Ph—\underset{CH_3}{N}—\overset{CH_2Ph}{CHCH}=CH_2$$

53. Strecker 氨基酸合成法

醛或酮用与氰化钠、氯化铵反应，生成 α -氨基腈，经水解生成 α -氨基酸。这是制备 α -氨基酸的一个简便方法。例如：

$$>C=O + NH_4Cl + NaCN \longrightarrow >C<^{NH_2}_{CN} \xrightarrow[H^+ 或 OH^-]{H_2O} >C<^{NH_2}_{COOH}$$

$$H_3C—\overset{O}{\overset{\|}{C}}—H + NH_4Cl + NaCHN \longrightarrow CH_3\underset{NH_2}{CH}CN \xrightarrow[H^+]{H_2O} CH_3\underset{NH_2}{CH}COOH$$

(±)-丙氨酸

54. Swern 氧化

在低温和有机碱存在下，由二甲亚砜(DMSO)与三氟乙酸酐(TFAA)组成的协同氧化剂可将一级醇或二级醇氧化为相应的醛或酮，该反应可用草酰氯代替三氟乙酸酐，反应可更高效地进行。例如：

$$R—\overset{OH}{CH}—H(R') \xrightarrow[Et_3N,\ -78\ ℃]{DMSO \atop (F_3CCO)_2O 或 (COCl)_2} R—\overset{O}{\overset{\|}{C}}—H(R')$$

55. Tiffeneau－Demjanov 重排

1－氨甲基环烷醇与亚硝酸反应，得到扩大一个碳原子的环酮，该反应产率比 Demjanov 重排反应要好。本反应主要用于环扩大反应，可由环酮制备高一级的环酮；也可用于缩环反应。适合于制备 $C_5 \sim C_9$ 的环酮，尤其是 $C_5 \sim C_7$ 的环酮。例如：

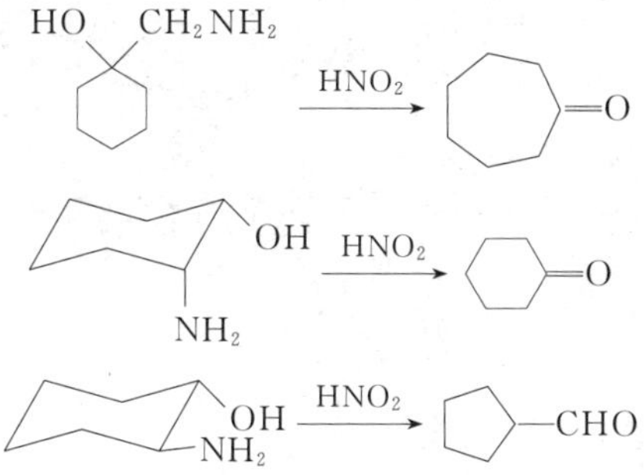

56. Ullmann 反应

卤代芳烃在铜粉存在下加热发生偶联反应生成联苯类化合物。这个反应的应用范围广泛，可用来合成许多对称和不对称的联苯类化合物。芳环上有吸电子取代基存在时能促进反应的进行，尤其以硝基、烷氧羰基在卤素的邻位时影响最大，邻硝基碘苯是参与 Ullmann 反应中最活泼的试剂之一。例如：

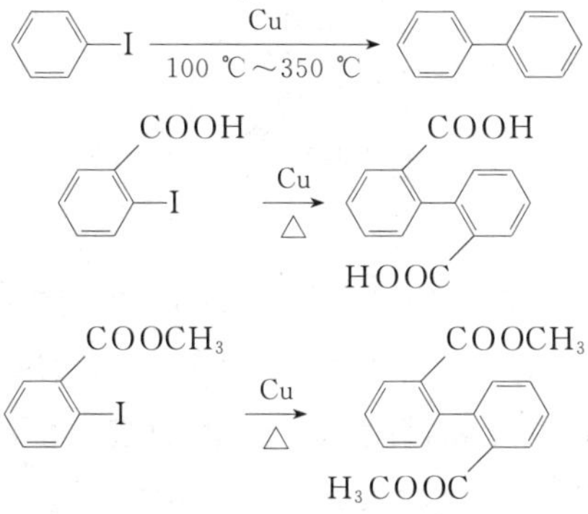

57. Vilsmeier 反应

芳烃、活泼烯烃化合物用二取代甲酰胺及三氯氧磷处理得到醛类。这是目前在芳环上引入甲酰基的常用方法。N，N－二甲基甲酰胺(DMF)、N－甲基－N－苯基甲酰胺是常用的甲酰化试剂。例如：

$$ArH \xrightarrow[②H_2O]{①POCl_3/DMF} ArCHO$$

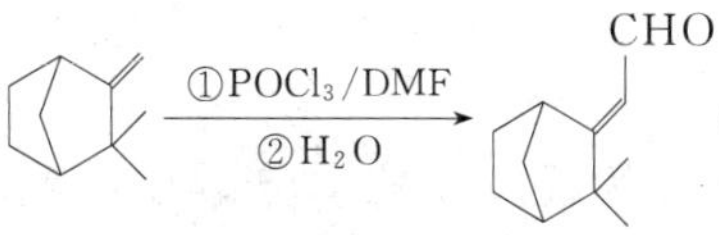

(*E*－为主)

58. Wagner－Meerwein 重排

当醇羟基的 β－碳原子是个仲碳原子(二级碳原子)或叔碳原子(三级碳原子)时，在酸催化脱水反应中，常常会发生重排反应，得到重排产物。例如：

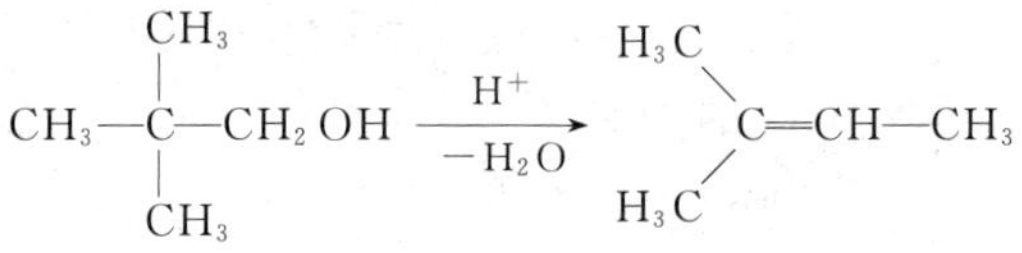

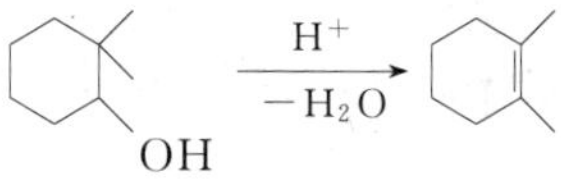

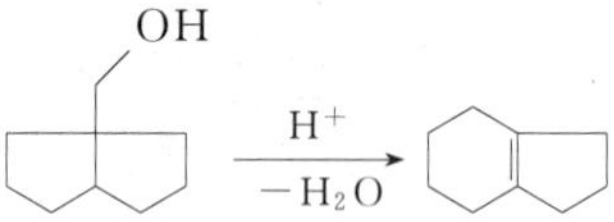

59. Williamson 合成法

卤代烃与醇钠在无水条件下反应生成醚，如果使用酚类反应，则可以在氢氧化钠水溶液中进行。卤代烃一般选用较为活泼的伯卤代烃(一级卤代烃)、仲卤代烃(二级卤代烃)以及烯丙型、苄基型卤代烃，也可用硫酸酯或磺酸酯。本法主要用于不对称醚的合成。例如：

$$RX + R'ONa \longrightarrow R—O—R'$$

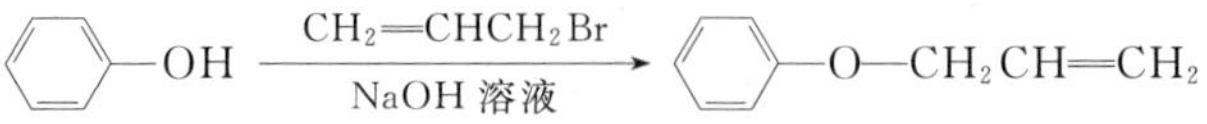

$$(CH_3)_3CONa + CH_3CH_2I \xrightarrow{\text{丙酮}} (H_3C)_3C—O—C_2H_5$$

60. Wittig 反应

三苯基膦与卤代烃(或 α－卤代羧酸酯等)反应，得到的季鏻盐在强碱作用下，脱去卤化氢(HX)后形成的产物叫 Wittig 试剂，它能与醛、酮的羰基发生亲核加成反应，形成烯烃，这个反应主要用于在指定位置合成烯烃，特别适用于不稳定的环外烯烃的合成。例如：

$$Ph_3P \xrightarrow{RCH_2X} [Ph_3\overset{+}{P}CH_2R]X^- \xrightarrow[-HX]{NaNH_2} \underset{\text{Wittig 试剂}}{Ph_3P═CHR}$$

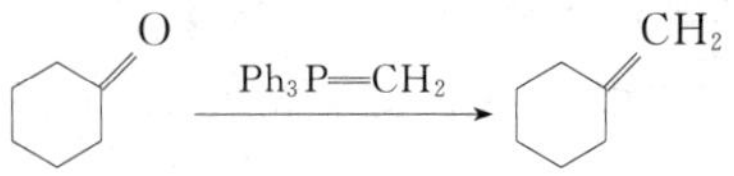

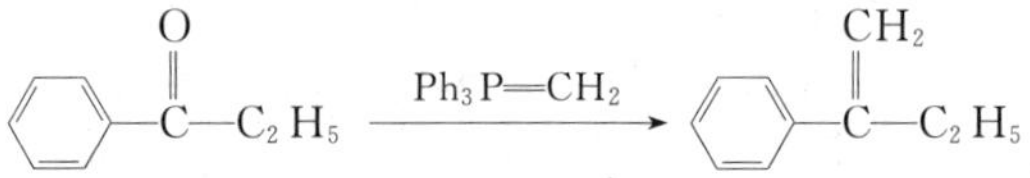

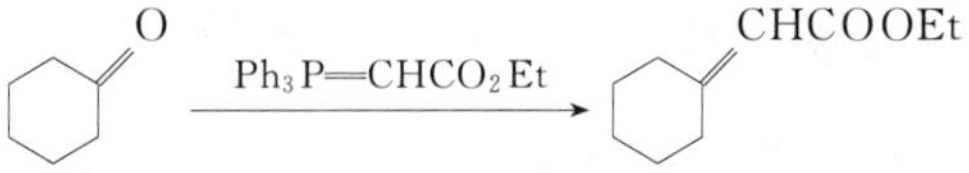

61. Wittig－Horner 反应

用亚磷酸酯代替三苯基膦所制得的磷叶立德与醛酮反应称为 Wittig－Horner 反应。例如：

$$(EtO)_3P \xrightarrow[-EtX]{RCH_2X} (EtO)_2\overset{\overset{O}{\|}}{P}CH_2R \xrightarrow{NaH} [(EtO)_2\overset{\overset{O}{\|}}{P}\overset{-}{C}HR]Na^+$$

$$(EtO)_2\overset{\overset{O}{\|}}{P}\overset{-}{C}HCOOEt + CH_3—\overset{\overset{O}{\|}}{C}—CH_3 \longrightarrow (H_3C)_2C{=}CHCOOEt$$

62. Wolff 重排

重氮甲烷与酰氯作用形成 α-重氮甲基酮，然后在光、热和催化剂（银或氢化银）存在下放出氮气并生成酮碳烯，再重排生成反应性很强的烯酮，此重排反应称 Wolff 重排，得到的烯酮与水、醇、氨及胺等反应，可分别得到羧酸、酯、酰胺及取代酰胺。例如：

$$RCOOH \xrightarrow{SOCl_2} RCOCl \xrightarrow[-HCl]{CH_2N_2} \xrightarrow[Ag_2O]{-N_2} R—HC{=}C{=}O$$

$$R—HC{=}C{=}O \begin{cases} \xrightarrow{H_2O} RCH_2COOH \\ \xrightarrow{R'OH} RCH_2COOR' \\ \xrightarrow{NH_3} RCH_2CONH_2 \\ \xrightarrow{R'NH_2} RCH_2CONHR' \end{cases}$$

63. Wolff - Kishner -黄鸣龙反应

醛类或酮类在碱性条件下与肼作用，羰基被还原为亚甲基。原来 Wolff - Kishner 的方法是将醛或酮与肼和金属钠或钾在高温（约 200 ℃）下加热反应，需要在封管或高压釜中进行，操作不方便。黄鸣龙改进不用封管而在高沸点溶剂如一缩二乙二醇（二甘醇，b. p. 245 ℃）中，用氢氧化钠或氢氧化钾代替金属钠反应，对碱敏感的化合物不适合用此法还原，可用 Clemmensen 还原。例如：

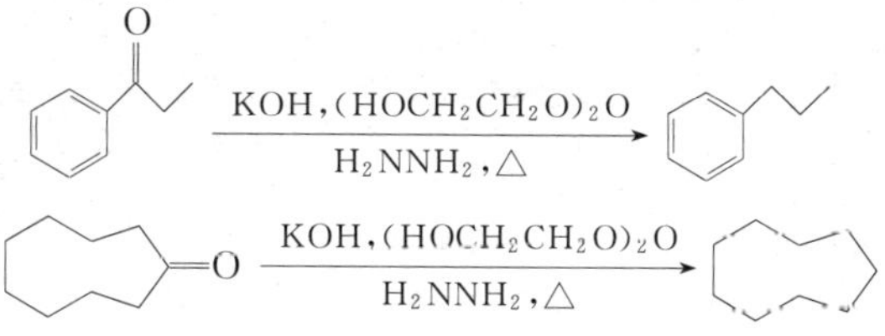

参考文献

[1]王玉炉. 有机合成化学[M]. 3版. 北京:科学出版社,2014.

[2]陆国元. 有机反应与有机合成[M]. 北京:科学出版社,2009.

[3]梁静. 有机合成路线设计[M]. 北京:化学化工出版社,2013.

[4]朱斌. 有机合成[M]. 成都:西南交通大学出版社,2014.

[5]巨勇,赵国辉,席婵娟. 有机合成化学与路线设计[M]. 北京:清华大学出版社,2007.

[6]邢其毅,裴伟伟,徐瑞秋,等. 基础有机化学:上册[M]. 4版. 北京:北京大学出版社,2016.

[7]杨定乔,汪朝阳. 高等有机化学:结构、反应与机理[M]. 北京:化学化工出版社,2012.

[8]杨光富. 有机合成[M]. 3版. 上海:华东理工大学出版社,2016.

[9]孔祥文. 基础有机合成反应[M]. 北京:化学化工出版社,2014.

[10]叶非,黄长干. 有机合成化学[M]. 北京:化学化工出版社,2010.

[11]李有桂. 有机合成化学[M]. 北京:化学化工出版社,2016.

[12]KURTI L, CZAKO B. Strategic Applications of Named Reactions in Organic Synthesis[M]. Burlington, MA: Elsevier Academic Press, 2005.

图书在版编目(CIP)数据

有机合成化学/黄长干,黄焰根主编．--合肥:合肥工业大学出版社,2017.8(2025.7 重印)
ISBN 978-7-5650-3518-0

Ⅰ.①有… Ⅱ.①黄… ②黄… Ⅲ.①有机合成-合成化学-高等学校-教材
Ⅳ.①O621.3

中国版本图书馆 CIP 数据核字(2017)第 198501 号

有机合成化学

黄长干 黄焰根 主编 责任编辑 石金桃 张 慧

出 版	合肥工业大学出版社	版 次	2017 年 8 月第 1 版
地 址	合肥市屯溪路 193 号	印 次	2025 年 7 月第 2 次印刷
邮 编	230009	开 本	787 毫米×1092 毫米 1/16
电 话	人文社科出版中心:0551-62903205	印 张	17.25
	营销与储运管理中心:0551-62903198	字 数	358 千字
网 址	press.hfut.edu.cn	印 刷	安徽联众印刷有限公司
E-mail	hfutpress@163.com	发 行	全国新华书店

ISBN 978-7-5650-3518-0 定价:48.00 元

如果有影响阅读的印装质量问题,请与出版社营销与储运管理中心联系调换。